Köhler
Modelleisenbahn – vorbildgetreu durch Elektronik

Jürgen Köhler

Modelleisenbahn – vorbildgetreu durch Elektronik

Über 200 Schaltungen für den Modellbauer

Mit 513 Abbildungen

Weltbild Verlag

Genehmigte Lizenzausgabe für
Weltbild Verlag GmbH, Augsburg 1994
© 1988 by Franzis-Verlag GmbH, München
© 1988 by Elektronik-Verlag Luzern AG

Satz: Fotosatz Uhl + Massopust GmbH, Aalen
Druck und Bindung: Wiener Verlag, Himberg
Printed in Austria

ISBN 3-89350-536-9

Vorwort

Die Modellbahnelektronik soll uns helfen, bahntypische Geräusche, wie das Zischen, Pfeifen und Stampfen einer Dampflok, die Hupe und das Motorgeräusch einer Diesellok oder den blechernen Klang der Warnglocke am Bahnübergang möglichst naturgetreu nachzubilden. Auch Lichteffekte wie Leuchtreklamen, Ampeln, Lauflichter, Signale, Blinker, Ablaufsteuerungen usw., sowie Fahrreglerschaltungen, Blocksicherungen und vieles mehr können mit Hilfe der Elektronik verwirklicht werden.

Nach einer kurzen Einführung in die theoretischen Grundlagen und der Erläuterung der verwendeten Grundschaltungen ist es für den Modellbahner sicherlich nicht schwierig, die aufgezeigten Schaltungen nachzubauen – vor allem, da hauptsächlich leicht erhältliche Bauteile verwandt wurden und kaum Spezialteile. Außerdem sind für viele Schaltungen Bauteile oder komplette Bausätze beim Verfasser erhältlich.

Für die Annahme und Verwirklichung dieses Buches danke ich dem Verlag. Ganz besonderer Dank gebührt auch meiner Frau Angelika, die viel Geduld aufbrachte für die vielen unumgänglichen, langwierigen Versuche mit der Elektronik und der Modellbahn, und die das Schreiben und die Korrektur des Manuskriptes auf unserem PC durchführte. Aber auch all denen, die Fotos beigesteuert haben, besonders der Deutschen Bundesbahn und Herrn Wolfgang Rau, sei an dieser Stelle herzlichst gedankt.

Melodiegenerator, Dampflokpfeife, Westminstergong, 3-Klang-Gong

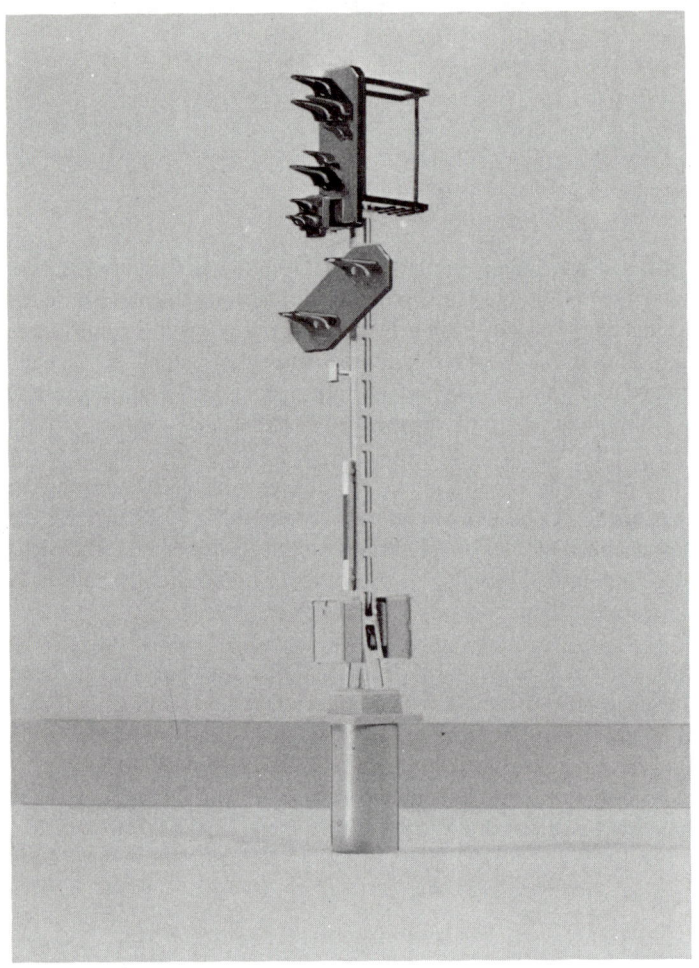

Wichtiger Hinweis

Die in diesem Buch wiedergegebenen Schaltungen und Verfahren werden ohne Rücksicht auf die Patentlage mitgeteilt. Sie sind ausschließlich für Amateur- und Lehrzwecke bestimmt und dürfen nicht gewerblich genutzt werden. Bei gewerblicher Nutzung ist vorher die Genehmigung des möglichen Lizenzinhabers einzuholen.

Alle Schaltungen und technischen Angaben in diesem Buch wurden vom Autor mit größter Sorgfalt erarbeitet bzw. zusammengestellt und unter Einschaltung wirksamer Kontrollmaßnahmen reproduziert. Trotzdem sind Fehler nicht ganz auszuschließen. Der Verlag und der Autor sehen sich deshalb gezwungen, darauf hinzuweisen, daß sie weder eine Garantie noch die juristische Verantwortung oder irgendeine Haftung für Folgen, die auf fehlerhafte Angaben zurückgehen, übernehmen können. Für die Mitteilung eventueller Fehler sind Autor und Verlag jederzeit dankbar.

Die meisten in diesem Buch angegebenen Schaltungen unterliegen den Urheberrechten des Ing.-Büros Köhler, Bröckel, und dürfen nur von diesem gewerblich genutzt werden.

Inhalt

1 Allgemeine Erläuterungen zum Schaltungsaufbau

Für den Schaltungsaufbau der in diesem Buch enthaltenen Schaltungen sind neben einigen elektronischen Grundkenntnissen auch entsprechende Werkzeuge und Meßgeräte nötig. Nachfolgend hierzu einige Erläuterungen. Für weitergehende Informationen sei auf die einschlägige Fachliteratur verwiesen. Das Lesen einer Schaltung und das Umsetzen der Schaltzeichen und Bauteilewerte in eine Platine (mit Platinenherstellung), sowie das fachgerechte Löten werden vorausgesetzt.

Wer das nötige Grundwissen bereits hat, kann das 1. Kapitel getrost überschlagen.

1.1 Werkzeuge und Meßgeräte

Zur Mindestausstattung gehören:
1 Seitenschneider
1 Spitzzange
1 Abisolierzange
1 Satz Schraubendreher (in verschiedenen Größen)
1 Satz Uhrmacherschraubendreher (in verschiedenen Größen)
1 Pinzette
1 Satz Pinsel
1 Zentimetermaß
1 Metall-Bügelsäge
1 Satz Schlüsselfeilen
1 Minibohrmaschine (möglichst elektrisch)
1 Satz Bohrer (1 bis 4 mm $\varnothing$)
1 Schraubstock
1 Lötkolben (30–50 W) mit Bleistiftspitze und Ständer, sowie Schwämmchen zum Abstreifen von Lötzinnresten o. ä.
1 Lötzinnabsauger
1 Vielfachmeßgerät mit Widerstandsmeßbereich

Als Lötzinn ist Elektroniklötdraht (Fadenlot), 1 mm $\varnothing$ mit Kolophonium-Flußmittel, nach DIN 8516 zu verwenden.

1.2 Verwendete Bauteile und deren Bezugsquellen

1.2.1 Ohmsche Widerstände

Passives Bauelement der Elektronik, welches elektrische Energie vollständig in eine andere Energieform (meist Wärme) umwandelt. An einem Widerstand tritt eine Potentialdifferenz auf, die der Stromstärke I proportional ist. Hier wird also ein Spannungsabfall produziert. Dieses Verhalten ist nicht frequenzabhängig.

$$U = I \cdot R \quad \text{(ohmsches Gesetz)}$$

$$P = \frac{U^2}{R} \quad \text{oder} \quad P = I^2 \cdot R$$

Der Wert eines Widerstandes wird in Ohm (Ω) angegeben, wobei Werte bis zu mehreren Millionen Ohm möglich sind. Zur Vereinfachung dienen die Kurzbezeichnungen kΩ ($10^3\ \Omega$ = 1000 Ω) und MΩ ($10^6\ \Omega$ = 1 000 000 Ω).

Man unterscheidet lineare und nicht lineare Widerstände. Für die Modellbahn benötigen wir neben den linearen noch folgende nichtlineare Widerstände:

1. NTC = Heißleiter
2. PTC = Kaltleiter
3. LDR = Fotowiderstand

Außerdem brauchen wir noch veränderbare Widerstände (Potentiometer) mit linearer oder logarithmischer Kennlinie, sowie Einstellregler (Trimmer).

Lineare Widerstände

In den Schaltungen finden in der Regel Kohleschichtwiderstände mit 0,25 W Belastbarkeit und einer Toleranz von 5% Verwendung. Bei den Widerständen mit 1% oder 2% Toleranz hingegen handelt es sich um Metallschichtwiderstände aus Chrom-, Eisen- oder Nickellegierungen.

Die höher belastbaren Widerstände bestehen aus auf einen Isolierkörper gewickeltem Widerstandsdraht, der durch Lack bzw. Zementierung vor äußeren mechanischen Einwirkungen geschützt ist. Im Modellbahnbereich benötigen wir diese hochbelastbaren Widerstände immer dann, wenn es darum geht, einen Spannungsabfall bei großen Strömen zu erzeugen (z. B. Langsamfahrstrecke, Kurzschlußsicherung u. ä.). Hier wäre ein 0,25-W-Widerstand im Nu »aufgeraucht«.

Wir sehen also, für einen 0,25 W-Widerstand können wir ohne Schwierigkeiten einen Hochlastwiderstand nehmen, aber nicht umgekehrt.

Die zahlenmäßige Einteilung der Widerstände erfolgt nach den ICE-Normreihen (ICE = International Elektronical Comission) E 3, E 6, E 12, E 24, E 48, E 96 und E 192 sowie DIN 41 426.

Die Kennzeichnung des Widerstandswertes geschieht dabei meist in einem Farbcode durch aufgedruckte Farbringe nach ICE-Publikation 62 oder DIN 41 429 (siehe techn. Anhang).

Durch Reihen- oder Parallelschaltung von mehreren Widerständen kann man sich weitere Werte erstellen. Bei der Reihenschaltung addieren sich die Einzelwiderstände zum Gesamtwiderstand. *(Abb. 1.1)*

$$R_G = R_1 + R_2 + R_3 + \ldots R_{n-1} + R_n$$

Bei der Parallelschaltung addieren sich die Einzelleitwerte

$$G = G_1 + G_2 + \ldots G_{n-1} + G_n \quad \text{oder auch}$$

$$\frac{1}{R_G} = \frac{1}{R_1} = \frac{1}{R_2} + \ldots \frac{1}{R_{n-1}} + \frac{1}{R_n}$$

Bei zwei parallel geschalteten Widerständen *(Abb. 1.2)* ergibt sich

$$R_G = \frac{R_1 \cdot R_2}{R_1 + R_2}$$

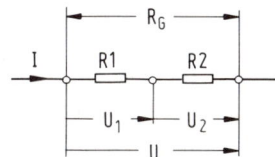

Abb. 1.1 Reihenschaltung von Widerständen

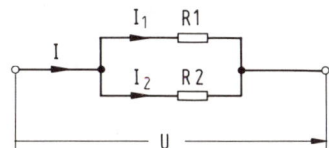

Abb. 1.2 Parallelschaltung von Widerständen

Der Gesamtwiderstand ist bei der Widerstandsparallelschaltung immer kleiner als der kleinste Einzelwiderstand.

Heißleiter (NTC = Negative Temperature Coeffizient)

Heißleiter bestehen aus polykristallinen Mischkristallen in Stäbchen-, Perlen- oder Scheibenform und weisen einen negativen Temperaturkoeffizienten auf, d. h. ihr Widerstand nimmt mit zunehmender Erwärmung immer mehr ab. Die Kennzeichnung erfolgt ebenfalls mit einem Farbcode nach IEC. Heißleiter braucht man zur Temperaturkompensation und Linearisierung. Im Modellbahnbereich wurden NTC-Widerstände früher für Anfahrschaltungen u. ä. eingesetzt, doch derartige Schaltungen lösen wir heute eleganter, nämlich mit Elektronik.

Kaltleiter (PTC = Positive Temperature Coeffizient)

Kaltleiter sind Keramikhalbleiter in Stäbchen-, Perlen- oder Scheibenform z. B. auf der Basis von gesintertem Bariumtitanat ($BaTiO_3$) und sämtliche Metalle. Kaltleiter weisen

einen positiven Temperaturkoeffizienten innerhalb eines bestimmten Temperaturinter-
valls auf, d. h. ihr Widerstand nimmt mit zunehmender Erwärmung immer mehr zu. Auch
Glühlampen haben ein PTC-Verhalten.

Im Modellbahnbereich werden Kaltleiter als thermische Kurzschlußsicherungen einge-
setzt, da sie den Stromfluß begrenzen, wenn sie sich erwärmen (Kurzschluß = hohe
Leistung) und somit die Endstufentransistoren z. B. im Fahrpult oder Anfahr- und
Bremsbaustein schützen. Im einfachsten Fall setzt man hier eine entsprechend belastbare
Autoglühlampe (z. B. 12 V/18 W) ein, wodurch sich auch noch eine optische Kurzschluß-
anzeige ergibt (Glühlampe leuchtet bei Kurzschluß).

Eleganter löst dies natürlich ein spezieller PTC-Widerstand, z. B. der Typ
2322 664 91086 von Valvo, der jedoch schwer zu beschaffen ist.

Aber auch den PTC-Widerstand verdrängt die moderne Elektronik z. B. durch
elektronische Kurzschlußsicherungen.

Fotowiderstand (LDR = Light Dependent Resistor)

LDR sind ungepolte Halbleiterbauelemente, deren Widerstandswert bei Beleuchtung
abnimmt. Um einen von der Beleuchtung abhängigen Strom zu erhalten, müssen LDR in
einer Stromquellenschaltung betrieben werden. Im Modellbahnbereich setzen wir LDR in
Lichtschranken, Dämmerungsschaltern und Geräuschsteuerungen ein.

Für unseren Bereich hier die Daten einiger ausgewählter Typen:

Typ	Hellwiderstand bei 1000 lux Ω	Dunkelwiderstand $M\Omega$	UB_{max} V	Maße mm
LDR 03, ORP 12	75...300	≥ 10	150	$\varnothing$ 14,9 · h 9,0
LDR 05, RPY 30	75...300	≥ 10	150	$\approx \varnothing$ 11,0 (Scheibe)
LDR 07	75...300	≥ 10	150	$\varnothing$ 8,7 (Scheibe)
RPY 58 A/B	350...1400/700	0,2	50	5,3 · 5,3

Regelbare Widerstände

Der Widerstandswert ist bei diesen Widerständen innerhalb eines vorgegebenen Bereichs
(O Ω bis Widerstandsendwert) mit Hilfe eines zusätzlichen Abgriffs, dem Schleifer, mit
linearer oder logarithmischer Kennlinie veränderbar. Die Kennlinienkennzeichnung
derartiger Regler erfolgt mit lin oder log bzw. A oder B.

Einstellbare Widerstände stellen somit einen Spannungsteiler mit stufenlos änderbaren
Widerstandswerten dar *(Ab. 1.3)*.

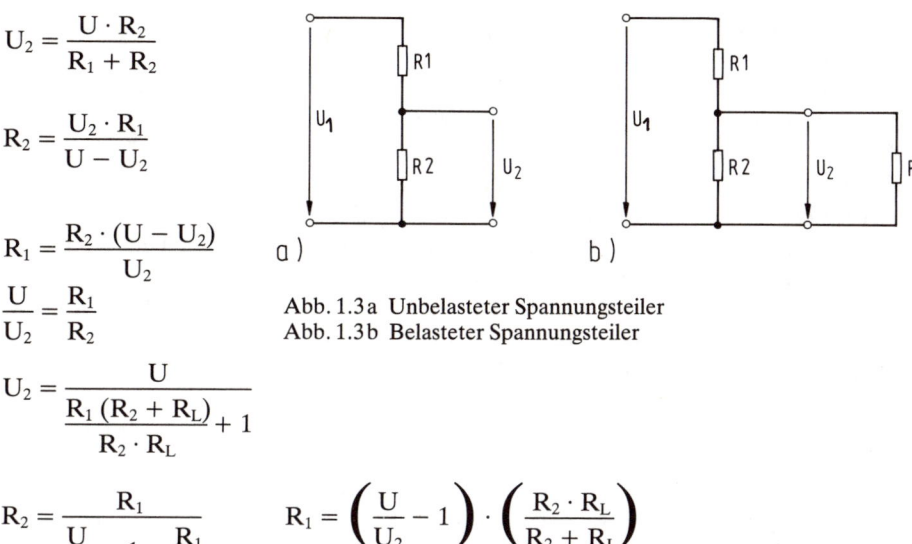

$$U_2 = \frac{U \cdot R_2}{R_1 + R_2}$$

$$R_2 = \frac{U_2 \cdot R_1}{U - U_2}$$

$$R_1 = \frac{R_2 \cdot (U - U_2)}{U_2}$$

$$\frac{U}{U_2} = \frac{R_1}{R_2}$$

a)

b)

Abb. 1.3a Unbelasteter Spannungsteiler
Abb. 1.3b Belasteter Spannungsteiler

$$U_2 = \frac{U}{\dfrac{R_1 (R_2 + R_L)}{R_2 \cdot R_L} + 1}$$

$$R_2 = \frac{R_1}{\dfrac{U}{U_2} - 1 - \dfrac{R_1}{R_L}} \qquad R_1 = \left(\frac{U}{U_2} - 1\right) \cdot \left(\frac{R_2 \cdot R_L}{R_2 + R_L}\right)$$

Für einmalige Widerstandseinstellungen benutzt man Trimmer, die mit dem Schraubendreher einstellbar sind. An Stellen, wo häufig der Widerstandswert zu verändern ist, z. B. beim Fahrpult o. ä., nehmen wir Drehpotentiometer mit langer Achse ($\varnothing$ 4 oder 6 mm) oder Schieberegler. Bei höheren Belastungen werden hochbelastbare Drahtpotentiometer (auf Keramikringkörper gewickelter Widerstandsdraht) eingesetzt.

1.2.2 Kondensatoren

Kondensatoren sind elektrische Ladungsspeicher, die aus zwei Platten mit dazwischenliegendem Dielektrikum bestehen. Man unterscheidet zwischen gepolten und ungepolten Kondensatoren. Das Fassungsvermögen eines Kondensators wird mit Kapazität C bezeichnet. Die Einheit lautet Farad F (nach dem engl. Physiker Faraday, 1791–1867).

$$\text{Farad} = \frac{\text{Ampere} \cdot \text{Sekunde}}{\text{Volt}}$$

In der praktischen Anwendung werden jedoch nur kleinere Größen eingesetzt:
1 Mikrofarad $= 1\mu F = 10^{-6}$ F
1 Nanofarad $= 1nF = 10^{-9}$ F
1 Picofarad $= 1pF = 10^{-12}$ F

Aufgrund des Aufbaus bzw. des verwendeten Herstellungsmaterials unterscheiden wir folgende Bauformen:

1. Papierwickelkondensatoren: Wickel aus zwei Aluminiumfolien ($6 \ldots 8\mu$m), durch Papierdielektrikum voneinander getrennt.
2. Metallpapierkondensatoren (MP): auf Dielektrikum (Natron-Zellulosepapier) aufgedampfte Zinnschichten ($0{,}05 \ldots 1\mu$m) als Wickel.
3. Kunststoffolienkondensatoren: Wickel aus zwei Aluminiumfolien ($6 \ldots 8\mu$m), durch Kunststoffoliendielektrikum voneinander getrennt.
4. Metallisierte Kunststoffolienkondensatoren (MK): Metallbeläge auf Folie ($0{,}02 \ldots 0{,}05\mu$m) als Dielektrikum aufgedampft. Aufgrund des Folienmaterials unterscheidet man:
   MKT (mit Polyäthylenterephthalat)
   MKC (mit Polykarbonat)
   MKU (mit Zelluloseazetat)
   MKS (mit Polysterol)
5. Keramikkondensatoren: Keramikmassendielektrikum auf Titandioxidbasis oder Erdalkalititantanatbasis.
6. Elektrolytkondensatoren: positive Elektrode aus oxidierter Aluminiumfolie, Gegenelektrode gleichzeitig Elektrolyt z. B. Borsäure oder Zitronensäure in flüssiger, eingedickter oder in Fließpapier gebundener Form.
7. Tantalkondensator: Anode aus Tantal, Dielektrikum (Gegenelektrode) aus Tantalpentoxid (Ta_2O_5).

Bei gepolten Elektrolytkondensatoren (Aluminium wie Tantal) ist auf die richtige Polung zu achten, da eine Falschpolung nach kurzer Zeit mit lautem Knall und Totalzerstörung des Kondensators endet. Der Minuspol ist in der Regel durch einen schwarzen Ring gekennzeichnet, der Pluspol erhält ein angedrucktes +. Bei den Ausnahmen erhält der Pluspol den schwarzen Ring und der Minuspol wird mit − gekennzeichnet. Das Gehäuse bzw. der blanke, metallene Pol ist immer der Minuspol. Durch Zusammenschalten von zwei gepolten Elektrolytkondensatoren gleicher Art und Größe erhalten wir einen ungepolten Kondensator (bipolar) mit der halben Kapazität *(Abb. 1.4)*.

Daran sehen wir auch, daß Hintereinanderschaltungen von Kondensatoren einen kleineren Gesamtkondensatorwert ergeben:

$$\frac{1}{C_G} = \frac{1}{C_1} + \frac{1}{C_2} + \ldots \frac{1}{C_{n-1}} + \frac{1}{C_n} \text{ bei 2 C}: C_G = \frac{C_1 \cdot C_2}{C_1 + C_2}$$

Bei Parallelschaltung addieren sich die Kapazitätswerte:

$$C_G = C_1 + C_2 + \ldots C_{n-1} + C_n$$

Außerdem ist der Blindwiderstand eines Kondensators frequenzabhängig:

$$X_c = \frac{1}{2 \cdot \pi \cdot f \cdot C}$$

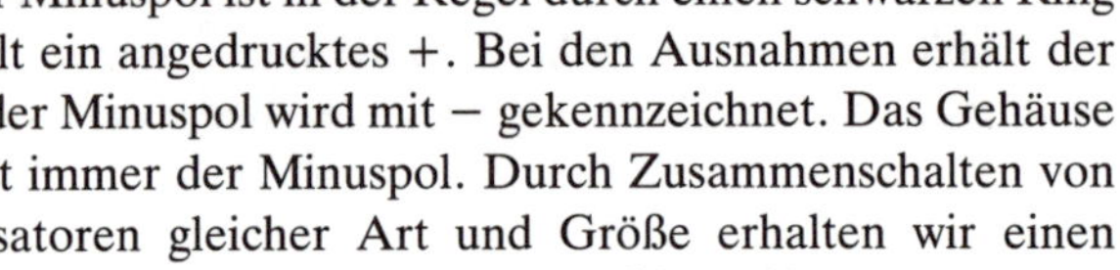

Abb. 1.4 Reihenschaltung von Kondensatoren/bipolarer Kondensator

Den Wert des Kondensators und seine Nennspannung erkennt man entweder am Aufdruck (z. B. 0,022 μF/63 V = 22 nF/63 V) oder an den aufgedruckten Farbringen (s. techn. Anhang).

Die zulässige Betriebsspannung $+U_B$ muß immer wesentlich unter der Nennspannung des Kondensators liegen. Bei $+U_B$ = 12 V z. B. sind Kondensatoren für 16 V oder größer einzusetzen (ca. $1,5 \cdot U_B$). Die Toleranzen der Kondensatoren liegen im allgemeinen zwischen 5 bis 20% je nach Bauart und Ausführung. Elektrolytkondensatoren haben meist 20% Toleranz. Die Ladungsmenge Q in As eines Kondensators ergibt sich aus dem Produkt von Kapazität C und zugeführter Spannung U:

$$Q = C \cdot U \quad As = 1 \text{ Coulomb (C)}$$

Die Ladungsdauer in Sekunden beträgt beim Kondensator mit hinreichender Genauigkeit t = 5 · τ, der Kondensator ist dann zu 99,3% aufgeladen, wobei die Zeitkonstante τ das Produkt von Kapazität und Wirkwiderstand ist τ = C · R *(Abb. 1.5)*.

Die Aufladung erfolgt nach einer e-Funktion. Nach 7 τ sind ca. 99,9% der Ladung erreicht, was jedoch keine praktische Bedeutung hat. Die Entladekurve ist ebenfalls eine e-Funktion, die praktische Entladezeit wird ebenfalls mit 5 τ angegeben.

$$U_c = U(1 - e^{-t/\tau}) \quad U_c = U \cdot e^{-t/\tau}$$

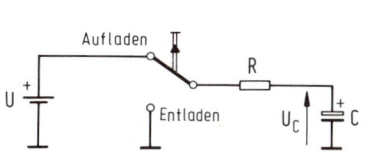

Abb. 1.5 Auf- bzw. Entladung eines Kondensators

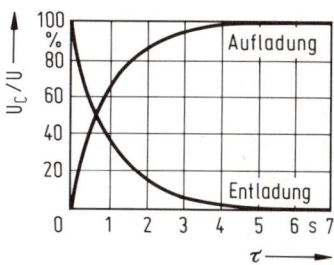

Aufladung [%]	Entladung [%]	τ [s]
50	50	0,7
63	37	1
86,5	14	2
95	5	3
98,2	2	4
99,3	1	5

1.2.3 Dioden

Dioden gehören zu den Halbleiterbauelementen und haben einen als Grenzschicht ausgebildeten Übergang von n– und p– leitendem monokristallinen Halbleitermaterial, vornehmlich Silizium und Germanium. In der Regel lassen Dioden den Strom in einer

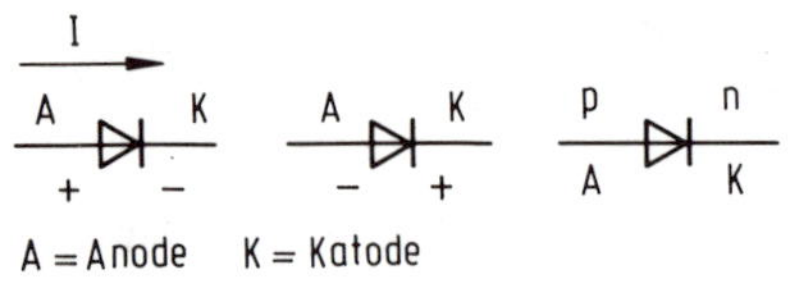

Abb. 1.6 Polarität der Diode

A = Anode   K = Katode

Richtung passieren (Durchlaßrichtung = R_D klein) und sperren in der anderen (Sperrrichtung = R_D groß), siehe *Abb. 1.6*.

Wir werden Dioden vielfältig einsetzen, z. B. zur Gleichrichtung von Wechselspannungen, zur Entkopplung, als Freilaufdiode bei Induktivitäten, als Verknüpfungsglied in Logikschaltungen, als Prellbocksicherung u. ä. Dioden werden durch Aufdruck der Bezeichnung (z. B. 1 N 4001) oder einen Farbcode (s. techn. Anhang) gekennzeichnet. Der dicke Ring definiert immer die Katode K.

Nach der Leistung, d. h. dem Produkt aus maximal zulässigem Durchlaßstrom und maximal zulässiger Durchlaßspannung, unterscheidet man zwischen Kleinsignal- und Hochleistungsdioden. Wir benutzen vornehmlich die folgenden Silizium-Diodentypen:

Typ	max. Durchlaßstrom mA	Durchlaßspannung V	Sperrspannung V
1 N 4148	75 ... 150	$\approx 1,0$	75
1 N 914	75 ... 150	$\approx 1,0$	100
1 N 4001	1000	$\approx 1,3$	50
1 N 4002	1000	$\approx 1,3$	100
1 N 5400	3000	$\approx 1,1$	50
1 N 5401	3000	$\approx 1,1$	100
BYV 95 A	3000	$\approx 1,35$	200
BA 221	100 ... 200	$\approx 0,95$	30
R 250 A	6000	$\approx 1,35$	50
R 250 D	6000	$\approx 1,35$	200

Außerdem setzen wir im Modellbahnbereich noch folgende Spezialdioden ein: Zenerdioden, Leuchtdioden und Fotodioden.

Zenerdiode

Dieses auch als Z-Diode bezeichnete Bauteil ist eine Siliziumdiode mit einer speziellen Sperrkennliniencharakteristik. Z-Dioden werden in Sperrichtung betrieben. Im Durchlaßbereich verhalten sie sich wie normale Dioden ($U_D \approx 0,6 ... 0,7\,V$), siehe *Abb. 1.7*. Z-Dioden dienen meist zur Spannungsstabilisierung, da ab einer vorgegebenen Sperrspannung U_Z (Zenerspannung) ein Durchbruchstrom in den negativen Bereich einsetzt, der dafür sorgt, daß der Spannungsabfall an der Z-Diode konstant bleibt.

Der maximale Strom I_{Zmax} wird durch die zulässige Verlustleistung P_{tot} bestimmt, wobei man meist von der Gehäuseform auf die Leistung schließen kann.

$P_{tot} = U_z \cdot I_{Zmax}$

Der Index »tot« bei der Verlustleistung P bedeutet total und hat nichts mit Sterben im eigentlichen Sinne zu tun, obwohl das sehr treffend wäre, da ein Überschreiten des maximalen Zenerstromes unweigerlich zum Tod der Z-Diode führen würde.

Im Zenerbereich, spricht Arbeitsbereich der Z-Diode, hat eine große Stromänderung nur eine geringe Spannungsänderung an der Z-Diode zur Folge. Dies sehen wir uns bei den in Kapitel 3 beschriebenen Stabilisierungsschaltungen alles noch genauer an.

Die Zenerspannung U_z und der Katodenring sind auf dem Gehäuse abgedruckt, wobei für U_z hier auch ein Farbcode Verwendung finden kann. In unseren Schaltungen benutzen wir in der Regel Typen mit einer Verlustleistung von 400 mW. Für die Z-Diode ZF 5,6 mit $U_{Zmax} = 6,9$ V ergibt sich bei $P_{tot} = 400$ mW ein Maximalstrom von 58 mA durch die Z-Diode:

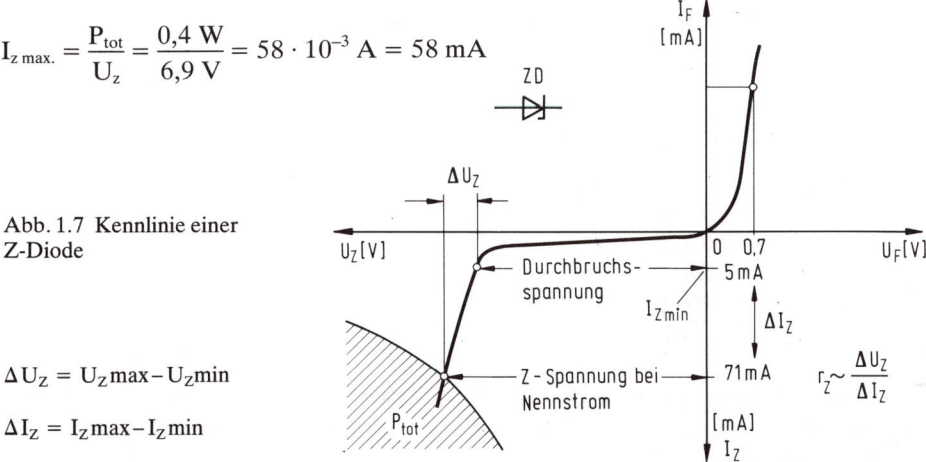

$$I_{z\,max.} = \frac{P_{tot}}{U_z} = \frac{0,4\ \text{W}}{6,9\ \text{V}} = 58 \cdot 10^{-3}\ \text{A} = 58\ \text{mA}$$

Abb. 1.7 Kennlinie einer Z-Diode

$\Delta U_Z = U_Z max - U_Z min$

$\Delta I_Z = I_Z max - I_Z min$

Zenerdioden gibt es im Spannungsbereich von 2,7 V ... 200 V, und zwar in der Abstufung nach IEC-Normreihe E 24, wobei Leistungsklassen in den Abstufungen 0,4 W; 0,5 W; 1,3 W; 1,5 W; 2,5 W; 12,5 W; 20 W usw. angeboten werden. Die Toleranz der Zenerspannung U_z beträgt bei den Z-Dioden in der Regel 5% (bei I_{Zmin} und $T_U = 25°$ C).

Leuchtdioden (LED = Licht emittierende Diode)

Leuchtdioden oder Luminiszensdioden werden in Durchlaßrichtung betrieben und erzeugen an ihrem pn-Übergang entsprechend dem verwendeten Halbleitermaterial (Galliumarsenid GaAs, Gallium Phosphit GaP, Galliumarsenit Phosphit GaAsP) bzw. der Dotierung (Zink Zn, Silizium Si, Stickstoff N) ein nahezu monochromatisches Licht in den z. Z. lieferbaren Farbtönen rot, gelb, orange, grün oder blau.

Als überschläglicher Rechenwert aus der Praxis kann für alle LEDs (außer Infrarot-LEDs) ein typischer Durchlaßstrom I_F von ca. 20 mA angesetzt werden (Idealwert 15...20 mA).

Da die meisten LEDs zudem ab ca. 2 mA ihre maximale Leuchtkraft erreicht haben, kommt eine Begrenzung von I_F auf 20 mA der Lebensdauer der LED zugute. Die Durchlaßspannung U_F darf jedoch auf keinen Fall überschritten werden, hier sollte der Wert des Herstellers genau eingehalten werden. Zu hohe Spannungen sind durch einen Vorwiderstand zu reduzieren, der in Reihe mit der LED geschaltet wird *(Abb. 1.8)* und sich folgendermaßen errechnet:

$$R_v = \frac{U_B - U_F}{I_F}$$

Die Vorwiderstände für die gebräuchlichsten Spannungen sind in der Tabelle bereits errechnet:

U_B	R_V	Belastbarkeit von R_V	
5 V	180 Ω	0,25	W
6 V	220 Ω	0,25	W
9 V	390 Ω	0,25	W
12 V	560 Ω	0,25	W
15 V	680 Ω	0,25	W
18 V	820 Ω	0,5	W
24 V	1200 Ω	0,5 ...1	W

Da LEDs durchschnittlich 100 000 Betriebsstunden (ca. 12 Jahre) leuchten und dabei nur einen geringen Stromverbrauch haben (typisch 20 mA), haben sie die Glühlampen in vielen Anwendungsfällen verdrängt.

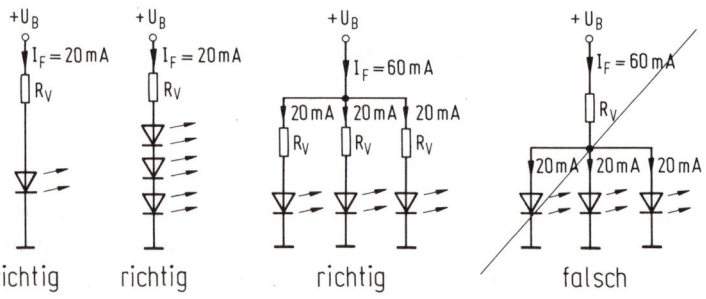

Abb. 1.8 LED-Anschaltung

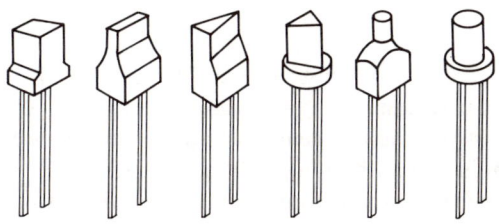
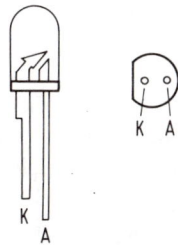

Abb. 1.9 LED-Bauformen

Abb. 1.10 LED-
Anschlußbelegung

LEDs gibt es in vielen Bauformen, Farben und Fabrikaten *(Abb. 1.9)*. Im Modellbahnbereich werden wir vornehmlich runde LEDs mit Durchmessern von 1...3 mm (Signale, Ampeln, Leuchtreklamen), aber auch rechteckige (Leuchtreklamen, Bahnsteiganzeige, Verkehrsschild) und pfeilförmige LEDs (Leuchtreklamen, Verkehrsschilder) einsetzen.

Die blauen LEDs sind z. Z. nur zu hohen Preisen erhältlich, so daß wir hier noch auf Mini-Glühlampen mit Blaufärbung angewiesen sind (Blinkleuchten in Einsatzfahrzeugen der Polizei und Feuerwehr).

Die Polarität einer LED können wir folgendermaßen feststellen *(Abb. 1.10)*:

1. An den unterschiedlich langen Anschlußbeinen
   (kurz = Katode = Minus, lang = Anode = Plus);
2. Abflachung am Gehäuse = Katodenanschluß.
3. Am inneren Aufbau (die LED gegen das Licht halten): Die größere Elektrode ist die Katode (Abb. 1.10).
4. Durch Ausprobieren: Ein Bein der LED über entsprechenden Vorwiderstand von 180Ω an Plus (max. 5 V − das ist meist die Sperrspannung) und das andere an Minus halten. Leuchtet die LED, ist am Minuspol die Katode. Leuchtet sie nicht, ist am Minuspol die Anode.

Bei Betrieb der LED an Wechselspannung ist zur LED eine Schutzdiode (1 N 4148) parallel oder in Reihe zu schalten, da die Sperrspannung der LED nur 4...5 V beträgt und sie ohne Schutz leicht zerstört würde *(Abb. 1.11)*.

LED-Sonderausführungen sind Duo- oder Zweifarben-LEDs und die blinkenden LEDs.

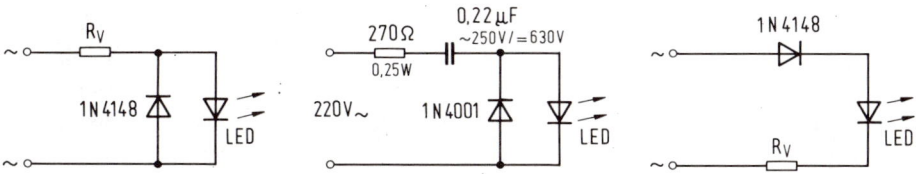

Abb. 1.11 Betrieb einer LED an Wechselspannung

LED-Displays

LED-Displays sind optoelektronische Anzeigeeinheiten aus mehreren Einzel-LEDs (7, 14 oder 16), mit denen Zahlen, Zeichen, Buchstaben und Symbole darstellbar sind. Wir unterscheiden hier ein- und mehrstellige Displays mit gemeinsamer Anode oder Katode und Ziffernhöhen zwischen 2,8...45 mm in den Farben rot, grün, gelb und orange.

Für die Spuren Z und N (ggf. HO) kommen nur Anzeigen mit Ziffernhöhen bis maximal 3,2 mm in Frage, damit der Maßstab stimmt. Nachfolgend hier einige Typen:

Typ	Symbolhöhe	Farbe	Beschreibung I_F mA U_F V	Hersteller
DL 330 M	2,8 mm	rot	7-Segment, 7 1,7 3 Digits gem. Katode	Siemens
DL 340 M	2,8 mm	rot	7-Segment, 5 1,7 4 Digits gem. Katode	Siemens
DL 440 M	3,8 mm	rot	7-Segment, 10 1,7 2 Digits gem. Katode	Siemens
MAN 3	3,2 mm	rot	7-Segment, 10 1,7 1 Digit gem. Katode	Monsanto
DL 1814	2,8 mm	rot	16-Segment, + 5 V*	Siemens

* 8stellig mit Speicher, Dekodierer und Treiber (alphanumerisch) 64 ASCII-Zeichen

Für die größeren Modellbahnbaureihen ab HO können dann auch Ziffernhöhen von 7 oder 10 mm eingesetzt werden, z. B. diese 7-Segment-Anzeigen:

Typ	Symbolhöhe	Farbe	I_F mA	U_F V	Hersteller
HD 1075 r	7 mm, A	rot	10	1,6	Siemens
HG 1075 g	7 mm, A	grün	15	1,9	Siemens
HD 1075 o	7 mm, A	orange	5	1,9	Siemens
HD 1077 r	7 mm, K	rot	10	1,6	Siemens
HG 1077 g	7 mm, K	grün	15	1,9	Siemens
HD 1075 o	7 mm, K	orange	5	1,9	Siemens
HD 1105 r	10 mm, A	rot	10	1,6	Siemens
HG 1105 g	10 mm, A	grün	17,5	1,9	Siemens
HD 1105 o	10 mm, A	orange	5	1,9	Siemens
HD 1107 r	10 mm, K	rot	10	1,6	Siemens
HG 1107 g	10 mm, K	grün	17,5	1,9	Siemens
HD 1107 o	10 mm, K	orange	5	1,9	Siemens

K = gemeinsame Katode, A = gemeinsame Anode

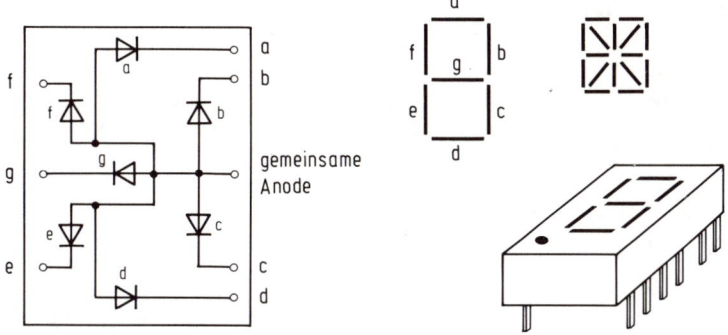

Bei Anzeigen mit gemeinsamer Katode sind die
LEDs a⋯f mit umgekehrter Polarität eingebaut

Abb. 1.12 Siebensegmentanzeige

Den Aufbau einiger Anzeigen zeigt *Abb. 1.12.* Zur Ansteuerung der Anzeigen sind entsprechende Treiber (meist noch mit BCD zu Siebensegment-Dekoder) einzusetzen, z. B. TTL-Bausteine 7447 (gemeinsame Anode), 7448 oder MOS-ICs 4026 (gemeinsame Katode), 4543, 4544, 4547, 4558. Die einzelnen LEDs müssen zudem in der Regel noch einen entsprechend dimensionierten Vorwiderstand erhalten.

Fotodioden

Bei diesen Halbleiterdioden wird die pn-Grenzschicht auf der Oberfläche des Halbleiter-plättchens erzeugt und durch eine Glaslinse belichtet, so daß die Sperrströme proportional zur Beleuchtungsstärke anwachsen. Der Effekt ist bei Germanium stärker ausgeprägt als bei Silizium. Fotodioden stellt man daher meist aus Germanium her, sie werden in Sperrichtung betrieben und benötigen wegen der geringen Sperrströme (einige μA) stets einen entsprechenden Verstärker.

Wir verwenden Fotodioden in Lichtschranken u. ä., und zwar die Typen BPW 32, BPW 34, BP 104, BPX 63, BPW 43, SFH 409 (IR), SFH 205 (IR), SFH 400 (IR), LD 261 (IR) usw.

Brückengleichrichter

Vier in Graetz- oder Brückenschaltung zusammengefaßte Einzeldioden in einem Gehäuse erhalten die Bezeichnung Brückengleichrichter *(Abb. 1.13).* Aus der Typisierung ist die maximale Anschlußspannung und der Dauerstrom ersichtlich. Die Bezeichnung B 40 C 3700/2200 eines Brückengleichrichters bedeutet:

B   = Brückenschaltung
40   = Anschlußspannung maximal 40 V
C   = Für kapazitive Last geeignet
2200 = Dauergleichstrom bei freiem Aufbau 2200 mA effektiv
3700 = Dauergleichstrom gekühlt (Chassismontage) 3700 mA effektiv

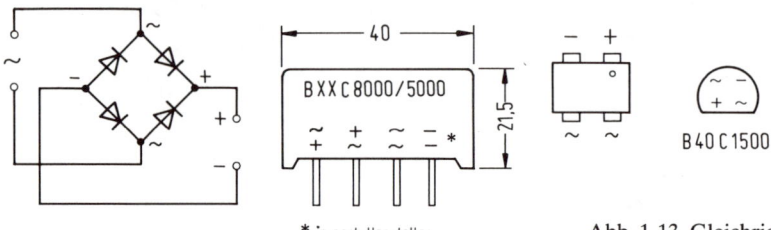

* je nach Hersteller   Abb. 1.13 Gleichrichter-Bauformen

In unseren Schaltungen benötigen wir maximal eine Anschlußspannung von 40 V und in der Regel einen Strom unter 1 A pro Schaltung, so daß wir mit der normalen Rundbrückengleichrichterschaltung B 40 C 1500 auskommen (Abb. 1.13). Erfolgt jedoch die Versorgung mehrerer Schaltungen aus einem Netzteil oder bauen wir Fahrpultschaltungen auf, so benötigen wir Gleichrichter die höhere Ströme vertragen z. B.: B 40 C 3700/2200 oder B 40 C 5000/3300.

1.2.4 Transistoren

Symbolisch kann man den bipolaren Transistor als Kombination von zwei Diodenstrecken betrachten. Er gehört also ebenfalls zu den Halbleitern. Nach dem Aufbau der drei Leitungszonen unterscheiden wir NPN- und PNP-Transistoren. Der Transistor gehört zu den aktiven Bauelementen, so daß der Vergleich mit den zwei Dioden etwas »hinkt«. Die Verstärkungswirkung ergibt sich nämlich nur, wenn die mittlere Zone äußerst dünn ist und für beide Diodenstrecken gemeinsam wirkt. Jede der drei Halbleiterzonen erhält einen eigenen Anschluß. Die Bezeichnungen lauten Kollektor C, Basis B, und Emitter E *(Abb. 1.14)*.

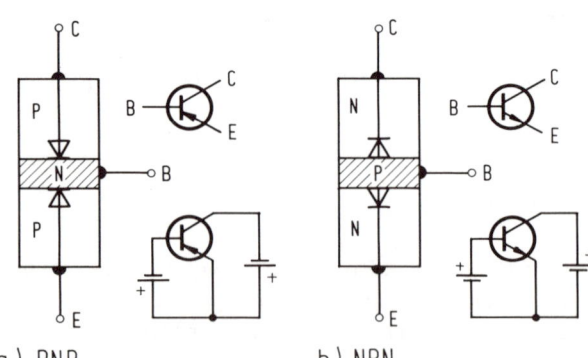

Abb. 1.14 a) Zonenfolge des
PNP-Transistors
b) Zonenfolge des NPN-
Transistors

a) PNP   b) NPN

Als Halbleitermaterial für unsere Anwendungen dient hauptsächlich Silizium, wobei wir folgende Gehäuseformen *(Abb. 1.15)* antreffen können:

Metallgehäuse   TO-18   z. B. BC 107, BC 108, BC 109, BC 177
Plastikgehäuse   TO-92
oder   SOT-54 z. B. BC 547, BC 549, BC 559, BC 560
Metallgehäuse   TO-39   z. B. BC 140, BC 160, 2N1613, 2N2905
Metallgehäuse   TO-3   z. B. BD 130, BD 183, 2N3055, BDX 18
Plastikgehäuse   TO-126 z. B. BD 675, BD 677
Plastikgehäuse   SOT-32 z. B. BD 131, BD 135...BD 138, BD 140

Aus der Typenbezeichnung der deutschen Transistoren kann man Rückschlüsse auf Halbleiterwerkstoff und Anwendungsbereich ziehen. 1. Buchstabe = Halbleiterwerkstoff (A = Germanium, B = Silizium); 2. Buchstabe = Anwendungsbereich (C = Nf-Bereich, D = Nf-Bereich, höhere Verlustleistung 1...70 W); 3. Buchstabe = Verstärkungsfaktor (A $\triangleq \beta \approx$ 120...260, B $\triangleq \beta \approx$ 240...500, C $\triangleq$ 450...900).

Die amerikanischen Typen sind nur nach Diode 1N... oder Transistor 2N... unterschieden, wobei anhand von Vergleichstabellen der deutsche Ersatztyp zu ermitteln ist. Das »Arbeitspferd« der Elektronik, der 2 N 3055 (Vergleichstyp BD 130), und sein kleinerer Bruder, der 2 N 1613 (Vergleichstyp BC 140), sind zudem überall erhältlich.

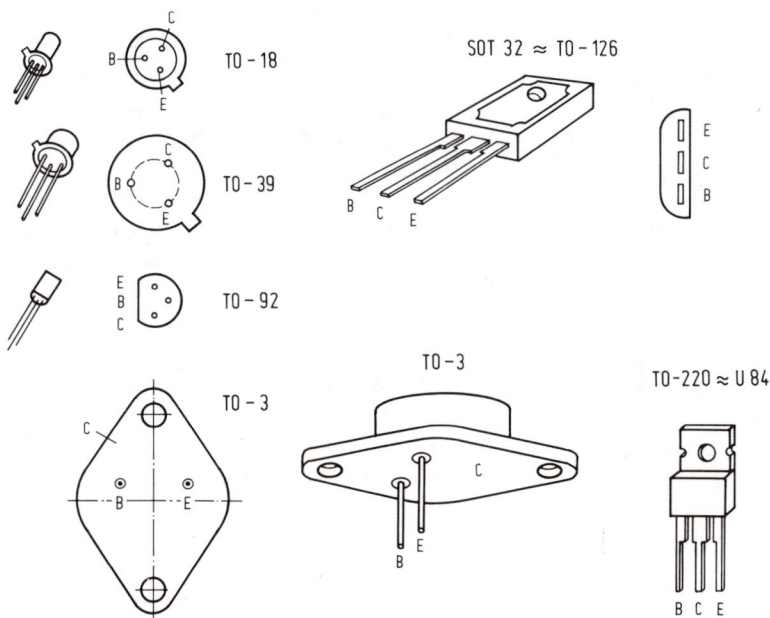

Abb. 1.15 Transistor-Bauformen

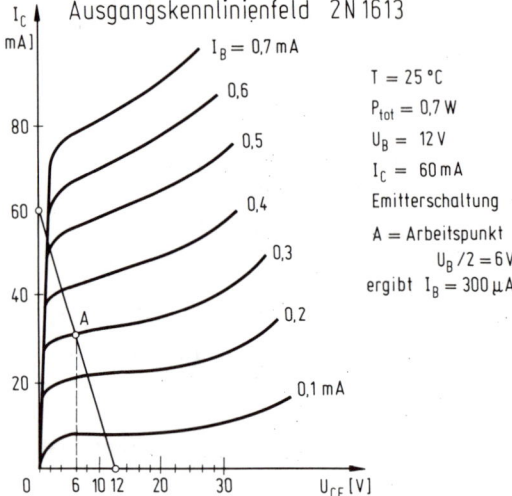

Abb. 1.16 Typische Transistorkennlinie

Zur Überprüfung eines Transistors kann zur ersten Kontrolle eine Gleichstrommessung mit dem Ohmmesser dienen. Die Messungen sind wie folgt durchzuführen:

Meßgerät		NPN-Transistor	PNP Transistor
Pluspol	Minuspol	Meßergebnis	Meßergebnis
Basis	Emitter	niederohmig 15...30 Ω	hochohmig $\approx \infty$
Basis	Kollektor	niederohmig 15...30 Ω	hochohmig $\approx \infty$
Emitter	Basis	hochohmig $\approx \infty$	niederohmig 15...30 Ω
Kollektor	Basis	hochohmig $\approx \infty$	niederohmig 15...30 Ω
Kollektor	Emitter	hochohmig $\approx \infty$	hochohmig $\approx \infty$
Emitter	Kollektor	hochohmig $\approx \infty$	hochohmig $\approx \infty$

Sind alle Messungen durchgeführt und die angegebenen Werte erreicht worden, ist der Transistor gleichspannungsmäßig in Ordnung und wir wissen, ob es ein NPN- oder ein PNP-Typ ist.

Alle weiteren wichtigen Informationen über den Transistor sind den Kennlinien und Angaben der Datenbücher des Herstellers zu entnehmen. Eine vereinfachte Kennlinie mit den wichtigsten Parametern ist in *Abb. 1.16* zu sehen und einige der wichtigsten Silizium-Transistoren zeigt die nachfolgende Tabelle:

Transistortyp	IC [mA]	P_{tot} [mW]	U_{CE} [V]	Schichten	Gehäuse
BC 546	100	500	65	NPN	TO–92
BC 547	100	500	45	NPN	TO–92
BC 548	100	500	30	NPN	TO–92
BC 556	100	500	65	PNP	TO–92
BC 557	100	500	45	PNP	TO–92
BC 558	100	500	30	PNP	TO–92
BC 107	100	300	45	NPN	TO–18
BC 108	100	300	25	NPN	TO–18
BC 109	100	300	20	NPN	TO–18
BC 177	100	300	45	PNP	TO–18
BC 178	100	300	25	PNP	TO–18
BC 179	100	300	20	PNP	TO–18
BC 140 (2N1613)	1 000	800…3000	40	NPN	TO–39
BC 160 (2N2905)	1 000	800…3000	40	PNP	TO–39
BD 130 (2N3055)	15 000	100 000 (117 W)	60	NPN	TO–3
BDX 18	15 000	117 000	60	PNP	TO–3
BD 131	3 000	15 000	45	NPN	TO–126
BD 132	3 000	15 000	45	PNP	TO–126
BD 135	1 000	8 000	45	NPN	TO–126
BD 137	1 000	8 000	60	NPN	TO–126
BD 139	1 000	8 000	100	NPN	TO–126
BD 136	1 000	8 000	45	PNP	TO–126
BD 138	1 000	8 000	60	PNP	TO–126
BD 140	1 000	8 000	100	PNP	TO–126

Die Tabelle zeigt nur einen kleinen Ausschnitt, enthält aber viele der Typen, die wir in unseren Schaltungen verwenden.

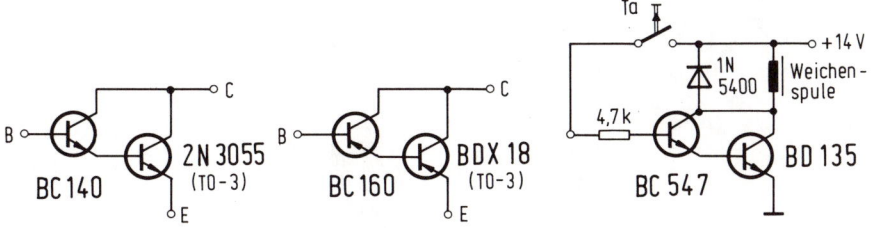

Abb. 1.17 Darlingtonstufen (NPN, PNP, NPN mit Weichenschaltung)

Darlingtonschaltungen

Durch Hintereinanderschaltung zweier oder mehrerer Transistorsysteme gleicher Zonen-folge (NPN oder PNP) erhält man eine Darlington- oder auch Kaskadenschaltung, die einen hohen Eingangswiderstand, eine große Stromverstärkung und einen niedrigen Ausgangswiderstand aufweist *(Abb. 1.17)*. Darlingtonstufen sind auch in einem Gehäuse erhältlich:

Typ	I_C [A]	P_{tot} [W]	Zonenfolge	Gehäuse
BD 643	8 ... 12	62,5	NPN, Si	TO–220
BD 644	8 ... 12	62,5	PNP, Si	TO–220
BD 645	8 ... 12	62,5	NPN, Si	TO–220
BD 646	8 ... 12	62,5	PNP, Si	TO–220
BD 675	4	40	NPN, Si	SOT–32
BD 676	4	40	PNP, Si	SOT–32
BD 677	4	40	NPN, Si	SOT–32
BD 678	4	40	PNP, Si	SOT–32
BD 679	4	40	NPN, Si	SOT–32
BD 680	4	40	PNP, Si	SOT–32
BD 697	8	70	NPN, Si	X–104
BD 698	8	70	PNP, Si	X–104

Die Liste wäre noch beliebig erweiterbar, aber die aufgeführten Typen sollen uns reichen. In den zusammengefaßten Darlingtonstufen sind gleichzeitig noch Schutzdioden

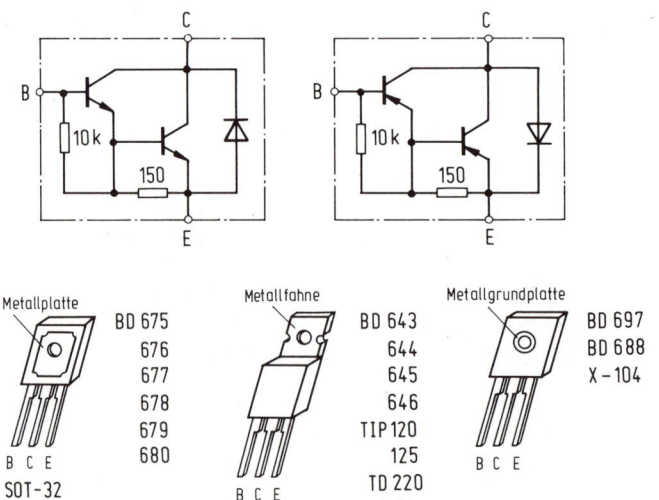

Abb. 1.18 Integrierte Darlingtonstufen mit Anschlußbildern

und Schutzwiderstände mit integriert (Abb. 1.18), trotzdem hat das IC auch nur drei Anschlüsse (Basis, Emitter, Kollektor). Die Gesamtverstärkung der zweistufigen Darlingstonschaltung ergibt sich zu β ges. $\approx \beta_1 \cdot \beta_2$

Wir werden diese Stufen bei Fahrpulten, Anfahr- und Bremsschaltungen u. ä. wo hohe Ströme nötig sind, wiedersehen.

Feldeffekttransistoren

Feldeffekttransistoren, kurz FET genannt, sind aktive Halbleiterbauelemente aus Silizium, die nahezu leistungslos nur mit Spannungssteuerung (elektrischen Feldern) arbeiten. FETs verbrauchen also im Gegensatz zum bipolaren Transistor kaum Steuerleistung, da nur der äußerst geringe Sperrstrom fließt. FETs weisen einen hohen Eingangswiderstand auf.

Die drei Anschlußelektroden des FETs werden mit Source (Quelle), Gate (Gatter, Tor) und Drain (Abfluß) bezeichnet. Ein vierter Anschluß (soweit vorhanden) trägt die Bezeichnung Bulk (Substrat). Beim bipolaren Transistor entspricht E = S, B = G und C = D. Auf die einzelnen Funktionsweisen und Zusammenhänge soll hier nicht weiter eingegangen sein, das sei speziellen Fachbüchern vorbehalten.

Als FET finden wir in diesem Buch nur den N-Kanal-Sperrschicht-FET BF 245, BF 256 bzw. den Ersatztyp 2 N 3819 *(Abb. 1.19)*. Wir setzen ihn als steuerbaren Widerstand ein *(Abb. 1.20)*, hierbei ist zu beachten, daß der FET eine negative Sperrspannung U_P (pinch off voltage) oder auch Abschnürspannung benötigt, die den Source- bzw. Drainstrom auf Null absenkt. U_P ist betriebsspannungs- und exemplarabhängig und liegt bei U_B von + 15 V bei ca. -1 V ... -8 V.

Abb. 1.19 FET – Feldeffekttransistor

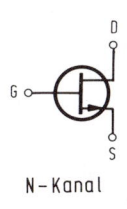
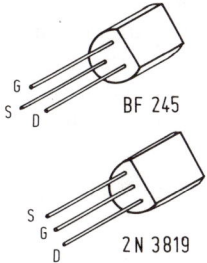

N–Kanal

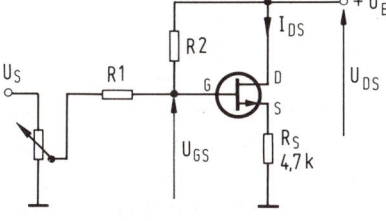

R1 ~ R2 = hochohmig 100 kΩ ···4,7 MΩ

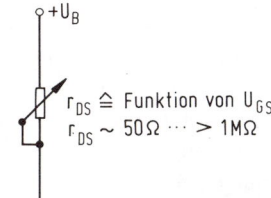

Abb. 1.20 FET in Drainschaltung als steuerbarer Widerstand

Der daraus resultierende Widerstand der Drain-Sourcestrecke r_{DS} ergibt sich zu:
$r_{DS} =$

$$\frac{U_P}{2 \cdot I_{DS} \left(1 - \dfrac{U_{GS}}{U_P}\right)}$$

I_{DS} liegt zwischen 5 . . . 25 mA je nach FET-Exemplar. Bei $U_{GS} = O$ ergibt sich der kleinste Widerstand r_{DS}:

$$r_{DS} = \frac{U_P}{2 \cdot I_D}$$

Die Steilheit S beträgt in jedem Falle:

$$S = \frac{\Delta I_D}{\Delta U_{GS}}$$

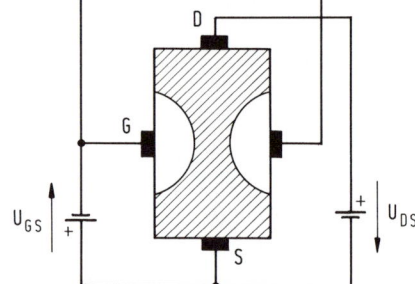

Abb. 1.21 Aufbau eines FET

Je negativer U_{GS} jedoch wird, um so mehr schrumpft der Kanal zusammen und zwar bis die Abschnürspannung U_P erreicht ist und kein Drainstrom I_{DS} mehr fließt *(Abb. 1.21)*.

Der Stromfluß von I_{DS} ist somit stark von der Kanalbreite und der Steuerspannung U_{GS} abhängig. Der Widerstand r_{DS} wird mit steigender Spannung U_{GS} immer größer, um schließlich bei U_P gegen unendlich zu gehen.

Unijunktion-Transistoren (UIT)

UITs sind Silizium-Halbleiter, die im Gegensatz zum bipolaren Transistor jedoch nur eine pn-Grenzschicht haben. Beim UIT wird in ein n-leitendes Siliziumstäbchen (bildet 2 Basisanschlüsse) eine kleine p-leitende Zone als Emitter eingebracht. Ein Kollektor fehlt. Der UIT stellt also eine steuerbare Schaltdiode mit einer negativen Widerstandskennlinie dar.

Im Ersatzschaltbild *(Abb. 1.22)* ist die Diodenstrecke zu erkennen, die das Halbleitermaterial zwischen B2 und B1, das einen Widerstand zwischen 5 . . .10 kΩ aufweist, in zwei Widerstände (Spannungsteiler) teilt. Der UIT wird hauptsächlich für Oszillatorschaltungen benutzt, vornehmlich für Sägezahngeneratoren *(Abb. 1.23)*.

Legen wir an B2 Pluspotential und an B1 Minuspotential, so muß an E eine Spannung von mindestens 0,6 V über dem Potential an B1 angelegt werden, damit der UIT arbeitet.

Die in Abb. 1.23 wiedergegebene Schaltung funktioniert folgendermaßen:

Mit Anschalten der Betriebsspannung lädt sich C auf, bis die Zündspannung U_Z erreicht ist und der UIT durchschaltet. C entlädt sich nun über die Diode, den internen R_{B1} und R1 gegen Masse. Je niederohmiger diese Strecke ist, um so schneller geht die Entladung. Wenn die Zündspannung unterschritten wird, sperrt der UIT wieder, und der Vorgang beginnt von vorn. Beim Laden bzw. Entladen entsteht eine sägeförmige Spannung, deren Frequenz von R, C, und R1 sowie dem internen Spannungsteiler des UIT abhängt.

Abb. 1.22 Aufbau eines UIT

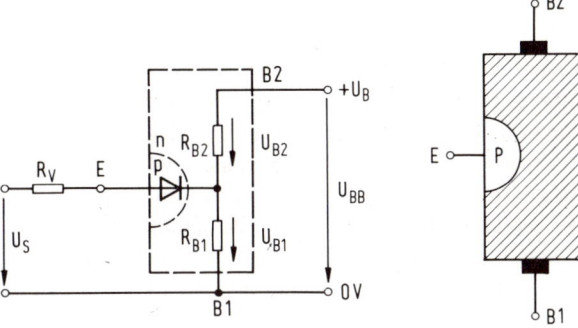

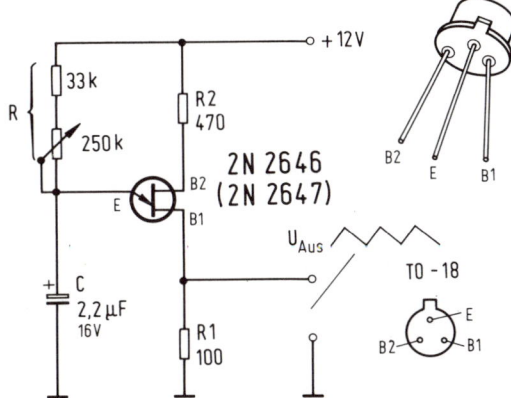

Abb. 1.23 Sägezahngenerator mit einem UIT

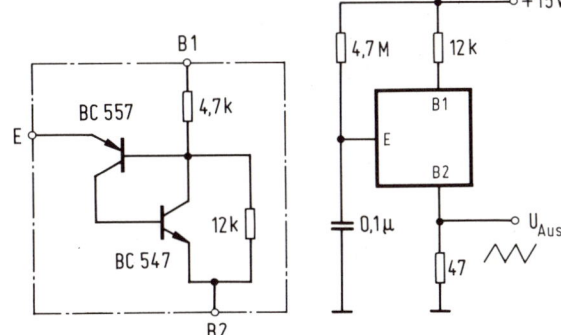

Abb. 1.24 Transistorersatz für einen UIT

R kann Werte zwischen 1 K...500 k und C kann Werte zwischen 10 n...10 μ annehmen. Funktioniert die Schaltung nicht, so wurde ein falsches Werteverhältnis der Bauteile zueinander gewählt, so daß die Zündspannung nicht erreicht wird.

Wenn ein UIT schwierig zu beschaffen ist, kann eine Kombination aus einem NPN- und einem PNP-Transistor nach *Abb. 1.24* diesen ersetzen.

Fototransistor

Beim Fototransistor wird die in Sperrichtung betriebene Kollektordiode als Fotodiode bei offener Basis eingesetzt. Ist die Diode unbeleuchtet, fließt ein kleiner Reststrom, der mit zunehmender Belichtung mit linearer Kennlinie sehr stark ansteigt.

Fototransistoren finden wir meist in Metallgehäusen TO 18 mit einem eingelassenen lichtdurchlässigen Fenster an der Stirnseite. Sie sind meist aus Silizium mit der Zonenfolge NPN und haben in der Regel 2 Anschlußbeine (C und E), da der Lichteinfall die Basis ansteuert. Bei einigen Typen (BPY 62 von Siemens z. B.) ist auch die Basis herausgeführt, so daß hier zusätzliche Steuerungen erfolgen können (z. B. Selbsthaltung nach Durchsteuerung durch einen Lichtblitz).

Wir setzen Fototransistoren in Lichtschranken ein und können unter den angegebenen Typen wählen: BPW 16, BPW 40, BPX 81, BPX 99 (Darlingtonstufe), BPY 62, SFH 305, BP 103 B.

1.2.5 Optokoppler

Optoelektronische Koppelelemente bestehen aus einer Kombination von LED und Fototransistor in einem lichtdichten Gehäuse. Innerhalb des Gehäuses erfolgt der Transport des Lichtstrahls durch einen Lichtleiter.

Wird die LED angesteuert, sendet sie einen, dem Eingangssignal proportionalen Lichtstrahl zum Transistor (Basis), dessen Ausgangsstrom dann zu diesem wieder und damit zum Eingangsstrom proportional ist. Optokoppler werden zur galvanischen Trennung von Stromkreisen mit unterschiedlichen Potentialen eingesetzt, da sie einen hohen Isolationswiderstand zwischen Ein- und Ausgang aufweisen.

Einige Typen sind in *Abb. 1.25* zu sehen. Die wichtigsten Daten enthält die folgende Tabelle:

Optokoppler Typ	Ausgangs- strom I_C [mA]	U_{CEO} [V]	P_{tot} [mW]	Übertragungs- verhältnis I_C/I_F (in %)	Isolier- spannung [V]
CNY 17-1	100	70	150	40...80	4 400
CNY 21	50	32	120	60	10 000*
4 N 35	100	30	300	100	3 550
SFH 600-0	100	70	150	40...80	2 800
SU 25	50	20	250	40	2 500
4 N 25	100	30	300	20	2 500
TIL 111	50	30	150	12	1 500
SFH 601-2	100	70	150	63...125	5 300
SFH 610-1	50	70	150	40...80	2 800
ILD-74	500 (U_{CE} = 5V)	20	150	12,5	1 500
SFH 600-2	100	70	150	100...200	2 800

* VDE-Gütezeichen

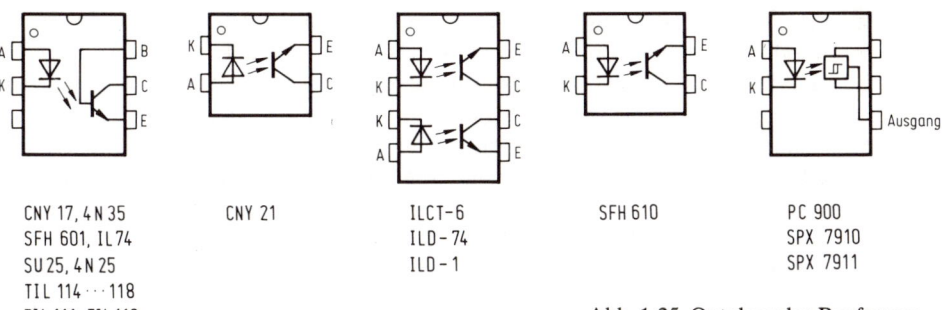

CNY 17, 4N 35	CNY 21	ILCT-6	SFH 610	PC 900
SFH 601, IL74		ILD-74		SPX 7910
SU 25, 4N 25		ILD-1		SPX 7911
TIL 114···118				
TIL 111, TIL 112				

Abb. 1.25 Optokoppler-Bauformen

Die Durchlaßspannung U_F der Sende-LED beträgt 1,25...1,6 V bei einem Strom I_F von 50 mA. Der Durchlaßstrom I_F kann maximal 60 mA bzw. 80 mA (4 N 25) betragen. Die Sperrspannung U_R der LED liegt bei ca. 6 V.

Im Modellbahnbereich bieten sich Optokoppler immer dann an, wenn eine galvanische Trennung sinnvoll erscheint, z. B. bei der elektronischen Steuerung eines Elektromotors (Lokmotor, Schrankenantrieb), der zwangsläufig durch seine Bauweise ein potentieller Störimpulserzeuger ist.

1.2.6 Thyristoren (SCR = Silicon Controlled Rectifier)

Thyristoren sind Halbleiter-Vierschichtdioden aus Silizium, *(Abb. 1.26)* die über einen Steuereingang (G = Gate, Tor, Gatter) durch eine positive Spannung (meist Impulse) gezündet, d. h. durchgeschaltet werden können (Abb. 1.27). Thyristoren werden als Schalter für größere Leistungen eingesetzt, wobei kleine Steuerleistungen (2...3 V, 15...40 mA ≙ 30...120 mW) ausreichen. Thyristoren arbeiten im Gleich- wie auch im Wechselstromkreis. In Durchlaßrichtung (A an positives Potential, K an 0 Volt (Minus) läßt der Thyristor nach der Zündung den Strom von der Anode zur Katode fließen. Nach

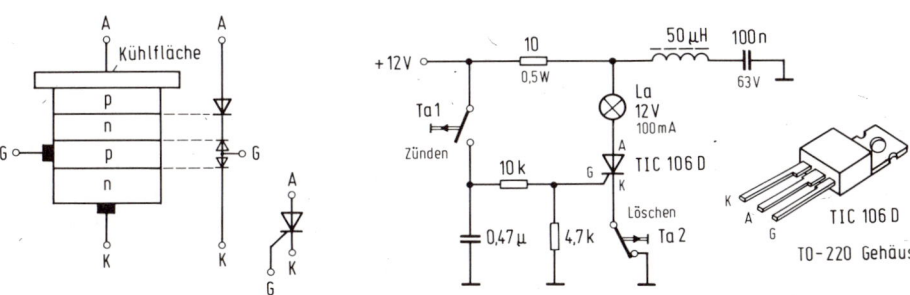

Abb. 1.26 Aufbau des Thyristors   Abb. 1.27 Thyristorsteuerschaltung – Prinzip

der Zündung ist kein Gatestrom mehr nötig. Der Thyristor leitet solange, wie der Strom von der Anode zur Katode den Haltestrom nicht unterschreitet. Erst danach sperrt der Thyristor wieder und verhindert die Stromzufuhr zum Verbraucher. Beim Wechselspannungsbetrieb erfolgt diese Unterbrechung der Stromzufuhr bei jedem Nulldurchgang der Wechselspannung. Diese Variante machen wir uns bei der Schaltung von Weichenantrieben zu Nutze, um sie vor dem »Durchschmoren« bei Dauerspannung zu schützen, sie erhalten so nur einen kurzen Schaltimpuls.

Eine einfache Schaltung zum Kennenlernen des Thyristors ist in *Abb. 1.27* wiedergegeben. Wird die Betriebsspannung (+ 12 V) angelegt, bleibt die Lampe solange dunkel, bis Taste T1 gedrückt wird und der Thyristor zündet. Der 10-kΩ-Widerstand am Gate begrenzt dabei den Gatestrom auf ca. 0,5 A. Taste T1 kann danach wieder losgelassen werden. Die Lampe leuchtet weiter, und zwar bis die Taste T2 den Stromzufluß unterbricht. Der Thyristor sperrt wieder. Auch ohne Unterbrechung der Stromzufuhr kann der Thyristor gesperrt werden *(Abb. 1.28)*. Wir nehmen dazu einen Elektrolytkondensator von ca. 10 μF/25 V, der sich bei Drücken von Taste T1 über den 10-kΩ-Widerstand und die niederohmige Anoden-Katodenstrecke auflädt und sich bei gedrückter Taste T2 über die Lampe wieder entlädt. Der Entladestrom ist dabei dem Thyristorstrom entgegengerichtet, so daß der Laststrom unter den Wert des Haltestroms sinkt und der Thyristor sperrt. Praktische Anwendungen des Thyristors sind Phasenanschnittsteuerungen *(Abb. 1.29)*, Kurzschlußsicherungen, Wechselspannungsschalter u. ä. Wir benutzen Thyristoren in Fahrpulten und zum Schalten von Weichen.

Einen Nachteil haben Thyristorschaltungen: Beim Zünden entstehen Störimpulse, die den Rundfunk- und Fernsehempfang stören können (knistern, Linien im Fernsehbild usw.). Abhilfe schafft hier ein RC- oder LC-Glied parallel zum Thyristor (wie in Abb. 1.29). Die Werte der Teile sind: R = 100 Ω, ½ W; C = 100 nF, Spannungsfestigkeit nach verwendeter Betriebsspannung; L ≈ 50 μH...200 μH, Entstördrossel auf Ferritkern, ausreichend für den maximal zulässigen Laststrom (z. B. 2A).

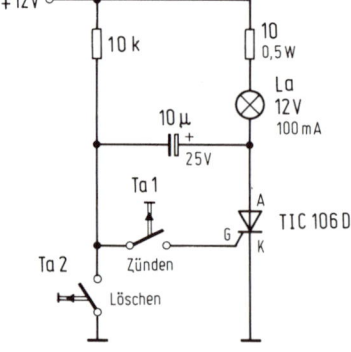

Abb. 1.28 Thyristorsteuerschaltung ohne Unterbrechung der Stromzufuhr

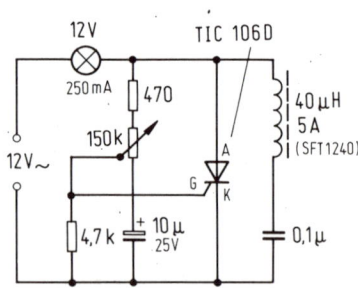

Abb. 1.29 Phasenanschnittsteuerung mit Thyristor

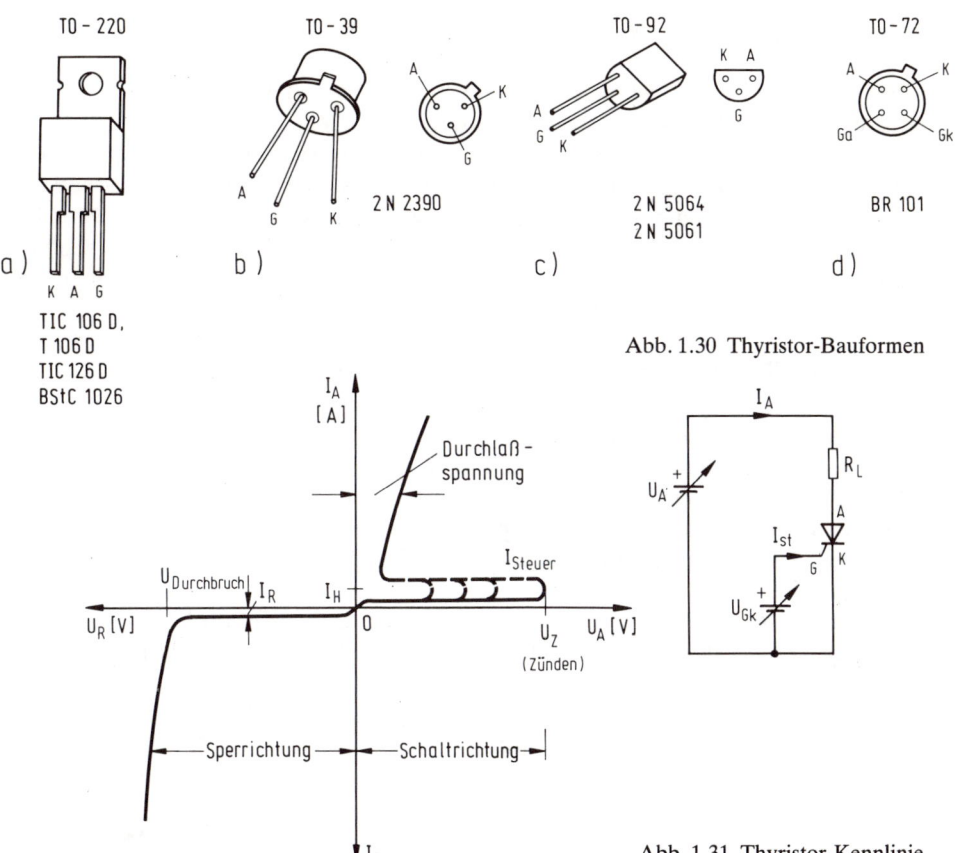

Abb. 1.30 Thyristor-Bauformen

Abb. 1.31 Thyristor-Kennlinie

Unter der Vielzahl von lieferbaren Thyristoren kommen für unsere Zwecke u.a. folgende in Frage:

Typ	Sperr- spannung V	Dauerstrom A	Haltestrom mA	Trigger- strom mA	Gehäuse/ Hersteller	
TIC 106 D	400	3,2 ... 5	5 ... 8	0,2	RCA	1,30 a
T 106 D	400	3,2 ... 5	8	0,2	NEC	1,30 a
TIC 126 D	400	7,5 ... 12	40	20	TEXAS	1,30 a
2 N 2329	400	15	2	0,2	Valvo	1,30 b
BSTC 1026	400	6	80	25	Siemens	1,30 a
TLS 107-4	400	4	8	0,2	Ersatz T 106 D	

Zur Vervollständigung der Angaben zeigt *Abb. 1.31* den typischen Verlauf der Kennlinie. Im übrigen sei auf die Fachliteratur hingewiesen [15].

1.2.7 Diac (Diode AC Switch = Dioden-Wechselstromschalter)

Schalten wir zwei Vierschichtdioden (besser zwei Z-Dioden) antiparallel zusammen, so erhalten wir einen Diac – eine sogenannte Dreischichtdiode.

Die Kennlinie *(Abb. 1.32)* entspricht der des Triac (siehe nächstes Kapitel) ohne Steuerspannungsanschluß. Ab einer bestimmten Kippspannung zündet der Diac und wird schlagartig niederohmig, und zwar in beiden Richtungen. Unterschreitet der Durchlaß-strom einen bestimmten Wert, sperrt der Diac wieder und unterbricht den Stromzufluß. Diac und Triac werden oft auch zu einem Bauteil in einem Gehäuse zusammengefaßt.

1.2.8 Triac (Triode AC Switch = Trioden-Wechselstromschalter)

Der Triac ist eine Vereinigung zweier antiparallelgeschalteter Thyristorenstrecken auf einem einzigen Siliziumkristall. Mit dem Triac kann man beide Halbwellen des Wechsel-stroms steuern und somit die volle Leistung ausnutzen *(Abb. 1.33)*.

Beim TRIAC gibt es keine bevorzugte Stromrichtung, so daß es keine Anode oder Katode neben dem Gate mehr gibt, sondern nur 2 Eingänge A 1 und A 2 und natürlich den Steueranschluß G.

Eine einfache Dimmer-Schaltung mit Triac und Diac zeigt *Abb. 1.34.* Über das Potentiometer P lädt sich der Kondensator C je nach Stellung des Schleifers von P

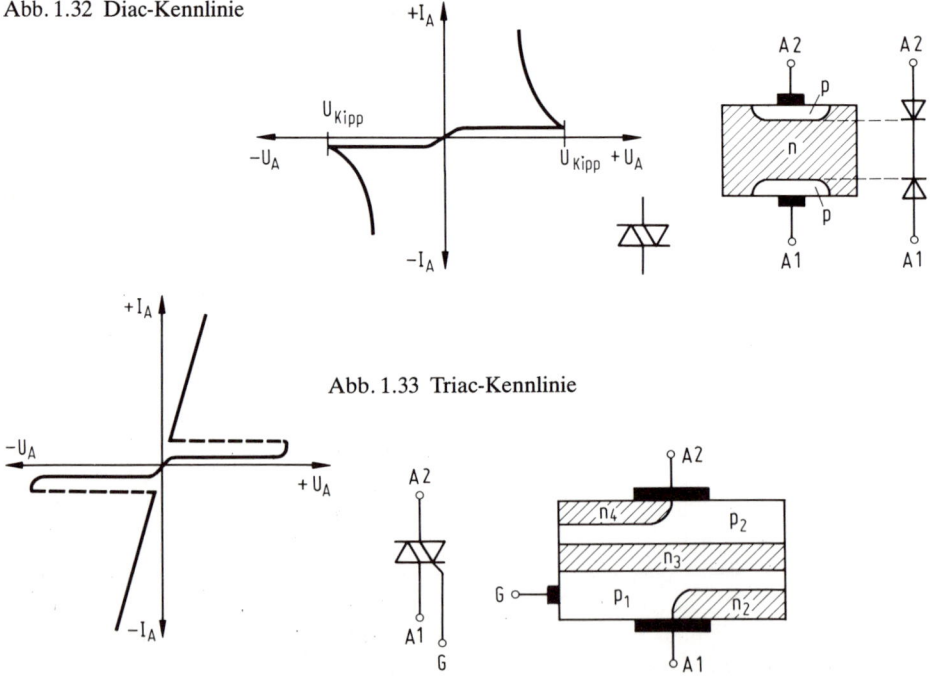

Abb. 1.32 Diac-Kennlinie

Abb. 1.33 Triac-Kennlinie

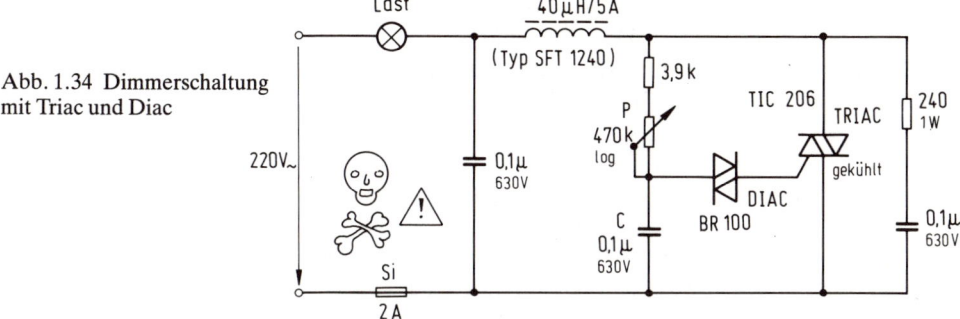

Abb. 1.34 Dimmerschaltung
mit Triac und Diac

langsamer oder schneller auf die Durchbruchspannung (25...30 V) des Diac auf und läßt dann den Gatestrom zum Triac fließen, der daraufhin zündet. C entlädt sich nun über G und A1 des Triac, der Durchlaßstrom durch den Diac sinkt unter den Mindestwert, und der Diac sperrt, wenn die Halbwelle durch O V geht. Das Spiel beginnt mit der nächsten Halbwelle von vorn. Wie wir sehen, können wir den DIAC nicht gebrauchen, da er erst ab 25...30 V durchschaltet und somit in Regionen arbeitet, die bei uns Modellbahnern selten vorkommen. Die gezeigte Schaltung eignet sich jedoch gut zur Regulierung der Geschwindigkeit einer 220-V-Bohrmaschine oder als Dämmerschaltung für den Hobbyraum (Abendstimmung und so!!). Doch Vorsicht: wir arbeiten hier an 220 V, wo bereits 50 mA tödlich sein können, wenn sie durch den Körper zum Herzen fließen. Deshalb keine spannungsführenden Bauteile und Drähte berühren, Schaltung in ein Kunststoffgehäuse ohne Schraubverbindungen nach Außen einbauen, Kunststoffachse für Potentiometer verwenden.

Zum Schluß wollen wir uns noch einige für uns interessante Triac-Typen ansehen (siehe auch *Abb. 1.35*):

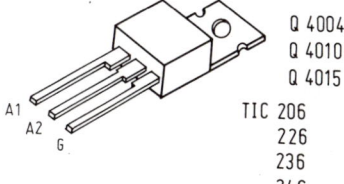

Q 4004
Q 4010
Q 4015

TIC 206
226
236
246

Abb. 1.35 Anschlüsse gebräuchlicher Triacs

Typ	Sperr-spannung V	Durchlaß-strom A	Halte-strom mA	Triggerstrom und Trigger-spannung	Gehäuse
TIC 206 D	400	3	30	5 mA/2 V	TO-220
TIC 226 D	400	8	60	50 mA/2,5 V	TO-220
TIC 236 D	400	12	50	50 mA/2,5 V	TO-220
TIC 246 D	400	16	50	50 mA/2,5 V	TO-220

Auch die im Versandhandel angebotenen Typen Q 4004 L 4 (400 V/4 A) Q 4010 L 4 (400 V/10A) und Q 4015 L 4 (400 V/15 A) im TO-220-Gehäuse mit einem Triggerstrom von ca. 25...50 mA sind geeignet. Nur sollte darauf geachtet werden, daß kein Diac (Triggerdiode) mit eingebaut ist (Bezeichnung lautet dann LT am Ende).

1.2.9 Integrierte Schaltkreise (IC = Integrated Circuit)

Durch Integration von Transistoren, Dioden, Widerständen und Kondensatoren auf einer Fläche aus Silizium von $1...10$ mm^2, in einem meist aus Kunststoff bestehendem Gehäuse, werden viele Einzelschaltungen platzsparend zu einer komplexen Schaltung zusammengefaßt und zu einer entsprechenden Anzahl von Anschlußstiften (engl. Pin) hin verdrahtet und herausgeführt. Abb. 1.36 zeigt so ein Bauteil. In diesem Buch wird die englische Bezeichnung »IC« verwandt.

Ohne Kenntnis der Innen- oder Außenbeschaltung sind ICs in der Regel wertlos, da durch Messungen kaum Aufschlüsse über das Innenleben möglich sind. Wenn auf dem IC eine Bezeichnung und ein Firmenzeichen aufgedruckt sind, kann vielleicht die nachfolgende *Tabelle 1.36a* weiterhelfen. Hier sind die wichtigsten Firmensymbole abgebildet, so daß man sich über den Hersteller bzw. Distributor Unterlagen über das unbekannte IC anfordern kann.

In diesem Buch lernen wir ICs für die vielfältigsten Aufgaben kennen.

Damit man bei den ICs weiß wo vorne und hinten ist, haben sie in der Regel eine Kerbe oder einen Punkt oben am Gehäuse, der den Stift 1 des ICs kennzeichnet, ihm gegenüber liegt immer der letzte Stift (z. B. 6, 4, 8, 14, 16 usw.).

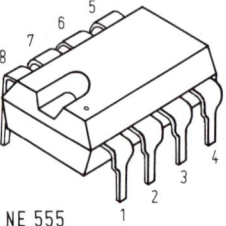

Abb. 1.36 IC-Aufbau (hier NE 555)

NE 555

1.2.10 Relais

Relais beinhalten einen Elektromagneten, der bei Stromdurchfluß ein Magnetfeld aufbaut, einen Anker aus Weicheisen anzieht und dadurch Kontakte betätigt. Diese Kontakte können wesentlich höhere Spannungen (z. B. ~ 220 V) als die Erregerspannung (z. B. $+ 12$ V) schalten. Relais gestatten daher eine vollkommen galvanische Trennung von Erreger- und Ausgangsschaltung. Die Kontakte können als Öffner, Schließer oder Umschalter ausgeführt sein *(Abb. 1.37)*.

Durch die Selbstinduktion steigt der Strom nach dem Einschalten der Betriebsspannung nach einer e-Funktion an, so daß das Relais erst nach einer gewissen Zeitverzögerung anzieht. Beim Ausschalten wirkt die EMK (Elektromotorische Kraft) entgegen gesetzt. Es entsteht eine hohe Selbstinduktions-Spannung. Daher muß in Elektronikschaltungen zur Relaisspule eine Freilaufdiode in Sperrichtung zum Kurzschließen dieser Induktions-

 FSC — Fairchild Camera
& Instrument Corp.

 GIC — General Instrument Corp.

 HITJ — Hitachi Ltd.

 MITJ — Mitusbishi Electric Co.

 MOTA — Motorola Semiconductor
Products

 NSC — National Semiconductor Corp.

 RCA — RCA Corporation

 SGAI — SGS-ATES Componenti
Elettronici

TII — Texas Instruments Inc.

TFK
Telefunken

Abb. 1.36a Firmensymbole auf Halbleiterprodukten

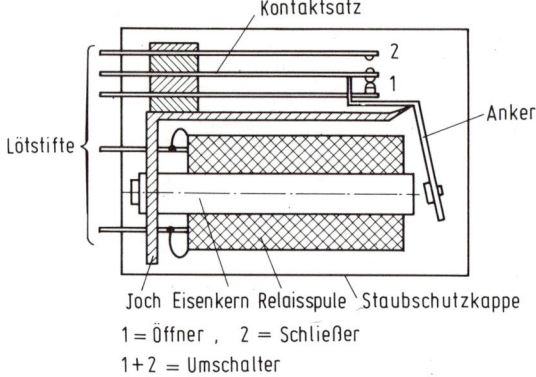

Abb. 1.37 Relaisaufbau

1 = Öffner , 2 = Schließer
1+2 = Umschalter

spannung parallelgeschaltet werden. Die Ansprechzeiten liegen bei ca. 10 ms, die Rückfallzeiten bei ca. 3 ms. Der Widerstand der Relaisspule beträgt zwischen 200 . . .2500 Ω. Die Kontakte sind in der Regel aus hauchvergoldetem Silber. In unseren Schaltungen benutzen wir Relais für Erregerspannungen von 6, 12 oder 24 V mit mono- oder bistabilem Verhalten. Relais mit bistabilem Schaltverhalten verharren in der geschalteten Lage auch bei Unterbrechung der Stromzufuhr (Impulssteuerung).

Auch in der Mikrocomputer-Technik haben Relais weiterhin ihre Berechtigung, da sie eine exakte Trennung von Steuerung und Elektronik gewährleisten, was mit elektronischen Bauteilen nicht oder nur mit größerem Aufwand möglich wäre (z. B. Steuerung von Antrieben oder Motoren).

Aufgrund der Miniaturisierung benötigen die Relais der heutigen Technik auch kaum mehr Platz als ein IC. Hier ein kurzer Auszug aus dem Programm der Firma SDS als Beispiel für den hohen Stand der Relaistechnik (siehe auch technischen Anhang):

Typ	Schaltverhalten	Kontaktbestückung	Maße (b · h · t) in mm
DS 2*	monostabil	2 Umschalter	20 · 9,3 · 9,9
DS 2-L 2*	bistabil	2 Umschalter	20 · 9,3 · 9,9
DS 4	monostabil	4 Umschalter	35,2 · 9,3 · 9,9
DS 4-L 2	bistabil	4 Umschalter	35,2 · 9,3 · 9,9
A 5-24 V	monostabil	1 Schließer	9,5 ∅ · 20

Relais im DIL-Gehäuse im Rastermaß 2,54 mm
* baugleich mit V 23024-A bzw. B von Siemens

Wer mehr Platz hat, kann aber auch die Normalausführung der Relais in stehender oder liegender Bauform zum Einlöten in die Platine einsetzen. Auch diese Relais gibt es für mittlere Schaltspannungen von 6, 12 oder 24 V, allerdings nur mit monostabilem Schaltverhalten. Neben SDS bieten u. a. die Firmen Rapa, Siemens und Schrack derartige Print-Relais an. Einige dieser Relais nachfolgend:

Typ/Baureihe	Firma	Kontakte	Maße in mm (b · h · t)
Kartenrelais V 23027A ...	Siemens	1 · UM	27,9 · 10,4 · 24,7
Kartenrelais V 23027B ...	Siemens	1 · UM	27,9 · 24,7 · 10,4
Kartenrelais V 23037A ...	Siemens	2 · UM	29,0 · 25,0 · 13,0
Kammrelais V 23154N ...	Siemens	1...4 · UM	30,0 · 30,0 · 19,0
Kartenrelais 011.5	Rapa	2 · UM	29,0 · 25,0 · 12,0
Kartenrelais 014	Rapa	1 · UM	28,0 · 25,0 · 10,6
Kartenrelais 015	Rapa	1 · UM	28,0 · 11,0 · 25,0

Die Liste könnte man noch seitenlang fortführen, doch wir wollten ja nur die Relais erwähnen, die wir auch brauchen. Teilweise kann man Relais günstig als Restposten (teilweise 2. Wahl) im Versandhandel erwerben. Allerdings sollte man in Zusammenhang mit Elektronikschaltungen möglichst nicht die 48iger Flachrelais einsetzen. Die sind nicht mehr Stand der Technik, vor allem im Hinblick auf den Platzbedarf und die Verstaubung. Wer jedoch noch eine Kiste davon hat – bitte! In *Abb. 1.38* sind einige Gehäuseformen von Relais zu sehen.

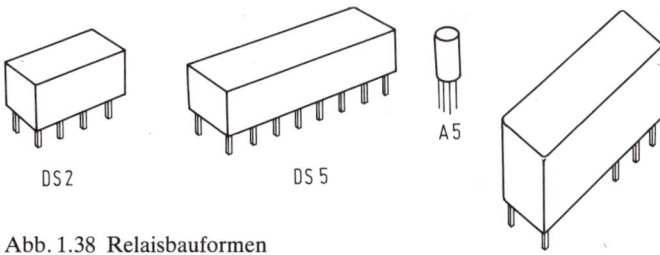

Abb. 1.38 Relaisbauformen

1.2.11 Schutzgas-Rohr-Kontakte (SRK), Reed-Relais

SRK oder Reed-Kontakte (engl. reed = Rohr oder Zunge) bestehen aus einem Glaskolben in dem Kontaktzungen aus ferromagnetischem Material (Nickel-Eisen-Legierung) eingeschmolzen sind. Die Kontaktzungen überlappen sich und bilden den eigentlichen Kontakt, wobei die Kontaktflächen vergoldet sind. Der Glaskolben ist mit einem Schutzgas (Stickstoff- Wasserstoffgemisch) gefüllt, um ein Verbrennen der Kontakte beim Schalten zu vermeiden.

Die Auslösung der Kontaktgabe erfolgt durch das Feld eines Dauermagneten, der über den Glaskolben geführt wird (z. B. unter der Lok befestigt).

SRK sind staub- und feuchtigkeitsgeschützt und haben bei Einhaltung der Grenzwerte eine Lebensdauer von mindestens 1 000 000 Schaltspielen. Von der Firma Herkat werden verschiedene Typen von SRK für alle gängigen Spurweiten, sowie die entsprechenden Magneten angeboten, aber auch Roko, Fleischmann und der Versandhandel liefern SRK.

SRK gibt es als Umschalter oder Schließer, wobei der maximale Schaltstrom über die Kontakte zwischen 0,8...2,5 A (je Typ unterschiedlich) bei einer Schaltleistung von 12...50 W betragen kann. Die Grenzwerte sind unbedingt einzuhalten. Die Schaltzeit beträgt ca. 0,5 ms (evtl. Schaltverstärker z. B. nach Abb. 3.36 a einsetzen).

Um einen Schaltvorgang anzulösen, müssen SRK und Auslösemagnet immer parallel zueinander stehen. Außerdem müssen Magnetgröße und Abstand (1,5...2,8 mm) zwischen Magnet und SRK stimmen, sonst erfolgt keine Auslösung. Größere Magnete können weitere Entfernungen überbrücken, lassen sich in den kleineren Baugrößen (Z, N) jedoch nicht unterbringen. Man sollte deshalb die im Fachhandel angebotenen zueinander passenden Teile erwerben oder in Versuchen die richtigen Werte empirisch ermitteln.

Umgibt man den SRK mit einer Spule und schickt Strom hindurch, so werden die Zungen ebenfalls magnetisch und ziehen sich an – wir haben damit ein Reed-Relais. Reed-Relais bietet ebenfalls die Firma SDS an, z. B. Typ A 5-24 V Ø 0,5 oder DA 1/2, DA 1b/2b im DIL-Gehäuse mit Schließern bzw. Öffnern (18,8 · 7,6 · 6,2 mm³).

SRK sind immer dann einzusetzen, wenn bestimmte Loks oder Wagen unterschiedliche Schaltvorgänge auslösen sollen oder wenn wir durch Impulse Steuerungen auslösen wollen.

1.2.12 Netztransformatoren

Transformatoren transformieren die überall im Haushalt an der Steckdose zur Verfügung stehende Netzwechselspannung von 220 V...250 V auf ungefährliche Spannungen z. B. zwischen 5...30 V (unser Arbeitsbereich) herunter, und zwar nach der Formel (für den idealen Transformator):

$$\ddot{U} = \frac{N_1}{N_2} = \frac{I_2}{I_1} = \frac{\sqrt{R_1}}{\sqrt{R_2}} = \frac{U_1}{U_2}, \quad \text{siehe auch dazu } \textit{Abb. 1.39.}$$

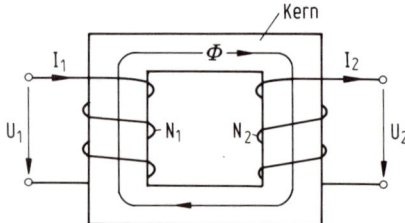

Abb. 1.39 Transformatoraufbau

$\eta = 1$ (ideal)	$\ddot{U}$ = Übersetzungsverhältnis
$P_1 = P_2$ (ideal)	N = Windungszahl
$P_2 = P_1 \cdot \eta$ (Praxis)	η = Wirkungsgrad

Der Transformator besteht aus einem gemeinsamen Eisenkern auf den 2 getrennte Wicklungen, die Primär- und die Sekundärwicklung mit der Windungszahl N1 und N2 aufgespult sind. Primär- wie Sekundärwicklung können dabei mehrere Anzapfungen für unterschiedliche Spannungswerte haben. Transformatoren haben einen Wirkungsgrad η von 75...95% (η = 0,75...0,95).

Nach ihren Kernformen werden u. a. folgende Typen unterschieden:
1. Kerntransformatoren mit M-, El- und Ul-Schnitt
2. Ringkerntransformatoren mit ringförmigem Eisenkern
3. Schnittbandkerntransformatoren mit einem oder zwei ovalen Eisenkernen
Außerdem gibt es noch besonders flache Transformatoren (z. B. von der Fa. Schaffer) und mit Gießharz vergosssene Transformatoren im Kunststoffgehäuse (z. B. von den Fa. Block oder Gerth). Beide Arten sind für Leiterplattenmontage vorgesehen.

Bei der Vielzahl der angebotenen Arten kann nach Preis und Leistung jeder seinen Transformator finden (daher hier keine Vorschläge), der die benötigten Strom- und Spannungswerte liefert. Der Stromwert des Transformators sollte mindestens gleich oder höher sein als der Strombedarf der Schaltung.

Transformatoren können jedoch nur Wechselspannungen oder wechselspannungsüberlagerte Gleichspannugnen, aber keine reinen Gleichspannungen transformieren.

Bei manchen Schaltungen benötigen wir einen Transformator mit sekundärer Mittelanzapfung, hierzu können wir uns spezieller im Handel angebotener Transformatoren bedienen, oder ausnahmsweise zwei gleiche Transformatoren mit je einer Sekundärwicklung phasenrichtig zusammenschalten. Neben der richtigen Phasenlage (ist diese falsch, heben sich die beiden Sekundärspannungen fast auf) ist hier jedoch ein ganz wichtiger Punkt zu beachten:

Transformatoren transformieren immer in beide Richtungen !!!

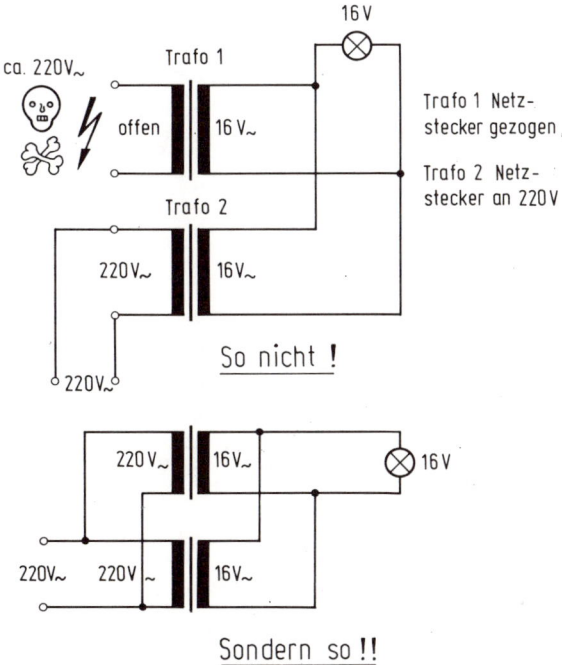

Abb. 1.40 Zusammenschaltung von Transformatoren (falsch/richtig)

Im Klartext heißt das, bei zwei zusammengeschalteten Transformatoren, die getrennte 220-V-Zuführungen mit eigenem Neztstecker haben, müssen immer beide Stecker von Netz getrennt sein, d. h. gezogen sein. Sonst gelangt die Sekundärspannung des angeschalteten Transformators zur Sekundärseite des abgeschalteten, wird hier hochtransformiert und an der Primärseite liegen volle 220 V~ an, die bei Berührung der beiden blanken Pole des gezogenen Netzsteckers tödliche Folgen haben können.

Man sollte deshalb zwei sekundär zusammengeschaltete Transformatoren auch primär (220 V-Seite) zusammenfassen und über *einen* Stecker mit der 220-V-Steckdose verbinden. Ist dies nicht möglich, sollten alle Transformatorenstecker in eine gemeinsame Steckdosenleiste (z. B. 10er-Leiste mit Netzschalter) gesteckt und wiederum über *einen* Netzstecker angeschlossen werden (s. *Abb. 1.40*).

1.2.13 Spannungsregler

Spannungsregler dienen zur Spannungsstabilisierung. Diese ICs sind erhältlich für die unterschiedlichsten Spannungswerte, positiv und negativ, mit verschiedenen Ausgangsströmen. Auch Typen mit regelbarer Ausgangsspannung gibt es. Nachfolgend einige Spannungsregler mit Daten:

Typ	Gehäuse	positiv	negativ	regelbar	Stromstärke	Bemerkungen
UA 78 XX	TO-220	X			1 A	Kurzschlußfest
UA 79 XX	TO-220		X		1 A	Kurzschlußfest
LM 78L XX	TO-92	X			100 mA	Kurzschlußfest
LM 79 L XX	TO-92		X		100 mA	Kurzschlußfest
L-200	Pentawatt	X		3...36 V	2,5 A	Strombegrenzung
LM-317 K	TO-3	X		1,2...37 V	1,5 A	Kurzschlußfest
LM-350 K	TO-3	X		1.2...33 V	3 A	Kurzschlußfest
LM-317 T	TO-220	X		1.2...37 V	1,5 A	Kurzschlußfest
LM-350 T	TO-220	X		1.3...33 V	3 A	Kurzschlußfest
TL-317 LP	TO-92	X		1,2...32 V	100 mA	Kurzschlußfest
LM 723 C	DIL 14	X		2...37 V	150 mA	Kurzschlußfest
LT 1038 CK	TO-3	X		1.2...30 V	10 A	Kurzschlußfest
L 20 XXCV	TO-220	X			2 A	Kurzschlußfest

XX = 05, 08, 09, 12, 15, (7806, 7818, 7824, 7924 auch lieferbar, *Abb. 1.41)*

1.2.14 Kühlkörper

Bei ihrer Arbeit setzen die Halbleiterbauelemente elektrische Leistung in Wärme um, die der Verlustleistung direkt proportional ist. Damit der Halbleiter seine charakteristischen

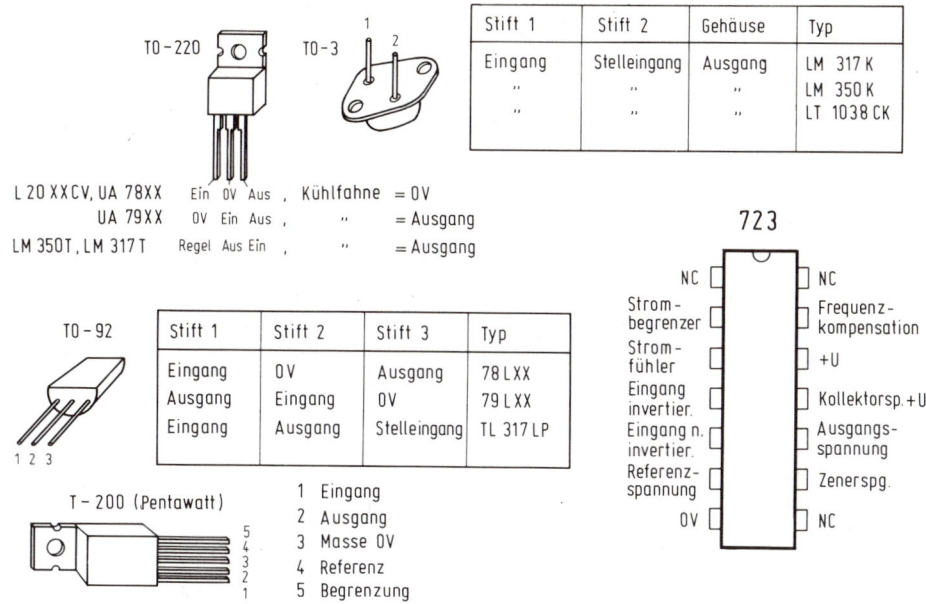

Stift 1	Stift 2	Gehäuse	Typ
Eingang	Stelleingang	Ausgang	LM 317 K
„	„	„	LM 350 K
„	„	„	LT 1038 CK

L 20 X X CV, UA 78 X X — Ein 0V Aus , Kühlfahne = 0V
UA 79 X X — 0V Ein Aus , „ = Ausgang
LM 350 T , LM 317 T — Regel Aus Ein , „ = Ausgang

723

Stift 1	Stift 2	Stift 3	Typ
Eingang	0 V	Ausgang	78 L X X
Ausgang	Eingang	0 V	79 L X X
Eingang	Ausgang	Stelleingang	TL 317 LP

T – 200 (Pentawatt)

1 Eingang
2 Ausgang
3 Masse 0V
4 Referenz
5 Begrenzung

Abb. 1.41 Aufbau und Beschaltung von Spannungsreglern

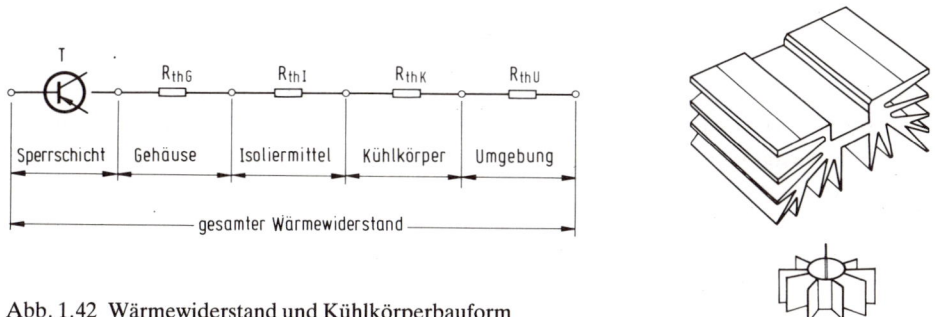

Abb. 1.42 Wärmewiderstand und Kühlkörperbauform

Eigenschaften behält, darf die höchstzulässige Sperrschichttemperatur (bei Silizium 150...200°C) nicht überschritten werden. Da der Halbleiter seine Wärme an die Umgebung abstrahlt, kann man die Erwärmung auch als den Temperaturunterschied zwischen Sperrschichttemperatur und Umgebungstemperatur ansehen. Setzt man in diese Gleichung noch den Wärmewiderstand R_{thu} (siehe *Abb. 1.42*), der zwischen Halbleiter und Umgebung zu überwinden ist, ein, so ergibt sich:

$$\delta_j - \delta_u = P_{tot} \cdot R_{thu} \qquad\qquad R_{thu} = \frac{\delta_j - \delta_u}{P_{tot}}$$

47

Mit den Angaben aus dem Datenblatt kann man nun den Wärmewiderstand eines Halbleiters bei 25° C Umgebungstemperatur berechnen z. B.: 2N1613

$$R_{thu} = \frac{200° \, C - 25° \, C}{0,8 \, W} = 218,75 \, \frac{° \, C}{W} \approx 220 \, \frac{° \, C}{W}$$

$\delta_j = 200° \, C$, $R_{tot} = 0,8 \, W$, TO5-Gehäuse

Wegen der geringen Oberfläche der Halbleiterbauelemente können sie nur eine geringe Wärmeleistung übertragen, daher erhalten sie im Bedarfsfalle einen Kühlkörper, um die Oberfläche und damit die Wärmeabstrahlung zu vergrößern.

Die Industrie bietet Kühlkörper in schwarzer oder blanker Ausführung für die meisten Anwendungsfälle, so daß wir hier keine großen Berechnungen anstellen müssen. Der Hersteller gibt neben den Abmessungen des Kühlkörpers auch den Wärmewiderstand R_{thu} an.

Eine geschwärzte Oberfläche bietet einen besseren Wärmeübergang als eine blanke. Außerdem hat ein senkrecht stehender Kühlkörper wärmetechnisch eine bessere Ableitung als ein liegender. Die Wärmeableitung ist jedoch vorherrschend von der Größe des Kühlkörpers abhängig, wobei diese durch Rippen vergrößert werden kann.

Der Wärmewiderstand des benötigten Kühlkörpers läßt sich nach folgender Formel berechnen:

$$R_{thk} = \frac{\delta_j - \delta_u}{P_{tot}} - R_{thg} = \frac{200° - 25° \, C}{0,8 \, W} - 180 \, \frac{° \, C}{W}$$

$R_{thk} = 40 \, \frac{° \, C}{W}$ setzen wir den Universalkühlstern mit einem R_{thk} von $50 \, \frac{° \, C}{W}$ ein, so ist

der Kühlung bis $P_{tot} = 0,8 \, W$ genüge getan. Mit R_{thg} wird der Wärmewiderstand zwischen Sperrschicht und Gehäuse angegeben, er ist bei den Normgehäusen als Richtwert festgelegt. In der nachstehenden Tabelle einige Werte für die gebräuchlichsten Gehäuse:

Gehäuse	R_{thg} °C/W
TO 3	1,5...2
TO 5	180
TO 18	150
TO 39	58
TO 41	1,5...2
TO 92	150
SOT 32, TO 126	3,5
DIL-Gehäuse	≈ 20
TO 220, U 84	0,7
TO 218	0,6

Die Kühlkörper werden meist aus Aluminium hergestellt. Der für R_{thk} errechnete Wert muß noch mit den Faktoren α und β multipliziert werden.

$\alpha = 1$ senkrechte Anordnung

$\alpha = 1,15$ waagerechte Anordnung

$\beta = 0,85$ mattschwarze Oberfläche $\beta = 1$ blanke Oberfläche

Für die Praxis gilt jedoch, lieber den Kühlkörper etwas größer auslegen als zu klein (10...20 % größer).

Die Wärmewiderstände einiger gebräuchlicher Kühlkörper des Versandhandels zeigt die Tabelle (AL = blank, SA = schwarz eloxiert):

Typ		Wärme-widerstand W	Maße mm l · b · h
IC-Kühlkörper	KK-621/AL	4,0	53 · 22 · 22 (DIL 14)
Finger Kühlkörper	FK-2010/SA	6,0	45 45 25,4 (TO-3)
Finger Kühlkörper	K 42/SA	9,0	42 42 17 (TO-3)
U-Kühlkörper	SK-13/SA-220	17,0	35 17 13 (TO-220)
Finger-Kühlkörper	FK 2020/SA	6,8	45 45 20 (TO-3)
Finger-Kühlkörper	FK 214/SA	15,0	30 25,4 12,7 (TO-220)
Finger-Kühlkörper	K 18-1/SA	22,0	28 18 15 (TO-220
U-Kühlkörper	UKA 12/SA	30,0	25 12 25 (SOT-32)
Kühlstern	KL-15/AL	50,0	∅ 15 8,5 (TO-5)
Kühlkörper	SOK-7/37/AL	4,5	37,5 · 70 · 15 (Uni-
Kühlkörper	SK-18/50/AL	3,0	50 · 65 · 24 ver-
Kühlkörper	SK-52/37/SA	2,7	37,5 · 105 · 19 sal)
Leistungskühlkörper	SK-08/50/AL	2,6	50 · 88 · 35
Hochleistungskühlkörper	SOK-53/75/SA	0,7	75 · 180 · 48

Werden mehrere Halbleiter, die unterschiedliches Potential am Gehäuse führen, auf einem gemeinsamen Kühlblech befestigt, so sind die Gehäuse durch Glimmerscheiben vom Kühlkörper zu isolieren, wodurch ein zusätzlicher Wärmewiderstand R_{thi} für die Glimmerscheibe zu berücksichtigen ist. Zur Verbesserung der Wärmeleitfähigkeit ist dann Wärmeleitpaste einzusetzen.

Material	R_{th} ohne Leitpaste	R_{th} mit Leitpaste	Transistor Gehäuse
Glimmer 0,05 mm	1,25 °C/W	0,35 °C/W	TO-3
Glimmer 0,10 mm	1,5 °C/W	0,4 °C/W	TO-3
Glimmer 0,05 mm	8 °C/W	4 °C/W	TO-126
Glimmer 0,10 mm	9 °C/W	4,5 °C/W	TO-126

1.2.15 Glühlampen

Glühlampen sind Kaltleiter und bestehen meist aus einem Wolframglühfaden in einem luftleeren, teilweise mit Gas gefülltem Glaskolben. Bei Stromdurchfluß wird der Metallglühfaden erhitzt, und die Lampe leuchtet. Der Warmwiderstand liegt dann bis zum 10fachen und mehr über dem Kaltwiderstand. Glühlampen werden zunehmend durch LED verdrängt, da Glühlampen meist einen höheren Stromverbrauch und eine kürzere Lebensdauer haben.

Im Modellbahnbereich hat die Glühlampe jedoch aufgrund ihrer größeren Lichtausbeute noch ihre Berechtigung. Außerdem kann mittels Glühlampen-Tauchlacks fast jede gewünschte Lampenfarbe (z. B. weiß, blau, rot, gelb, grün usw.) realisiert werden.

Einige Glühlämpchen für unseren Bereich zeigt die Tabelle:

Typ/Anwendung	Betriebsspannung	Stromaufnahme	$\varnothing$ mm	$\cdot$ a mm
Ultra-Micro-Lampe, Spur N Einsatzfahrzeuge, Polizei, Feuerwehr, Krankenwagen	1,2 V	12...15 mA	1,4	4,7
Mikro-Lampe, Spur HO Polizei, Feuerwehr	6...12 V	20...40 mA	2,2	6,5
Miniaturlampe HO und größer	3 V	140 mA	5	19
Skalenlampe E 10 Stellpultanzeige	12 V	100 mA	10	28
Skalenlampe E 5,5 Stellpultanzeige	12 V	80 mA	14	13,5

1.2.16 Lautsprecher

Zur akustischen Wiedergabe der Töne brauchen wir natürlich einen Schallwandler, der die elektrische wieder in akustische Energie umwandelt – den Lautsprecher. Wir setzen dynamische Lautsprecher und Piezo-Hochtöner ein.

Der dynamische Lautsprecher besteht aus einem Magneten, in dessen Magnetfeld eine Spule frei beweglich aufgehängt ist. Die Spule ist mit einer kegelförmigen Membran aus Papier oder Kunststoff verbunden und wird durch den Magneten angezogen oder abgestoßen, d. h. in Schwingungen versetzt.

Bei den Schaltungen ist auf die richtige Impedanz (Wechselstromwiderstand des Lautsprechers bei ca. 1kHz) und Leistung des Lautsprechers zu achten, um Schaltung oder Lautsprecher nicht zu zerstören.

Bei den Piezo-Lautsprechern fehlen Magnet und Membran, hier wird ein Piezo-Kristall zum Schwingen gebracht. Piezo-Lautsprecher arbeiten ab ca. 1000 Hz, sind also Mittelhochtöner.

Wegen des unüberschaubar vielseitigen Angebots dürfte es keine Auswahlprobleme geben. Durch den Einbau in ein Gehäuse oder die Montage unter die Platte der Modellbahnanlage klingen die Lautsprecher besser und können entsprechend ihren Leistungsangaben belastet werden.

1.2.17 Bezugsquellen

Alle in diesem Buch angegebenen Bauteile sind im einschlägigen Fachhandel bzw. im Versand erhältlich, siehe Bezugsquellennachweis am Schluß des Buches.

Viele Schaltungen sind als Fertigbausteine oder Bausätze vom Verfasser über Ing.-Büro Köhler, Stettiner Str. 9, 3101 Bröckel, zu beziehen.

Tenderlokomotive 378.32 des Bayrischen Localbahnvereins e. V. im Bahnhof Viechtach

2 Die ersten Schaltungen (Grundschaltungen)

Nach dem wir nun alle nötigen Bauteile kennengelernt haben, wenden wir uns den ersten praktischen Schaltungen zu, den Grundschaltungen. Diese finden wir so oder in ähnlicher Form in den später folgenden Schaltungen wieder.

2.1 Transistorgrundschaltungen

Abb. 2.1 zeigt die drei möglichen Prinzipschaltungen mit bipolaren NPN-Transistoren. In der nachfolgenden Tabelle sind die charakteristischen Eigenschaften der Schaltungen wiedergegeben, so daß dazu nicht mehr viel zu sagen ist. Vertauschen wir Strom und Spannungspfeile, so gilt das hier gesagte auch für den PNP-Transistor.

	Emitterschaltung	Basisschaltung	Kollektorschaltung
Eingangs-widerstand	mittel $20\ \Omega\ldots10\ K\Omega$	klein $\leq 1\ K\Omega$	groß $\sim B \cdot R_L$
Ausgangs-widerstand	groß $1\ K\Omega\ldots100\ K\Omega$	sehr groß $(1\ K\ldots100\ K\Omega) \cdot B$	klein $\sim 1/B \cdot R_L$
Stromverstärkung	groß B	klein $\leq 1;\ \sim B/B+1$	groß $\sim B+1$
Spannungs-verstärkung	groß $10^2\ldots10^3$	groß $10^2\ldots10^3$	sehr klein $\leq 1;\ \sim 0{,}97$
Leistungs-verstärkung	sehr groß $10^3\ldots10^4$	groß $10^2\ldots10^3$	gering $\sim 0{,}97 \cdot (B+1)$
Grenzfreqzenz	niedrig	hoch	niedrig
Phasendrehung	$180°$	$0°$	$0°$
Anwendung	Verstärker	Spannungsstabilisierer	Impedanzwandler

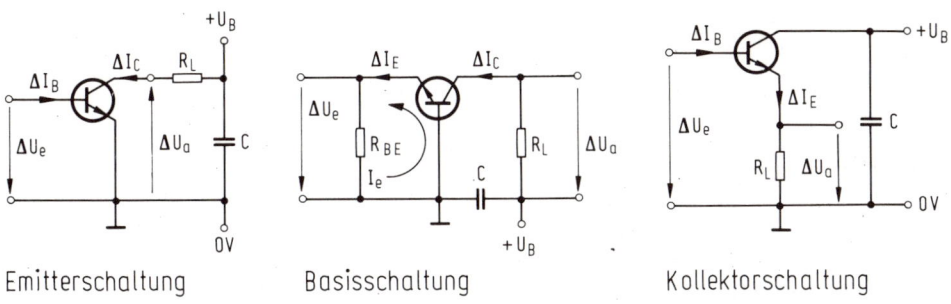

Emitterschaltung   Basisschaltung   Kollektorschaltung

Abb. 2.1 Die drei Transistorgrundschaltungen (Emitter-, Basis-, Kollektorschaltung)

2.1.1 Transistor als Verstärker

Emitterschaltung

In *Abb. 2.2* sehen wir eine typische Emitterstufe mit einem NPN-Siliziumtransistor zur Nf-Verstärkung. Zur rechnerischen Betrachtung sei auf die entsprechende Fachliteratur hingewiesen, die im Anhang angegeben ist [16, 17].

Parallel zum Ausgangswiderstand dieser Schaltung liegt der Eingangswiderstand der folgenden Stufe als R_L. *Abb. 2.3* zeigt eine dimensionierte Schaltung. Wenn wir richtig dimensioniert haben, d. h. der Arbeitspunkt liegt auf dem steilen Stück der Transistorkennlinie, erzielen kleine Änderungen von I_B große Änderungen von I_C und damit U_{RC}. Die Schaltung verstärkt also *(Abb. 2.4)*.

$$\Delta I_c = B \cdot \Delta I_B \qquad \Delta U_{RC} = R_c \cdot \Delta I_c \qquad I_E \approx I_c \qquad I_B = \frac{I_c}{B} \qquad U_{BE} \sim 0,6 \text{ V}$$

$$U_{RE} \approx 1 \text{ V} \qquad B \approx 13$$

$$U_{CE} \approx U_B/2$$

$$I_1 \approx 10 \cdot I_B$$

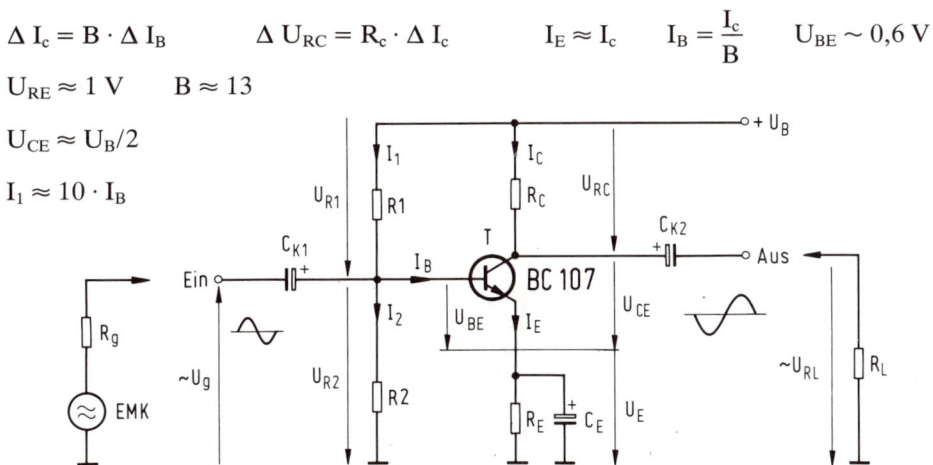

Abb. 2.2 Transistor als Wechselspannungsverstärker in Emitterschaltung

53

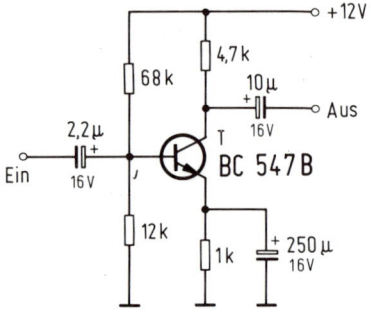

Abb. 2.3 Dimensionierte Emitterschaltung

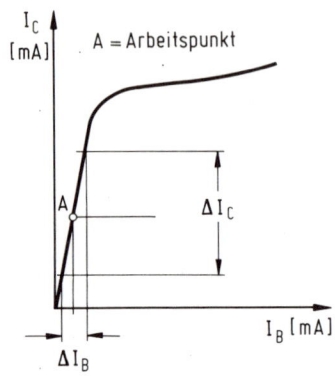

Abb. 2.4 Arbeitspunkt in der Transistorkennlinie

Erzeugen I_B-Änderungen keine I_C-Schwankungen, d. h. I_C bleibt konstant, ist der Transistor übersteuert, und wir müssen neu dimensionieren.

Die Verlustleistung am Transistor beträgt: $P_V = U_{CE} \cdot I_C$. Dieser Wert muß unter dem im Datenblatt angegebenen Wert liegen, ansonsten muß der Transistor gekühlt oder neu dimensioniert werden (BC 107 $\geq P_{vmax}$ = 300 mW).

Kollektorschaltung

Diese Schaltung heißt auch Emitterfolger, da das Ausgangssignal am Emitter ausgekoppelt wird. Da hier keine Spannungsverstärkung, sondern eher eine Abschwächung erfolgt, andererseits aber ein hoher Eingangs- bei einem niedrigen Ausgangswiderstand vorhanden ist, dient diese Stufe meist als Impedanzanpassung zwischen zwei Stufen. Eine fertig dimensionierte Schaltung mit einem NPN-Transistor bei einem großen Aussteuerungsbereich zeigt *Abb. 2.5.*

Abb. 2.5 Kollektorschaltung

$$R_1 \sim R_2 \sim \frac{U_B}{2 \cdot I_1}$$

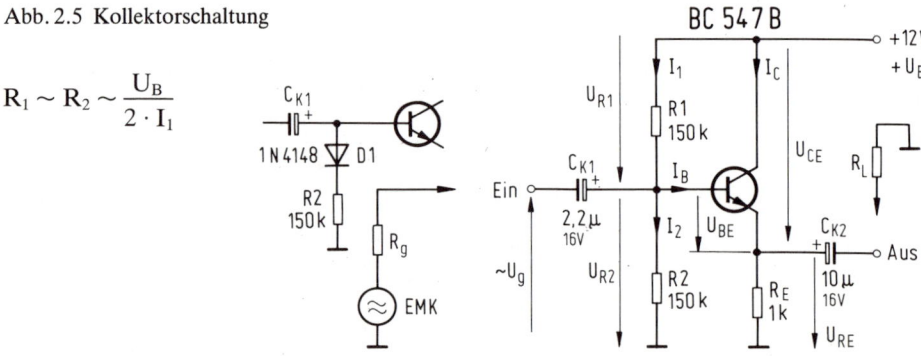

Zur Temperaturstabilisierung kann in Reihe mit R2 noch eine Siliziumdiode D1 geschaltet werden, deren Temperaturverlauf in etwa dem der Basis-Emitterdiode entspricht, nur mit umgekehrten Vorzeichen. Wir können somit dem Ansteigen des I_C bei höheren Temperaturen entgegenwirken.

Gegengekoppelter Verstärker

Die Emitterschaltung nach *Abb. 2.6* weist einen stabilen Verstärkungsfaktor bei niedriger Ein- und Ausgangsimpedanz auf. Die Schaltung wird vornehmlich bei Vorstufen mit kleinem I_C und I_B eingesetzt. Die Stufe dreht die Phase um 180°.

$$G = \frac{V_U}{V_G} \geq \frac{R_c \cdot r_1 \cdot V_G}{(R_c + r_1) \cdot V_U}$$

$$R_2 \sim 20 \cdot R_c$$

$$V_G = \frac{R_2}{R_g + R_1}$$

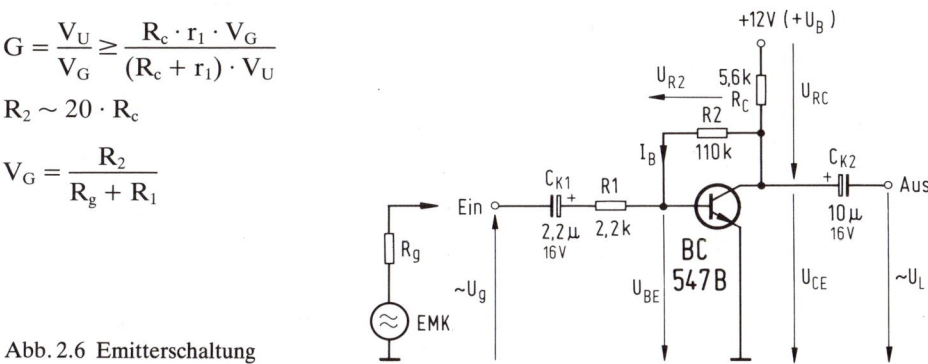

Abb. 2.6 Emitterschaltung

2.2 Transistor als Schalter

Nehmen wir in der Schaltung nach Abb. 2.6 den Gegenkopplungswiderstand R2 und die beiden Koppelkondensatoren C_{K1} und C_{K2} weg, haben wir einen Transistorschalter, der natürlich anders zu dimensionieren ist *(Abb. 2.7a)*.

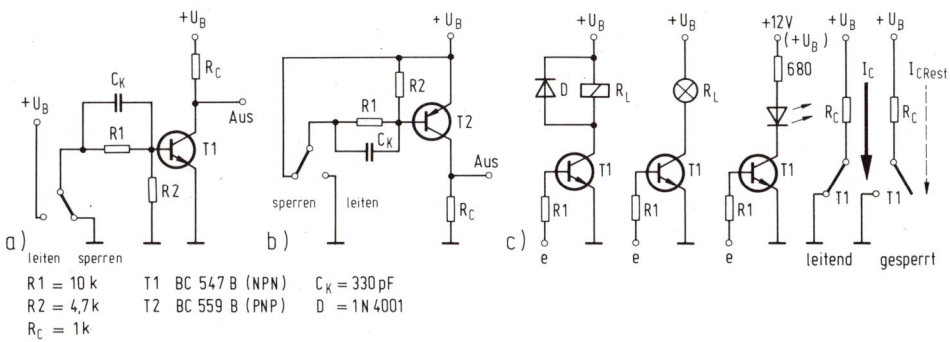

R1 = 10 k   T1 BC 547 B (NPN) C_K = 330 pF
R2 = 4,7 k   T2 BC 559 B (PNP)   D = 1N 4001
R_C = 1 k

Abb. 2.7 Transistor als Schalter; a) mit PNP-Transistor; b) mit NPN-Transistor; c) mit verschiedenen Lasten

Beim Schalter benötigen wir nur zwei Zustände – ein oder aus. Daher wird der Transistor bewußt übersteuert. Die Dimensionierung sehen wir uns genauer an: Soll der Transistor leiten, d. h. durchgesteuert sein, so muß ein großer Basisstrom fließen, um einen großen Kollektorstrom zu erzeugen. Hierzu wird R1 beim NPN-Transistor nach $+U_B$ geschaltet, es ergibt sich dann bei bekannten I_C:

$$R_C \approx \frac{U_B}{I_C} \quad \text{oder genauer} \quad \frac{U_B - U_{CE}}{I_C}$$

In der Regel ist die U_{CE} bei der Berechnung von R_C zu vernachlässigen, da sie maximal 1 V ist. Die gesamte Betriebsspannung U_B fällt an R_C ab, und am Ausgang liegen nahezu 0 V.

Im gesperrten Zustand wird R_1 an OV (Masse) gelegt, es fließt nur noch ein geringer Reststrom. In erster Näherung ist $I_B \approx O$, wodurch I_C auch $\approx O$ ist, damit ergibt sich, daß keine (bzw. nur eine geringe Restspannung) an R_C abfällt, am Ausgang liegt nahezu die volle Betriebsspannung $+ U_B$.

Den Kollektorstrom im Sperrbetrieb können wir noch weiter minimieren, in dem wir die Basis-Emitterstrecke in Sperrichtung vorspannen und einen Widerstand von der Basis gegen Masse schalten *(Abb. 2.70)*. Dieser muß ungefähr den halben Wert

von R_1 haben: $R_2 \approx \dfrac{R_1}{2}$.

Zum noch schnelleren bzw. sichereren Durchschalten, d. h. bei höheren Schaltfrequenzen wird ein Verschleifen der Impulsflanken vermieden, kann man den Widerstand R1 durch einen Parallelkondensator überbrücken, der dann wie ein Differenzierglied wirkt. Bei Impulsbeginn ergibt sich eine starke Übersteuerung, die jedoch (abhängig von der Größe des C_K) sehr schnell wieder abklingt. Ein Wert zwischen 100 . . . 300 pF hat sich in der Praxis, auch bei höheren Schaltfrequenzen, bewährt. Für PNP-Transistorschalter gelten ähnliche Verhältnisse mit umgekehrten Polaritäten.

Zusammenfassend kann man folgendes feststellen:

Transistor	sperren	durchschalten	Phasen-versch.
NPN	Basis über R1 an OV; Ausgang $\approx + U_B$	Basis über R1 an $+ U_B$, d. h. dem Emitter gegen-über positiv, Ausgang $\approx O$	180°
PNP	Basis über R1 an $+ U_B$; Ausgang $\approx OV$	Basis über R_1 an OV; d. h. dem Emitter gegen-über negativ; Ausgang $\approx + U_B$	180°

OV ist hier als Minuspol definiert.

Der NPN-Transistor schaltet also bei positivem und der PNP-Transistor bei negativem Potentialunterschied zum Emitterpotential an der Basis durch. Wird die Basis auf das Emitterpotential gelegt, sperren sowohl der NPN- wie auch der PNP-Transistor. Da zwischen Ein- und Ausgang eine Phasenumkehr (180°) entsteht, wird diese Stufe auch als Inverter (lat; = umkehren) bezeichnet.

Aus dem vorgenannten kann man sehen, daß der Transistorschalter hinlänglich genau arbeitet, doch ein idealer Schalter (offen = kein Stromfluß; zu = voller Stromfluß) ist er nicht. Im leitenden Zustand entsteht ein (wenn auch geringer) Spannungsabfall U_{CEREST} und im Sperrzustand fließt trotzdem ein geringer Reststrom I_{CREST}. Doch das ist bei allen elektronischen Schaltern so.

Der nötige Kollektorstrom der Schaltstufe ist durch den zu schaltenden Verbraucher im Kollektorzweig (Glühlampe, LED, Relais o. ä.) oder den Strombedarf der folgenden, anzusteuernden Stufe bestimmt (Abb. 2.7c).

2.3 Digitalschaltungen mit Dioden und Transistoren

Bevor wir uns den Schaltungen zuwenden, treffen wir noch eine Vereinbarung: Wir wenden die positive Logik an, d. h. logisch »0« $\triangleq$ 0...0,8 V und logisch »1« $\triangleq$ + U_B ± 20%. Neudeutsch heißt das auch, »0« = L (Low = niedrig) und »1« = H (High = hoch).

Wir sehen also, wir haben nur zwei Zustände – Spannung oder keine bzw. eine geringe Spannung. Hier haben wir gleich die beiden Grundfesten der Digitaltechnik erkannt; es gibt nur zwei Zustände (binär = zweiwertig), die sich sprunghaft ändern; im Gegensatz zur Analogtechnik, wo sich die Größen kontinuierlich, also stetig und fortlaufend ändern.

Wir wollen uns nachfolgend einige einfache Grundschaltungen in Dioden- und Transistorlogik ansehen, die wir vielfältig einsetzen können, weil wir nicht an die vorgegebenen Spannungen + 5 V (TTL) oder + 3...+ 15 V (C-MOS) der Digital-ICs gebunden sind. Wir können hier die Spannung nehmen, die gerade vorhanden ist (+ 5...+ 24 V), und mit der die restliche Schaltung auch arbeitet. Außerdem sind die eingesetzten Teile leicht erhältlich, preiswert, und man kann auch mal nur ein Gatter aufbauen, wenn man nur eins benötigt.

Derartige, mit Einzelkomponenten aufgebaute Schaltungen, werden auch als diskrete Schaltung bezeichnet. Doch nun zu den Schaltungen:

2.3.1 UND-Schaltung

Am Ausgang einer UND- (oder AND-)Verknüpfung erscheint nur dann »1«, wenn alle Eingänge auf »1« liegen. Ein AND ist wie eine Reihenschaltung von Kontakten zu verstehen, erst wenn alle geschlossen sind, fließt Strom.

Solange auch nur eine Diode des AND-Gatters (Abb. 2.8) mit 0 V verbunden ist, haben wir eine Reihenschaltung von Diode und Widerstand zwischen 0 und + U_B und somit Stromfluß. Am Ausgang erscheint nur die Schwellspannung der Diode (Si $\approx$ 0,6 V, Ge $\approx$ 0,2 V). Sind jedoch alle Dioden mit + U_B verbunden, kann kein Strom fließen, und am Ausgang erscheint $\approx$ + U_B.

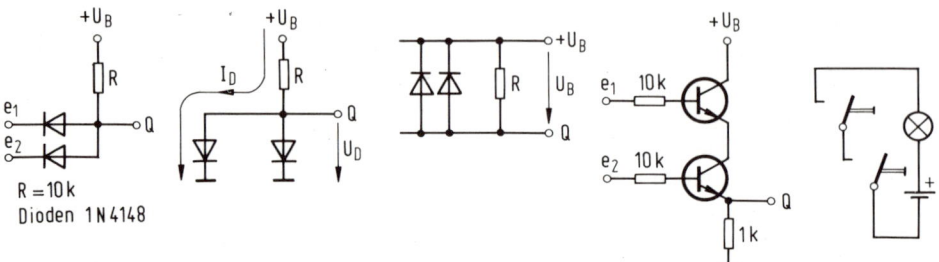

Abb. 2.8 UND-Schaltung

Der Widerstand R muß groß gegenüber dem Diodendurchlaßwiderstand R_D, der bei Siliziumdioden, abhängig vom Durchlaßstrom, zwischen 10...150 Ω beträgt und klein gegenüber dem Diodensperrwiderstand R_{SP} sein, der bei Siliziumdioden $\geq$ 10 MΩ ist. Als Richtschnur ergibt sich dann für R $\approx$ 10 kΩ.

Der Lastwiderstand R_L hinter einem Diodengatter muß wiederum groß gegenüber R sein, damit keine unerwünschte Spannungsteilung mit dem Widerstand R erfolgt. Praxiswerte für R sind 6,8 k...10 kΩ.

Ähnlich wie das Diodengatter verhält sich ein UND aus Transistoren. Erst wenn beide Transistoren durch eine positive Spannung an der Basis durchsteuern, d. h. leiten, liegt am Ausgang $\approx$ + U_B. Ansonsten ist der Ausgang immer »0« (0...0,8 V).

2.3.2 ODER-Schaltung

Am Ausgang eines ODER oder OR erscheint immer dann »1«, wenn wenigstens ein Eingang an »1« liegt. Ein ODER ist wie eine Parallelschaltung von Kontakten zu verstehen, bereits wenn ein Kontakt geschlossen ist, fließt ein Strom (Abb. 2.9).

Sind beide Dioden mit 0 V verbunden, kann kein Strom fließen – am Ausgang erscheint daher auch »0«. Wird mindestens eine Diode mit + U_B verbunden, kann durch diese in Durchlaßrichtung betriebene Diode ein Strom fließen. Am Ausgang erscheint $\approx$ + U_B. Der Widerstandswert R hat die gleiche Größenordnung wie bei der UND-Schaltung.

Abb. 2.9 ODER-Schaltung

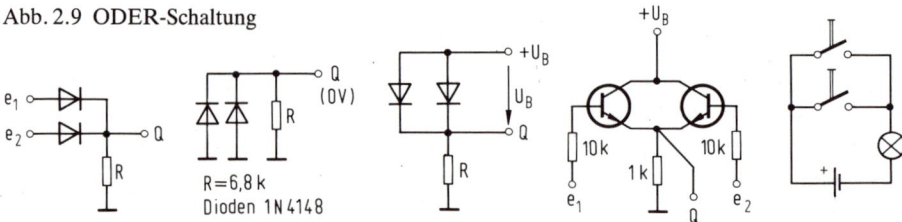

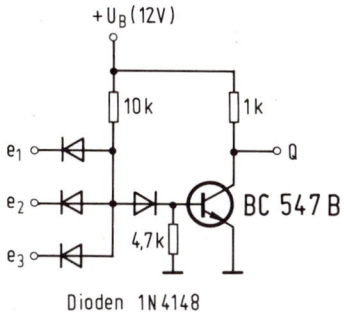

Abb. 2.10 NAND-Schaltung

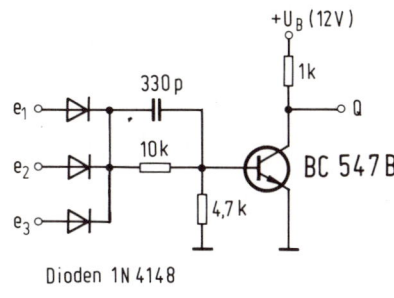

Abb. 2.11 NOR-Schaltung

Ein ODER mit Transistoren besteht aus zwei parallel geschalteten Transistoren. Wenn der eine oder der andere durchschaltet (leitet), erscheint »1« am Ausgang. Die Durchsteuerung erfolgt durch eine positive Spannung an der Basis des jeweiligen Transistors.

2.3.3 NAND-Schaltung

Schaltet man nach *Abb. 2.10* einen Transistorschalter (Inverter) hinter ein AND (UND), so wird das AND-Verhalten negiert, d. h. umgekehrt. Am Ausgang eines NAND liegt somit immer dann eine »1«, wenn nicht beide Eingänge an $+ U_B$ liegen. Liegen alle Eingänge an »1«, erscheint »0« am Ausgang.

2.3.4 NOR-Schaltung

Schaltet man einen Transistorschalter (Inverter) hinter ein OR (ODER) wie in *Abb. 2.11*, so wird sein Verhalten durch den Transistor negiert. Nur wenn an allen Eingängen »0« anliegt, erscheint »1« am Ausgang. Ansonsten erscheint immer »0« am Ausgang.

2.3.5 EXCLUSIV-ODER-Schaltung (EXOR)

Diese auch Antivalenzschaltung genannte Verknüpfung entsteht durch Kombination mehrerer verschiedenartiger oder gleichartiger Gatter (z. B. 4 · NAND). Das EXOR weist am Ausgang nur dann »1« auf, wenn beide Eingänge unterschiedlich gepolt sind, d. h. nur an einem Eingang »1« anliegt. Das EXOR mit Transistoren besteht aus drei Invertern und drei NOR-Gliedern *(Abb. 2.12)*. Im Kollektorzweig des letzten Inverters kann man einen Verbraucher (Lampe, Relais, LED mit Vorwiderstand) anstatt R_c einbauen. Vor diesem Inverter (hinter dem letzten OR) hat man einen EXNOR- oder Äquivalenz-Gatter-Ausgang.

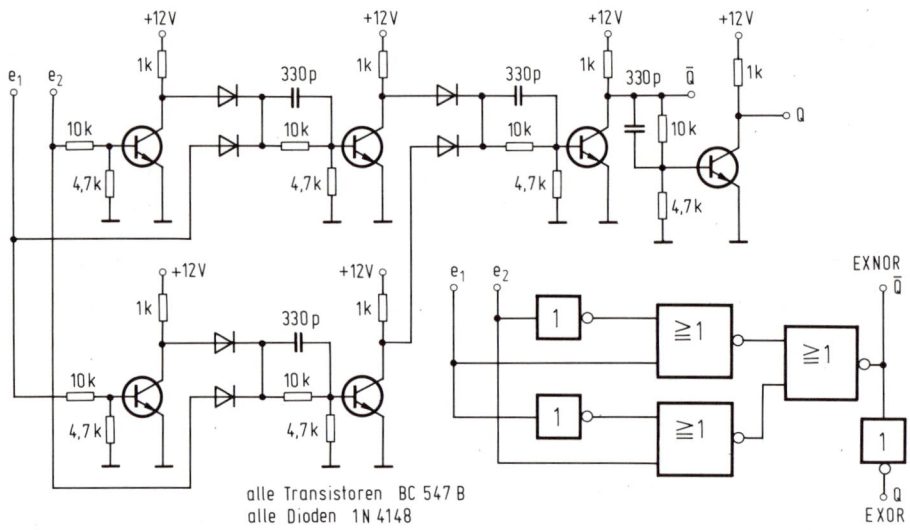

Abb. 2.12 EXOR-/EXNOR-Schaltung

2.3.6 Wahrheitstabelle der beschriebenen Gatter

Die Eingangsvariablen und die sich daraus ergebenen Ausgangsvariablen bei den einzelnen beschriebenen Gattern zeigt die nachfolgende Tabelle für jeweils zwei Eingänge. Bei mehreren Eingängen ist das Verhalten analog.

Eingänge		Ausgänge					
e1	e2	AND	OR	NAND	NOR	EXOR	EXNOR
1	1	1	1	0	0	0	1
1	0	0	1	1	0	1	0
0	0	0	0	1	1	0	1
0	1	0	1	1	0	1	0

2.3.7 Kippschaltungen mit Transistoren

Hier unterscheiden wir die bistabile, die astabile und die monostabile Kippschaltung.

Bei allen Kippstufen hängen die Ausgangszustände nicht nur von den Zuständen der Eingangsvariablen, sondern auch von internen Zuständen ab.

Flip-Flop (bistabile Kippstufe), FF

Das Flip-Flop (FF) ist eine bistabile Kippstufe, die zwei verschiedene innere Zustände annehmen kann, die bei einer bestimmten Eingangsbeschaltung stabil sind. Durch Änderung der Eingangsbeschaltung kann der eine oder andere innere Zustand erzeugt und beibehalten, d. h. gespeichert werden.

Man unterscheidet getaktete und ungetaktete FF. Wir wollen uns ein ungetaktetes, das sogenannte Basis-FF, ansehen. Dieses FF können wir folgendermaßen realisieren: Wir schalten zwei Transistorschalter nach *Abb. 2.13* so zusammen, daß ihre beiden Ein- und Ausgänge über starke Rückkopplungen miteinander verbunden sind. Dadurch wird erreicht, daß immer ein Transistor vollkommen gesperrt ist, während der andere leitet – und das solange, bis eine äußere Einwirkung dies ändert. Um eine Änderung zu erreichen, muß an der Basis des leitenden Transistors »0« anliegen, worauf dieser nun sperrt und damit den anderen Transistor über den Rückkopplungswiderstand zum Leiten bringt. Am entsprechenden Ausgang liegt dann »0«. Die Kondensatoren sind wieder unsere schon bekannten Beschleunigungskondensatoren.

Die Umsteuerung des FF kann auch durch eine positive Spannung »H« an die Basis des gesperrten Transistors erfolgen, der dann leitet und über die Rückkopplung den anderen Transistor sperrt. Die beiden eben beschriebenen Ansteuerungen werden mit statischer Umschaltung bezeichnet. Man kann FFs auch aus zwei NAND oder zwei NOR-Gattern bilden (auch mit Transistoren), doch dies ist eher den FFs aus IC-Gattern vorbehalten, die wir uns später noch ansehen.

Die Umsteuerung der FFs ist auch dynamisch möglich, dies ist wichtig für Impulsschaltungen. Hierzu nimmt man RC-Glieder. Die bisher beschriebenen FF heißen auch RS-FF: von Reset = Rücksetzen und Set = Setzen, dementsprechend heißt der eine Eingang Rücksetz-Eingang (R) und der andere Setz-Eingang (S).

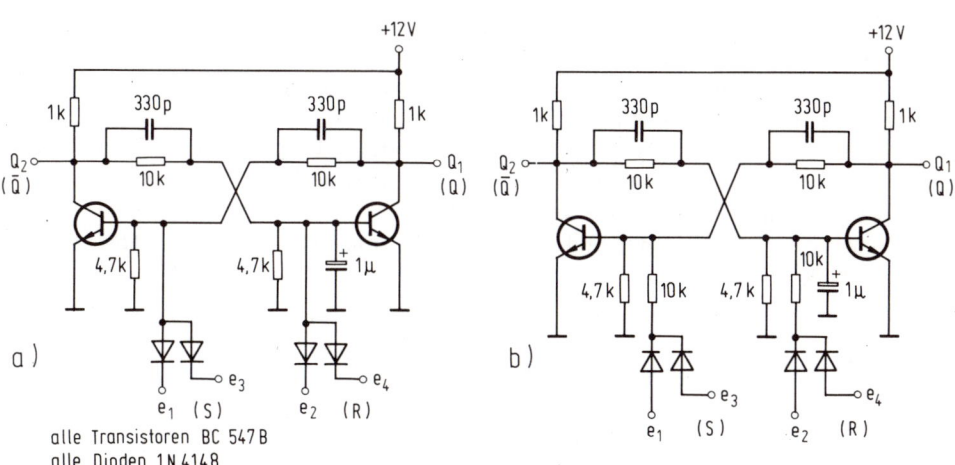

Abb. 2.13a Flip Flop mit negativer Ansteuerung   Abb. 2.13b Flip Flop mit positiver Ansteuerung

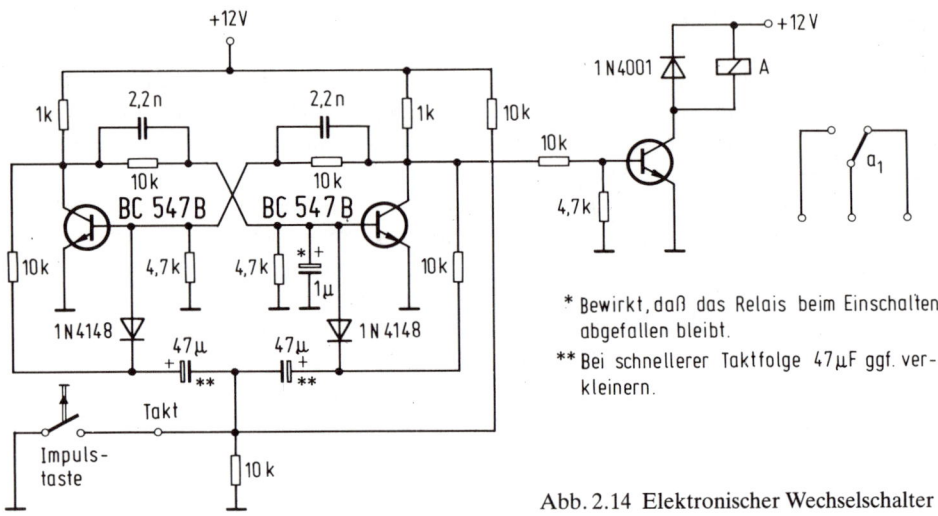

Abb. 2.14 Elektronischer Wechselschalter

* Bewirkt, daß das Relais beim Einschalten abgefallen bleibt.
** Bei schnellerer Taktfolge 47μF ggf. verkleinern.

Zum Schluß noch ein sogenanntes dynamisches Zähl-FF, (auch AC-FF), das bei jedem negativen Impuls seinen Ausgangszustand ändert *(Abb. 2.14* als elektronischer Wechselschalter).

Einen Nachteil haben alle elektronischen FFs, sie »vergessen« ihren Schaltzustand nach Abschalten der Speisespannung. Beim Einschalten nehmen sie irgend eine Stellung ein. Das ist natürlich bei Steuerungen schlecht, die Sicherungsaufgaben haben und z. B. Signale, Fahrstraßen, Schattenbahnhofsgleise, Schranken u. ä. schalten. Hier herrscht nach dem erneuten Einschalten das absolute Chaos. Es gibt zwar einen Trick, einen Eingang bzw. Ausgang durch einen Kondensator zu bevorzugen, da dieser im Einschaltfall kurzfristig Minuspotential an die Basis des entsprechenden Transistors gibt, jedoch ist dies auch nur eine Behelfslösung (z. B. alle Signale rot, Schranke zu, Fahrstraßen gelöscht usw.), da alle Befehle neu eingegeben werden müssen. In diesem Buch verwenden wir daher anstatt der FF bistabile Relais in den wichtigen Steuerungen, die auch beim Einschalten noch wissen, was vorher eingegeben wurde. Man kann also ruhig mal Pause machen, die Steuerlogik weiß trotzdem, wo es weitergeht.

Die FF-Ausgänge sind nicht direkt durch einen größeren Verbraucher (Lampe, Relais, LED) belastbar, hierfür ist immer noch eine weitere Transistor-Schaltstufe hinter Q1 oder Q2 zu schalten.

Multivibrator (astabile Kippstufe), AMV

Der Multivibrator ist eine astabile Kippstufe, die zwei verschiedene innere Zustände hat, zwischen denen sie dauernd hin- und herkippt. Keiner der beiden Zustände ist stabil.

Der Multivibrator wird auch als Rechteckgenerator bezeichnet. Die Funktion der Schaltung *(Abb. 2.15)* ist leicht erklärt. Wie beim FF leitet der eine Transistor, während

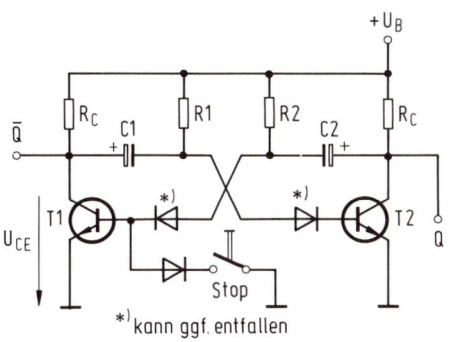

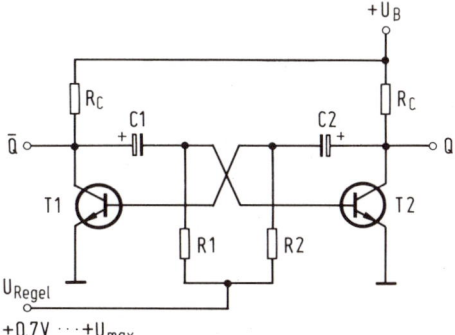

Abb. 2.15 Start-, Stop-Oszillator (AMV)   Abb. 2.16 Spannungsgesteuerter AMV (VCO)

der andere sperrt. Am Kollektor des leitenden Transistors, z. B. T1, liegt nur die Kollektor-Emitter-Restspannung U_{CEsat} von ca. 100...200 mV, die über den Kondensator C1 zur Basis des anderen Transistors T2 gelangt und diesen sperrt. C1 lädt sich nun über R1 bis ca. $U_B - U_{BE}$ nach einer e-Funktion ($\tau = R2 \cdot C1$) auf. Wenn die Schwellspannung der Basis-Emitter-Diode von T2 (ca. 0,7 V) erreicht ist, schaltet dieser durch. Der vorher über den Kollektorwiderstand R_C aufgeladene Kondensator C2, liegt nun über den Kollektor von T2 fast an 0V und entlädt sich auch nach einer e-Funktion. Die Spannung an der Basis von T1 sinkt somit bis unter den Schwellwert, und T1 sperrt. Dieser Vorgang wiederholt sich dann periodisch.

Die Periodendauer bzw. Frequenz errechnet sich wie folgt:

$t_i \approx 0{,}69 \cdot R_1 \cdot C_1$ (Ausgang Q $\approx$ + U_B)
$t_P \approx 0{,}69 \cdot R_2 \cdot C_2$ (Ausgang Q $\approx$ + U_B)

$$T = t_i + t_P \qquad f = \frac{1}{T} = \frac{1}{0{,}69 \cdot (R_1 \cdot C_1 + R_2 \cdot C_2)}$$

Aufgrund der Aufladung der Kondensatoren nach einer e-Funktion sind die Ausgangsimpulsspannungen des eben beschriebenen Multivibrators abgeschliffen (rund). Dies kann wünschenswert sein, wenn man ein langsames Verlöschen einer LED (z. B. Bahnübergangsblinklicht) wünscht. Soll jedoch ein sauberer Rechteckimpuls entstehen, so ist ein Schmitt-Trigger am Ausgang vorzusehen. Eine andere Möglichkeit ist die Einschaltung einer Diode und eines Widerstandes zwischen Kollektor und Pluspol des Kondensators. Die Anode kommt dabei an den Kollektor und die Katode an den Kondensator. Von der Katode wird ein Widerstand, der die Größe von R_C haben sollte, nach + U_B geschaltet. Er beeinflußt das Frequenzverhalten nicht. Der wirksame R_C ist jetzt jedoch die Parallelschaltung von dem zusätzlichen Widerstand mit R_C.

Die in Abb. 2.15 vor die beiden Basen der Transistoren geschalteteten Dioden erhöhen durch ihre eigene Durchbruchspanung die insgesamt zulässige Sperrspannung auf die

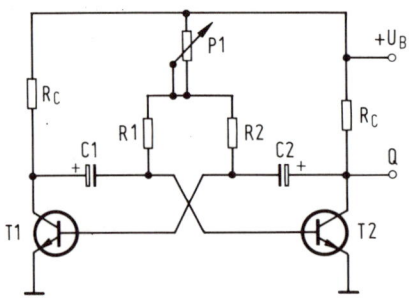
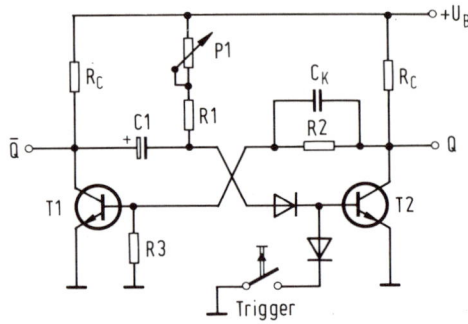

Abb. 2.17 AMV mit regelbarer Frequenz   Abb. 2.18 Monoflop mit Impulsansteuerung

Summe von Diodensperrspannung + Basis-Emitter-Sperrspannung, damit die Schaltung nicht zusammenbricht, falls die Betriebsspannung höher als die Basis-Emitter-Durchbruchspannung wird.

Durch einen Schalter, der Minuspotential (»0«) an die Basis eines Transistors legt (hier T1), bleibt dieser dauerhaft gesperrt. An seinem Kollektor (hier Ausgang $\overline{Q}$) liegt solange »H« (+ U_B), bis die Taste wieder ausgelöst wird. Der Multivibrator schwingt für diese Zeit nicht (Start-Stopp-Funktion). Haben sowohl R1 und R2 als auch C1 und C2 gleiche Werte, erhält man einen symetrischen Multivibrator und die Formel für T vereinfacht sich zu:
$T \approx 1,38 \cdot R \cdot C$

Multivibratoren finden wir in vielen Schaltungen dieses Buches. Auch die Sonderform, der spannungsgesteuerte Multivibrator ist vertreten, bei dem der eine oder beide Basiswiderstände regelbar sind bzw. durch eine positive Spannung angesteuert werden (Abb. 2.16). Die Berechnung der Frequenz bzw. der Impuls-Pausezeit erfolgt nach den angegebenen Formeln, wobei zu R1 wie auch R2 jeweils der eingestellte Wert des Potentiometers P1 zu addieren ist (Abb. 2.17).

Der spannungsgesteuerte Multivibrator stellt bereits einen einfachen Analog/Digital (A/D)-Wandler dar, da er die analoge Spannungsänderung in eine digitale Impulsfolge (Frequenz) umwandelt. Die Schwingfrequenz ist dabei der Basisspannung (0,7 V . . . + U_B) proportional. Eine höhere Spannung erzeugt auch eine höhere Schwingfrequenz. Der Frequenzanstieg erfolgt linear. Für den symetrischen, spannungsgesteuerten Multivibrator gilt:

$$f = \frac{1}{1,38 \cdot (R + P_1) \cdot C}$$

Monoflop (monostabile Kippstufe), MMV

Das Monoflop ist eine monostabile Kippstufe, die wie ein FF zwei verschiedene Zustände annehmen kann. Einer davon ist jedoch nur stabil. Der andere ist metastabil oder quasistabil und kann nur für eine begrenzte Zeit (Verzögerungszeit) bestehen bleiben *(Abb. 2.18)*.

Der Ausgang $\bar{Q}$ ist in der Ruhelage »H«, d. h. T2 ist leitend und sperrt damit T1. Wird T2 durch ein »L« an seiner Basis gesperrt (über die Taste), so liegt an seinem Kollektor »H« und über R_C, R2 fließt ein Basisstrom zu T1, der dann durchschaltet. Sobald wir den Taster loslassen, beginnt sich C1 über R1, P1 aufzuladen; zu T2 fließt kein Basisstrom. Erst wenn die Schwellspannung der Basis Emitter-Diode von T1 erreicht ist, schaltet dieser durch und sperrt T2. Das Monoflop ist wieder in seiner Ruhelage. Die Zeiten errechnen sich nach folgenden Formeln:

$$t_1 \approx 0{,}69 \cdot R_1 + P_1 \cdot C \qquad \text{(Ausgang Q »H«)}$$
$$t_p \approx 5 \cdot R_C \cdot C \qquad \text{(Ausgang } \bar{Q} \text{ »H«)}$$

Der Widerstandswert für R1 bzw. R2 darf nicht über 100 kΩ betragen, da sonst ein zu kleiner Basisstrom fließt und der Transistor nicht mehr voll durchschaltet. C_K ist wieder ein Beschleunigungskondensator dessen Wert zwischen 100 p...2,2 n betragen kann.

Die dynamische Ansteuerung ist immer dann zu verwenden, wenn keine Impulse zum Schalten anliegen, sondern Dauerspannungen. Solange nämlich die Taste gedrückt ist, bleibt T2 gesperrt und somit »H« am Q-Ausgang. Eine Schaltung, die diesen Nachteil nicht hat, zeigt *Abb. 2.19*. Hier muß sogar die positive Schaltspannung am Eingang (NOR-Gatter mit zwei Eingängen) mindestens für die Dauer der Impulszeit anliegen, um die

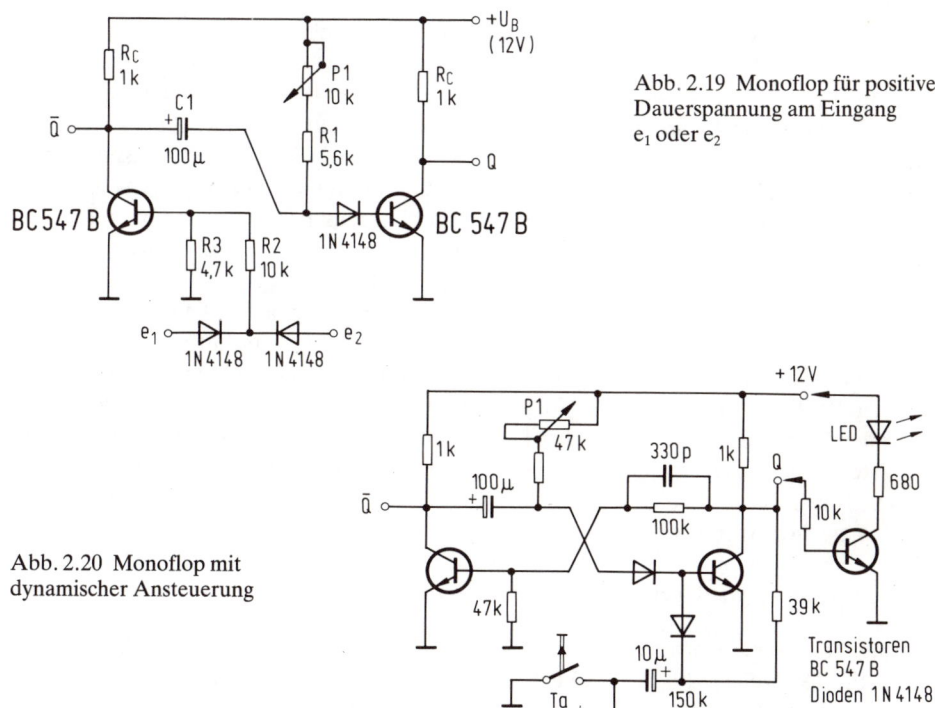

Abb. 2.19 Monoflop für positive Dauerspannung am Eingang e_1 oder e_2

Abb. 2.20 Monoflop mit dynamischer Ansteuerung

Schaltung zu aktivieren und »H« am Ausgang Q zu liefern. Das für die anderen Monoflop-Schaltungen gesagte, gilt auch hier (Zeitintervall, Bauteileberechnung usw.).

Zum Schalten von Verbrauchern (Lampen, LED, Relais, Weichenspulen usw.) ist immer noch eine Schaltstufe hinter den jeweiligen Monoflop-Ausgang zu schalten. *Abb. 2.20* zeigt eine LED-Schaltstufe. Monoflops werden auch als Zeitstufen oder »One Shot« (engl. 1 Schuß) bezeichnet.

Abb. 2.21 Schmitt-Trigger

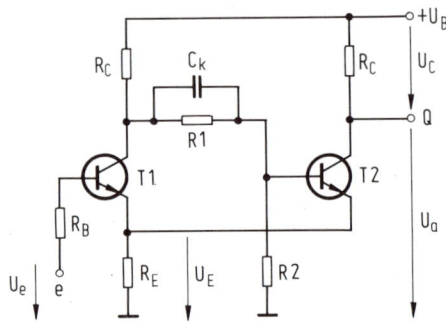

Schmitt-Trigger

Als letzte Kippschaltung wollen wir uns einen Schwellwertschalter ansehen, den nach seinem Erfinder Schmitt (der die Schaltung 1938 mit Röhren aufgebaut hat) benannten Schmitt-Trigger.

Das wesentliche Merkmal der Schaltung in *Abb. 2.21* ist der gemeinsame Emitterwiderstand R_E der beiden Transistoren, der im Umschaltbereich die Gesamtverstärkung gegen unendlich gehen läßt. Durch Änderung des R_E (z.B. mit Potentiometer) ist die Schaltschwelle einstellbar. Da jedoch alle Bauteile Anteil am Schaltverhalten haben, können wir nur überschläglich die Werte der Bauteile festlegen, die korrekte Einstellung ist nach dem Aufbau vorzunehmen. Der Schmitt-Trigger ist eine bistabile Kippstufe, die beim Überschreiten einer (einstellbaren) Eingangsspannung U_{S1} umkippt und beim Unterschreiten einer niedrigeren Eingangsschwellspannung U_{S2} wieder zurückkippt. Den Unterschied zwischen beiden Schwellspannungen nennt man Hysterese: $U_S = (U_{S1} - U_{S2})$.

Schmitt-Trigger sind somit Spannungsdiskriminatoren, die analoge Signale bei definierten Spannungsmarken in digitale Signalkurven umwandeln. Verschliffene Rechteckimpulse oder Signalkurven (Sinus o. ä.) können dadurch in Rechteckimpulse verwandelt werden. Die Schaltung funktioniert folgendermaßen: steigt die Eingangsspannung von 0 V ausgehend langsam an, so ist zunächst T1 gesperrt und T2 leitend. Am Ausgang liegt »0«. Übersteigt die Eingangsspannung die gemeinsame Basis-Emitterspannung U_{BE} der beiden Transistoren, wird T1 leitend und sperrt über den Rückkopplungsweg mit R1 und C_K den zweiten Transistor T2.

Sinkt die Eingangsspannung ab, kippt die Schaltung beim Erreichen der unteren Schwellspannung wieder in die Ausgangslage zurück.

Eine praktische Anwendung eines Schmitt-Triggers als Dämmerungsschalter bzw. Lichtschranke zeigt *Abb. 2.22.* Die Empfindlichkeit ist mit P1 einstellbar. Bei jeder Lichtstrahlunterbrechung bzw. bei Dunkelheit leuchtet die LED auf. Als LDR können

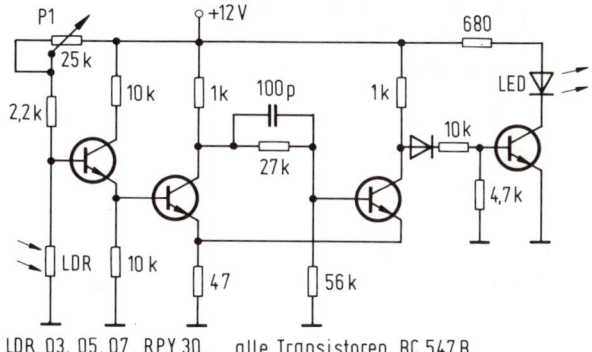

Abb. 2.22 Lichtschranke mit Schmitt-Trigger

LDR 03, 05, 07, RPY 30, alle Transistoren BC 547 B

auch andere als die angegebene Typen dienen. Der LDR 03 hat einen Widerstand von 200 Ω bei Belichtung.

Prellfreier Schalter

Mit einer Anwendung des RS-FF wollen wir das Kapitel Digitalschaltungen mit Transistoren abschließen.

Mechanische Schalter (auch die Digitast) erzeugen aufgrund ihres Aufbaues bei der Kontaktgabe mehr oder weniger viele unkontrollierbare Impulsgaben, durch das sogenannte mechanische Kontaktprellen. Durch ein FF kann man dies elektronisch verhindern. Solange der Umschalter »L« in *Abb. 2.23* an die Basis von T1 legt, ist dieser gesperrt und T2 durchgeschaltet, der Ausgang Q liegt auf »L«-Potential. Beim Umschalten wird T2 sofort gesperrt (Ausgang Q = »H«), und T1 leitet. Das Prellen kann keine Schaltungsveränderung mehr verursachen, da erst nach erneutem Umschalten der Ausgang Q wieder »L« wird.

Abb. 2.23 Prellfreier Umschalter mit RS-Flip-Flop

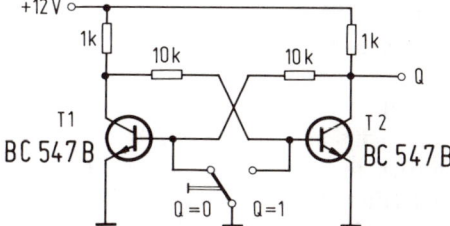

2.4. Digitalschaltungen mit ICs

Alle vorher mit diskreten Bauteilen realisierten Schaltungen sind auch mit ICs aufbaubar. Wir unterscheiden hier nach Integrationsdichte und Schaltkreisfamilien. Bei unseren IC-Schaltungen wird auch die positive Logik angewandt (1 = High = »H« $\approx$ + U$_B$, 0 = Low = »L« $\approx$ 0 V).

Integrationsgrad (Integrationsdichte)	Anzahl der Transistoren	Anzahl der Funktionen	Flächen-bedarf [mm²]	Anwendung
SSI (Kleinintegration) Small-Scale-Integration	100	1...20 12 Gatter	3	kleinere Schaltungen
MSI (Mittl. Integration) Medium-Scale-Integration	500	20...100 100 Gatter	10	Zähler, Schieberegister Addierer
LSI (Großintegration) Large-Scale-Integration	≤ 100 000	100...50 000	20	Taschenrechner (komplett)
VLSI (Größtintegration) Very-Large-Scale-Integration	≥ 100 000	≥ 40 000	40	Mikrocomputer, Peripherie-Bausteine, Speicher

Die einzelnen Digitalbausteine werden in verschiedenen Schaltkreisfamilien realisiert, die sich in bezug auf Verlustleistung, Signallaufzeit, Störsicherheit und durch ihre Ausgangs- bzw. Eingangsbelastbarkeit unterscheiden.

Schaltkreisfamilie	U_B [V]	Laufzeit [ns]	Verlust-leistung [mW]	Störabstand [V]	fan out	f max [MHz]
TTL-Standard	+ 5	10	10	1	10	15
TTL-Low Power	+ 5	33	1	1	20	2,5
TTL-High Speed	+ 5	6	22	1	10	75
TTL-Low Power Schottky	+ 5	9	2	1	20	25
LSL (langsame störsichere Logik)	+ 15	175	20	6	20	100
ECL (Emitter-Coupled-Logik)	− 5,2	1	20	0,4	15	20
C-MOS	3...16	20	0,01	1	50	2...7
High Speed-C-MOS	2...6	10	0,01	1,5	50	8...24

Die angegebenen Werte stellen Mittelwerte dar.

Jetzt sehen wir uns die Schaltkreisfamilien im einzelnen an und betrachten ihre Vor- und Nachteile. Die ECL-Schaltkreise sondern wir jedoch gleich aus, die können wir wegen der negativen Spannung nicht gebrauchen.

2.4.1 TTL-Standard-Serie, 74.. (SN 74..)

TTL = Transistor-Transistor-Logik. Diese Serie stellt die umfassenste und bekannteste digitale Bausteinfamilie dar. Neben ihrer leichten Erhältlichkeit weisen sie noch eine hohe Arbeitsgeschwindigkeit bei guter Störsicherheit auf. Störend ist, daß sie nur mit + 5 V-Betriebsspannung arbeiten (wir können sie dadurch nicht durch unsere Modellbahnsteuerungen direkt ansteuern), und daß sie eine hohe Verlustleistung haben und viel Wärme produzieren, die abgeführt werden muß.

2.4.2 TTL-Low Power-Serie 74 L.. (SN 74 L..)

Durch Einbau von hochohmigen Widerständen hat man hier die Leistungsaufnahme um 90% gegenüber der Standardserie verringert, doch die Laufzeit liegt um das dreifache höher.

2.4.3 TTL-High-Speed-Serie 74 H.. (SN 74 H..)

Hier wurden anstatt der hochohmigen wieder niederohmige Widerstände verwandt, was die Laufzeit wieder verkürzt. Jedoch ist die Leistungsaufnahme zur Standardserie mehr als doppelt so hoch.

2.4.4 TTL-Low-Power-Schottky-Serie 74 LS.. (SN 74 LS..)

Durch Einsatz neuartiger Schottky-Dioden-Transistoren-Kombinationen wurde die Leistungsaufnahmen um das 5-fache zur Standardserie gesenkt, ohne Einbußen bei den Laufzeiten in Kauf nehmen zu müssen.

2.4.5 LSL-Serie, FZ 100 (Siemens)

Hier wird die Dioden-Transistor-Logik eingesetzt. Durch Verwendung einer Z-Diode im Eingang und eine Betriebsspannung von + 12...15 V erreicht man eine hohe dynamische und statische Störsicherheit, jedoch zu Lasten langer Laufzeiten.

2.4.6 C-MOS-Serie 40.. (CD 40..)

Complementary-Metal-Oxid-Semiconductor. Die Schaltungen enthalten, wie der Name schon sagt, Komplementärstufen aus P-und N-MOS-FETs des Anreicherungstyps.

Sympatisch ist die geringe Verlustleistung 0,01 mW (!!) und die hohe Versorgungsspannung, die wiederum eine hohe Störsicherheit gewährleistet. Unsympatisch ist der große Nachteil aller MOS-Schaltkreise: sie können aufgrund ihres Aufbaues (zwischen Substrat und Gate liegt eine zwar hochohmige, aber auch dünne Oxidschicht, die bereits bei einer Spannung von ca. 60 V zerstört wird) leicht durch die bei statischen Aufladungen entstehenden hohen Spannungen zerstört werden. Daher werden Schutzdioden eingebaut, doch sollte man auch hier Vorsicht walten lassen. Deshalb einige Ratschläge:

1. MOS-ICs nicht unnötig aus dem Leitgummi oder Silberpapier nehmen und nicht die Anschlußbeine berühen.
2. Vor Berühren der ICs Körper gegen Erde (Schutzerde) entladen, am besten Körper mittels Spezialerdband am Handgelenk erden.
3. Unbedingt geerdeten Lötkolben benutzen.
4. Unbenutzte Eingänge bei MOS-ICs unbedingt entweder an Masse oder + U_B legen (je nach IC-Beschaltung lt. Datenblatt).
5. Keine Spannungen zu den Eingängen der MOS-ICs leiten, bevor die Versorgungsspannung anliegt.
6. Bei jedem MOS-IC Versorgungsspannung +U_B mit einem Kondensator zwischen 0,1...10 μF gegen Masse abblocken, um Störimpulse fernzuhalten.

Trotz der vielen Warnungen bauen wir diese »gefährlichen« Bauteile ein. Außerdem liest sich das alles schlimmer, als es in Wirklichkeit ist. Bei sachgemäßer Behandlung weden auch MOS-ICs nicht ohne weiteres zerstört, und man kann gut mit ihnen arbeiten.

2.4.7 High Speed-C²-MOS-Serie 74 HC..

Die Weiterentwicklung der Standard C-Mos-Schaltkreise in bezug auf noch geringere Signallaufzeiten stellen diese zur TTL-Familie und zu einigen ICs der C-MOS-Familie pinkompatibelen ICs dar. Die Bezeichnung entspricht der des Ersatztyps.

Das IC SN 74 LS 00 kann ohne weiteres gegen das High-Sped-C²-MOS-IC 74 HC 00 ausgetauscht werden, genauso das CD 4017 gegen ein 74 HC 4017.

Die High-Speed-C²-MOS-ICs haben die gleichen Signallaufzeiten wie die TTL-Low-Power-Schottky-ICs, brauchen aber nur einen Bruchteil deren Leistung. Zur C-MOS-Familie haben sie eine schnellere Signallaufzeit bei größerem Störabstand.

2.4.8 Zusammenfassung, allgemeine Hinweise

Für uns als Modellbahner kommen folgende Schaltkreisfamilien in Frage:

1. TTL-Standard	MC/SN/N	74 ..
2. TTL-Low-Power	SN/N	74 LS..
3. C-MOS	HBF/MM/MC/CD/HEF/MC1	40..AE
4. High-Speed-C^2-MOS	MC/SN/N/PCF	74 HC..

Steht statt der 74.. bei den TTL-ICs eine 54.., so kennzeichnet dies nur einen erweiterten Temperaturbereich von $-65°$ C...$+125°$ C (TTL-Standard $0°$ C...$+70°$ C). Bei der Zusammenschaltung von Logikbausteinen (unabhängig von der Schaltkreisfamilie) ist darauf zu achten, daß nur die nach Datenblatt angegebene, maximale Anzahl von Aus- und Eingängen zusammengeschaltet wird.

Maßgebend ist hier die Angabe des Ein- und Ausgangsfächers des fan in bzw. fan out.

fan in = Belastung, welche der Eingang eines ICs auf den Ausgang eines vorgeschalteten ICs ausübt.

fan out = Leistung welche am Ausgang eines ICs zur Verfügung steht.

An einen Ausgang mit einem fan out von 10 können also 10 IC-Eingänge mit einem fan in von 1 oder 5 Eingänge mit einem fan in von 2 geschaltet werden.

An einem normalen Gatterausgang ist in der Regel der Anschluß einer Lampe, oder eines Relais nicht möglich. Hierzu brauchen wir extra Treiber entweder in IC-Form, oder wir nehmen einfach unseren Transitorschalter (Inverter).

Zum Übergang zwischen den TTL-ICs und den C-MOS-ICs benötigt man TTL-ICs mit offenem Kollektor (Abb. 2.24). Die normalen TTL-Ausgänge mit totem-pole (Totempfahl)-Beschaltung könnten nämlich ansonsten leicht durch Rückwirkungen (z. B. Kurzschlußströme) zerstört werden (Abb. 2.24).

Sollen C-MOS-IC-Ausgänge mit TTL-Eingängen verbunden werden, muß erst einmal eine Spannungsverminderung stattfinden. Hierzu nimmt man spezielle C-MOS-Buffer, wobei es zwei Ausführungen gibt, das IC 4010 (nicht invertierend) und das IC 4009

Abb. 2.24 Ausgangsbeschaltung von TTL-IC's

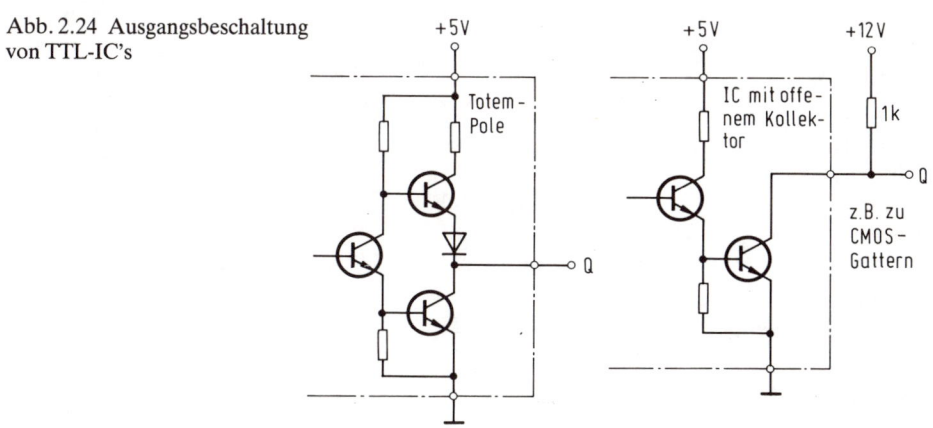

71

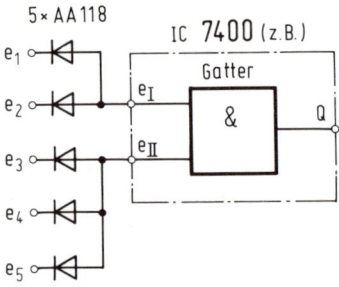

Abb. 2.25 Eingangserweiterung bei TTL-IC's

(invertierend). Jedes IC enthält 6 Buffer (Puffer) und wird mit zwei positiven Versorgungsspannungen gegen Masse betrieben. An Stift 1 liegt $+ U_{01}$ mit 5 V, und an Stift 16 liegt $+ U_{02}$ mit z. B. $+ 12$ V oder $+ 15$ V. U_{01} muß stets kleiner oder gleich U_{02} sein, sonst »verraucht« das IC.

Bei TTL-Gattern kann man durch Zuschaltung von Dioden (möglichst Germanium-Typen) die Eingangszahl erhöhen (im IC wird ja ähnlich verfahren). Da ein freier Eingang bei der TTL-Familie stets auf positivem Potential liegt, wird die Diode mit der Katode weg vom Gatter eingebaut *(Abb. 2.25)*.

Zum Schluß noch eine Tabelle mit den ICs, die wir für unsere Digitalschaltungen brauchen können. Die Stiftbelegung ist im technischen Anhang zu finden.

Funktion (e = Eingang)	74.. (54..)	Siemens-Bezeichnung	74 LS.. (54 LS..)	CD/HEF/ MC1 C-MOS	74 HC.. 54 HC..
4AND je 2 e	7408	FLH381	74LS08	4081	74HC08
4NAND je 2 e	7400	FLH101	74LS00	4011	74HC00
3NAND je 3 e	7410	FLH111	74LS10	4023	74HC10
2NAND je 4 e	7420	FLH121	75LS20	4012	74HC20
1NAND 8 e	7430	FLH131	74LS30	4068	74HC30
4OR je 2 e	7432	–	74LS32	4071	74HC32
4NOR je 2 e	7402	FLH191	75LS02	4001	74HC02
2NOR je 4 e	7425	–	–	4002	74HC4002
3NOR je 3 e	7427	–	74LS27	4025	74HC27
6Inverter	7404	FLH211	74LS04	4069	74HC04
6Inverter 30 V	7406	FLH481	74LS06	–	–**
BCD/Dezimal-Decoder	7442	FLH281	74LS42	4028	74HC42
BCD/Siebensegment	7447	FLL121	74LS47	4558	–
Dezimal Zähler/ Siebensegment	–	–	–	4026*	–
2JK-FF	7473	FLJ121	74LS73	4096	74HC73

Funktion (e = Eingang)	74.. (54..)	Siemens- Bezeichnung	74 LS.. (54 LS..)	CD/HEF/ MC1 C-MOS	74 HC.. 54 HC..
Dezimalzähler	7490	FLJ161	74LS90	4017	74HC4017
4Exclusiv-OR	7486	FLH341	74LS86	4030	74HC86
4Bit Binärzähler	7493	FLJ181	74LS93	4526	–
1Monoflop	74121	FLK101	–	4047	–
1Monoflop	74122	FLK111	74LS122	–	–
2Monoflop	74123	–	74LS123	4538	74HC123
8bit Schieberegister	74164	–	74LS164	4094	74HC164
4NAND-Schmitt-Trigger	74132	–	74LS132	4093	–
BCD-Siebensegm.	74247	–	–	4547	–

* 4027 auch möglich
** 4 D-FF beim 74HC06

Bei der Beschaltung ist zu beachten, daß die Stiftbelegung zwischen den ICs der 74iger Familien und denen der C-MOS-Serie teilweise unterschiedlich ist. Außerdem können die Funktionen geringfügig voneinander abweichen (z. B. der Zähler mit 4017 weist decodierte Dezimalausgänge $0...9$ auf; der Zähler 7490 hat nur 4 BCD-Ausgänge). Die Versorgungsspannung der TTL-ICs darf zwischen $+4.75...5{,}25$ V ($+5$ V $\pm 5\%$) liegen. Der Faktor 1 für Eingangs- bzw. Ausgangslast (fan in bzw. out) ist hier mit $\approx 1{,}6$ mA gleichzusetzen. Ein fan out von 10 bedeutet also einen Ausgangsstrom von 16 mA.

TTL-ICs gibt es im Flachgehäuse (flat package), Keramik-DIL- und Kunststoff-DIL-Gehäuse.

In der Regel sind die Ausgänge der TTL-ICs in Totem-Pole-Schaltung ausgeführt, für spezielle Anwendungen (Übergang zu C-MOS, Wired-OR oder Wired-AND) ist die Open-Collektor-Ausführung gedacht, von der nachfolgend die wichtigsten Typen aufgeführt sind:

7401	4 NAND mit je 2 Eingängen	
7403	4 NAND mit je 2 Eingängen	
7405	6 Inverter/Treiber	$(I_C = 40$ mA$)$
7406	6 invertierende Treiber	30 V $(I_C = 40$ mA$)$
7407	6 Treiber	30 V $(I_C = 40$ mA$)$
7409	3 AND mit je 3 Eingängen	
7412	3 NAND mit je 3 Eingängen	
7416	6 invertierende Treiber	15 V $(I_C = 40$ mA$)$
7417	6 Treiber	15 V $(I_C = 40$ mA$)$
74145	BCD/Dezimal-Dekoder/Treiber	$(I_C = 80$ mA$)$ 15 oder 30 V
74LS15	3 AND mit je 3 Eingängen	

Die Ausgänge der C-MOS-ICs liefern im Zustand »1« durchweg einen Höchststrom von 0,44...3 mA (je nach Betriebsspannung) und haben ein fan out bis ca. 50. Ohne Ansteuerung fließt praktisch kein Strom (Reststrom ca. 1,6 μA). Der empfohlene Betriebsspannungsbereich liegt bei + 3...15 V, wobei eine maximale Spannung zwischen − 0,5...+ 18 V zugelassen ist. Der maximale Eingangsstrom beträgt 10 mA, P_{tot} liegt bei 400 mW. Für die Störsicherheit wird ein Wert von $0,45 \cdot U_B$ angegeben. Die Taktfrequenz ($U_B = + 10$ V) liegt bei ≤ 16 MHz.

Doch jetzt Schluß mit der Theorie, nun kommen, stellvertretend für die vielen möglichen Varianten, einige ausgesuchte IC-Schaltungen, die größtenteils sowohl mit TLL- als auch mit C-MOS-ICs realisierbar sind.

2.4.9 Praktische Schaltungen mit Digital-ICs

Vorangestellt sei hier eine Tabelle der charakteristischen Kennwerte für Digital-ICs, die wir beim Schaltungsentwurf unbedingt brauchen:

Kennwerte bei + 25° C		74.. bei 5 V	74LS.. bei 5 V	C-MOS bei 5 V	U_B bei 10 V	bei 15 V	Maßeinheit
Eingangssp.	U_{ILmax}	0,8	0,8	1,5	3,0	4,0	V
	U_{IHmin}	2.0	2,0	3,5	7,0	11,0	V
Rechenwert	U_{ILmin}	0,4	0,4	–	–	–	V
Eingangs-	I_{ILmax}	− 1,6	− 0,36	10	10	10	mA
strom	I_{IHmax}	40	20	–	–	–	μA
Aus-	U_{QLmax}	0,4	0,5	0,05	0,05	0,05	V
gangssp.	U_{QHmax}	2,4	2,7		U_B − 0,05 V		V
Ausgangsstr. I_{QLmax}		16	8	0,44	1,1	3,0	mA
△ $U_Q - U_{QL}$		2	2,2	4,9	10,9	14,9	V
U_u (ca.) Rechenwert		1,2	1,2	2,5	5,5	7,5	V

Wie wir gesehen haben, brauchen wir die einfachen Gatterfunktionen wie AND, NAND, OR, NOR nicht mehr nachzubilden, diese sind bereits (teilweise sogar mehrfach) in den verschiedenen IC-Typen integriert. Doch was tut man, wenn man eine Schaltung aufgebaut hat und noch einige NAND frei hat, aber ein NOR braucht oder einen Inverter? Hier hilft uns Abb. 2.26.

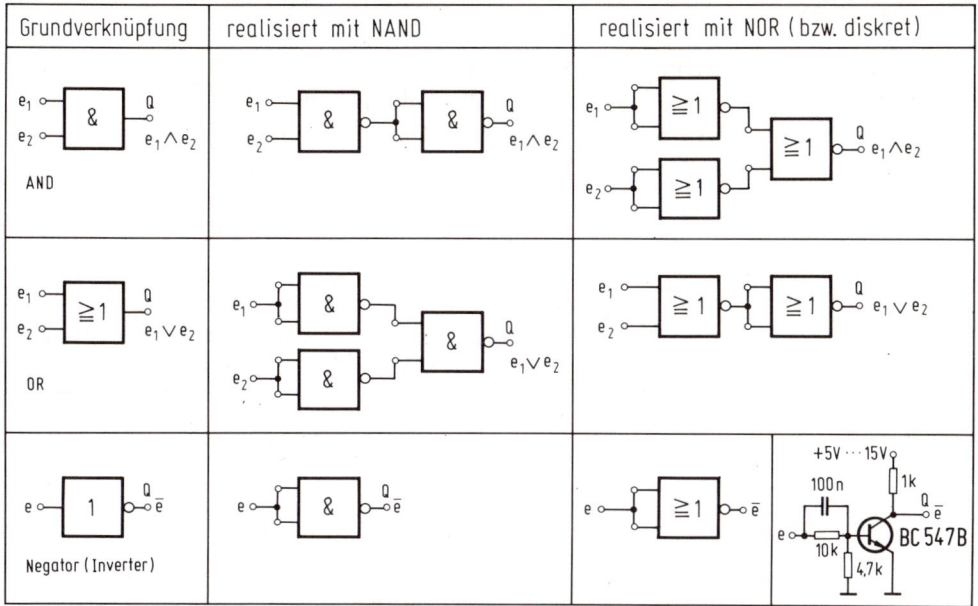

Grundverknüpfung	realisiert mit NAND	realisiert mit NOR (bzw. diskret)

Abb. 2.26 AND, OR, NOT realisiert mit anderen Gattertypen

Grundverknüpfungen mit NAND und NOR realisiert

Abb. 2.26 sagt dabei mehr als viele Worte. Als Inverter können wir natürlich genausogut auch unseren einfachen Transistorschalter aus Abschnitt 2.2 (Abb. 2.7) nehmen, falls kein IC-Gatter mehr frei ist.

EXOR/EXNOR aus mehreren Gattern realisiert

Wenn gerade kein IC mit EXOR zur Verfügung steht, oder wenn noch einige andere Gatter in den ICs frei sind, kann man die EXOR-Funktion auch mit NAND, NOR und Inverter realisieren. Eine Möglichkeit kennen wir ja bereits vom diskreten EXOR in Abschnitt
2.3. 5, wobei die selbe Anordnung der Gatter auch mit IC-Gattern realisierbar ist. Einige andere Möglichkeiten sehen wir in *Abb. 2.27*.

Die weniger gebrauchte Logikfunktion EXNOR können wir leicht durch Negation eines EXOR realisieren. Am Ausgang liegt somit immer dann eine »1«, wenn beide Eingangsvariablen gleich sind.

RS-Flip-Flop aus Gattern (RS-FF)

Nehmen wir z. B. zwei NAND-Gatter und schalten sie wie in *Abb. 2.28* angegeben zusammen, passiert folgendes: Wir schalten + U_B an, und das FF kippt in eine beliebige

75

Lage, z. B. Q = »O« und Q̄ = »1«. Durch die beiden 1-kΩ-Widerstände ist dieser Zustand stabil, da die Eingänge fest an »1« liegen. Erhält e1 einen negativen Impuls, so liegt »0« am Gatter N 1 und dessen Ausgang Q springt auf »1«. Damit sind beide Eingänge von N 2 »1«,

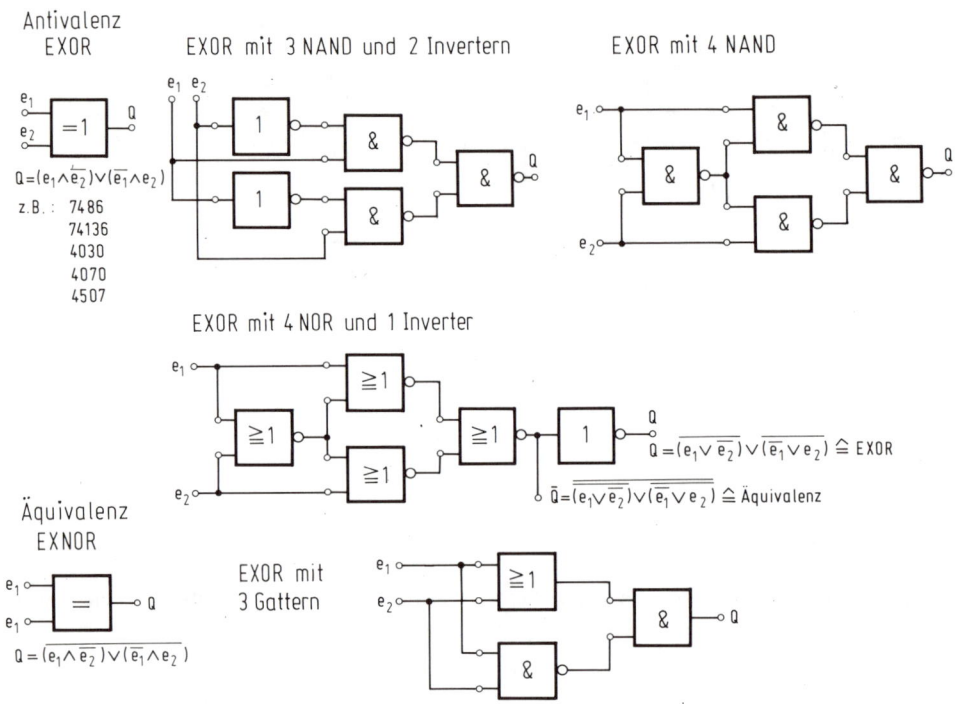

Abb. 2.27 EXOR-/EXNOR-Gatter aus mehreren Gattern gebildet

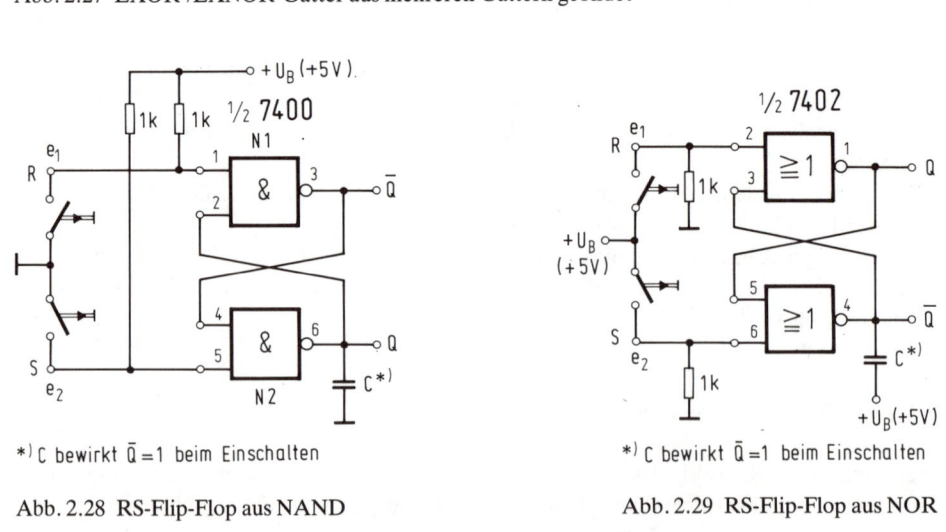

*) C bewirkt Q̄ =1 beim Einschalten

Abb. 2.28 RS-Flip-Flop aus NAND

*) C bewirkt Q̄ =1 beim Einschalten

Abb. 2.29 RS-Flip-Flop aus NOR

so daß $\bar{Q}$ nach »0« schaltet, wodurch sich über den 2. Eingang von N1 eine stabile Lage ergibt. Erneute Minusimpulse an e_1 bewirken keine Änderung dieses Zustandes. Erst wenn wir e_2 an »0« legen, kippt das FF wieder zurück.

Liegen e_1 und e_2 gleichzeitig an »0«, so entsteht ein undefinierbarer Zustand. Dieser Zustand ist also zu vermeiden. Für positive Schaltimpulse setzt man ein RS-FF aus NOR-Gattern ein (Abb. 2.29). Hier laufen alle Vorgänge umgekehrt zum vorher beschriebenen NAND-RS-FF ab, die Erklärung ersparen wir uns. Die Wahrheitstabellen für beide Versionen sagen ja alles aus:

1. NAND-Flip-Flop					2. NOR-Flip-Flop				
R	S	Q	$\bar{Q}$	Bemerkung	R	S	Q	$\bar{Q}$	Bemerkung
0	0	–	–	undefiniert	0	0	–	–	kein Einfluß
0	1	1	0		0	1	0	1	
1	0	0	1		1	0	1	0	
1	1	–	–	kein Einfluß	1	1	–	–	undefiniert

Kein Einfluß bedeutet dabei, daß das FF so bleibt, wie nach dem letzten S- oder R-Impuls gesetzt. Der undefinierte Zustand ist zu vermeiden. Die RS-FF können wir mit TTL-Gattern oder C-MOS-Gattern aufbauen (7400, 7402, 4011, 4001).

Um einen Ausgang beim Einschalten definiert durchschalten zu lassen, kann man einen Eingang mit einem Keramikkondensator von 10 bis 100 nF entsprechend beschalten. In Abb. 2.28 und 2.29 sind die entsprechenden Kondensatoren gestrichelt eingezeichnet.

Entprellte Taste mit RS-FF

Eine schon vom Tansistor-RS-FF her bekannte Schaltung zeigt *Abb. 2.30 a,* die wiederum dem Prellen des Kontaktes entgegenwirkt. Eine noch einfachere Entprellschaltung zeigt *Abb. 2.32 b.*

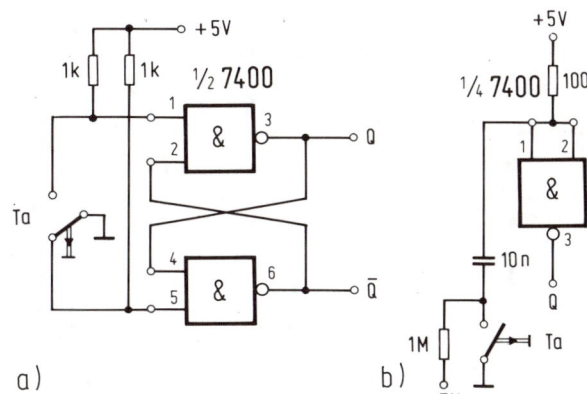

Abb. 2.30a Entprellte Taste mit
2 NAND

Abb. 2.30b Entprellte Taste mit
1 NAND

Astabiler Multivibrator (AMV) aus IC-Gattern

Die schon klassische AMV-Gatterschaltung mit NAND-Gattern zeigt *Abb. 2.31 a.* Auch eine Realisierung mit NOR-Gattern ist möglich. Eine Schaltung mit NOR-Gattern und 2 Invertern zeigt *Abb. 2.31 b;* bei C-MOS-IC der B-Version können die Inverter entfallen (s. *Abb. 2.31 c*).

AMV mit NAND-Gattern sind nicht in jedem Falle anschwingsicher, so daß man sie auch als Start-Stop-Oszillator ausführt. Zum Start verbindet man einen Eingang eines NAND über einen Schalter mit »0«, und der AMV schwingt. In Abb. 2.31a sind beide Möglichkeiten durch einen Umschalter gegeben.

$$f \approx \frac{1}{(R1 \cdot C1) + (R2 \cdot C2)} = \frac{1}{T} = \frac{1}{t1 + t2}$$

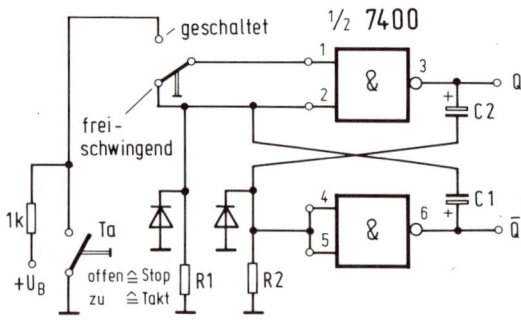

Abb. 2.31a Start-, Stop-Oszillator mit NAND

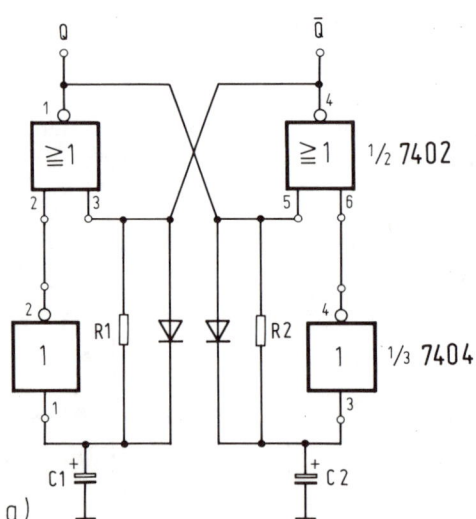

Abb. 2.31b AMV mit TTL-NOR

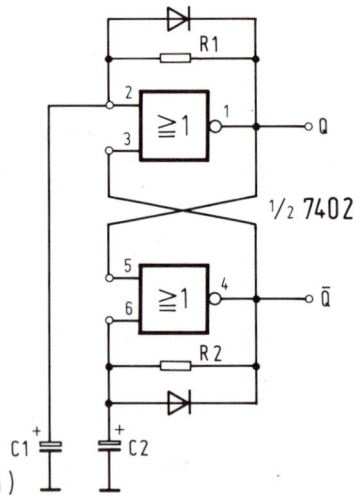

Abb. 2.31c AMV mit NOR der MOS-IC B-Version

Abb. 2.32 zeigt einen AMV mit nur einem R-C-Glied, der aus den 4 NAND eines SN 7400 aufgebaut wurde. Wenn nicht so hohe Anforderungen gestellt werden, kann das vierte NAND entfallen, es dient nur zur Impulsformung. Liegt der Start-Eingang an »0«, so arbeitet der Oszillator.

$$f \approx \frac{0{,}5}{R \cdot C} \qquad T \approx 2 \cdot R \cdot C \qquad \begin{array}{l} R \sim 220 \ldots 1800 \ \Omega \\ C \sim 56 \ pF \ldots 100 \ \mu F \end{array}$$

Eine ebenfalls nicht sehr anspruchsvolle Schaltung nach Firmen-Unterlagen zeigt *Abb. 2.33*. Die Periodendauer errechnet sich hier zu:
$T \approx 2{,}5 \cdot R2 \cdot C$, und der Widerstand R1 muß sein: $R1 \geq 2 \cdot R2 + U_B$ kann zwischen 3 . . . 15 V liegen und die Frequenz ist:

$$f = \frac{1}{T} \approx \frac{1}{2{,}5 \cdot R_2 \cdot C}$$

$$R_1 \geqq 2 \cdot R_2$$

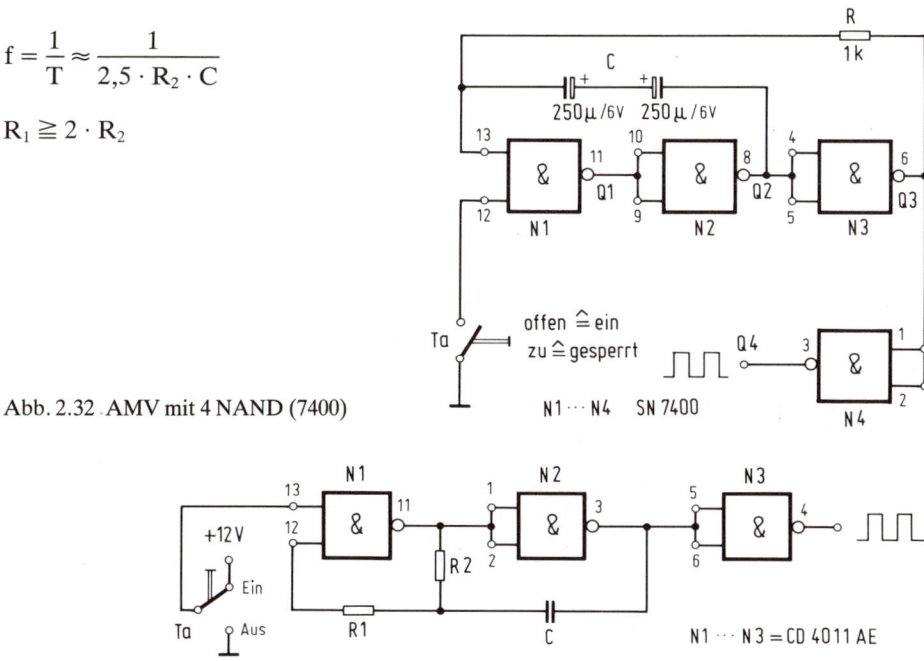

Abb. 2.32 AMV mit 4 NAND (7400)

Abb. 2.33 AMV mit 3 NAND (4011)

Monostabiler Multivibrator (MMV) aus Gattern und Monoflop-ICs

Auch ein Monoflop ist aus zwei NAND realisierbar *(Abb. 2.34)*. Im Ruhezustand ist Q = »0« und Q̄ = »1«. Gelangt eine negative Impulsflanke zum Takteingang, triggert das Monoflop und Q wechselt für die Impulszeit auf »1«.

Überschlägig kann die Impulszeit T zwischen $0{,}9 \ldots 1{,}2 \cdot R \cdot C$ betragen. Der Widerstand R darf hier nicht zu groß sein, damit durch ihn der Maximalwert der niedrigen Eingangsspannung U_{iLmax} für das NAND-Gatter nicht überschritten wird. R sollte $220 \ \Omega \leq$

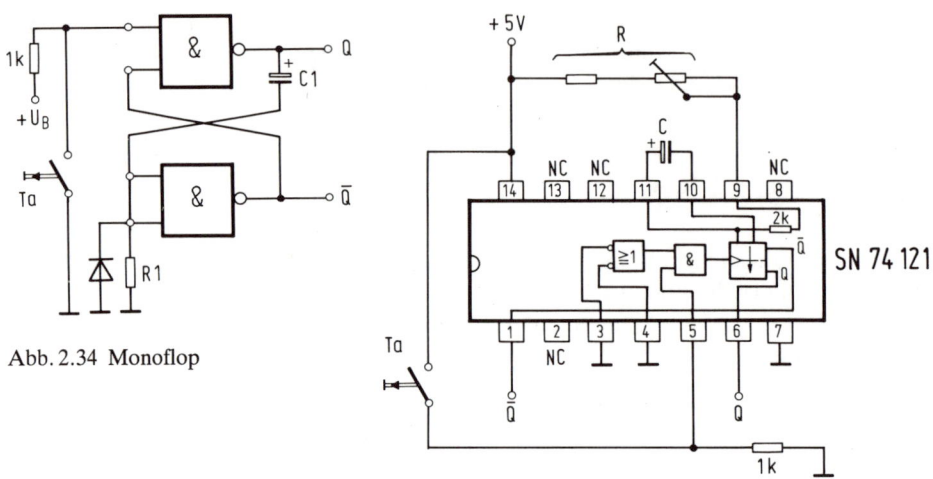

Abb. 2.34 Monoflop

Abb. 2.35 Monoflop mit IC (74121)

R ≤ 680 Ω betragen. Nach Ablauf der Impulszeit kippt der MMV in seine Ruhelage zurück.

Es gibt jedoch auch integrierte Monoflops, z. B. das TTL-IC 74121. Dieses IC hat folgende Möglichkeiten: Ist Eingang 3 (Stift 5) »1« und ändert einer der beiden anderen Eingänge (Stift 5 und 4) seinen Zustand von »1« auf »0«, so entsteht am Ausgang (Stift 6) ein positiver Impuls. Sind Stift 5 und oder 4 auf »0« und an Stift 3 ändert sich der Zustand von »1« auf »0«, so entsteht ebenfalls ein positiver Impuls am Ausgang (Stift 6). Diese Variante zeigt *Abb. 2.35*. Die Impulsdauer ist vom IC-Hersteller mit T = 0,693 · R · C angegeben. Solange Stift 3 positives Potential erhält, ändert sich am Ausgangszustand nichts. Erst nach erneutem Potentialsprung (»1« → »0«) ist das Monoflop wieder setzbar.

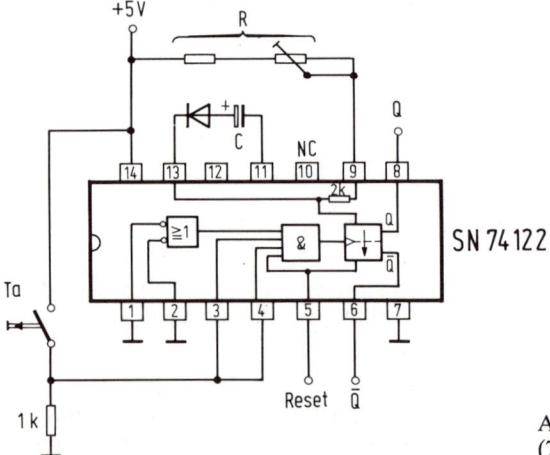

Abb. 2.36 Monoflop, retriggerbar, mit IC (74122)

Die Außenbeschaltung darf folgende Maximalwerte nicht überschreiten:
R = maximal   40 kΩ, minimal 1,4 kΩ
C = maximal 1000 μF, minimal 10,0 pF

Im IC ist bereits ein Widerstand von 2 kΩ integriert, der an Stift 9 anliegt. Wird der interne Widerstand nicht benötigt, so ist der externe Widerstand R an Stift 11 anzuschalten. Wie wir gesehen haben, würden beim 74121 Triggerimpulse, die während der Impulsdauer T eintreffen, keine Verlängerung der Ausgangsimpulse zur Folge haben. Anders bei nachtriggerbaren Monoflops (retriggerable), hier läßt sich die Impulsdauer durch erneute Impulse verlängern. Stellvertretend zeigt *Abb. 2.36* die Schaltung mit dem 74122. Die Impulsdauer ist bei diesem IC bei gleicher RC-Beschaltung nur etwa halb so groß wie beim 74121.

Dezimalzähler

Betrachten wir hier zuerst den TTL-Zähler 7490. Bei jedem Taktsprung von »1« nach »0« (negativ flankengetriggert) wird um eine Binärzahl, die an den Ausgängen A, B, C und D (Stift 12, 9, 8 und 11) anliegt, weiter gezählt. Um daraus eine Dezimalzahl zu zaubern, brauchen wir noch den BCD zu Dezimalwandler im IC 7442 *(Abb. 2.37)*. Durch Wahl

Abb. 2.37 Zehnerzähler mit Dezimalausgang in TTL-Logik

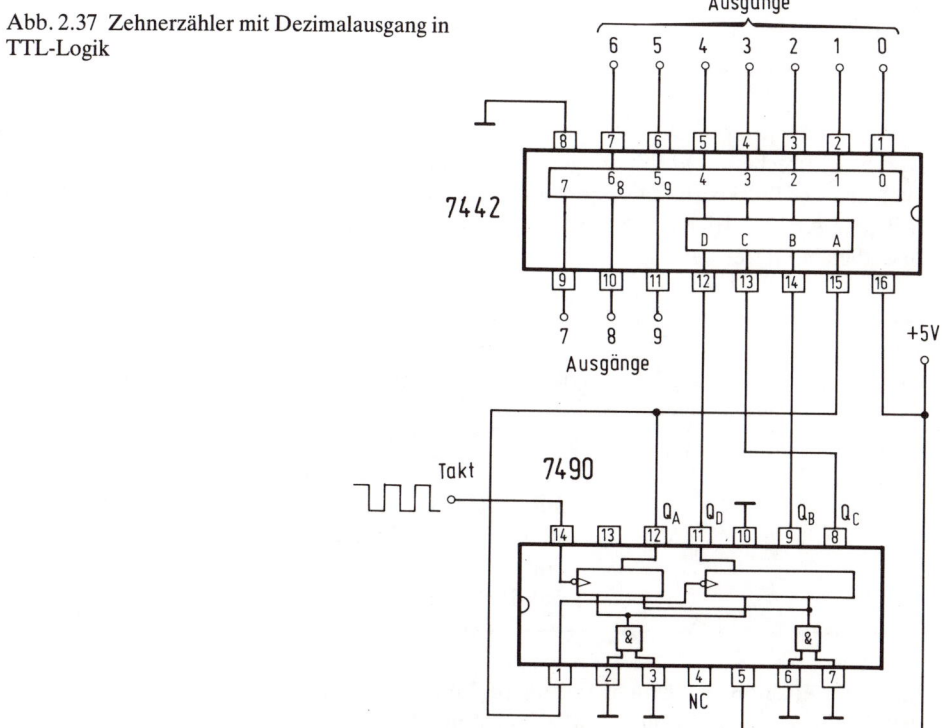

seiner äußeren Beschaltung kann man den Zähler nur bis binär 1 oder 4 oder . . . zählen lassen. Außerdem weist der Zähler noch 4 weitere Eingänge auf, mit denen man ihn in die Stellung 0000 = 0 oder 1001 = 9 setzen kann.

Sind R_{01} (Stift 2) und R_{02} (Stift 3) beide »1« = Zählerinhalt 0000
Sind R_{91} (Stift 6) und R_{92} (Stift 7) beide »1« = Zählerinhalt 1001
R_9 hat dabei Vorrang vor R_0.

Wenn der Zähler von 0000 bis 1001 zählen soll, legen wir die R_0 – und die R_9-Eingänge auf »0« (Masse) und verbinden QA mit Eingang BD. Wir erhalten dann einen Zähler mit folgenden Binärzahlen an den Ausgängen A . . .D:

$A/2^0$	$B/2^1$	$C/2^2$	$D/2^3$	Dezimal
0	0	0	0	0
1	0	0	0	1
0	1	0	0	2
1	1	0	0	3
0	0	1	0	4
1	0	1	0	5
0	1	1	0	6
1	1	1	0	7
0	0	0	1	8
1	0	0	1	9

Durch entsprechende Verbindungen der Ausgänge A bis D mit den R_0-Eingängen kann man andere Teilerverhältnisse erzeugen. Der Takteingang ist jedoch immer Stift 14 (Eingang A). Der Trick bei der nachfolgend aufgeführten Beschaltung ist, daß man keine zusäztlichen Gatter benötigt:

Teilungs- verhältnis	Verbindung zwischen den einzelnen Stiften	Teilerausgang Stift
3 : 1	9 mit 1, 12 mit 1 und 2	3
4 : 1	8 mit 2, 12 mit 1	3
5 : 1	8 mit 2, 12 mit 3 und 1	8
6 : 1	8 mit 3, 12 mit 1, 9 mit 2	8
8 : 1	12 mit 1, 11 mit 3 und 2	8
9 : 1	1 mit 3, 12 mit 1 und 2	1

In diesem Buch sind noch mehrere andere Zählerschaltungen mit dem 7490 aufgeführt, so daß hier jeder seine Problemlösung finden müßte.

Abb. 2.38 Siebensegmentanzeige
mit Decoder in TTL-Logik

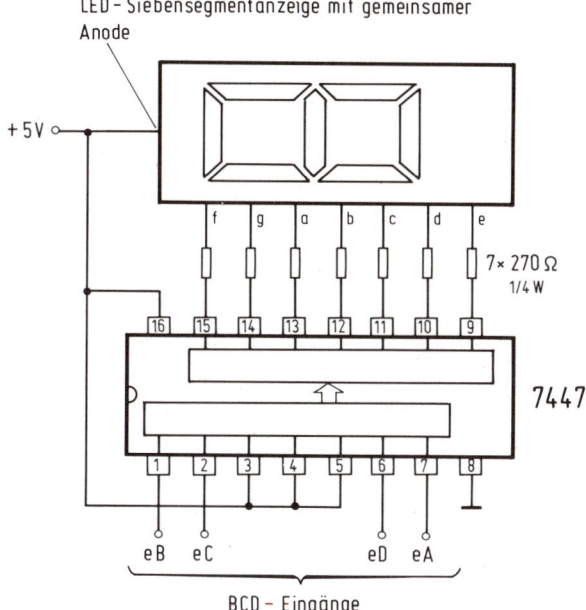

Einen einfachen Zähler mit BCD/Dezimal-Decoder, der von 0 bis 9 zählt solange der Takt anliegt, zeigt Abb. 2.37. Wird anstelle des 7442 ein 7447 und eine Siebensegmentanzeige angeschaltet, können wir die Zahlen von 0 bis 9 sichtbar machen.

Der 7447 besitzt vier Eingänge A bis D (Stift 1, 2, 6, 7) zur Eingabe der BCD-Information, die wir in unserem Beispiel (Abb. 2.38) mit den Ausgängen des Zählers 7490 verbinden. Außerdem weist der 7447 noch sieben Ausgänge mit offenem Kollektor ($J_C \approx 20$ mA) zum Anschluß der Segmente a bis g der Anzeige auf.

Die Ausgänge des 7447 schalten die Segmente der Anzeige gegen Masse, so daß wir eine Siebensegmentanzeige mit gemeinsamer Anode benötigen.

Ersetzt man den 7447 durch den pinkompatiblen 74247, erscheinen die Ziffern 6 und 9 besser lesbar auf der Anzeige.

Wer mit einem Zähler direkt eine Siebensegmentanzeige ansteuern möche, sollte zu dem C-MOS-IC 4026 greifen, das einen Dezimalzähler und einen Siebensegmentdekoder mit Treiber für LED beinhaltet. Dieses IC eignet sich sehr gut zum Aufbau einer Digitaluhr. An Stift 1 liegt der Takt an (Abb. 2.39), der zum Zähler gelangen kann, wenn Stift 2 an Minus liegt. Liegt Stift 2 an $+ U_O$ oder ist er nicht beschaltet, so ist der Takteingang über ein internes UND mit vorgeschaltetem Invertern gesperrt.

Die Eingänge 3, 4 und 14 benötigen wir nicht, wir schalten sie an $+ U_o$. An Anschluß 5 liegt der Überlauf zum Takteingang der nächsten Stufe.

Bleiben also nur noch die Ausgänge a – g und der Reseteingang R (Stift 15). Liegt R an »0«, zählt der Zähler taktgesteuert, liegt hingegen »1« an, geht der Zähler und damit die Anzeige solange auf »0«, bis wieder Masse anliegt.

Abb. 2.39 Zähler-IC 4026 mit
Siebensegment-Decoder

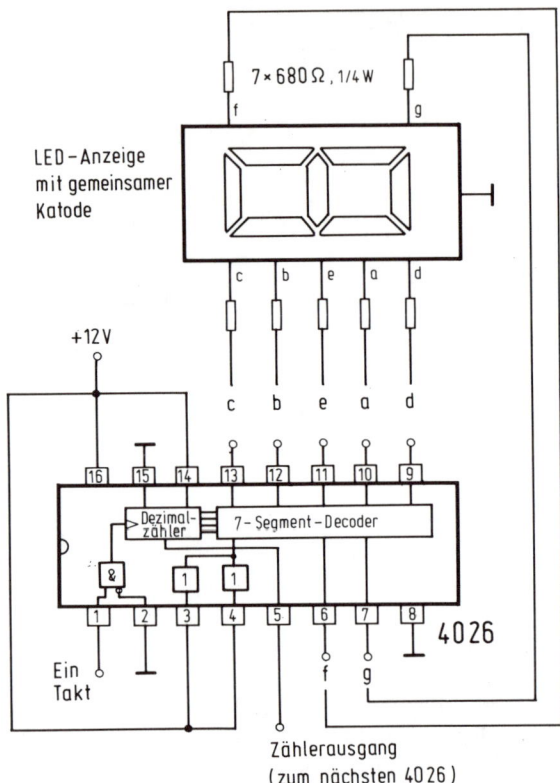

LED-Anzeige
mit gemeinsamer
Katode

Zählerausgang
(zum nächsten 4026)

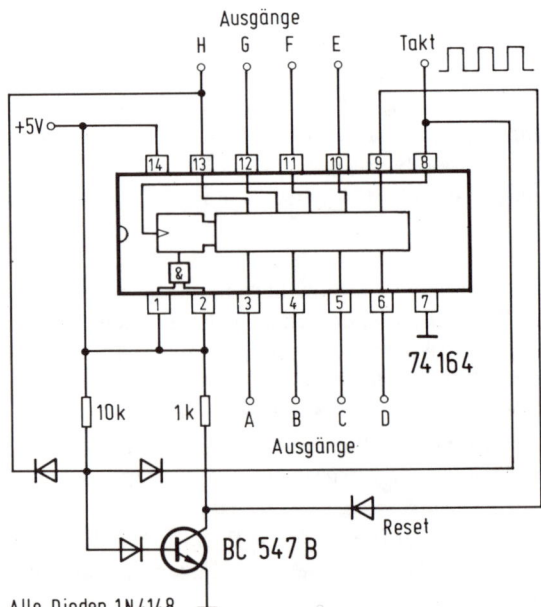

Abb. 2.40 8-Bit-Schieberegister mit
IC (74164)

Schieberegister mit ICs

Zum Schluß des Kapitels Digitalschaltungen mit ICs wollen wir uns noch ein 8 Bit-Schieberegister mit Parallelausgabe, das 74164 ansehen *(Abb. 2,40)*. Die Eingabe erfolgt dabei seriell, d. h. nacheinander.

Ein Schieberegister besteht im Prinzip aus mehreren hintereinandergeschalteten Flip-Flops. Im 74164 sind acht Speicher-FFs enthalten, und zwar D-FFs. Mit dem 74164 kann man also acht logische Variable als »0« bzw. »1« abspeichern, die bei acht aufeinanderfolgenden Taktimpulsen am Eingang A oder B anlagen.

Um ein Schieberegister zu erhalten, fassen wir in unserer Schaltung nach Abb. 2.40 beide Eingänge A und B (Stift 1 und 2) zusammen und legen sie an »1«. Gehen wir nun davon aus, daß alle FFs zurückgesetzt wurden und der erste Taktimpuls kommt. Es passiert nichts – erst beim Abfall von »1« auf »0« erscheint die »1« der Eingänge A und B am Ausgang A des ersten FFs und damit auch am Eingang des zweiten FFs (die Ausgänge Q und $\bar{Q}$ des vorgeschalteten FF sind jeweils mit den beiden Eingängen des nachgeschalteten FF verbunden). Bei der nächsten abfallenden Taktflanke wird das so vorbereitete zweite FF gesetzt (die Taktleitung ist im IC mit jedem FF-Takteingang verbunden) usw. So geht das bis zum 8. FF, dann liegt an allen Ausgängen A...H »1«. Wenn jetzt kein Reset-Impuls kommt, bleibt es auch so. Also nehmen wir ein NAND-Gatter und verknüpfen den Ausgang H des 8. FF mit dem Takt. Wenn jetzt der positive Taktimpuls kommt, sind beide Eingänge des NAND »1« und am Ausgang erscheint »0«. Diese »0« geben wir an den Reset-Eingang (Stift 9) weiter, worauf alle FFs des 74164 zurückkippen und an den Ausgängen A...H liegt »0«. Das Spiel kann von vorne beginnen.

Als NAND kann ¼ 7400 oder ein diskretes NAND Verwendung finden. Wir sehen in Abb. 2.40 ein diskretes NAND.

Allgemeine Hiweise zu den IC-Digitalschaltungen

Die hier vorgestellten Schaltbeispiele stellen nur einen kleinen Teil der Möglichkeiten dar, die sich mit Hilfe von Digitalschaltungen realisieren lassen.

Zum Schutz vor Störimpulsen ist die Versorgungsspannung mit Kondensatoren zwischen $+U_B$ gegen Masse abzublocken. Hierzu können Elektrolytkondensatoren (vornehmlich Tantal) zwischen 10...47 μF sowie Keramikkondensatoren zwischen 47 nF...0,01 μF Verwendung finden. Bei MOS-IC$_s$ muß pro IC ein 0,1-μF-Kondensator zwischen $+U_B$ und Masse geschaltet sein. Außerdem sind alle unbeschalteten Eingänge an $+U_B$ oder Masse zu legen. Lange Zuleitungen zu den Digitalschaltungen sind möglichst zu vermeiden. Ansonsten sind sie auch mit Kondensatoren abzublocken.

2.5 Timer-ICs 555, 556, 558 und ihre Anwendungen

Die o. a. ICs sind monolithisch integrierte Zeitgeberschaltungen (Timer), die sich aufgrund ihrer guten Eigenschaften für sehr präzise Zeitverzögerungen und als Oszillatoren verwenden lassen. Zusätzlich sind Anschlüsse zum Triggern und Setzen vorhanden.

Die im DIL-Gehäuse (555 auch im TO-99-Gehäuse) angebotenen ICs zeichnen sich durch hohen Ausgangsstrom, gute Temperaturstabilität, einstellbares Tastverhältnis und geringe Außenbeschaltung aus. Der Ausgang ist TTL-kompatibel. Es lassen sich Zeiten über 9 Dekaden erreichen.

Bei den angegebenen ICs handelt es sich um einen Einfach-(555), einen Zweifach-(556 = 2 · 555) und einen Vierfach-Timer (558), letzteren verwenden wir jedoch nicht. Die für alle ICs geltenden Daten zeigt die nachfolgende Tabelle:

Arbeitstemperaturbereich	$0 \ldots + 70°\,C$ (Daten bei $25°\,C$)
Betriebsspannungsbereich	$4{,}5 \ldots 16$ V
Max. Stromaufnahme ($+ U_B = 15$ V)	15 mA
Max. Ausgangsstrom ($+ U_B = 15$ V)	200 mA
Frequenzbereich	$10^{-3} \ldots 10^{6}$ Hz
Max. Verlustleistung	0,5 W
Triggerspannung	5 V
Triggerstrom	$0{,}5\ \mu A$
Steuerspannung (extern)	$9 \ldots 11$ V
»0« Ausgangsspannung ($+ U_B = 15$ V)	$0{,}1 \ldots 2{,}5$ V
»1« Ausgangsspannung ($+ U_B = 15$ V)	$12{,}5 \ldots 13{,}3$ V
Anstiegzeit des Ausgangs	100 ns
Abfallzeit des Ausgangs	100 ns

Durch die Außenbeschaltung können wir festlegen, ob das IC als monostabiler oder astabiler Multivibrator arbeiten soll. Einige Anwendungen wollen wir uns später ansehen.

Im Fachhandel werden die ICs mit verschiedenen Buchstabenkombinationen vor und hinter der 555, 556 oder 558 angeboten, die zum einen auf verschiedene Herstellerfirmen, wie auch auf veränderte Temperaturbereiche und Gehäusebauformen hinweisen. Für unsere Belange sind alle Typen (NE..., LM...SE...TDBO...TDCO...SA...usw.) verwendbar. Nachfolgend erfolgt eine Gegenüberstellung des Einzeltimers 555 mit den beiden im 556 enthaltenen Timern mit den entsprechende Stiftbelegungen:

Bezeichnung	555	1/2 556	1/2 556
Masse (OV)	1	7	7
Triggereingang (Start)	2	6	8
Ausgang	3	5	9
Reset (Stop)	4	4	10
Steuereingang	5	3	11
Schwellwerteingang	6	2	12
Entladung	7	1	13
Versorgungsspannung $+ U_B$	8	14	14

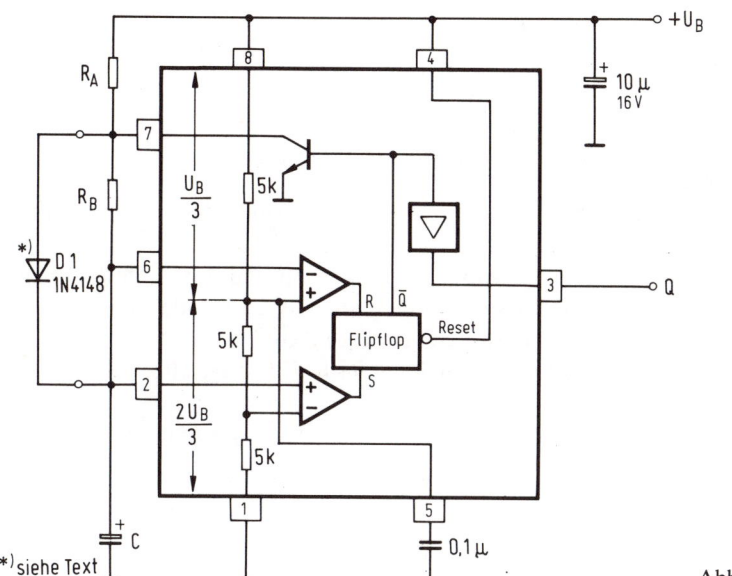

Abb. 2.41 AMV mit 555

Über den Reset-Eingang lassen sich die Timer sofort auf »0« am Ausgang Q (Pin 3) setzen, hierzu ist »0« am Stift R (Stift 4 beim 555) notwendig. Erst wenn R an + U_B liegt oder unbeschaltet ist, arbeitet der Timer (siehe Prinzipschaltung in *Abb. 2.41*).

Im IC sorgen 2 Komparatoren, deren Schwellspannungen über einen ebenfalls integrierten Spannungsteiler festgelegt sind, für das Ein- bzw. Ausschalten eines RS-FF im Timer. Die Schwellspannungen betragen ⅓ U_B und ⅔ U_B und werden direkt aus der Versorgungsspannung abgeleitet, sie sind dieser daher direkt proportional. Unterschiedliche Speisespannungen haben somit keinen Einfluß auf das Verhalten des Timers. Die Frequenz bzw. die Impulsdauer ist also bei einer Versorgungsspannung von + 5 V genauso wie bei einer von + 15 V. Bei den folgenden Prinzipschaltungen gehen wir immer vom 555 aus.

2.5.1 AMV mit Timer 555

Der in Abb. 248 gezeigte AMV mit Timer funktioniert folgendermaßen: Nach Einschalten der Versorgungsspannung lädt sich der Kondensator C über die Widerstände R_A und R_B auf, bis ⅔ U_B erreicht sind und das interne FF des 555 umkippt. Ausgang Q wird »0«. Der Kondensator entlädt sich jetzt über R_B und einen internen Transistor (Stift 7), bis die Spannung unter ⅓ U_B gesunken ist und das interne FF wieder zurückkippt. Der Ausgang Q geht wieder auf »1« und der Kondensator kann sich erneut aufladen. Wir haben also einen freischwingenden Multivibrator, der Rechteckimpulse erzeugt.

Die Periodendauer errechnet man aus:

$T = t_1 + t_2$ $t_1 = 0,693 \cdot (R_A + R_B) \cdot C \triangleq Q = »1«$ $t_2 = 0,693 \cdot R_B \cdot C \triangleq Q = »0«$

$T = 0,693 \cdot (R_A + 2 R_B) \cdot C$

und die Frequenz zum Schluß: $f = \dfrac{1}{T} = \dfrac{1,44}{(R_A + 2 R_B) \cdot C}$

Es ist kein Tastverhältnis von 50%, d. h.: $t_1 = t_2 = \dfrac{T}{2}$ und kein Tastverhältnis über 0,5

hinaus erreichbar. Hier müssen wir zu einem Trick greifen und durch Dioden beim Auf- oder Entladen des Kondensators C die störenden Widerstände überbrücken. Die Schwellspannung U_D geht dann natürlich in unsere Zeitberechnung mit ein.

Ein Tastverhältnis von 50% erlaubt die Schaltung nach *Abb. 2.49*. Hier werden zwei Dioden eingesetzt, um ein definiertes Ladungsverhältnis beim Kondensator zu erreichen. Voraussetzung für einwandfreies Arbeiten ist, daß $R_A = R_B = R$ sein muß.

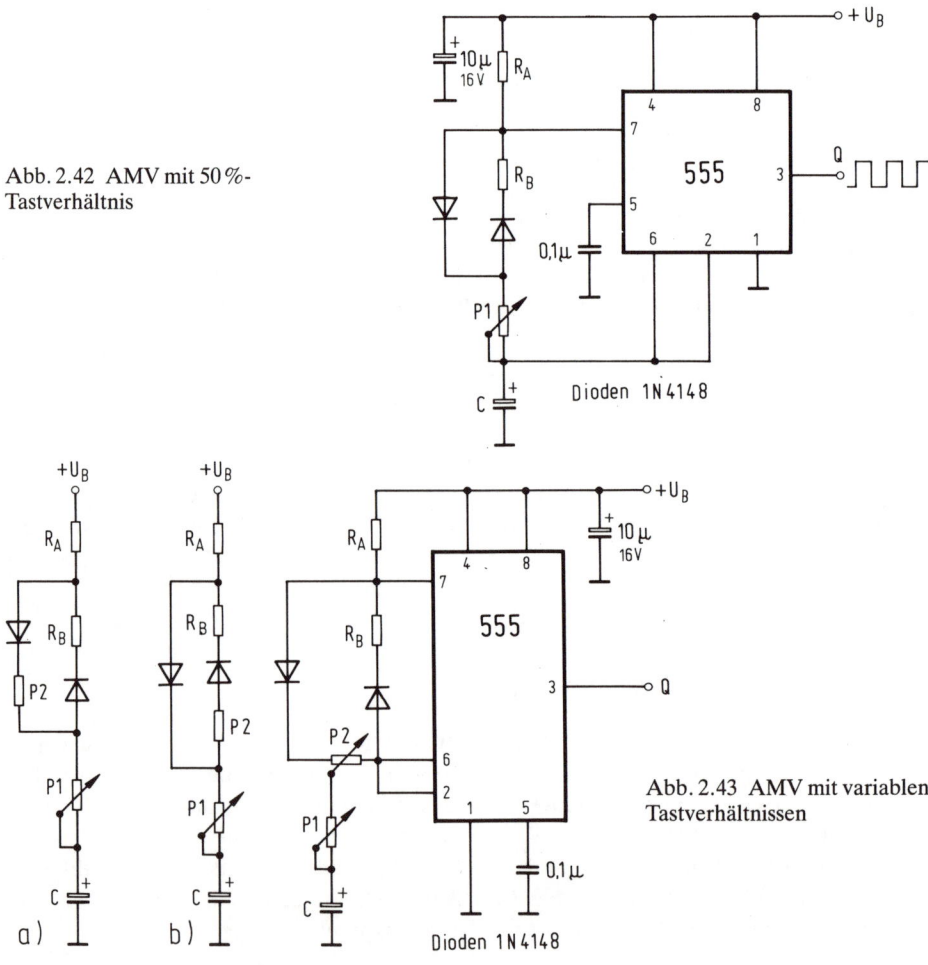

Abb. 2.42 AMV mit 50%-Tastverhältnis

Abb. 2.43 AMV mit variablen Tastverhältnissen

$$f \approx \frac{1}{2 \cdot (P1 + R) \cdot C \cdot K} = \frac{1}{T} = \frac{1}{t_1 + t_2} \qquad \frac{t_2}{T} = \frac{1}{2}$$

$$t_1 \approx K \cdot (R_A + P1) \cdot C$$
$$t_2 \approx K \cdot (R_B + P_1) \cdot C$$
$$K \approx 0{,}6 \ldots 0{,}8$$

Variable Tastverhältnisse erhalten wir mit der Schaltung nach *Abb. 2.43*, die quasi die Weiterentwicklung der vorherigen Schaltung (Abb. 2.42) darstellt.

Abb. 2.43 a und b zeigen die beiden möglichen Endstellungen von Potentiometer P_2 (Schleifer am rechten bzw. linken Anschlag) dessen Wert sich zu R_A bzw. R_B addiert.

2.5.2 MMV mit Timer 555

Die in *Abb. 2.44* gezeigte Schaltung funktioniert, sobald das negative Triggersignal über Stift 2 des ICs die dort anliegende Spannung ($\frac{1}{3}$ U_B) herunterzieht und das interne FF des 555 setzt. Der Ausgang geht schlagartig von »0« auf »1«, und der Kondensator C lädt sich exponentiell über Widerstand R auf, bis er die Ladespannung $\frac{2}{3}$ U_B erreicht hat. Der Ladevorgang wird dann durch das zurückkippende interne FF des 555 beendet, und der Ausgang springt wieder auf »0«. Der interne Transistor entlädt nun schlagartig C, da er über Stift 7 die Plusseite des Kondensators C direkt an Masse schaltet. Die Verzögerungszeit t ist also nur von R und C nach folgender Formel abhängig:
$$T \approx t_1 = 1{,}1 \cdot R \cdot C \qquad t_2 \approx 0$$

Das sofortige Zurückkippen des MMV kann auch durch »0« am Reset-Eingang (Stift 4) erfolgen. Benötigt man diese Rücksetzmöglichkeit nicht, so ist der Anschluß 4 offen zu lassen oder besser an + U_B zu legen.

Wenn der Triggereingang zu empfindlich ist, empfiehlt es sich, einen Widerstand von 560 Ω zwischen Taste und Triggereingang zu schalten. Die Triggerung des MMV darf nur durch einen Impuls, der größer als 100 ns und kürzer als der Ausgangsimpuls sein muß,

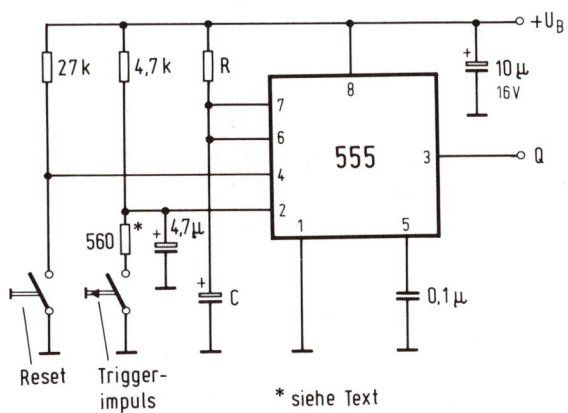

Abb. 2.44 Monoflop mit 555

erfolgen. Wenn der Triggerimpuls länger als der Ausgangsimpuls ist, kippt die Schaltung nicht zurück und Q bleibt »1«. Erst nach Abschalten des Triggerimpulses beginnt die Verzögerungszeit, d. h. der MMV in der beschriebenen Version ist für Dauerspannung am Triggereingang nicht geeignet. Bei einer positiven Triggerdauerspannung muß eine dynamische Aussteuerung erfolgen, z. B. mit dem Transistorschalter nach Abb. 2.89. Zwischen Kollektor und Pin 2 des 555 ist dann eine Diode zu schalten (Kathode zum Kollektor, 1 N 4148).

Einen Nachteil, der allen mit dem Timer 555 (natürlich auch mit dem 556 oder 558) aufgebauten Monoflop-Schaltungen anhaftet, soll hier nicht verschwiegen werden. Beim Einschalten der Versorgungsspannung wird das Monoflop ebenfalls getriggert und gibt für die Impulszeit t »1« an den Ausgang Q.

Im Modellbahnbereich bedeutet dies, alle Hupen, Pfeifen, Blinklichter, Ampeln und die anderen Geräte, die auch noch über MMV mit dem 555 gesteuert werden, arbeiten nach dem Einschalten der Versorgungsspannung. Verhindern läßt sich dies nur durch einen MMV (mit 555 natürlich), der für eine gewisse Zeit an alle anderen MMV Reset gibt (bei größeren Anlagen über Relaiskontakt), siehe *Abb. 2.45a*. Diese Schaltung kann auch als Einschaltverzögerung zum Schutz von Verstärkerendstufen oder Computern dienen. Die Werte der Teile sind den Erfordernissen, ggf. mit einem Regelwiderstand, anzupassen. Bis zu 10 Timer kann auch der Transistor am Ausgang des 555 direkt an »0« legen (siehe *Abb. 2.45 b*).

Anzugsverzögerung mit Timer-MMV

Bei der Schaltung nach *Abb. 2.46* bewirkt eine positive Dauerspannung an der Basis von Transistor T1 einen verzögerten Anzug des Relais am Timerausgang. Der 555 arbeitet hier als MMV, wobei die Außenbeschaltung und Funktion eher der des AMV gleicht.

Das interne FF des 555 schaltet um, wenn die Schwelle von Komparator 1 im IC überschritten wird. Das bedeutet jedoch, daß keine negative Spannung an die Stifte 2 und

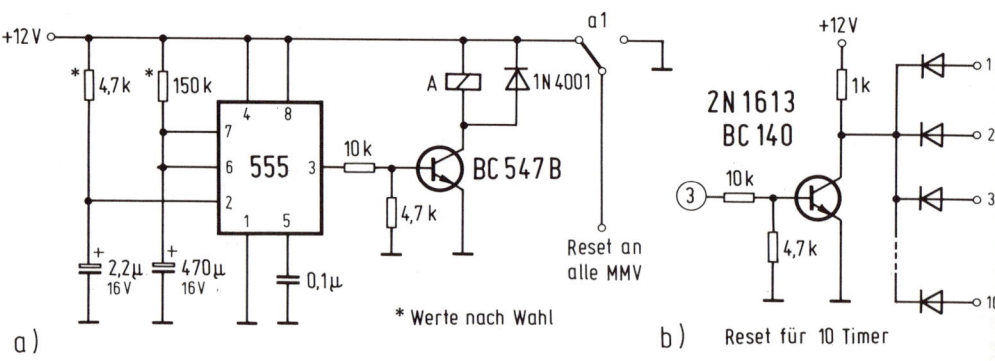

Abb. 2.45 Resetschaltung mit 555-Monoflop bei Betriebsbeginn

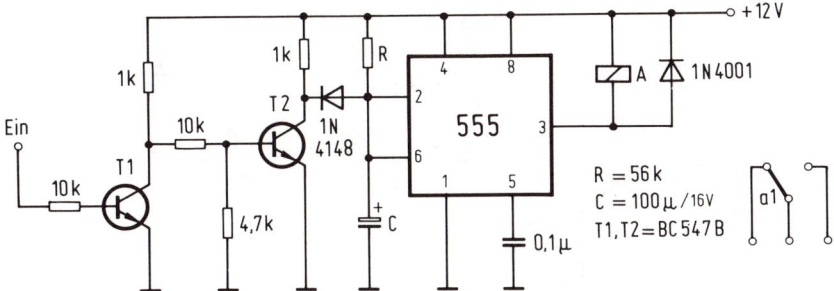

Abb. 2.46 Anzugsverzögerung

6 während der Ladezeit gelangen darf, da die Schaltung auf ein Zurückkippen der Eingangsspannung (0 V) sofort reagiert und den Kondensator schlagartig entlädt. Der Ausgang des Timers bleibt dann »1«.

Solange an der Basis des Transistors T1 eine positive Spannung anliegt, bleibt der Ausgang des Timers (nach Ablauf der Zeitverzögerung) auf »0« und das Relais angezogen. Das Relais fällt sofort ab, wenn die Basis negatives Potential erhält. Beim Einschalten der Versorgungsspannung zieht das Relais nicht an.

Die Zeitverzögerung errechnet sich zu: $t = 1,1 \cdot R \cdot C$. Läßt man die beiden Transistoren weg, so fällt das Relais sofort ab, wenn an der Katodenseite der Diode und somit an den Stiften 2 und 6 negatives Potential liegt. Wird das negative Potential weggeschaltet, zieht das Relais verzögert an. Durch Vorschalten eines Inverters (Schalttransistor) kann man das gleiche Verhalten für positive Spannungen an der Basis des Transistors erhalten.

Abfallverzögerung mit Timer-MMV

Bei einer positiven Eingangsspannung zieht das Relais der Schaltung in *Abb. 2.47* sofort an und fällt nach Wegnahme der positiven Schaltspannung verzögert ab. Beim Einschalten der Versorgungsspannung tritt dieser Effekt leider auch auf.

Auch *Abb. 2.48* stellt eine Abfallverzögerungsschaltung dar. Hier bewirkt eine negative Dauerspannung den sofortigen Anzug des Relais. Wird die negative Spannung entfernt,

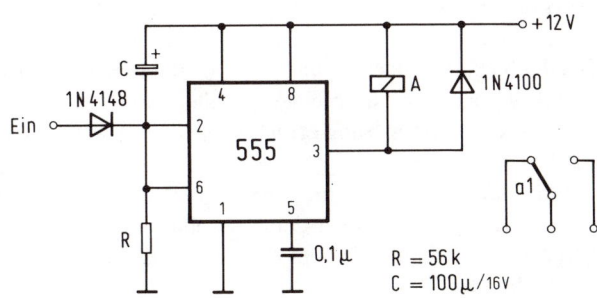

Abb. 2.47 Abfallverzögerung
für positive Eingangsspannungen

91

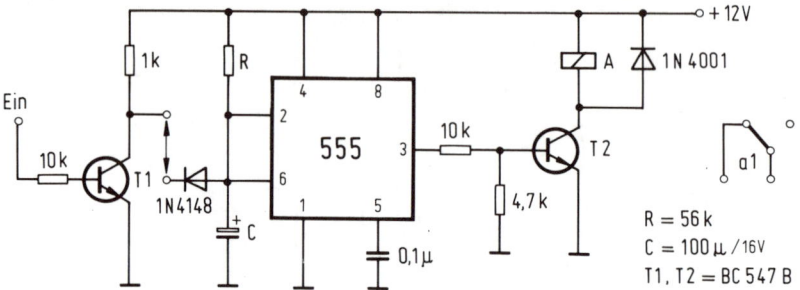

Abb. 2.48 Abfallverzögerung für negative Eingangsspannungen

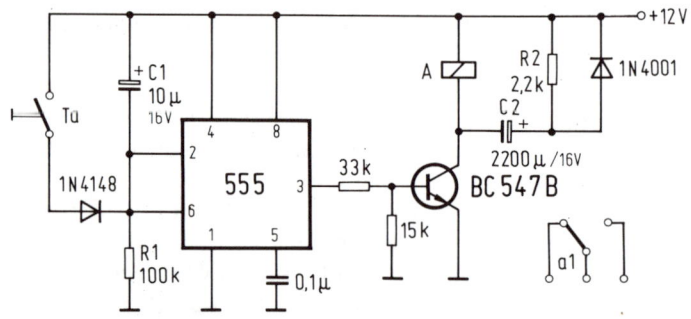

Abb. 2.49 Anzugs- und Abfallverzögerung

fällt das Relais verzögert ab. Durch Vorschalten eines Inverters (vor den Timer), erhalten wir ein identisches Verhalten für eine positive Eingangsspannung.

Auch bei den beiden letzten Schaltungen tritt das Verhalten ebenfalls beim Einschalten der Versorgungsspannung auf. Die Abfallverzögerng für alle angegebenen Schaltungen beträgt: $t = 1,1 \cdot R \cdot C$.

Anzugs- und Abfallverzögerung mit Timer-MMV

Bei der Schaltung nach *Abb. 2.49* wird eine Einschaltverzögerung mit dem Timer und eine Abfallverzögerung durch einen parallel zum Relais geschalteten Kondensator bewirkt. Die Einschaltverzögerung errechnet sich zu: $t = 1,1 \cdot R_1 \cdot C_1$ und die Abfallverzögerung ist: $t \approx 0,7 \cdot R_2 \cdot C_2$.

Wird der Schalter geöffnet, zieht das Relais verzögert an, wird er geschlossen fällt das Relais verzögert ab. Nach dem Einschalten geht das Relais in die durch den Schalter vorgegebene Stellung, wobei der Anzug des Relais mit der eingestellten Verzögerung geschieht.

Die Reihe der Schaltungen könnten wir noch beliebig fortführen z. B. Relais vom Timerausgang gegen Masse schalten, so daß es anzieht wenn der Ausgang »1« wird oder weitere Inverter zu- bzw. abschalten usw. Hier kann jeder für sich selbst experimentieren und seine Schaltung finden.

2.6 Der Operationsverstärker und seine Anwendung

Der Operationsverstärker hat nichts mit einem verstärkten chirurgischen Eingriff mit dem Skalpell zu tun, sondern ist eine Übersetzung der amerikanischen Bezeichnung »Operational Amplifier = OP-Amp oder kurz OP« für einen Verstärker, der früher vornehmlich in analogen Rechenanlagen für einfache Rechenoperationen (Addition, Subtraktion usw.) eingesetzt wurde. Die ersten OPs entstanden noch diskret aus Halbleitern, Widerständen, Kondensatoren usw. Wir benutzen natürlich die moderne, integrierte Form, die entweder im DIL-Gehäuse aus Kunststoff (8 bzw. 14 polig) oder im Metallgehäuse TO-99 oder TO-5 erhältlich ist.

Ein Operationsverstärker ist ein gleichspannungsgekoppelter Verstärker mit hohem Verstärkungsfaktor, der in der Regel einen Ausgang und zwei Eingänge hat. Der eine Eingang, der nicht invertierende, erhält ein $\gg + \ll$ und der andere, der invertierende ein $\gg - \ll$. Damit wird angedeutet, daß ein Signal am Pluseingang phasenrichtig mit gleicher Polarität wieder am Ausgang erscheint; wohingegen ein am Minuseingang anliegendes Signal mit entgegengesetzter Phasenlage (180° gedreht) also mit umgekehrter Polarität am Ausgang ansteht.

Durch Gegenkopplung, d. h. Rückführung (Rückkopplung) eines Teils der Ausgangsspannung auf den Eingang ist ein Verringerung der hohen Leerlaufverstärkung des OPs möglich, was der Stabilität zugute kommt.

Die Spannungsversorgung kann symetrisch ($\pm U_B$) oder asymetrisch ($+ U_B$) erfolgen. Im Modellbahnbereich erfolgt meist die asymetrische Speisung, weil sie direkt aus dem Modellbahntransformator abgeleitet werden kann (aus dem Beleuchtungsausgang 14...16 V~).

Bei den grundsätzlichen Betrachtungen geht man immer vom idealen OP mit unendlicher Leerlaufverstärkung, unendlich hohem Eingangswiderstand und einem Ausgangswiderstand von 0 Ω aus, den es in der Praxis jedoch nicht gibt. Wir wollen deshalb auch nicht näher darüber sprechen, sondern uns dem wirklichen OP zuwenden.

In diesem Buch verwenden wir vornehmlich den Typ 741 *(Abb. 2.50)*, den mehrere Firmen unter verschiedenen Bezeichnungen und mit abweichendem Innenaufbau anbieten, z. B.:

National Semiconductor	LM	741
Fairchild, Valvo	μA	741
Motorola	MC	1741
Texas Instruments	SN	72741
Siemens	TBA	221

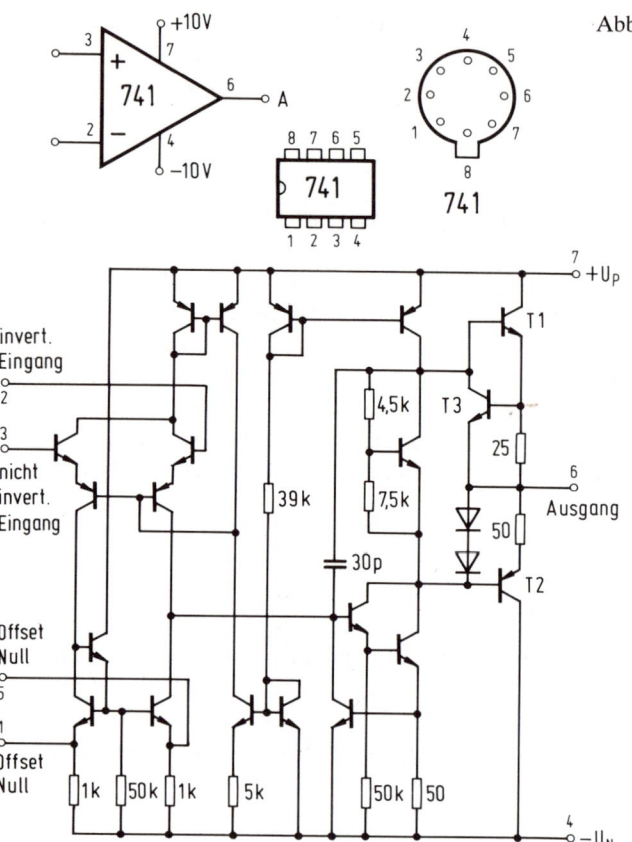

Abb. 2.50 Innenaufbau des OP 741
und Anschlußbelegung

Nachfolgend die Kennwerte des Operationsverstärkers Typ 741:

Versorgungsspannung	$\pm 12 \ldots \pm 18$ V
Eingangswiderstand	$1 \ldots 2$ MΩ
Eingangsruhestrom	$200 \ldots 1500$ nA
Eingangsspannung	± 13 V $\approx 0{,}78 \cdot U_B$
Ausgangswiderstand	75 Ω
Leerlaufverstärkung	50 000, Praxiswert $1 \ldots 500$
Grenzfrequenz	1 MHz
Leistungsaufnahme	50 mW
Ausgangsspitzenstrom	± 25 mA
Flankensteilheit	0,5 V/μs

Die Eigenschaften wie Verstärkung, Frequenzgang usw. hängen jedoch ebenso wie die Anwendungsmöglichkeiten von der äußeren Beschaltung ab.

Der Typ 741 ist kompatibel (anschlußgleich) mit dem Typ LF 356 von Valvo, der einen J-FET-Eingang aufweist und dadurch einen Eingangswiderstand $\geq 10^{12}$ Ω bei einer

Grenzfrequenz von 5 MHz hat. Zwei Einzeltypen 741 sind im Typ 747 (z. B. μA 747 von Valvo) und vier Typen 741 sind sogar im Typ 324 (z. B. LM 324 von National) zusammen integriert. Sehen wir uns nun die OP-Grundschaltungen an, die für uns interessant sind:

2.6.1 Komparator mit OP

In dieser Schaltungsart arbeitet der OP mit maximaler Verstärkung, d. h. mit der Leerlaufverstärkung V_o *(Abb. 2.51)*, wobei gilt:

$$U_a = V_O \cdot U_D$$

$$V_O = \frac{U_a}{U_{e1} - U_{e2}}$$

$$U_D = U_{e1} - U_{e2}$$

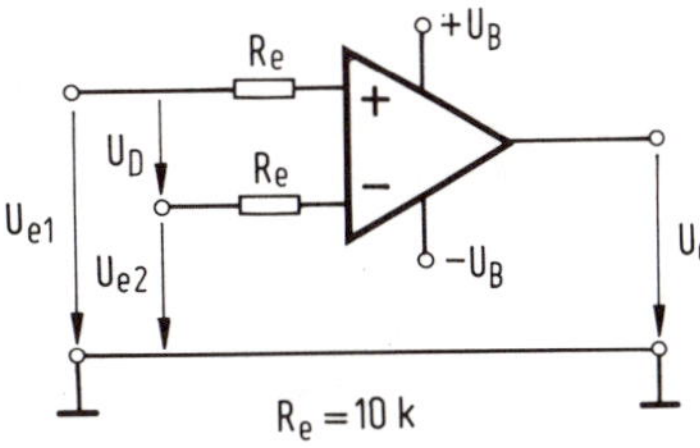

Abb. 2.51 Komparator mit einem OP

$U_{e2} = 0$ ergibt: $U_a = V_o \cdot U_{e1}$ Phasenlage am Ausgang gleich der am Eingang.

$U_{e1} = 0$ ergibt: $U_a = - V_o \cdot U_{e2}$ Phasenlage um 180° verschoben zwischen Ein- und Ausgang.

Beim Komparator werden bereits kleine Eingangsspannungen bzw. Differenzen davon mit der Maximalverstärkung bis zur Begrenzung durch die Versorgungsspannung verstärkt. Der Komparator ist also ein elektronischer Schalter.

2.6.2 Verstärker mit OP

In dieser Schaltung hat der OP Gegenkopplungswiderstände erhalten, die die Verstärkung einstellen *(Abb. 2.52 a)*. Es ergibt sich folgendes

$$V = \frac{R_2}{R_1} = - \frac{U_a}{U_e}; \quad - U_a = U_e \cdot V$$

Der Eingangswiderstand entspricht dem Wert von R1. Bei *Abb. 2.52 b* errechnen sich die Werte zu:

$$V = 1 + \left(\frac{R_2}{R_1}\right) = \frac{U_a}{U_e}; \quad U_a = U_e \left(1 + \frac{R_2}{R_1}\right) = U_e \cdot V$$

Die Widerstände R1 und R2 sollten in der Größenordnung 10...100 kΩ liegen. Die Frequenzkompensation übernimmt der Kondensator C_K (10 nF...0,1 μF), der auch die

95

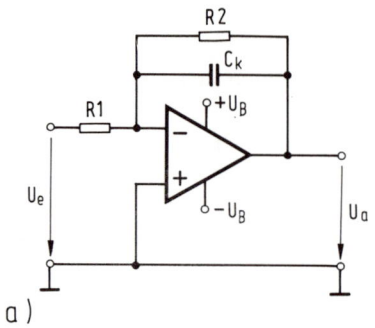 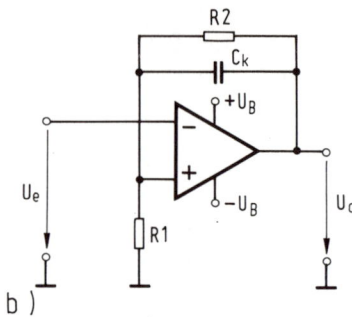

a)   b)

Abb. 2.52 Verstärker; a) Eingangsspannung am invertierenden Eingang b) Eingangsspannung am nicht invertierenden Eingang

Schwingneigung der Anordnung verhindert und das Rauschen herabsetzt. Setzt man für R1 = 10 kΩ und für R2 = 100 kΩ ein, so ergibt sich eine 10fache Verstärkung.

2.6.3 Impedanzwandler mit OP

Beim Impedanzwandler *(Abb. 2.53)*wird die gesamte nichtinvertierte Ausgangsspannung auf den Minuseingang zurückgeführt. Die Gegenkopplung beträgt 100%, womit die Spannungsverstärkung 1 ist, d. h. $U_a = U_e$. Die Signalquelle liegt am hochohmigen Eingangswiderstand des OPs. Der Eingangswiderstand ist also hochohmig, und der Ausgangswiderstand aufgrund der Spannungsgegenkopplung niederohmig. Diese Schaltung wird wie der Emitterfolger eingesetzt, um verschiedene Stufen aneinander anzupassen.

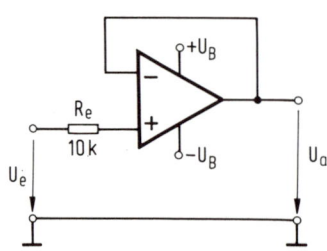 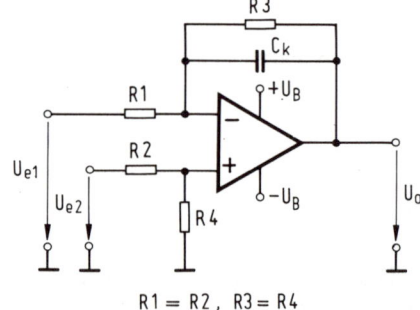

Abb. 2.53 Impendanzwandler

R1 = R2 , R3 = R4

Abb. 2.54 Differenzverstärker

2.6.4 Differenzverstärker mit OP

Differenzverstärker haben die Aufgabe, die Differenz zweier Eingangssignale zu verstärken. Eine häufig angewandte Schaltung ist in *Abb. 2.54* zu sehen.

Werden R1 = R2 = R_T und R3 = R4 = R_o eingesetzt, so ergibt sich:

$$V = \frac{R_O}{R_T}; \quad U_a = (U_{e2} - U_{e1}) \cdot \left(\frac{R_O}{R_T}\right)$$

Der Eingangswiderstand ist ungefähr $2 \cdot R_T$. C_K dient wieder der Frequenzkompensation.

Abb. 2.55 Summierverstärker

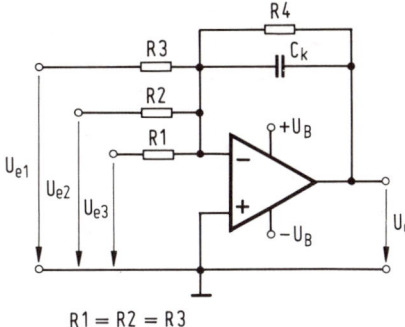

R1 = R2 = R3

2.6.5 Summierverstärker mit OP

Durch gleichzeitiges Anlegen mehrerer Eingangsspannungen an den Minuseingang des OPs erhält man eine invertierte Ausgangsspannung (*Abb. 2.55*). Wenn die Widerstände am Eingang gleich sind (R1 = R2 = R3 = ...), dann ist die Ausgangsspannung der Summe der Eingangsspannungen proportional. Werden die Widerstände unterschiedlich gewählt, erhält man:

$$U_a = -R_4 \left(\frac{U_{e1}}{R_1} + \frac{U_{e2}}{R_2} + \frac{U_{e3}}{R_3} + \ldots\right)$$

$$V = -\frac{R_4}{R_1 \parallel R_2 \parallel R_3 \ldots}$$ (alle Eingangswiderstände sind als Parallelschaltung zusammenzufassen). Der Kondensator C_K parallel zu R_4 dient wieder der Frequenzkompensation.

2.6.6 Integrierer mit OP

Über den Kondensator C in *Abb. 2.56* erfolgt vornehmlich eine Gegenkopplung der hohen Frequenzen und damit eine Verringerung der Verstärkung für diese Frequenzen, während tiefe Frequenzen ungehindert am Ausgang erscheinen. Die Schaltung wirkt demnach als Tiefpaß. Führt man dem Eingang Rechtecksignale zu, so können diese durch entsprechende Dimensionierung des RC-Gliedes in Dreieckschwingungen verwandelt werden, allerdings mit negativem Vorzeichen.

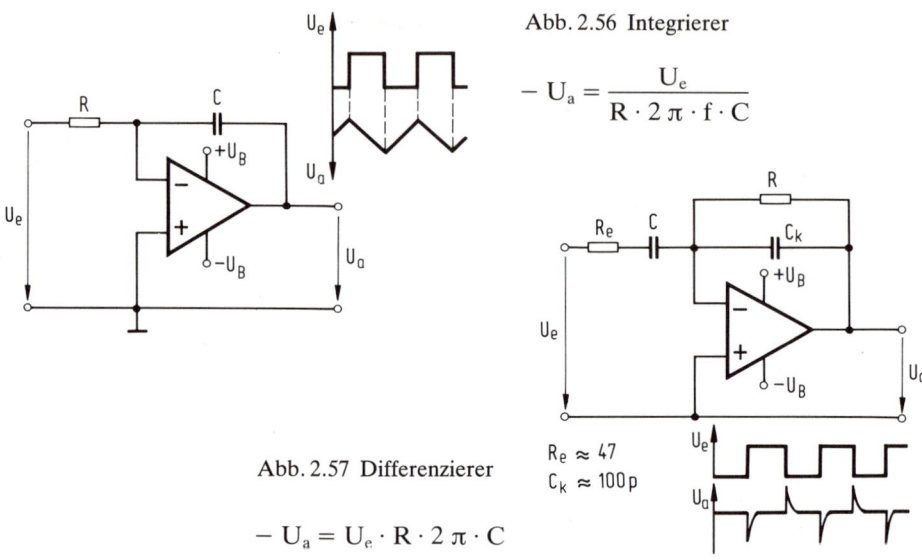

Abb. 2.56 Integrierer

$$- U_a = \frac{U_e}{R \cdot 2\,\pi \cdot f \cdot C}$$

Abb. 2.57 Differenzierer

$R_e \approx 47$
$C_k \approx 100\,p$

$$- U_a = U_e \cdot R \cdot 2\,\pi \cdot C$$

2.6.7 Differenzierer mit OP

Der Differenzierer stellt die Umkehrung des Integrierers dar, da hier vorzugsweise niedrige Frequenzen zum Eingang zurückgeführt und damit gegengekoppelt werden *(Abb. 2.57)*.

Um den Rauschanteil gering zu halten, wurde parallel zu R ein Kondensator C_K vorgesehen. Seine Kapazität muß jedoch gering sein, damit er keine Integrierwirkung hat (10...100 pF).

Am Ausgang des Differenzierers erzeugen somit nur die hohen Frequenzanteile, d. h. die steilen Flanken der Impulse, kurze, steile Nadelimpulse.

Mit dem Differenzierer wollen wir die Grundschaltungen abschließen, doch sei noch erwähnt, daß der OP auch für viele andere Zwecke, z. B. als Hoch-, Tief- oder Bandpaß und in der Regelungstechnik (P-, I-, PI-, PD-, PDI-Regler) einsetzbar ist.

2.6.8 Offsetabgleich und Frequenzkompensation beim OP

Der OP weist eine symetrische Transistoreingangsstufe auf, bei der durch die äußere Beschaltung und die Bauteiletoleranzen der Eingangstransistoren ein geringer Basisstrom (10...300 nA) fließt, der sich dem Eingangssignal überlagert. Dadurch entsteht eine Fehlspannung, die Werte über 0,1 V erreichen kann. Leider sind die Fehlspannungen an den beiden Eingängen nicht gleich, so daß sie sich nicht aufheben, sondern die Differenz wird durch den OP verstärkt, und am Ausgang haben wir eine Ausgangsspannung, obwohl kein Eingangssignal anliegt.

Durch einen Einstellwiderstand (Spindeltrimmer) kann man an externen Anschlüssen den Offsetabgleich, d. h. den Nullabgleich durchführen. Beim 741, LF 356, LF 357 sind es die Anschlüsse 1 und 5 (siehe *Abb. 2.58*). Bei den meisten Schaltungen kommt es jedoch auf diese Genauigkeit nicht an, so daß der Nullabgleich entfallen kann.

Durch die Streukapazität der Transistoren im IC ergibt sich eine RC-Tiefpaßwirkung, d. h. die Verstärkung ist bei hohen Frequenzen schwächer. Außerdem wird die Phasenlage zwischen Ein- und Ausgangssignal gedreht, wodurch es unter Umständen bei hohen Frequenzen zum Schwingen und damit zu Instabilität der Verstärkung kommen kann. Durch äußere oder integrierte Kapazitäten kann dieses Verhalten kompensiert werden. Der 741 weist bereits eine interne Frequenzkompensation auf. Trotzdem bauen wir aus Sicherheitsgründen bei manchen Schaltungen noch einen Kondensator C_K zur Frequenzkompensation ein.

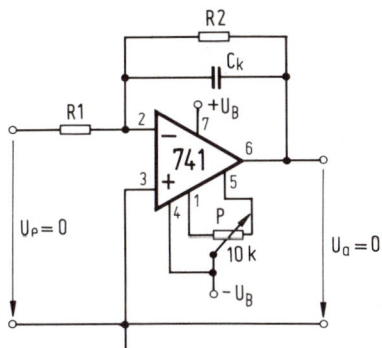

Abb. 2.58 Offsetabgleich beim μA 741

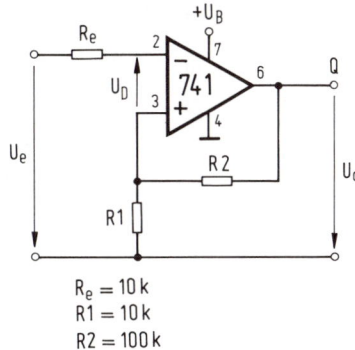

Abb. 2.59 Schmitt-Trigger

2.6.9 Anwendungsbeispiele für OP

Wir wollen uns nun einige praktische Anwendungsbeispiele für den OP ansehen. Die meisten Schaltungen sind für asymmetrische Stromversorgung ($+ U_B$) ausgelegt. Nach einigen Änderungen bzw. Vereinfachungen ist jedoch auch die symmetrische Speisung ($\pm U_B$) möglich, teilweise ist diese Version mit angegeben.

Schwellwertschalter (Schmitt-Trigger)

Als Schmitt-Trigger dient in *Abb. 2.59* ein invertierender Verstärker mit zu Abb. 2.52a geänderter Beschaltung. Die Ausgangsspannung liegt am Spannungsteiler aus R_1 und R_2, über den ein Teil der Ausgangsspannung zum Pluseingang des OP$_J$ zurückgeführt wird, was zu einer Mitkopplung und somit Verstärkungsvergrößerung führt. Die Verstärkung ist: $V_D = \dfrac{R_2}{1 + R_1}$

Die Schaltung arbeitet hier nicht mehr als linearer Verstärker, da die Differenzverstärkung größer als $1 + \dfrac{R_2}{R_1}$ ist, sondern als Schwellenwertschalter. Die Ausgangs-spannung kann nur noch zwei Extremwerte $U_{a\,max.}$ bzw. $U_{a\,min.}$ annehmen. Der Wechsel vollzieht sich bei der oberen Schwellspannung U_{SO} bzw. U_{SU} wie folgt:

$$U_{SO} = U_{a\,max.} \left(\frac{R_1}{R_1 + R_2} \right) - \frac{1}{V_D} \approx U_{a\,max.} \left(\frac{R_1}{R_1 + R_2} \right)$$

$$U_{SU} = U_{a\,min.} \left(\frac{R_1}{R_1 + R_2} \right) - \frac{1}{V_D} \approx U_{a\,min.} \left(\frac{R_1}{R_1 + R_2} \right)$$

Wird U_{SO} erreicht, kippt die Ausgangsspannung von $U_{a\,max.}$ nach $U_{a\,min.}$. Das Zurückkippen erfolgt dann erst wieder, wenn die Eingangsspannung U_{SU} erreicht ist. Die Hysteresespannung ist $U_H = U_{SO} - U_{SU}$.

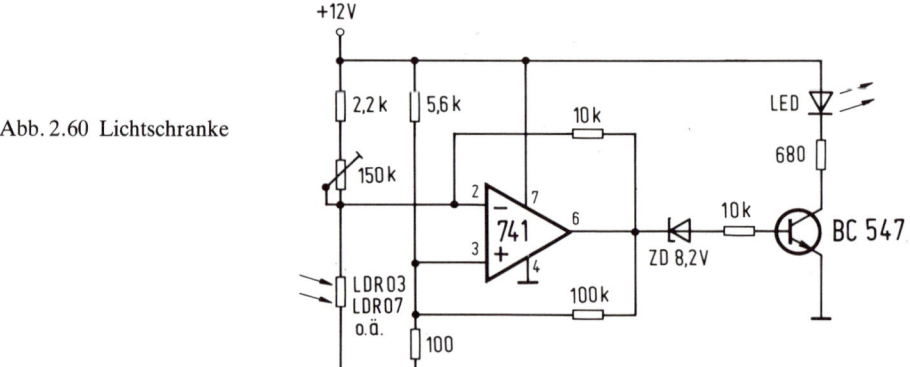

Abb. 2.60 Lichtschranke

Lichtschranke

In *Abb. 2.60* sehen wir den OP als Differenzverstärker. Belichtet man den LDR, so ist die Leuchtdiode am Ausgang dunkel, d. h. die Schaltschwelle für den Transistor wird nicht erreicht. Die Z-Diode (ZD 8,2 V) verhindert nämlich, daß der Transistor bei der minimalen positiven Ausgangsspannung U_{amin} bereits leitet. Dunkelt man den LDR jedoch ab, leuchtet die LED, d. h. am Ausgang des OP liegt eine Spannung von fast $+ U_B$.

Der Widerstand von 100 kΩ vom nichtinvertierenden Eingang zum Ausgang bewirkt eine Hystese, damit die LED nicht flackert.

Multivibrator

In *Abb. 2.61 a* wird bei der angegebenen Dimensionierung eine symmetrische Recht-eckspannung erzeugt und in *Abb. 2.61 b* eine asymmetrische. In Abb. 2.61 a ist der Pluseingang des OPs auf ca. ½ U_B gelegt. Wenn die Kondensatorladespannung diesen Wert erreicht hat, wird der invertierende Eingang positiver, und der Ausgang schaltet

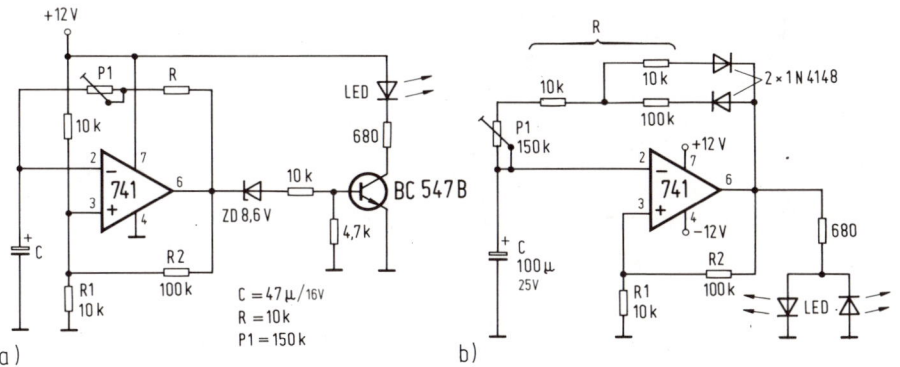

Abb. 2.61 Astabile Multivibratoren (AMV)

negatives Potential an den Kondensator, der sich daraufhin entlädt, bis der invertierende Eingang wieder negativer wird. Jetzt erscheint am Ausgang positives Potential und der Kondensator lädt sich wieder auf.

Die frequenzbestimmenden Bauteile sind C, R und P1. Auch bei der Abb. 2.73 b liegt der Bezugspunkt auf ½ U_B, nämlich auf Masse.

Die Impuls- und Pausezeiten für beide Versionen errechnen sich zu:

$t_1 = (R + P1) \cdot C \cdot 0{,}693$ (Impulszeit)
$t_2 = (R + P1) \cdot C \cdot 0{,}693$ (Pausezeit)

die Periodendauer ist dann: $T = t_1 + t_2$ und die Frequenz $f = \dfrac{1}{T}$.

Die Verstärkung ist von R_1 und R_2 abhängig: $V = \dfrac{R_2}{R_1 + 1}$. Die Schaltung nach Abb.

2.73 b liefert unterschiedliche Impuls-Pausezeiten durch die Verwendung von zwei antiparallel geschalteten Dioden. Aufgrund der unterschiedlichen Widerstände ergeben sich verschiedene Lade- bzw. Entladezeiten für C, wobei der positive Ausgangsimpuls länger ist, als der negative.

$t_1 \approx (P_1 + 10\,k\Omega + 100\,k\Omega) \cdot 100\,\mu F \cdot 0{,}7$ (Plusimpuls)
$t_2 \approx (P_1 + 10\,k\Omega + 10\,k\Omega) \cdot 100\,\mu F \cdot 0{,}7$ (Minusimpuls)

$T = t_1 + t_2 \qquad f = \dfrac{1}{T}$

Dreiecksgenerator mit OP und Timer

Wenn wir einen symmetrischen Taktgenerator (Impuls-Pauseverhältnis 1:1) mit dem Timer 555 und einen OP-Integrierer kombinieren, erhalten wir einen Dreiecksgenerator,

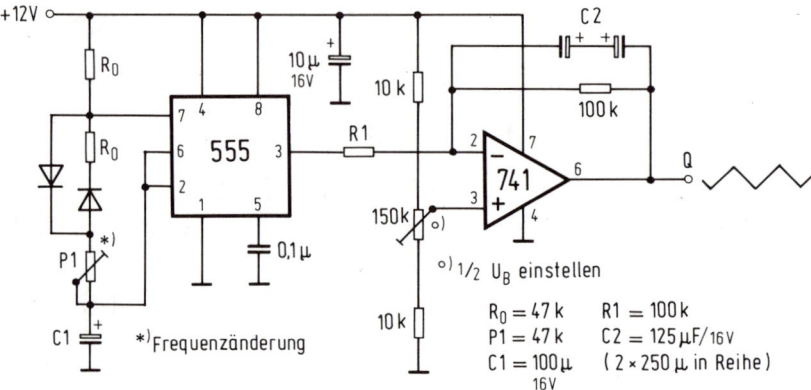

Abb. 2.62 Dreiecksgenerator

dessen Frequenz der Timer bestimmt. Die Kurvenform hängt dann nur von der Größe des Integrierkondensators am OP ab. In *Abb. 2.62* wurde ein großer Kondensator (bipolar = 120 μF) gewählt, der ein langsames Ansteigen und Abfallen der Ausgangsimpulsflanken bewirkt. Die Formel für f lautet:

$$f = \frac{1}{2 \cdot (P_1 + R_O) \cdot C_1 \cdot k} \qquad k \approx 0{,}6 \ldots 0{,}8$$

Sinusgeneratoren

Man nehme ein sog. Wienglied *(Abb. 2.63a)* und schalte es mit einem Op-Amp in geeigneter Weise zusammen, und schon hat man einen einfachen Sinusgenerator, den man auch mit Wien-Robinson-Brücke bezeichnet *(Abb. 2.63 b)*.

Der Querkondensator schließt die hohen Frequenzen kurz und der Längskondensator schwächt die tiefen Frequenzen. Die Resonanz- oder Schwingfrequenz, bei der die Spannung am Ausgang ihr Maximum hat und die Phasenverschiebung Null ist, d. h. Eingangs- und Ausgangsspannung haben das gleiche Vorzeichen, errechnet sich zu:

$$f = \frac{1}{2\pi \cdot R \cdot C} \qquad \begin{aligned} R_1 &= R_2 = R \\ C_1 &= C_2 = C \end{aligned}$$

Der Kopplungsfaktor beträgt

$$K = \frac{U_a}{U_e} = \frac{1}{3} \approx 0{,}33. \qquad V = \frac{R_1 + R_2 + P_1}{R_1} \qquad U_e \cdot V = U_a$$

Diesen Verlust muß der Op-Amp ausgleichen, die Verstärkung muß also ca. 3 sein.

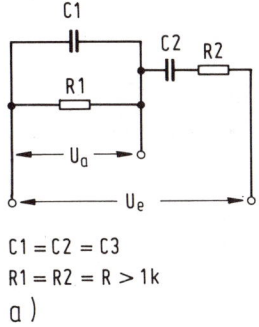

C1 = C2 = C3
R1 = R2 = R > 1k

a)

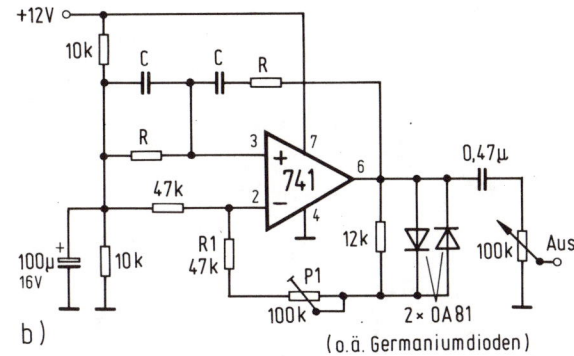

b)

(o.ä. Germaniumdioden)

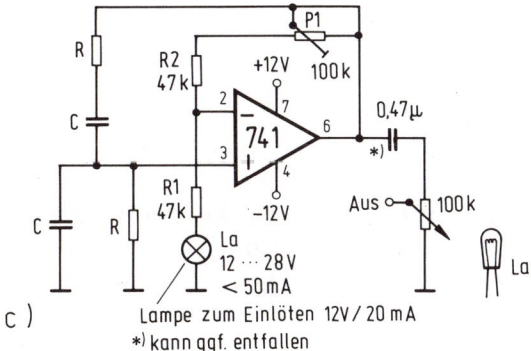

c)

Lampe zum Einlöten 12V / 20 mA
*) kann ggf. entfallen

Abb. 2.63 Sinusgeneratoren

In *Abb. 2.63 c* ist als Besonderheit noch eine automatische Verstärkungsregelung in Form eines Kaltleiters (Glühlampe) zu sehen. Steigt die Ausgangsspannung und damit der Stromfluß durch R1 und R2, P1 und das Glühlämpchen, so steigt auch der Widerstand der Drahtwendel im Lämpchen. Durch den Widerstandsanstieg addiert sich zu R1 ein weiterer Widerstand, was eine Absenkung der Verstärkung zur Folge hat und die Ausgangsamplitude sinkt ab. Hierdurch wird eine Übersteuerung vermieden und der Klirrfaktor niedrig gehalten. Die Klirrfaktorwerte dieser einfachen Anordnung liegen im Bereich bis 100 kHz bei 0,1...1%. Bei höheren Frequenzen steigt der Klirrfaktor auf 14% an. Die Verstärkungsregelung kann auch durch einen FET erfolgen, doch so hohe Anforderungen werden für unsere Belange an die Schaltung bzw. den Klirrfaktor nicht gestellt, so daß wir darauf nicht weiter eingehen wollen (eine entsprechende Schaltung war in der ELO, Heft 12/78 beschrieben). Bei Abb. 2.63 b erfolgt die Verstärkungsstabilisierung durch die zwei antiparallelen Germaniumdioden.

Wenn wir die Durchlaßspannung der beiden Dioden vernachlässigen (0,2...0,3 V bei Germanium), die den 12-kΩ-Widerstand überbrücken, berechnet sich die Verstärkung wie bei Abb. 2.63 c zu $V \approx 4,1$.

Abb. 2.64 NF-Verstärker

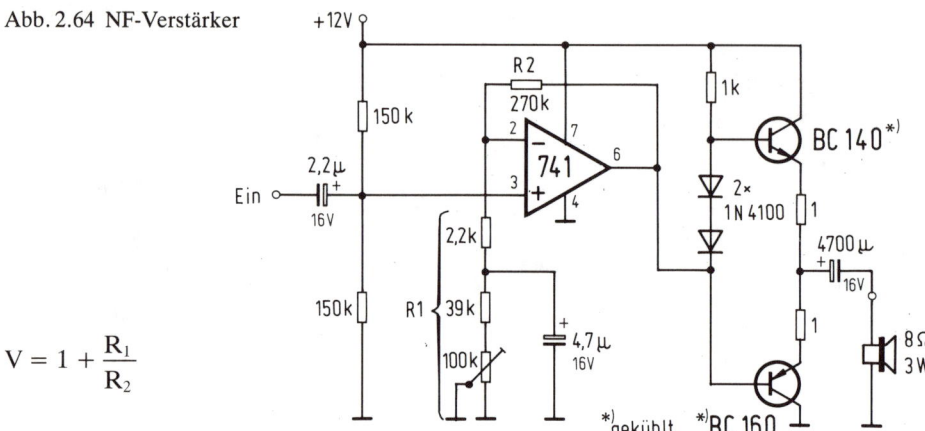

$$V = 1 + \frac{R_1}{R_2}$$

NF-Verstärker und Endstufe

In *Abb. 2.64* sehen wir einen NF-Verstärker, der aus einem OP und einer Komplementärendstufe mit zwei Transistoren besteht. Die beiden 1-Ω-Widerstände an den Emittern dienen als kurzzeitiger Kurzschlußschutz und sind beim maximalen Kollektorstrom I_C so zu bemessen, daß jeweils ca. 0,3 V abfallen. Die beiden Dioden an den Basen der Transistoren sollen den Basis-Emitterspannungen der Transistoren entgegenwirken und somit den »toten Steuerbereich« verringern, also die Aussteuerbarkeit bei kleinen Steuerspannungen verbessern.

Die maximale Leistung der Endstufe beträgt ca. 1,5 W an 8 Ω. Werden größere Leistungen benötigt, so müssen stärkere Endstufentransistoren (Darlingtontransistoren z.B.) ggf. mit Treibern hinter den OP geschaltet werden.

2.7 Passive und aktive Filterschaltungen

2.7.1 Passive RC-Glieder 1. Ordnung

Hochpaß

Abb. 2.65 zeigt einen Hochpaß, der auch als Differenzierglied bezeichnet wird. C stellt für tiefe Frequenzen einen hohen und für hohe Frequenzen einen kleinen kapazitiven Widerstand dar. Die Dämpfung beträgt 6 dB je Oktave. Je höher die Frequenz ist, um so kleiner wird X_c. Bis zur Grenzfrequenz f_g steigt die Spannung stetig an und erreicht bei f_g den 0,7 fachen Wert (70%) der Eingangsspannung. Bei noch höheren Frequenzen wird $U_a \approx U_e$.

104

$$f_g = \frac{1}{2 \pi \cdot R \cdot C}$$

dabei ist $U_a = \dfrac{U_e}{\sqrt{2}} = 0,707 \cdot U_e$

Abb. 2.65 Hochpaß

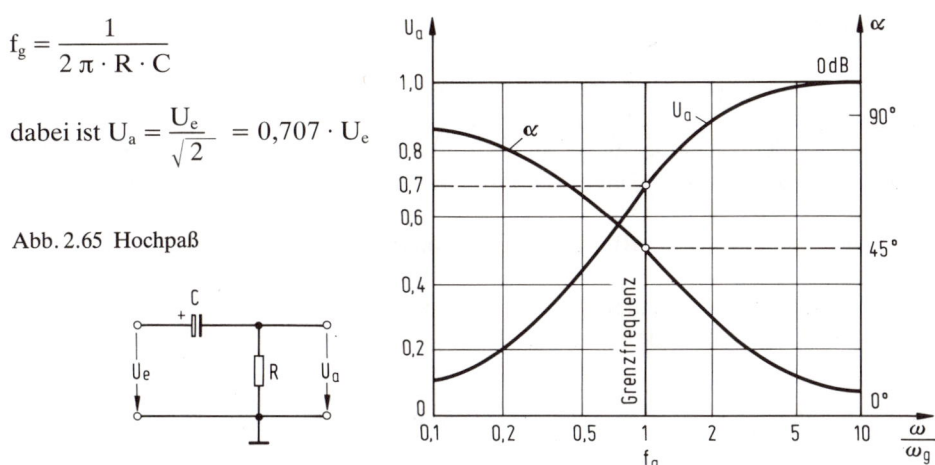

Da der Kondensator Gleichspannungen abriegelt, ist er nur in der Aufladephase für diese durchlässig, so daß er abhängig von seiner Größe nur mehr oder weniger lange Impulse durchläßt.

Tiefpaß

Der Tiefpaß nach *Abb. 2.66* läßt Gleichspannungen und tiefe Frequenzen passieren. Wechselspannungen hoher Frequenz werden durch die Ausgangskapazität mehr oder weniger kurzgeschlossen. Die Dämpfungskurve verläuft spiegelbildlich zu der eines Hochpasses. Auch hier ist die Dämpfung 6 dB je Oktave.

Wird an den Eingang des Tiefpasses eine Rechteckspannung gelegt, so wird der Kondensator exponentiell auf- bzw. entladen. Für die obere Grenzfrequenz gilt:

$$f_g = \frac{1}{2 \pi \cdot R \cdot C}$$

mit $U_a = \dfrac{U_e}{\sqrt{2}} = 0,707 \cdot U_e$

Abb. 2.66 Tiefpaß

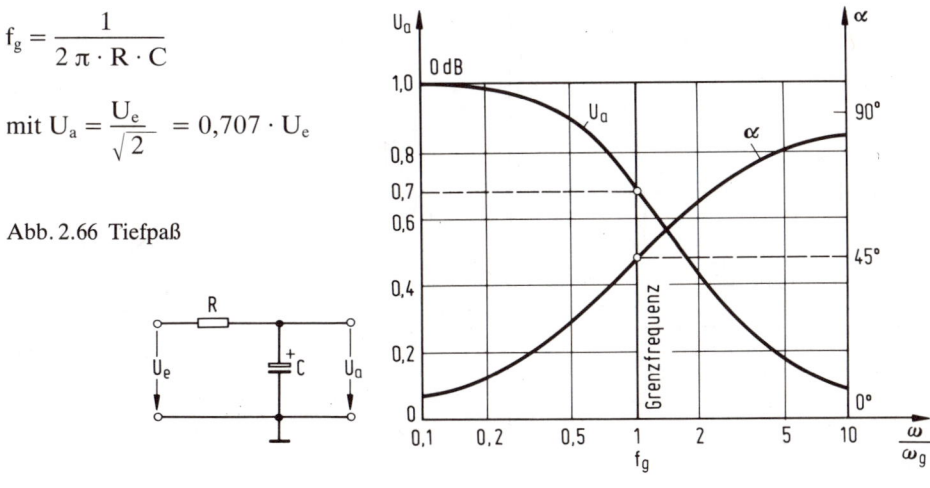

105

Phasenschieber

Soll die Ausgangsspannung eines RC-Gliedes bei der Grenzfrequenz steiler abfallen, so müssen mehrere Glieder hintereinander geschaltet oder aktive Filter eingesetzt werden. Da sich die Glieder bei einer Reihenschaltung auch untereinander beeinflussen, bekommt man eine bestimmte Grunddämpfung, die sich bei *Abb. 2.67 a*

und *b* jeweils zu $\approx$ 30 dB ergibt. Die Spannungsdämpfung beträgt $U_a = \dfrac{U_e}{29}$

$= 0,0345 \cdot U_e$. Diese Angaben gelten jeweils bei der Resonanzfrequenz f_O, diese errechnet sich folgendermaßen:

Abb. 2.67 a	Abb. 2.67 b
$f_O = \dfrac{1}{\sqrt{6}} \cdot \dfrac{1}{2\,\pi \cdot R \cdot C}$	$f_O = \dfrac{\sqrt{6}}{2\,\pi \cdot R \cdot C}$
$f_O = \dfrac{1}{15,39 \cdot R \cdot C}$	$f_O = \dfrac{1}{2,56 \cdot R \cdot C}$

Die Phasendrehung beträgt bei f_O genau 180°.

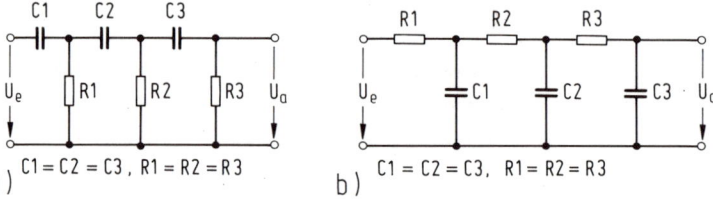

Abb. 2.67 Phasenschieber aus Hochpaß- (a) und Tiefpaßgliedern (b)
Bandpaß (c)

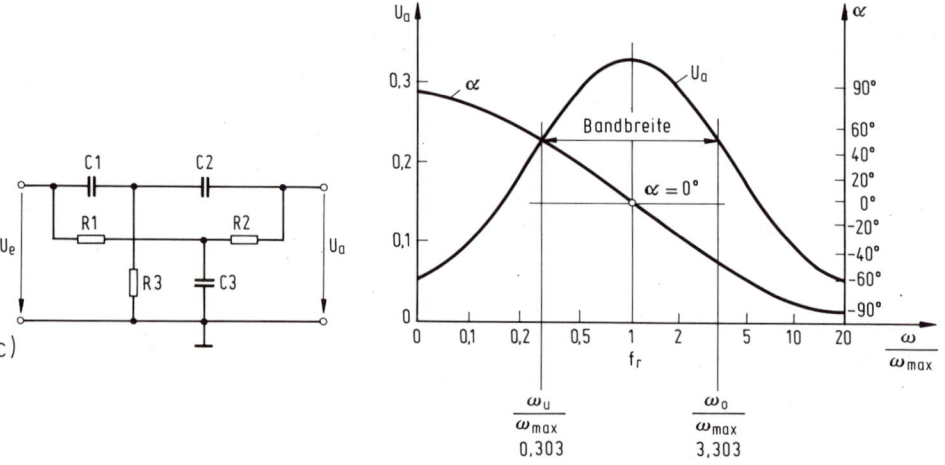

Doppel T-Glied

Kombiniert man zwei T-Glieder (1 Hoch- und 1 Tiefpaß), erhält man einen Bandpaß, ein sogenanntes Doppel-T-Glied *(Abb. 2.67 c)*. Der Tiefpaß schwächt hierin über C_3 die hohen Frequenzen ab, wobei über C_1 und C_2 des Hochpasses noch hohe Frequenzen zum Ausgang gelangen. Bei der Resonanzfrequenz ist die Ausgangsspannungskurve am stärksten abgesenkt, wobei sich hier die Phasendrehung des Tiefpasses mit $-45°$ mit der des Hochpasses mit $+45°$ zu 0 addiert. Die Dämpfung beträgt 6 dB je Oktave. Wählt man $R_1 = R_2 = 2 \cdot R_3 = R$ und $C_1 = C_2 = \dfrac{C_3}{2} = C$, so ist die Resonanzfrequenz $f_r = \dfrac{1}{2\pi \cdot R \cdot C}$, was der Grenzfrequenz der beiden Einzelglieder (Hoch- und Tiefpaß) entspricht.

2.7.2 Aktive Filter

Bei den hier gezeigten aktiven Filtern werden Operationsverstärker mit einer RC-Gegenkopplung beschaltet und als nichtinvertierende Verstärker betrieben. Die Grenzfrequenz ist auch hier wieder die Frequenz, bei der die Verstärkung um 3 dB, d. h. um das 0,7 fache gesunken ist. Vom Schaltungsprinzip her handelt es sich um Besselfilter (benannt nach dem Astronom Friedrich W. Bessel 1784–1846) der zweiten Ordnung, die eine Steilheit von 12 dB pro Oktave aufweisen. Die rechnerischen Werte für die Kondensatoren bzw. die Widerstände sind gleich. Wird das angegebene Potentiometer eingebaut, so kann dieses maximal den doppelten Wert des errechneten Widerstandswertes haben. Durch das Potentiometer ist das Filter genau auf die Grenzfrequenz einzutrimmen.

Bei symmetrischer Speisung ist der Bezugspunkt des Massepotential, bei asymmetrischer müssen beide Eingänge $(+/-)$ auf genau $\dfrac{+U_B}{2}$ liegen, dazu dienen symmetrische Spannungsteiler.

Die Speisung der aktiven Filter sollte aus einer niederohmigen Quelle erfolgen, daher werden meist Impedanzwandler (z. B. aus einem zweiten OP) vorgeschaltet.

Nachfolgend die beiden Schaltungsvarianten für Hoch- und Tiefpaß mit Berechnung. Der Bandpaß ergibt sich durch Hintereinanderschaltung von Tief- und Hochpaß.

Für die Berechnung wählt man den Wert entweder für R oder C anhand der Normreihe (meist C) und berechnet das andere Bauteil (C oder R). Die Grenzfrequenz muß natürlich ebenfalls bekannt sein.

Die Filterkoeffizienten a_1 und a_2 für ein Besselfilter 2. Ordnung lauten $a_1 = 1,362$ und $a_2 = 0,618$. Durch nachfolgende Formeln sind R, C und V zu berechnen. Durch Vertauschen der Bauteile (R, C) verwandelt sich ein Tiefpaß in einen Hochpaß. Für den Tiefpaß gilt:

$$R \cdot C = \frac{\sqrt{a_2}}{2\pi \cdot f_g} = \frac{0,125}{f_g} \qquad V = 3 - \left(\frac{a1}{\sqrt{a_2}}\right) = 1,267 = 1 + \left(\frac{R_1}{R_2}\right)$$

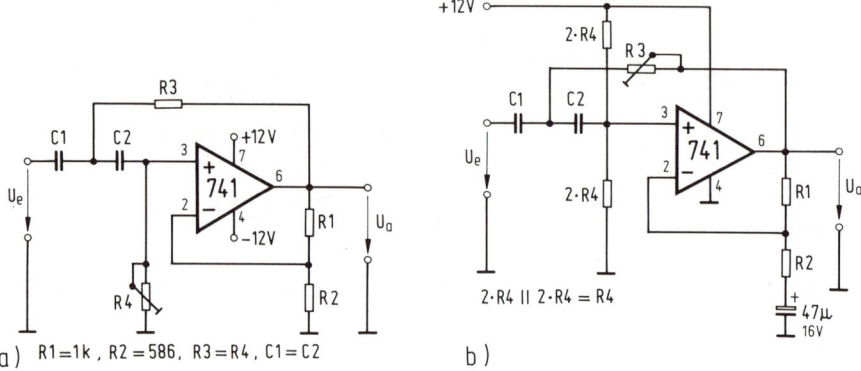

Abb. 2.68 Aktiver Hochpaß a) mit symmetrischer, b) unsymmetrischer Versorgungsspannung

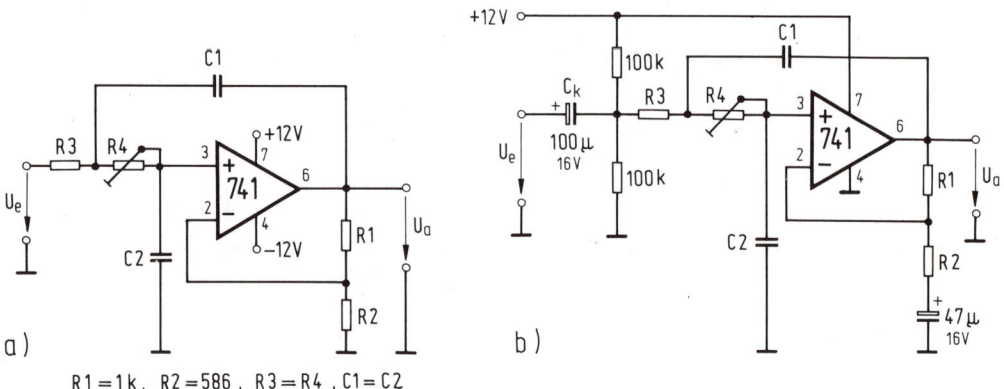

Abb. 2.69 Aktiver Tiefpaß a) mit symmetrischer, b) unsymmetrischer Versorgungsspannung

Die verschiedenen Ausführungen von Hoch- und Tiefpässen für symmetrische wie asymmetrische Speisespannungen zeigen die *Abb. 2.68* und *2.69*. Die abweichenden

Werte bei der asymmetrischen Speisung ergeben sich durch den Bezug auf $\dfrac{+ U_B}{2}$.

2.8 Endverstärker

Zur Verstärkung der von unseren Akustikschaltungen erzeugten Töne sind noch entsprechende Endstufen nötig, die es ermöglichen, einen Lautsprecher, eine Hörkapsel oder einen anderen Schallwandler anzusteuern. Wir können die Endstufen diskret mit Einzeltransistoren oder auch aus ICs aufbauen.

2.8.1 Endverstärker mit Transistoren

Einfache Eintransistorendstufen zeigen die *Abb. 2.70 a* bis *e*. Diese einfachen Verstärker sind jedoch leicht zu übersteuern und hören sich bei größeren Lautstärken meist nicht mehr gut an. Außerdem werden die Transistoren leicht warm. Durch Zuschalten eines weiteren Transistors erhalten wir eine von den uns bekannten Darlingtonstufen, die bereits bessere Ergebnisse bringen und in *Abb. 2.71 a* bis *e* zu sehen sind. Noch bessere Ergebnisse liefert die letzte der diskreten Endstufenschaltungen, mit der uns vom OP bereits bekannten Komplementärendstufe *(Abb. 2.72)*. Wurden die einfachen Stufen meist direkt (ohne Koppelkondensator) hinter den Tonerzeuger geschaltet, so erfolgt bei Abb. 2.72 eine kapazitive Kopplung. Es handelt sich bei dieser Schaltung um eine Gegentakt-B-Endstufe in Komplementärtechnik. Die Ausgangsstufen arbeiten in Kollektorschaltung, wobei die Spannungsverstärkung knapp unter 1 liegt. Für Vollaussteuerung muß also eine Eingangsspannung in der Größenordnung der Betriebsspannung zur Verfügung stehen, die von der Treibstufe geliefert wird.

Die Spannungsversorgung erfolgt asymmetrisch, daher ist ein Auskopplungskondensator (4700 µF) nötig. Dieser verhindert auch, daß Gleichspannung zum Lautsprecher gelangt.

Die Gegenkopplung übernehmen der 27-kΩ- und der 1-kΩ-Widerstand sowie der 10-µF-Kondensator. Die beiden Dioden und der Transistor dienen der Arbeitspunktstabilisierung. Der 2,2 nF-Kondensator soll ein Schwingen verhindern.

Die Ausgangsleistung bei erträglichem Klirrfaktor beträgt ca. 1,2 W, maximal sind bis zu 2,5 W bei 10% Klirrfaktor möglich.

Auch hier gilt, wie bei allen diskreten Schaltungen, die Bauteile sind den Gegebenheiten, d. h. der Steuerspannung, anzupassen, wodurch akzeptable Lautstärken bei geringen Verzerrungen erreichbar sind.

Wer jedoch hier nicht experimentieren möchte, wählt am besten seinen Verstärker aus dem nächsten Abschnitt.

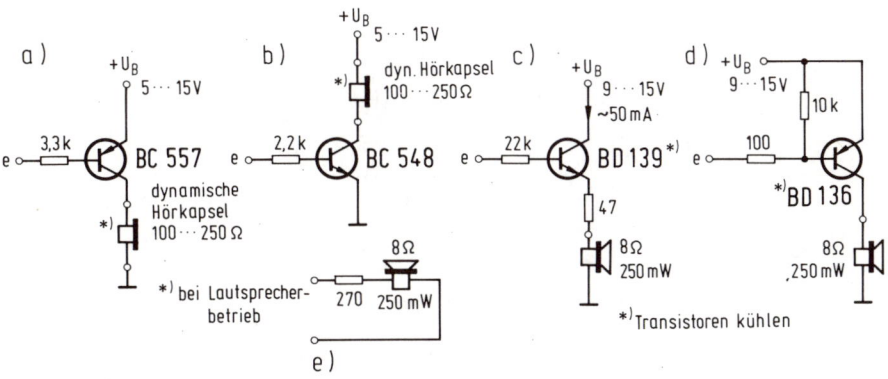

Abb. 2.70 Endstufen mit einem Transistor

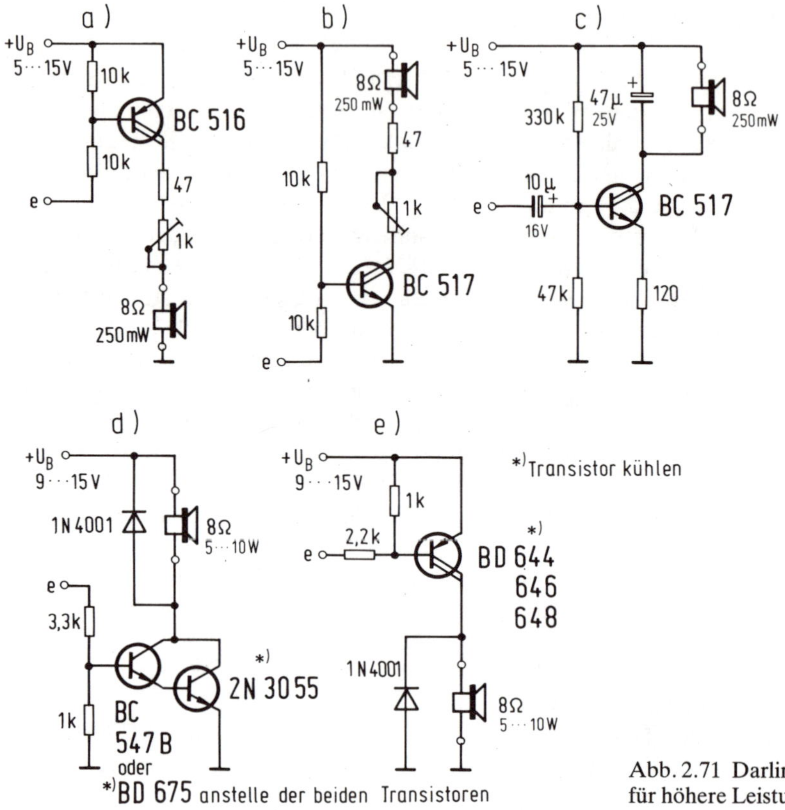

a)

+U_B
5···15V
10k
BC 516
10k
e
47
1k
8Ω
250mW

b)

+U_B
5···15V
8Ω
250mW
47
10k
1k
BC 517
10k
e

c)

+U_B
5···15V
330k
47μ 25V
8Ω
250mW
10μ 16V
e
BC 517
47k
120

d)

+U_B
9···15V
1N4001
8Ω
5···10W
e
3,3k
1k
BC
547B
oder
*)BD 675 anstelle der beiden Transistoren
2N 3055 *)

e)

+U_B
9···15V
1k
2,2k
e
BD 644
646
648 *)
1N4001
8Ω
5···10W

*)Transistor kühlen

Abb. 2.71 Darlingtonendstufen
für höhere Leistungen

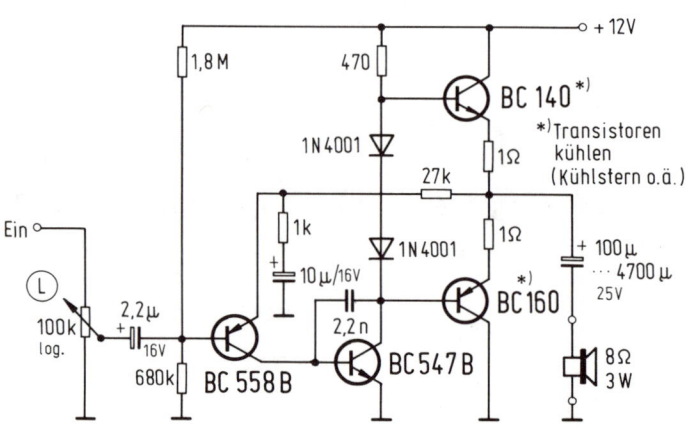

+ 12V
1,8M
470
BC 140 *)
1N4001
*)Transistoren
kühlen
(Kühlstern o.ä.)
27k
1Ω
Ein
1k
1N4001
1Ω
100μ
···4700μ
25V
L
10μ/16V
BC 160 *)
100k
log.
2,2μ
16V
2,2n
8Ω
3W
680k
BC 558B
BC 547B

Abb. 2.72 Gegentaktendstufe

110

2.8.2 IC-Verstärkerstufen

Für viele der in diesem Buch abgebildeten Schaltungen wurde als Endverstärker das IC LM 386 von National Semiconductors eingesetzt, das leicht erhältlich und preiswert ist. Wem die Leistung dieses ICs nicht ausreicht, obwohl die Lautstärke für die meisten Anwendungen reichen dürfte, kann einen Verstärker mit höherer Ausgangsleistung aus den anderen Vorschlägen auswählen.

Das IC LM 386 ist ein Kleinleistungs-Nf-Verstärker für niedrige Betriebsspannungen im 8poligen DIL-Gehäuse.

Die *Abb. 2.73* zeigt die externe Beschaltung ohne Belegung der Stifte 1 und 8; es ergibt sich dann eine 20fache Spannungsverstärkung. Durch externe Beschaltung dieser Stifte läßt sich die Spannungsverstärkung auf maximal 200 erhöhen, z.B. 1,2 kΩ und 10 μF ergeben eine 50fache Spannungsverstärkung. Der Kondensator alleine bewirkt eine Verstärkung von 200.

Durch Einsatz eines RC-Gliedes zwischen Stift 1 und 5 (10 kΩ und 33 nF) ist eine Baßanhebung um 5 dB möglich. Die technischen Daten zeigt die Tabelle:

LM 386 N	Speisespannung	4...12 V
LM 386 N-4	Speisespannung	5...18 V
	Ruhestrom, + U_B = 6 V	4 mA typ.
	Verlustleistung	0,66 W max.
	Eingangsspannung	± 0,4 V
	Eingangswiderstand	50 kΩ, typ.

Ausgangsleistung bei 10% Klirrfaktor Typ.
LM 386 N-1 0,325 W bei U_B = 6 V, R_L = 8 Ω
LM 386 N-2 0,5 W bei U_B = 7,5 V, R_L = 8 Ω
LM 386 N-3 0,7 W bei U_B = 9 V, R_L = 8 Ω
LM 386 N-4 1 W bei U_B = 16 V, R_L = 32 Ω

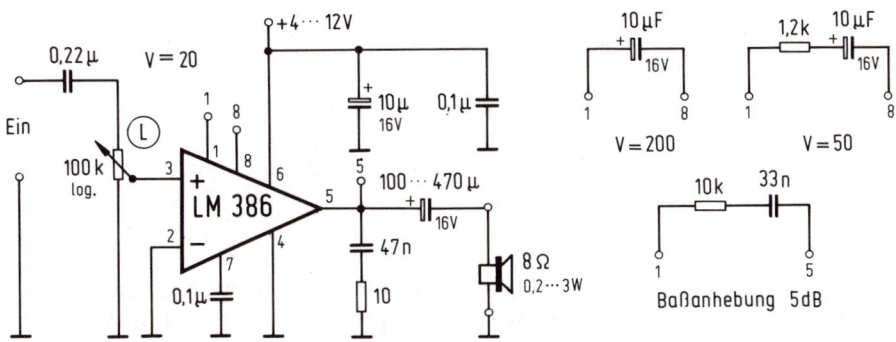

Abb. 2.73 IC-Endstufe; V = 20...200 mit dem IC LM 386

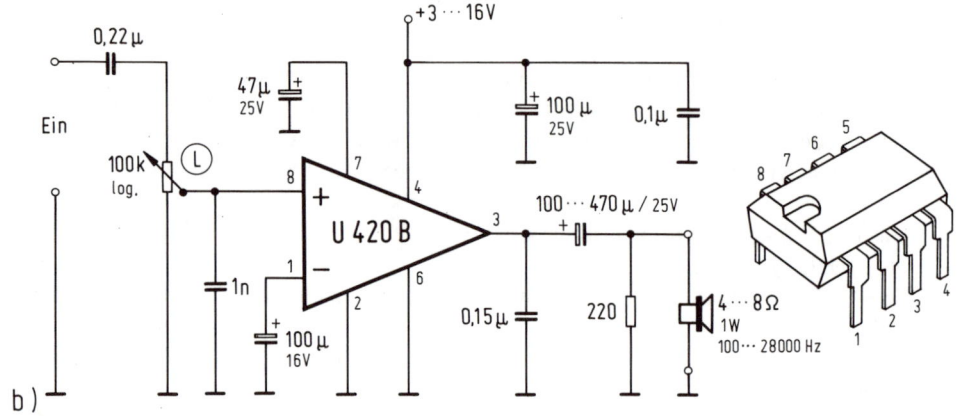

b)

Abb. 2.73 IC-Verstärker mit U 420 B

Für unsere Belange reicht der LM 386 N-1, den wir an einer Versorgungsspannung von maximal + 12 V betreiben. Der U 420 B von Telefunken liefert bei 9 V an 8 Ω ca 1 W und ist im 8poligen DIL-Gehäuse erhältlich (*Abb. 2.73 b*).

Die weiteren *Abb. 2.74* bis *2.77* zeigen leistungsstärkere IC-Verstärker, deren Daten die Tabelle nennt. Weitere Erläuterungen zur Funktionsweise erübrigen sich.

	LM 388	TBA 800	TBA 810	TCA 940	TDA 2002
Versorgungsspannung	4...15 V	5...30 V	6...30 V	8...20 V	8...18 V
Leistung/bei + U_B	2,2 W/12 V	2...5 W	1...7 W	max. 10 W	6,5 W/16 V
Lautsprecher-impedanz	≥ 8 Ω	≥ 4 Ω	≥ 4 Ω	≥ 4 Ω	≥ 2 Ω
Spannungs-verstärkung	26...46 dB	max. 74 dB	–	–	80 dB
Eingangsspannung	± 0,4 V	70 mV	0,1 V	0,1 V	55 mV
Klirrfaktor bei Leistung von	0,1%/0,5 W	0,5%/2,5 W	1...10%	0,4...3%	2...10%
Frequenzgang in Hz	40... 16 000	35... 20 000	40... 18 000	35... 20 000	40... 15 000
Ruhestrom	16 mA	8,5...20 mA	20 mA	50 mA	45 mA
Hersteller	National	ITT-Inter-metall	ITT	SGS	SGS

Abschließen wollen wir die Verstärkerschaltungen mit einem Miniverstärker, der immerhin in der Lage ist, 9,5 W Musikleistung abzugeben (*Abb. 2.78*). Verwendung findet das IC LM 384 von National, das mit wenigen externen Bauteilen zusammen diese erstaunliche Leistung erbringt. Ab 3 W Leistungsabgabe muß das IC jedoch gekühlt

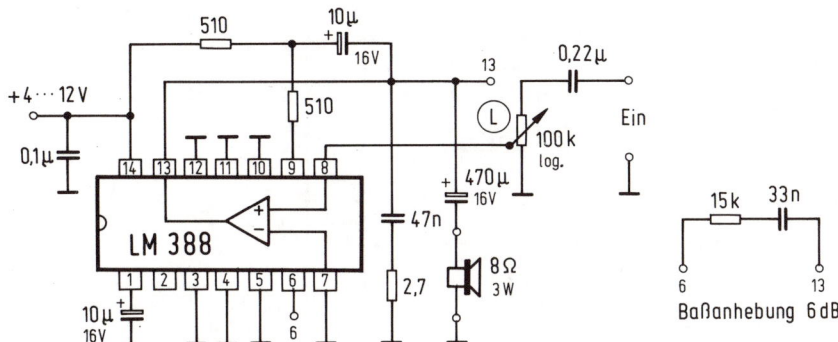

Abb. 2.74 IC-Verstärker mit dem IC LM 388

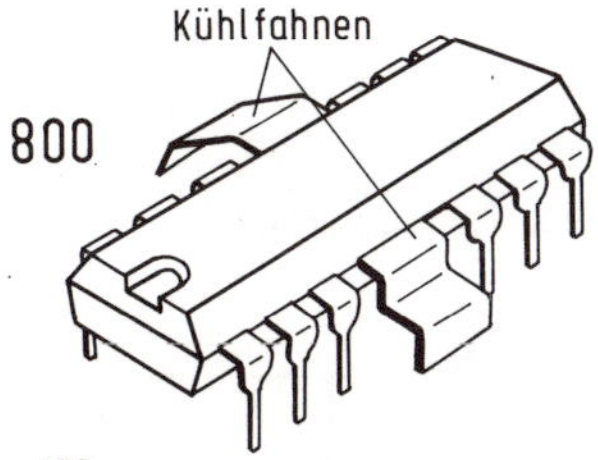

TBA 800

Abb. 2.75 IC-Verstärker mit dem
bekannten TBA 800

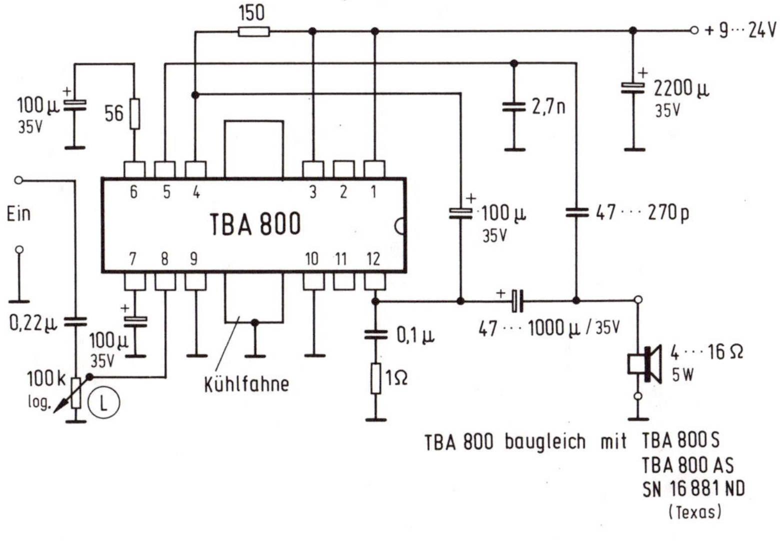

TBA 800 baugleich mit TBA 800 S
TBA 800 AS
SN 16 881 ND
(Texas)

werden. Hierzu setzen wir einen schwarzen IC-Kühlkörper ein, den wir auf das IC aufkleben (z. B. JCK 14/16 mit 50° C/W).

Die Eingangsempfindlichkeit liegt bei ca. 50 mW (max. 0,5 V), bei einem Eingangs-widerstand von 10 kΩ. Die Sinusausgangsleistung beträgt maximal 6 W. Die Lautsprecher-impedanz kann sowohl 4 Ω als auch 8 Ω betragen.

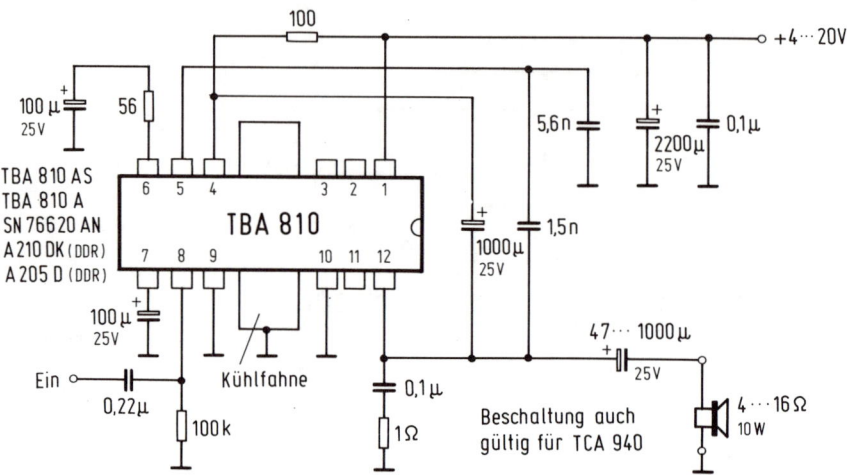

Abb. 2.76 IC-Verstärker mit dem TBA 810

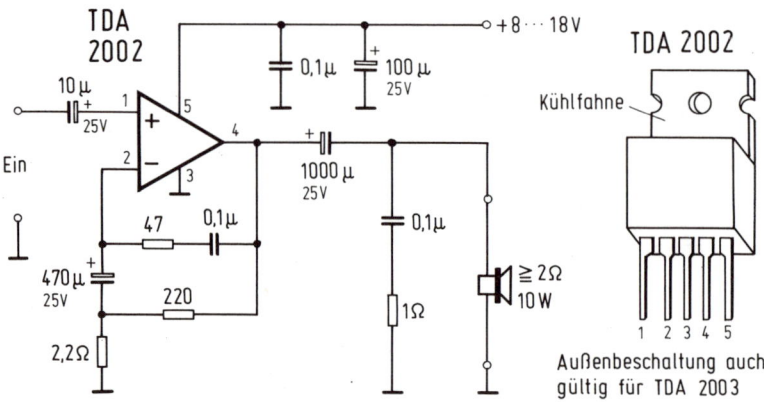

Abb. 2.77 IC-Verstärker mit dem TDA 2002

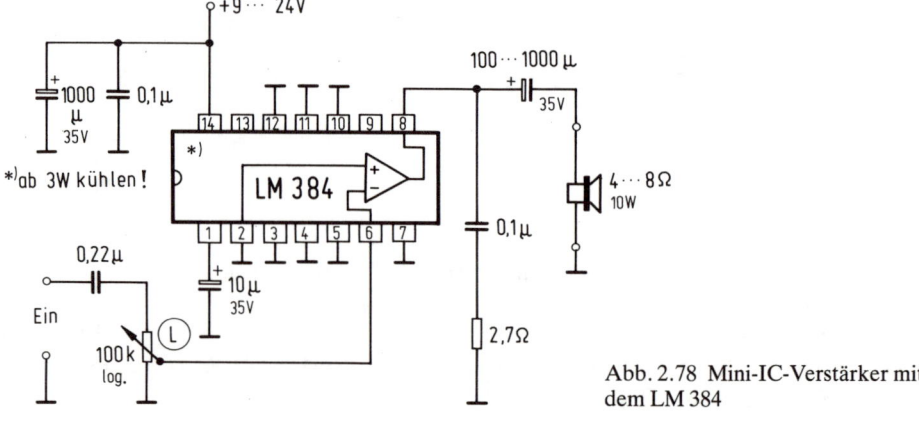

Abb. 2.78 Mini-IC-Verstärker mit dem LM 384

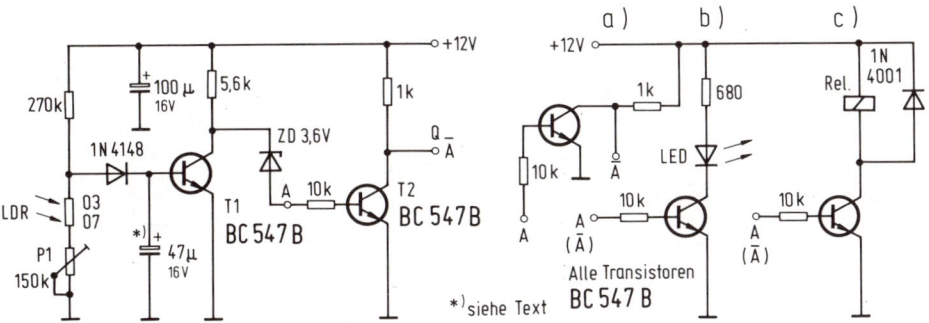

Abb. 2.79 LDR-Lichtschranke

2.9 Lichtschranken

2.9.1 Lichtschranken mit LDR

Zwei LDR-Lichtschranken haben wir ja bereits kennengelernt (Abb. 2.22 und 2.60), wir wollen uns daher nur noch eine einfache LDR-Lichtschranke ansehen. *Abb. 2.79* zeigt einen Transistorschalter, dessen Basisspannungsteiler einen LDR enthält. Mit abnehmender Lichtstärke erhöht sich der Widerstand des LDR und verschiebt das Basis-Ermitterpotential des ersten Transistors so lange, bis er leitet. Durch die vorgeschaltete Diode und deren Durchlaßspannung wird diese Schaltspannung um ca. 0,6 V verschoben. Der Kondensators 10...100 μF macht den Schalter träger und somit unempfindlicher gegen Lichtblitze oder kurzzeitige Unterbrechungen. Das Nachschalten eines weiteren Transistors invertiert das Schaltverhalten (a), d. h. bei Belichtung des LDR liegt »0« am Ausgang, da der zweite Transistor leitet. Die Zenerdiode verhindert ein Schalten des zweiten Transistors bei noch nicht voll gesperrtem T1. Mit P1 ist die Ansprechempfindlichkeit einstellbar.

Durch Einschalten eines Relais oder einer LED (Abb. 2.79 b und c), kann die Lichtschranke einen Schaltvorgang auslösen bzw. optisch anzeigen, daß der Lichtstrahl unterbrochen ist (LED verlischt).

Soll bei Unterbrechung des Lichtstrahls das Relais anziehen bzw. die LED leuchten, dann ist ein Inverter (Abb. 2.79 a) vorzuschalten.

2.9.2 Lichtschranken mit Fotoelementen

Im nachfolgenden wollen wir uns einige Lichtschranken mit einem Fototransistor ansehen. Es wurde hier der leicht erhältliche Typ SFH 309 von Siemens eingesetzt, der für die Bereiche der sichtbaren und der nahen infraroten Strahlung geeignet und daher universell einsetzbar ist. Es sind jedoch auch andere Typen verwendbar (z. B. BPY 64, BPW 40, BPY

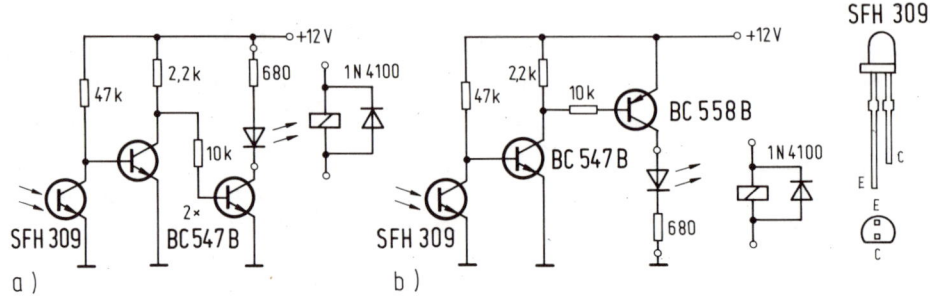

Abb. 2.80 Lichtschranke mit Fototransistor

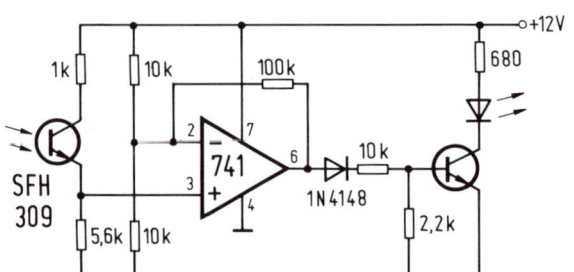

Abb. 2.81 Empfindliche
Lichtschranke mit OP

62–2, BP 103 usw.). Der SFH 309 hat einen Öffnungswinkel von 80°, bei den anderen angegebenen Typen liegt er zwischen 16...40°.

Die *Abb. 2.80 a* und *b* zeigen jeweils eine einfache Lichtschranke mit 2 Transistoren, die jedoch ein unterschiedliches Schaltverhalten haben. Bei Unterbrechung des Lichtstrahls geht in Abb. 2.80 a die LED aus und in Abb. 2.80 b an. Die LED und deren Vorwiderstand können auch durch ein Relais mit Schutzdiode ersetzt werden. Belichtet den Fototransistor eine Infrarotleuchtdiode (Abb. 2.80 c), so erhält man eine IR-Lichtschranke, deren Abstand zwischen IR-LED und Fototransistor 1...5 cm betragen darf. Der Fototransistor sollte dann ein Infrarotfilter erhalten, damit Fremdlicht nicht zu Fehlauslösungen führt.

Eine noch empfindlichere Anordnung stellt *Abb. 2.81* dar, hier dient ein OP zum Schalten. Eine Schaltung die nur auf Lichtblitze reagiert zeigt *Abb. 2.82,* sie wurde aus Abb. 2.81 entwickelt. Der Ausgang von Abb. 2.82 könnte ein Monoflop triggern, das für eine gewisse Zeit einen Schaltvorgang auslöst. Eine Anwendung wäre z. B., daß der aus dem Tunnel kommende Zug für eine gewisse Zeit einen Pfiff ausstößt (Lichtschranke hier im Tunnel anordnen).

Bei beiden Schaltungen (Abb. 2.81 und 2.82) erfolgt das Ausschalten der LED bzw. des Relais beim Unterbrechen des Lichtstrahls, d. h. der Ausgang ist dann »1«.

Mit den hier angegebenen Schaltungen haben wir nahezu alle Möglichkeiten ausgeschöpft, wobei immer eine Fehlsteuerung durch Fremdlicht möglich ist. Dem kann man nur mit Infrarotlichtsteuerung und Modulation des Signals abhelfen. Zusätzlich ist in

Abb. 2.82 Lichtschranke, die auf
Lichtblitze reagiert

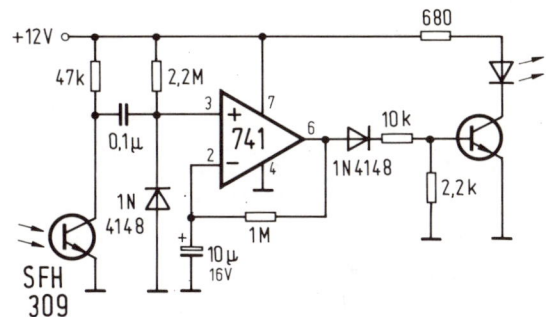

jedem Fall die Empfangsdiode (auch bei IR) vor Fremdlichteinwirkungen zu schützen
(z. B. Rüsch-Schlauch überschieben oder mit Isolierband umwickeln).

2.9.3 Einfache Infrarotlichtschranke

In *Abb. 2.83* dient als Sender ein, mit dem 555 aufgebauter, Multivibrator, dessen
Frequenz zwischen 2...6 kHz mit P1 einstellbar ist. Die Sendediode strahlt also
moduliertes IR-Licht mit der eingestellten Frequenz aus.

Der Empfänger beinhaltet einen aktiven Hochpaß ($f_g \approx 60$ Hz) aus einem OP mit T-
Glied, einen Gleichrichter und eine Schaltstufe. Empfängt der Fototransistor moduliertes
IR-Licht im Bereich der Durchlaßfrequenz des OPs, so liegt an seinem Ausgang ein
positives Potential, das hinter der Diode den Transistor T1 durchsteuert. Dieser wiederum

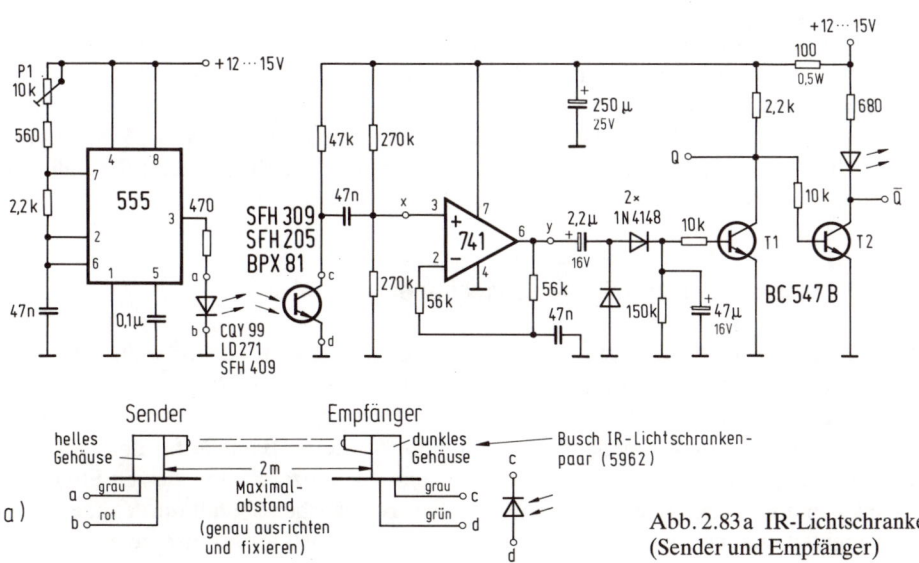

Abb. 2.83a IR-Lichtschranke
(Sender und Empfänger)

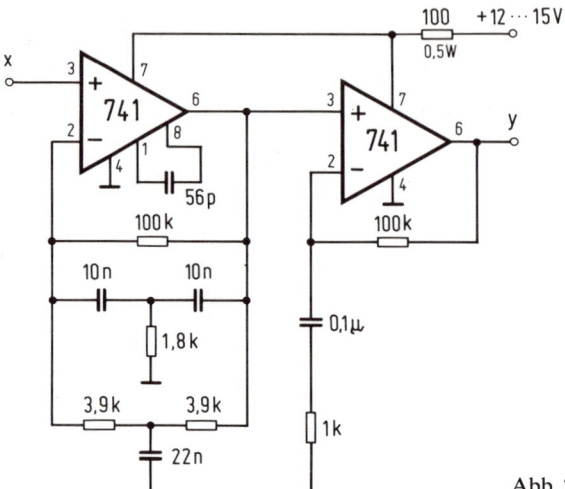

Abb. 2.83b Bandfilter zur IR-Lichtschranke

sperrt T2, die LED leuchtet nicht. Wird der Lichtstrahl unterbrochen, so kehren sich die Verhältnisse um, und die LED leuchtet. Das RC-Glied hinter dem Gleichrichter überbrückt kurze Unterbrechungen; die LED geht verzögert aus.

Anstelle der LED kann auch ein Relais mit Schutzdiode eingesetzt werden. Am Ausgang Q steht ein Signal zum Triggern eines Monoflops o. ä. zur Verfügung. Wird der Lichtstrahl unterbrochen, ist Q = »1«.

Wenn immer noch Beeinflussungen durch Fremdlicht erfolgen, kann ein selektiver Verstärker mit Folgeverstärker Abhilfe bringen. Hier muß natürlich die Resonanzfrequenz zwischen Sender und Empfänger übereinstimmen. In Abb. 2.83 b arbeitet das Empfängerfilter auf ca. 4 kHz.

Der selektive Verstärker ist aus einem Doppel-T-Glied und einem OP aufgebaut. Das T-Glied ist für eine Resonanzfrequenz von ca. 4 kHz nach den Formeln aus Abschnitt 2.7.1 berechnet worden.

Durch Abgleich mit P1 ist die Sendefrequenz auf die Durchlaßfrequenz des Empfängers einzustellen. Wenn der Abgleich korrekt ist, muß bei nicht unterbrochenem IR-Strahl der Ausgang Q = »0« sein.

2.9.4 IR-Lichtschranken mit PLL-Tondekoder

Herz der Schaltung in *Abb. 2.84* ist ein PLL-Frequenz- bzw. Tondekoder 567, der von verschiedenen Herstellern (National, Valvo z. B.) mit den Buchstaben LM-, NE-, SG-, SE- und μA vertrieben wird.

Durch den komplexen Innenaufbau werden nur 5 externe Bauteile für den Dekoder benötigt. Das IC beinhaltet einen stromgeregelten Referenzoszillator, dessen Frequenz durch C1 und R1 vorgegeben wird, einen Frequenzvergleicher (Quadraturdekoder) und einen logikkompatibelen Ausgangstreiber mit offenem Kollektor für Ströme bis 100 mA

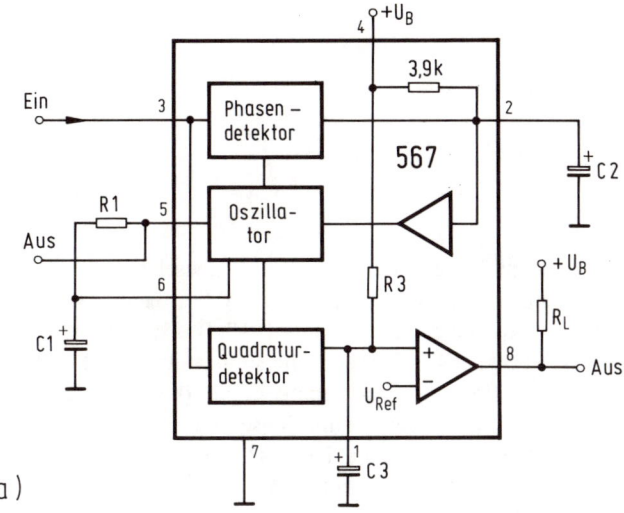

a)

Abb. 2.84 a Innenschaltung μA 567

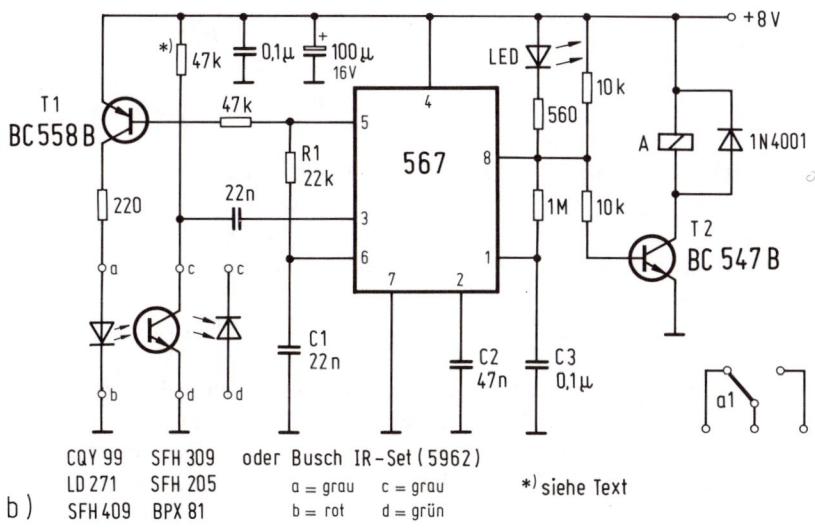

b)

Abb. 2.84 b IR-Lichtschranke

(Abb. 2.84 a). Der Frequenzvergleicher vergleicht Referenz- und Eingangsfrequenz und gibt bei Übereinstimmung »0« an den Ausgang (Stift 8). Die Bandbreite ist von der Größe von C_2 abhängig. Je kleiner C_2 wird, um so größer ist die Bandbreite. C2 sollte jedoch nicht kleiner als 10 nF sein.

In der Schaltung nach Abb. 2.99 b schwingt der Referenzoszillator auf ca. 2.3 kHz, wenn die angegebene Dimensionierung eingehalten wird.

$$f_0 = \frac{1,1}{R_1 \cdot C_1} \qquad C_2 = \frac{130}{f_0} \ [\mu F]$$

$$C_3 = \frac{260}{f_0} \ [\mu F]$$

$$B = 1070 \cdot \sqrt{\frac{U_e}{f_0 \cdot C_2}} \ [\% \text{ von } f_0]$$

Für gute Temperaturstabilität sollte der Wert für R1 zwischen 2...22 kΩ liegen. Die Eingangsspannung U_e muß über 20 mV bis ca. 200 mV betragen.

Die Referenzoszillatorfrequenz gelangt zu dem PNP-Transistorschalter T1, in dessen Kollektorzweig die Sendediode (IR z. B.) liegt, die somit mit dieser Frequenz moduliert wird. Kann dieses Licht zum Fototransistor gelangen, gibt dieser am Kollektor über den 22-nF-Kondensator die Schwingung weiter zum Phasendetektoreingang des ICs, und da somit Frequenzgleichheit herrscht, leuchtet die LED, und das Relais ist abgefallen.

Unterbricht man den Lichtstrahl, so ist keine Frequenzgleichheit mehr gegeben, die LED verlischt, und das Relais zieht an.

Der Kollektorwiderstand des Fototransistors ist maßgeblich für die Eingangsempfindlichkeit, je kleiner er ist, um so unempfindlicher ist die Schaltung. Mit den angegebenen Werten kann eine Lichtstrecke von ca. 30 cm überbrückt werden. Einige Daten des IC 567 zeigt die Tabelle:

Versorgungsspannung	+4,75 V...9,0 V (10 V max.)	
Positive Eingangsspannung	0,5 V...+ U_B	
Minimale Eingangsspannung	20	mV rms
Ruhestromaufnahme	7	mA
Verlustleistung in Ruhe	35	mW
Verlustleistung maximal	300	mW
Eingangswiderstand	20	kΩ
Frequenzbereich f_O	0,01 Hz...500 kHz	

Bevor wir uns den Reflexlichtschranken zuwenden, sei noch erwähnt, daß die Reichweite der Lichtschranken durch Sammellinsen (bis 50% Reichweitenerhöhung) und Reflektoren (bis 30% mehr Leuchtkraft der Sendediode) wesentlich vergrößert werden kann. Doch im Modellbahnbereich brauchen wir in der Regel nur Strecken unter 1 m zu überwinden.

2.9.5 Reflexlichtschranken

Bei den Reflexlichtschranken stehen sich Sender und Empfänger nicht wie bei den vorher beschriebenen Lichtschranken gegenüber, sondern sind parallel nebeneinander angeordnet. Meist finden hierfür spezielle Reflexkoppler Verwendung, bei denen Sendediode und Fototransistor in einem Gehäuse untergebracht sind. Einige für unsere Zwecke in Frage kommende optoelektronische Reflexkoppler hier in Kürze:

| Typ | Sender | | | Empfänger | | Hersteller |
	U_F [V]	I_F [mA]	U_R [V]	U_{CE} [V]	I_{CE} [nA]	Vertreiber
CNY 70	1,25...1,6	max. 50	5	max. 32	10	Telefunken
SFH 900–1	1,3	max. 50	6	max. 30	500	Siemens
SFH 900–2	1,3	max. 50	6	max. 30	500	Siemens
SG 101	1,3	30	6	max. 30	100	Conrad

Vor allem der SFH 900 oder der SG 101 ist aufgrund seiner kleinen Bauform besonders für unsere Zwecke geeignet. Teilweise werden auch die Typen MRC 601, SPX 1160 und SPX 1180 angeboten, die auch brauchbar sind.

Bei den Reflexlichtschranken bewirkt jedes reflektierende Teil, das in den Bereich von Sender und Empfänger kommt, einen Fotostrom durch den Empfänger. Verstärkt löst dieser Strom dann entsprechende Schaltvorgänge aus. Im Ruhezustand sollte möglichst kein Licht vom Sender zum Empfänger gelangen, um die Ansprechschwelle niedrig halten zu können.

Auch ist der direkte Einfall von Störlicht durch konstruktive Maßnahmen zu verhindern, um Fehlschaltungen zu vermeiden. Die in den Reflexkopplern eingebauten IR-Filter sperren nämlich nur den sichtbaren Anteil des Lichts, so daß vor allem Störlicht mit hohem IR-Anteil (z. B. von Glühlampen) den Fototransitor belichten und somit aufsteuern kann.

IR-Reflexlichtschranke mit Transistoren

Bei Reflektion des Lichtstrahls leitet der Fototransistor in *Abb. 2.85* und sperrt den ersten Transistor. Dadurch wird der zweite Transistor leitend, und die LED leuchtet. Anstelle

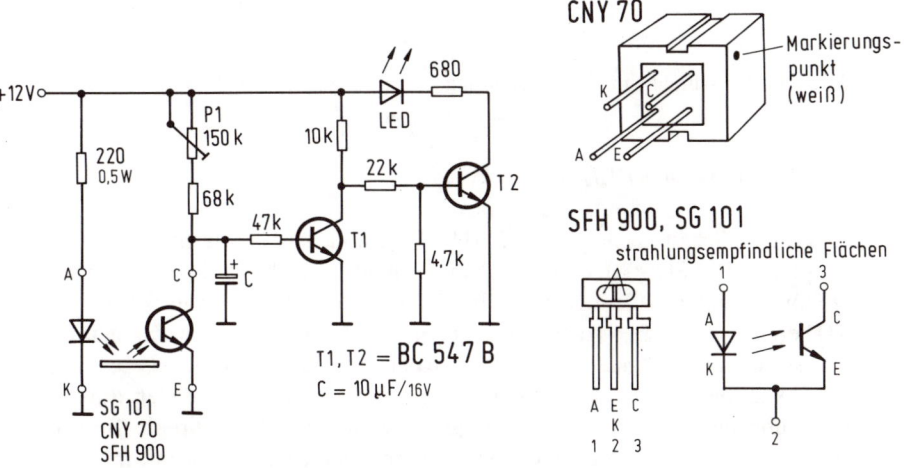

Abb. 2.85 Reflexlichtschranke mit Transistorschalter

der LED kann natürlich auch ein Relais mit Schutzdiode eingebaut werden. Mit P1 ist die Empfindlichkeit und somit der Abstand zwischen Reflexkoppler und auslösendem Teil einstellbar. Mit der angegebenen Dimensionierung liegt der Variationsbereich zwischen 2...20 mm. Der Kondensator am Kollektor des Fototransistors beeinflußt die Impulslänge bei Unterbrechungen, d. h. die LED geht verzögert aus. Leider beeinflußt er auch die Ansprechempfindlichkeit, so daß der Wert von 10 μF einen guten Kompromiß darstellt.

IR-Reflexlichtschranke mit OP

In *Abb. 2.86* finden wir einen OP als Schwellwertschalter, wodurch die Schaltung sehr empfindlich wird, was jedoch auch den Nachteil hat, daß Fremdlicht leichter stören kann. Bei dieser Schaltung sollte der CNY 70 in senkrechter Anordnung eingesetzt werden.

Der Einstellregler P1 und der Kondensator von 10 μF haben die gleiche Aufgabe wie bei Abb. 2.85. Der Abstand zwischen reflektierender Fläche und Reflexkoppler kann auch hier bis zu 20 mm betragen.

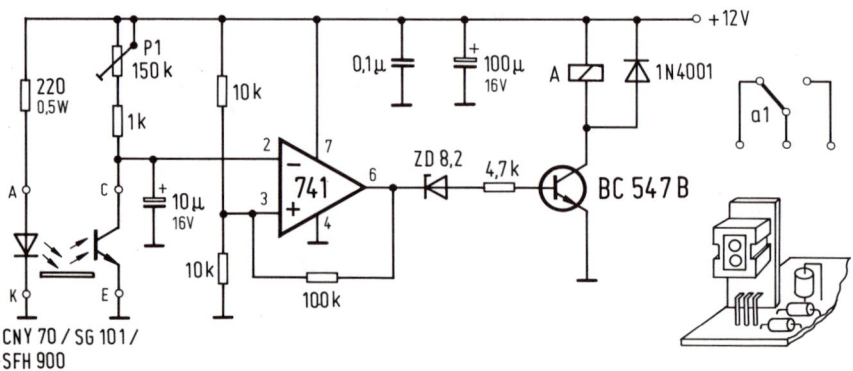

Abb. 2.86 Reflexlichtschranke mit Relais-Ausgang

IR-Reflexlichtschranke mit PLL-IC

Ersetzt man in der Schaltung nach Abb. 2.84 b Sendediode und Fototransistor durch einen Reflexkoppler (z. B. SFH 900), dann erhält man eine Reflexlichtschranke. Zur Herabsenkung der Störanfälligkeit ist jedoch der Kollektorwiderstand des Fototransistors von 47 kΩ auf 6,8 kΩ herabzusetzen. Der Auslöseabstand beträgt dann immer noch maximal 15...20 mm. Dies ist die einzige Änderung gegenüber der Schaltung in Abb. 2.84 b.

Der Reflexkoppler SFH 900 sollte hier den Vorzug erhalten, da er durch seine Miniaturausführung leicht zwischen die (N-) Schienen paßt. Eine direkte Bestrahlung durch eine Glühlampe ist jedoch auch hier zu vermeiden (obwohl wir mit moduliertem Licht arbeiten).

122

Bei Störungen durch Fremdlicht, ist ggf. der 6,8-kΩ-Widerstand noch weiter zu verkleinern (z. B. auf 1 kΩ), womit allerdings auch die Empfindlichkeit sinkt.

2.9.6 Schaltungen mit Optokopplern

Von den Bauelementen her (Kapitel 2.1.5) kennen wir den Optokoppler bereits, mit dem wir nun einige Schaltungen aufbauen wollen.

Die Grundschaltung zeigt *Abb. 2.87.* Hier paßt der Optokoppler TTL-Pegel an eine Versorgungsspannung von + 12 V an. Der Vorwiderstand der LED errechnet

sich wie folgt: $R_V = \dfrac{U_1 - U_{LED}}{I_{LED}}$.

Setzen wir den Optokoppler TIL 111 mit einem maximalen I_{LED} von 100 mA ein, ergibt such bei $U_1 = + 5$ V ein R_V von:

$$R_V = \frac{(5 - 1,5)\,V}{100\,mA} = 35\ \Omega.$$

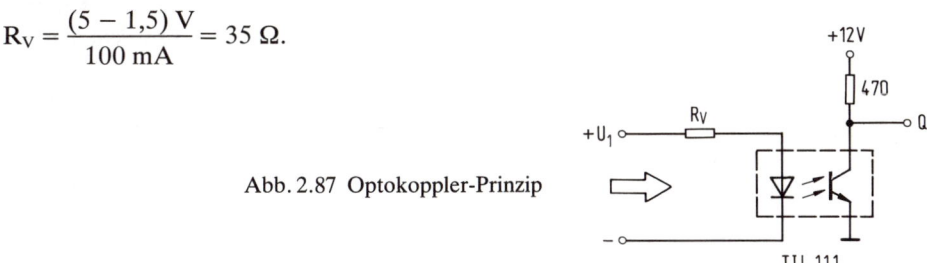

Abb. 2.87 Optokoppler-Prinzip

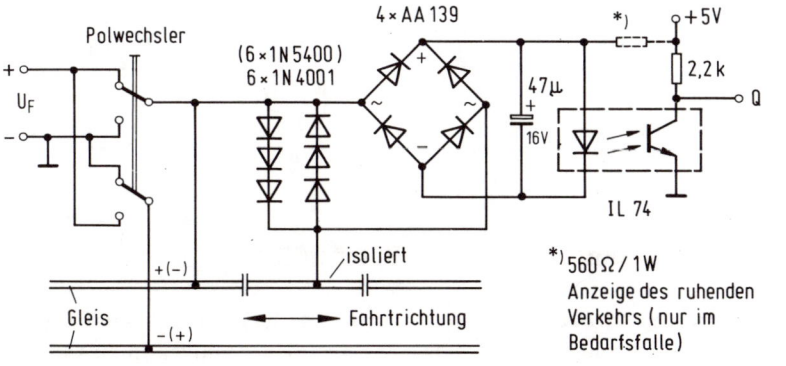

U_F = Fahrspannung 0···16V

Abb. 2.88 Belegtmelder mit Optokoppler

In der Praxis finden wir für R_v Werte von 100...470 Ω. Eine praktische Schaltung mit Optokoppler zeigt *Abb. 2.88,* einen Gleisbesetztmelder. Wenn im isolierten Halteabschnitt ein Lokomotive steht, fließt durch den Motor ein Strom. In dieser Schaltung kann der Strom jedoch nur fließen, wenn die Fahrspannung mindestens 1,8 V beträgt. Bei abgeschalteter Fahrspannung erfolgt keine Anzeige, es sei denn, der gestrichelte Widerstand (560 Ω) ist eingebaut.

Nehmen wir also an, die Fahrspannung ist angeschaltet, dann fließt der Strom durch die Lok und eine der beiden Diodenreihen, wodurch an jeder Diode die Schleusenspannung ≈ 0,6 V abfällt. Diese ≈ 1,8 V bringen über den Gleichrichter aus Germaniumdioden die LED des Optokopplers zum Leuchten. Der Fototransistor leitet, und am Ausgang Q liegt »0«.

2.10 Dynamischer Transistorschalter

Abb. 2.89 zeigt einen Transistorschalter mit dynamischem Eingang. Derartige Transistorschalter kommen immer dann zum Einsatz, wenn eine positive Dauerspannung nur einen zeitlich begrenzten »0«-Impuls auslösen soll. Fehlt die Dauerspannung am Eingang, sperrt der Transistor sofort wieder, und Q geht von »0« nach »1«.

Bei einer positiven Spannung am Eingang ist Q solange »0«, bis der Kondensator aufgeladen ist und der Transistor wieder sperrt, weil er kein positives Basispotential mehr erhält.

Je nach Größe von C (47 μ . . .470 μF) lassen sich Impulszeiten von 2 . . .20 s erreichen. Die Zeiten variieren jedoch, je nach dem Entladezustand von C. Der 100-kΩ-Widerstand bewirkt eine Entladung im Ruhezustand (S = offen).

Abb. 2.89 Impulsschalter mit einem einzelnen
Transistor

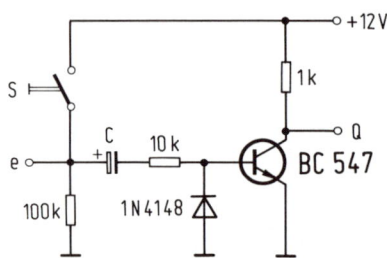

2.11 Elektronisches Stromstoßrelais mit Spezial-IC

Die Firma SDS hat einen elektronischen Baustein entwickelt, der in Zusammenarbeit mit einem bipolaren Relais ein Stromstoßrelais ergibt, das bei jedem positiven Impuls seinen Ausgangszustand ändert. Da der Baustein sehr schnell ist, darf die Taste nicht prellen. Wir wissen uns jedoch auch anders zu helfen und schalten hinter die Taste zwei Kondensatoren (100 μF und 47 nF) gegen Masse, die die Prellimpulse eliminieren. Ein Kontakt des Relais geht für die Stromstoßschaltung verloren und ist für die eigentliche Schaltaufgabe nicht einsetzbar. Auf die Innenschaltung des Bausteins wollen wir nicht näher eingehen, das Blockschaltbild in *Abb. 2.90* sagt hier eigentlich alles. Eine Anwenderschaltung mit einem bistabilem Relais DS 2-LS von SDS zeigt *Abb. 2.91*.

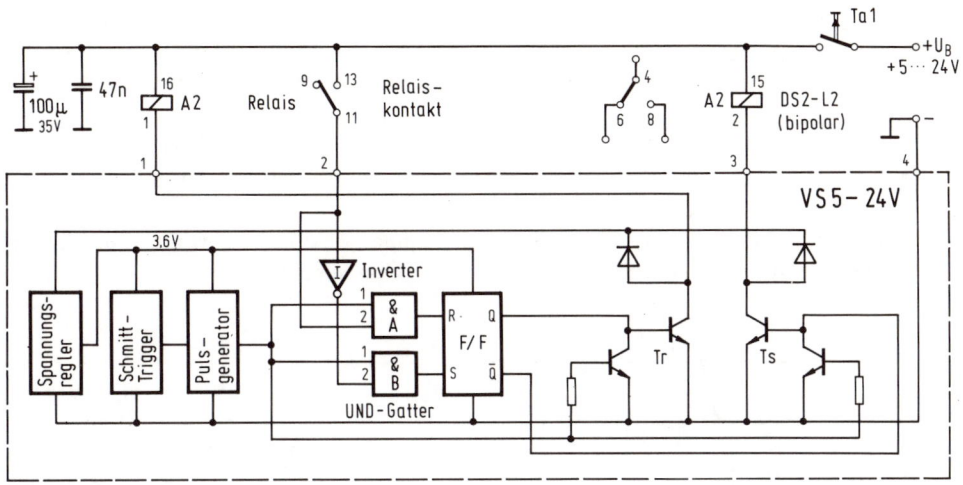

Abb. 2.90 Innenschaltung des VS 5-24

Abb. 2.91 Elektronischer
Wechselschalter mit IC

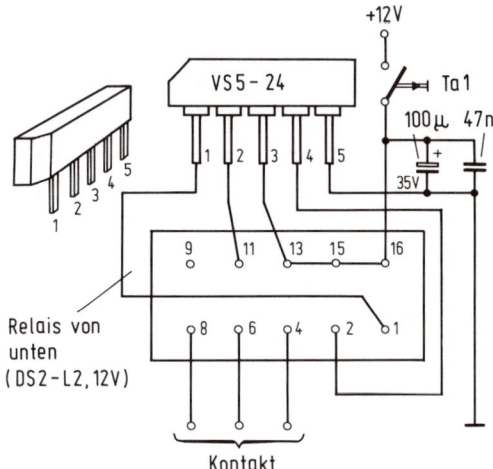

2.12 Diskrete Stromstoßrelaisschaltung

Wer mit herkömmlichen Teilen eine Stromstoßschaltung aufbauen möchte, findet in
Abb. 2.92 die richtige Lösung. Hier finden zwei Transistor-NAND und vier Transistorschalter Verwendung. Betätigt man die Taste T1, gibt der dynamische Transistorschalter
einen kurzen Minusimpuls auf den ersten Inverter, worauf dieser sperrt und »1« an die
beiden NAND-Eingänge gibt. Ist der Schalter S1 offen, schaltet immer der Ausgang eines
der beiden NAND auf »0«, dessen 3. Eingang über den Relaiskontakt a_1 mit + 12 V

125

verbunden ist. Die entsprechende Spulenhälfte des bipolaren Relais erhält somit einen Impuls und schaltet ebenfalls um. Beim nächsten Tastendruck erfolgt die Erregung der anderen Relaishälfte, da der Kontakt a_1 des Relais A nun das andere NAND aktiviert, d. h. vorbereitet hat.

Solange der Schalter S1 geschlossen ist, gelangt jeweils an einem NAND-Eingang »0«. Beide NAND können nicht schalten, d. h. ein Tastendruck bewirkt noch kein Umschalten. Erst nach Loslassen der Taste erfolgt die Umschaltung.

Die Kondensatoren (100 μF) parallel zu den Spulenwicklungen bewirken eine Abfall-verzögerung und verhindern ein »Flattern« beim Umschalten.

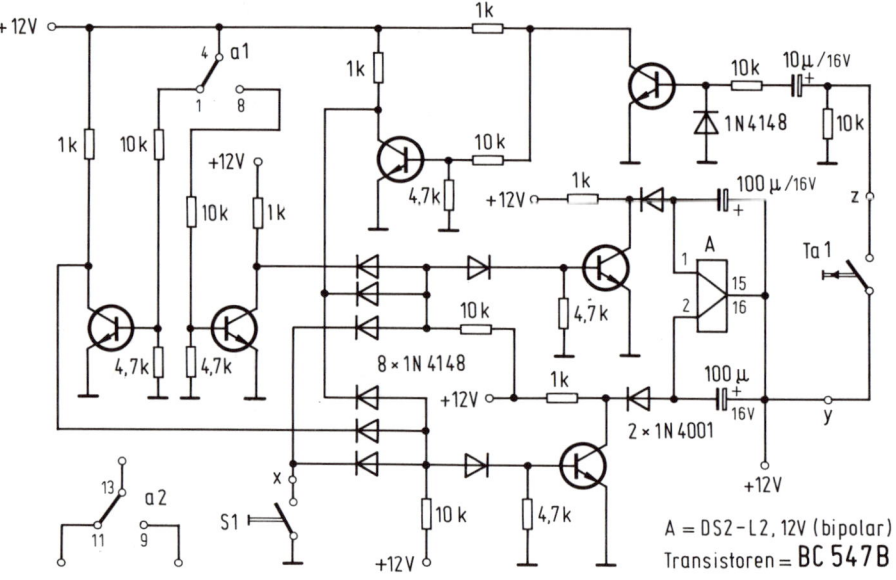

Abb. 2.92 Diskreter elektronischer Wechselschalter

Fahrregler mit Impulssteuerung (NE 555)

3 Anwendung und Kombination der Grundschaltungen in der Modellbahnpraxis

3.1 Vom Transformator zur Stromversorgung

Wie wir bereits wissen, steht auf der Sekundärseite eines Transformators eine Wechselspannung zur Verfügung. Da jedoch die Mehrzahl der von uns verwendeten Elektronikschaltungen eine Gleichspannungsversorgung benötigt, müssen wir die Wechselspannung gleichrichten. Die Wechselspannung des Transformators ist dabei immer höher als die gewünschte Gleichspannung zu wählen. Meist wird die Wechselspannung 10% größer gewählt, als die benötigte Gleichspannung.

Einweg- *(Abb. 3.1a)*, Doppelweggleichrichterschaltung (Abb. 3.1 *b*) oder Brückenschaltung (Abb. 3.1 *c*) kommen für uns in Frage. Hinter dem Gleichrichter erhält man dann die in der Tabelle angegebenen Spannungs- und Stromwerte. Durch einen nachgeschalteten Glättungskondensator, der die Nulldurchgänge ladungsmäßig überbrückt, erfolgt eine weitere Glättung der Gleichspannung. Bei großem C $(1000 \ldots 10\,000 \ \mu F)$ ist die Welligkeit sehr klein und die Brummspannung gering. Benötigen wir jedoch pulsierenden Gleichstrom (Fahrpulte z. B.), so ist dieser vor dem Kondensator abzunehmen, den wir dann durch eine Längstdiode entkoppeln. Im Belastungsfall schwankt die Ausgangsspannung um den Betrag der Brummspannung U_{br} (s. Tabelle).

Schaltungsart	U_2 (ohne C)	I_L (ohne C)	U_2 (mit C)	I_L (mit C)	U_{breff} (50 Hz)
Einweggleich-richter	$0{,}45 \cdot U_1$	$0{,}64 \cdot I_1$	$1{,}18 \cdot U_1$	$0{,}48 \cdot I_1$	$\dfrac{4 \cdot I_L}{C} \dfrac{mA}{\mu F}$
Doppelweg-gleichrichter	$0{,}9 \cdot U_1$	$1{,}26 \cdot I_1$	$1{,}27 \cdot U_1$	$0{,}9 \cdot I_1$	$\dfrac{1{,}5 \cdot I_L}{C} \dfrac{mA}{\mu F}$
Brücken-schaltung	$0{,}9 \cdot U_1$	$1{,}0 \cdot I_1$	$1{,}27 \cdot U_1$	$0{,}64 \cdot I_1$	

Hier jedoch wieder der dringende Rat: Vorsicht mit der 220-V-Netzspannung! Findet kein Transformator (im Gehäuse) der Modellbahnhersteller Verwendung, sondern Transformatoren des Elektronikfachhandels (ohne Überlastungsschutz u. ä.), so kann leicht die Berührung der offenen 220 V Lötstifte zu körperlichen Schäden (bis zum Tod) führen. Es sollten daher Sicherheits-Trenntransformatoren mit der Kennzeichnung VDE 0551 bevorzugt werden. Der Netzschalter sollte immer zweipolig ausgeführt (Abb. 3.4) und der Belastung gewachsen sein. Außerdem sind Primär- und Sekundärkreis durch entsprechende Sicherungen (stromstärkeabhängig) zu schützen (Berechnung in Kapitel 1.2.12).

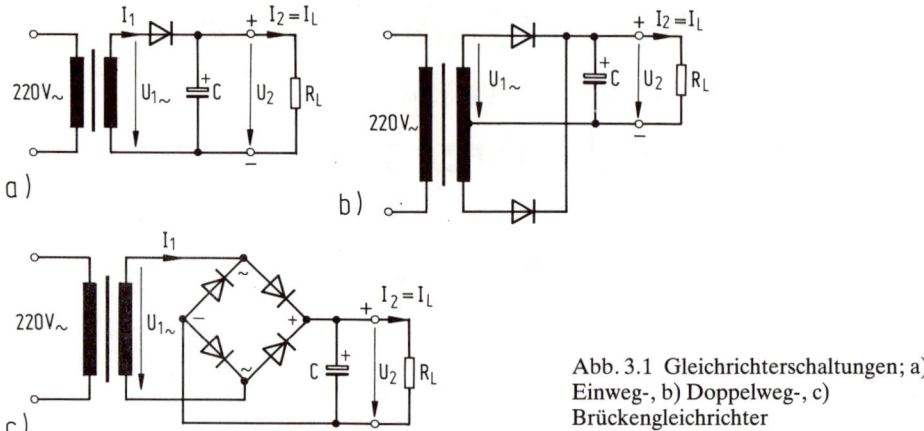

Abb. 3.1 Gleichrichterschaltungen; a)
Einweg-, b) Doppelweg-, c)
Brückengleichrichter

Fertige Netzteile sind unbedingt in Kunststoffgehäuse ohne herausgeführte leitende Teile (Schrauben, Muttern usw.) einzubauen, damit auch Kinder und Ehefrauen unbeschadet mit der Modellbahn umgehen können.

3.1.1 Stabilisierungsschaltungen diskret aufgebaut

Die einfachste Stabilisierungsschaltung stellt die Z-Diode mit Vorwiderstand dar. In *Abb. 3.2* sehen wir eine Spannungsstabilisierung, die jedoch nur für kleine Ausgangsleistungen brauchbar ist. Der Vorwiderstand sollte möglichst groß sein, er muß jedoch in folgenden Grenzen liegen:

$$R_{max.} = \frac{U_{1\,min.} - U_2}{I_{Z\,min.} + I_{L\,max.}}; \quad R_{min.} = \frac{U_{1\,max.} - U_2}{I_{Z\,max.} + I_{L\,min.}}.$$

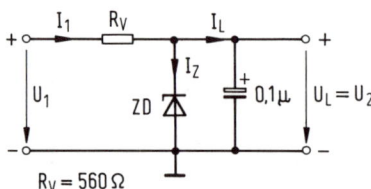

Abb. 3.2 Einfache Stabilisierungsschaltung mit
Z-Diode

Die Belastung des Widerstandes beträgt: $P = I_1^2 \cdot R$

Mit Rücksicht auf hohe Stabilisierung wählt man U_1 möglichst groß. In der Praxis wird U_1 um den Faktor 1,5...3 größer als U_2 angesetzt. Außerdem ist zur Z-Diode ein 0,1...0,47 μF-Kondensator parallel zu schalten.

Die Nachteile dieser einfachen Schaltung sind:

1. geringer Laststrombereich,
2. geringer Regelbereich ($I_{zmax}...0,1 \cdot I_{zmax}$) und

3. lastwiderstandsabhängige Ausgangsspannung. Daher schaltet man die Z-Diode meist mit einem Emitterfolger (Transistor) zusammen *(Abb. 3.3)*, an dessen Ausgang ein um B verstärkter Ausgangsstrom zur Verfügung steht.

Da die Spannungsverstärkung des Emitterfolgers ca. 1 ist, hängen Stabilität und Siebwirkung nur von der Z-Diode ab. U_2 ist jedoch um die U_{BE} (ca. $0,5\ldots0,7$ V bei Silizium) geringer als U_z:

$$U_2 = U_z - U_{BE} \qquad P_{eff} = (U_1 - U_2) \cdot I_L \qquad R_V = \frac{U_{1\,max} - U_Z}{I_{B\,min} + I_{Z\,max}} \qquad C_2 \approx 100 \cdot I_L\,[\mu F]$$

Bei beiden Schaltungen darf jedoch die maximale Verlustleistung der Z-Diode (z. B. 250 mW) nicht überschritten werden.

Ersetzt man den Längstransistor durch eine Darlingtonstufe *(Abb. 3.5)*, so kann das Netzteil ungekühlt einen Strom bis zu 2 A liefern. Mit entsprechender Kühlung sind bis zu

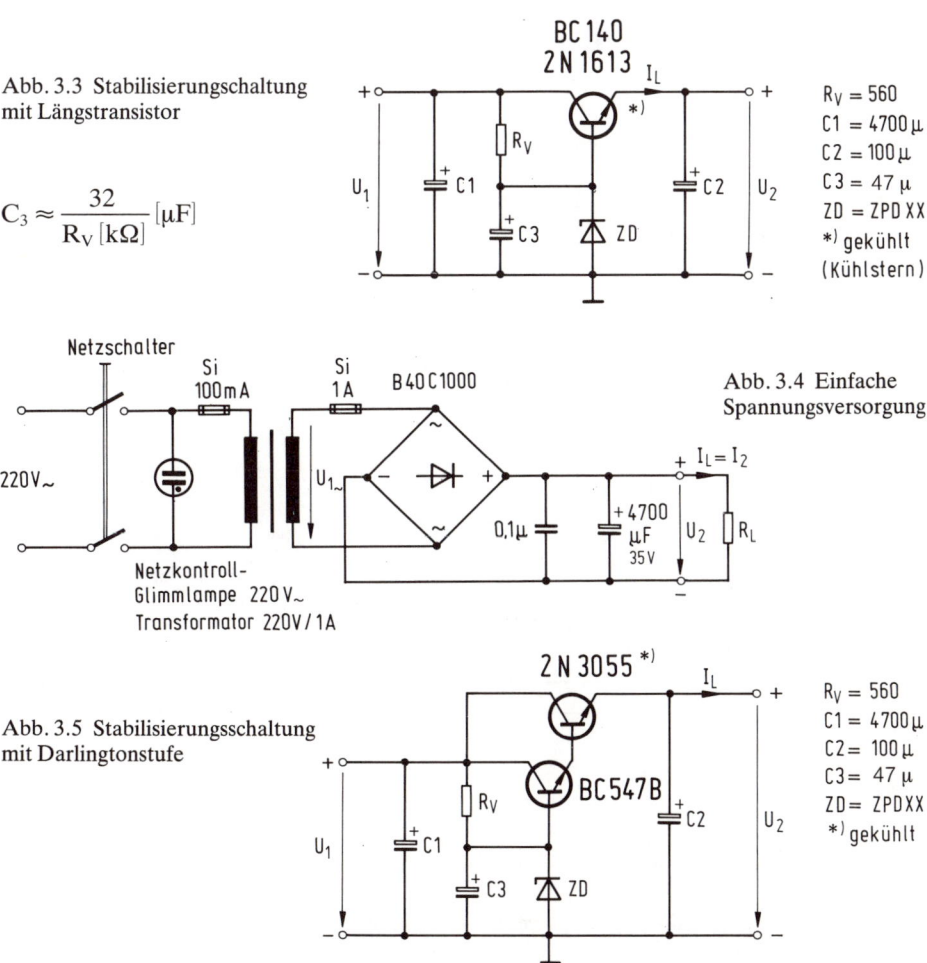

Abb. 3.3 Stabilisierungschaltung mit Längstransistor

$$C_3 \approx \frac{32}{R_V\,[k\Omega]}\,[\mu F]$$

$R_V = 560$
$C1 = 4700\,\mu$
$C2 = 100\,\mu$
$C3 = 47\,\mu$
$ZD = ZPD\,XX$
$^{*)}$ gekühlt
(Kühlstern)

Abb. 3.4 Einfache Spannungsversorgung

Abb. 3.5 Stabilisierungsschaltung mit Darlingtonstufe

$R_V = 560$
$C1 = 4700\,\mu$
$C2 = 100\,\mu$
$C3 = 47\,\mu$
$ZD = ZPD\,XX$
$^{*)}$ gekühlt

129

6 A möglich. Die Z-Diode ist entsprechend der gewünschten Spannung festzulegen, wobei der Wert der Zenerspannung der Z-Diode immer um 1 Volt höher sein sollte.

3.1.2 Stabilisierungsschaltungen mit ICs

Abb. 3.6 zeigt eine Stabilisierungsschaltung für positive und negative Versorgungsspannung mit den bekannten Spannungsreglern 78... und 79... *Abb. 3.7* zeigt, wie man den Ausgangsstrom erhöhen kann, nämlich durch einen zusätzlichen Leistungstransistor zum IC. Der Transistor 2 N 6124 dient mit R als Kurzschlußsicherung. R errechnet sich zu:

$$R = \frac{U_{BE} \text{ von } T_2}{I_{L \text{ max.}}} \qquad P_R = I_{L \text{ max.}}^2 \cdot R$$

Das IC 78.. wirkt hier als Regelverstärker. Wer mehr wissen möchte, lese bitte in den Funkschau-Arbeitsblättern (z. B. Heft 10/1986) nach.

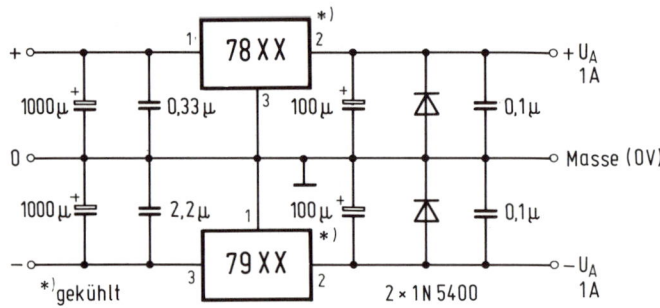

Abb. 3.6 Duale Spannungsversorgung

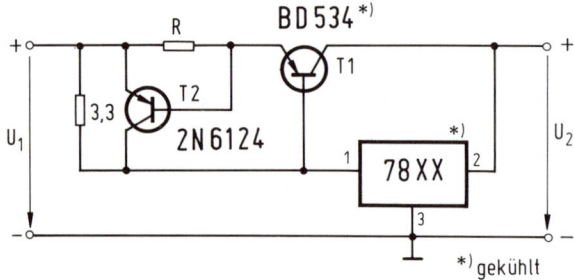

Abb. 3.7 Spannungsregler mit Stromverstärkung

3.1.3 Regelbare Spannungsstabilisierung mit IC

Hier wollen wir uns Schaltungen mit regelbaren Spannungsregler-ICs kurz ansehen. Die einfache Standardschaltung zeigt *Abb. 3.8,* wobei die ICs LM 317 (Texas Instruments),

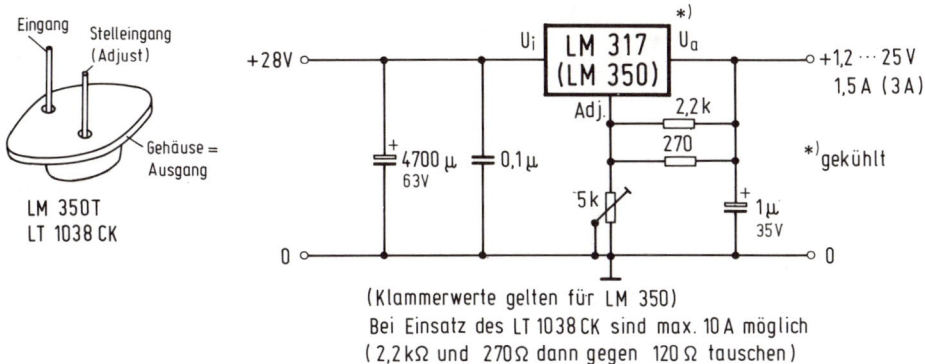

Abb. 3.8 Regelbare Spannungsstabilisierung mit LM 317

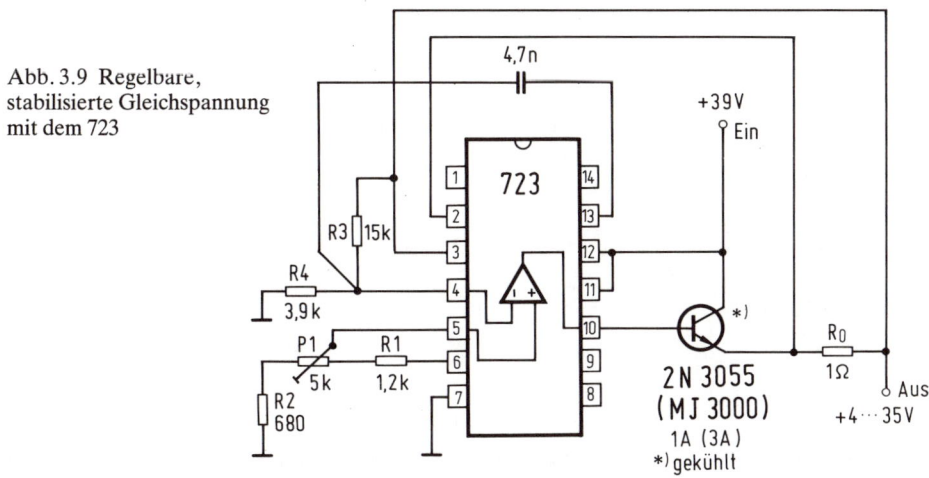

Abb. 3.9 Regelbare, stabilisierte Gleichspannung mit dem 723

LM 323, TDB 0123 KM, 78 HGSC..., 78 HGKC und LM 350 T Verwendung finden können. Ersetzt man die beiden Parallelwiderstände durch einen Widerstand von 120 Ω, so kann der L 1038 CK in dieser Schaltung einen max. Strom von 10 A (gekühlt) liefern.

Abb. 3.9 zeigt eine Schaltung mit dem 723, die mit einem Längstransistor 2 N 3055 einen Strom von 1 A und mit dem MJ 3000 einen Strom von 3 A (gekühlt) liefern kann. Das IC 723 wird sowohl im 10 poligen Metallgehäuse TO 100, als auch im 14poligen DIL-Kunststoffgehäuse geliefert, und zwar von Intermetall, National, Raytheon, Siemens und Telefunken.

Zum Schluß zeigen die *Abb. 3.10* und *3.11* noch Regelschaltungen mit dem L 200 von SGS-Ates, die maximal 2,5 A bzw. 4,5 A liefern.

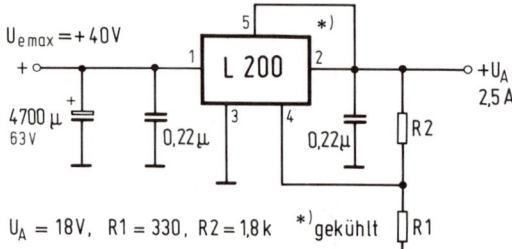

Abb. 3.10 L200-Stabilisator bis 2,5 A

$U_A = 18V$, $R1 = 330$, $R2 = 1,8k$ *) gekühlt

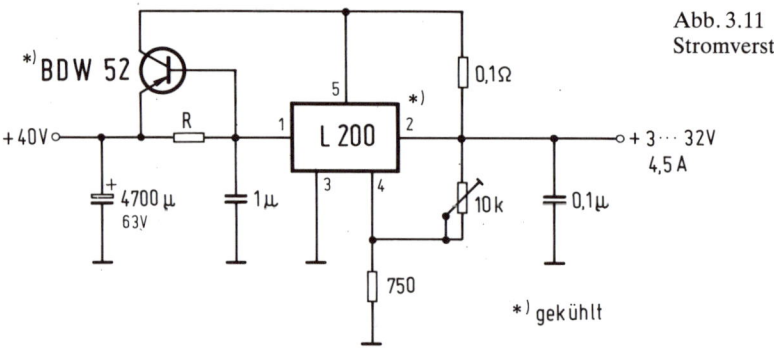

Abb. 3.11 L200 mit Stromverstärkung bis 4.5 A

*) gekühlt

$$U_A = U_{Ref} = 1 + \left(\frac{R_2}{R_1}\right) \quad U_{Ref} = 2,65 \ldots 2,75 \text{ V}$$

$$R_1 \leqq 1,5 \text{ k}\Omega \quad R = \frac{U_{BE}}{I_{L\,max.}} \quad P_R = I^2_{L\,max.} \cdot R$$

Eine von den hier angegebenen Schaltungen können wir immer dann einsetzen, wenn in einer Schaltung lapidar + U_B (z. B. + 12 V) steht.

3.2 Elektronik steigert den Fahrkomfort der Modellbahnlok

Die Modellbahnhersteller bieten auch heute noch vorwiegend die altbewährten Stelltransformatoren an, bei denen ein Schleifer über die Sekundärwicklung eines Streutransformators bewegt wird. Neben dem ungünstigen Drehwinkel (meist nur 180° oder weniger) weisen derartige einfache Regeltransformatoren noch einen weiteren Nachteil auf: Die abgegriffene Ausgangsspannung ist lastabhängig.

Wir wollen uns daher elektronische Fahrregler aufbauen, die ein feinfühliges Fahren und einen großen Regelbereich erlauben. Auch einige Hersteller haben diese Vorteile erkannt und bieten bereits elektronische Regler (zu hohen Preisen) an.

Bevor wir uns nun auf die Schaltungen stürzen, ist noch zu erwähnen, daß sich die Modellbahner in zwei Lager spalten. Die einen benutzen Gleichstromloks, die anderen Wechselstromloks. Der Vorteil beim Wechselstromsystem (Märklin) ist, daß Kehrschleifen problemlos zu realisieren sind, die Nachteile sind der hohe Fahrtrichtungsumschaltimpuls von ca. 24 V ~ und die schwierig aufzubauenden Regelschaltungen (Fahrregler, Anfahr- und Bremsregelungen). Die Umschaltung einer Wechselstromlok durch eine Elektronikschaltung ist nämlich nicht so einfach möglich.

Daher hier der Vorschlag: Betrieb des Allstrommotors der Märklinlok mit Gleichstrom, womit sie genausogut fährt. Der Umbau ist einfach. Man baut das Stromstoßrelais in der Lok aus und an die freiwerdenden Anschlüsse, die die Wicklungen des Motors umpolen, schaltet man zwei antiparallele Dioden gegen Masse, wie in *Abb. 3.12* gezeigt.

Abb. 3.12 Gleichspannungsbetrieb von Märklin H0-Loks

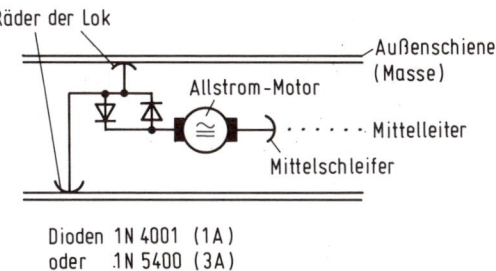

3.2.1 Einfache Elektronik-Fahrregler

Abg. 3.13 a zeigt einen einfachen Fahrregler, der mit wenigen Bauteilen recht gute Ergebnisse bringt. Erhält die Schaltung eine Speisung mit 16 V ~ / 1,5 A, so gibt der Regler eine Vollwellen-Gleichspannung von bis zu 14 V ab. Mit den angegebenen Werten kann der Ausgangsstrom bis zu 1,2 A betragen. Der Fahrregler ist kurzschlußfest.

Bedingt durch das angewandte Darlingtonschaltstufenprinzip wird eine hohe Stromverstärkung bei äußerst geringem Innenwiderstand (ca. 0,4...0,5 Ω) erreicht. Hierdurch

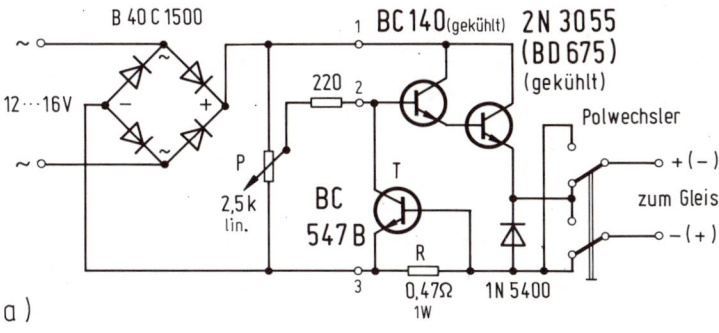

Abb. 3.13a Fahrregler mit Kurzschlußstrombegrenzung

ergibt sich eine stabile, nahezu lastunabhängige Ausgangsspannung. Der Transistor T und der Widerstand R dienen als elektronischer Strombegrenzer. Der maximale Ausgangsstrom errechnet sich zu:

$$I_{max.} = \frac{U_{BE}}{R} = \frac{0,6\ V}{0,47\ \Omega} = 1,28\ A \approx 1,2\ A$$

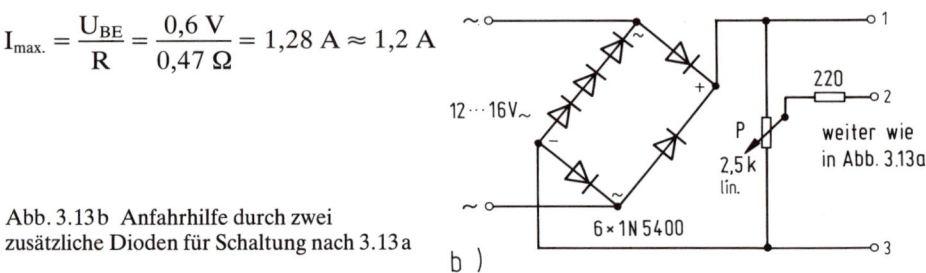

Abb. 3.13 b Anfahrhilfe durch zwei zusätzliche Dioden für Schaltung nach 3.13 a

Die Diode 1N5400 (BY 251) schließt vom Gleis kommende Störimpulse kurz und schützt die Schaltung vor Fremdspannungen. Der zweipolige Umschalter am Ausgang ist zur Umpolung der Fahrspannung nötig (Polwechsler).

Durch Zuschalten von zwei weiteren Dioden zum Gleichrichter werden im unteren (bis ca. 2 V) Regelbereich nur Halbwellen abgegeben, die als Anfahrhilfe dienen (s. *Abb. 3.13 b*). Wie bei alle anderen Schaltungen auch, sind die Leistungshalbleiter auf einem Kühlkörper mit wenigstens 6°/W (z. B. Fingerkühlkörper FK 201/25,4/SA oder Kühlkörper SK-09/37,5/SA) zu montieren.

Durch Verkleinerung von R kann die Stromentnahme vergrößert werden. Voraussetzung hierfür sind jedoch, ein entsprechend leistungsfähiger Transformator, ein entsprechender Gleichrichter und ein wesentlich größerer Kühlkörper (R = 0,33 Ω/2W = 1,8 A, Kühlkörper 4°/W; R = 0,22 Ω/4 W = 2,73 A, Kühlkörper 2,5°/W).

Bei höheren Stromentnahmen macht sich jedoch der schlechte Wirkungsgrad bemerkbar, da viel Energie »verheizt« wird. *Abb. 3.14* zeigt die Kombination von zwei Fahrreg-

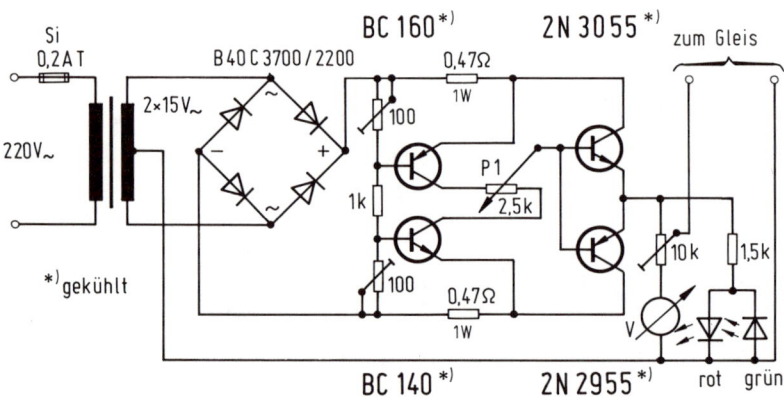

Abb. 3.14 Einfacher Doppelfahrregler

lern nach Abb. 3.13, die sowohl eine positive als auch eine negative Regelspannung abgeben. Der Polwechsler entfällt somit. Je nachdem, ob das Potentiometer P1 aus der Mittelstellung (0 V) nach links oder rechts gedreht wird, fährt die Lok vor- oder rückwärts. Die LEDs am Ausgang zeigen die Fahrtrichtung an. Der Voltmesser mit Mittenanzeige zeigt die Fahrspannung an und kann, mit einer entsprechenden Skala versehen, als Geschwindigkeitsanzeige dienen. Der 10-kΩ-Einsteller dient zum Abgleich der Maximalanzeige.

Die beiden 100-Ω-Einstellregler stellen die Basisspannung des leitenden Transistors ein. In der jeweiligen Endstellung von P1 (Links- bzw. Rechtsanschlag) ist die maximale positive bzw. negative Ausgangsspannung hiermit einzustellen. Für diese Schaltung wird ein Transformator mit Mittelanzapfung (z. B. 220 V/2 · 15 V, 2 A) benötigt.

3.2.2 Anfahr- und Bremsregelung

Bei den bisher vorgestellten Schaltungen bleibt der Zug mehr oder weniger ruckartig stehen, wenn die Fahrspannung schlagartig auf 0 geht und startet mit einem Satz bei ca. 2...3 V los. Dies vermeidet die Schaltung in *Abb. 3.25* durch Kondensatorauf- bzw. -entladung. Die Lok wird sanft abgebremst und beschleunigt auch wieder sachte. Die Zeit, in der sie das tut, bestimmt ein RC-Glied mit der uns schon bekannten e-Funktion des Kondensators. Der Leistungsteil ist mit dem aus Abb. 3.13 a identisch, so daß das dort gesagte auch hier vollinhaltlich zutrifft.

Anfahr- und Bremszeit sind getrennt einstellbar mit P1 und P2. Der Umschalter S1 kann auch ein Relaiskontakt einer Steuerelektronik (z. B. Signal, Aufenthaltsschalter o. ä.) sein, der dann den Brems- bzw. Anfahrvorgang auslöst. Die Version mit einem Signal zeigt *Abb. 3.15 a*. Wenn der Signalschalter S1 in Stellung rot steht und der Zug den Gleiskontakt betätigt, schaltet das Zweispulenrelais A um, und der Kontakt a_1 leitet den Abbremsvorgang ein. Der Gleiskontakt muß so weit vor dem Signal untergebracht sein, daß die Lok vor dem Signal zum Stehen kommt.

Kombiniert man die Schaltung nach Abb. 3.13 a/b mit der nach Abb. 3.14, erhält man einen Fahrregler mit Anfahr- und Bremsregelung *(Abb. 3.15 b)*.

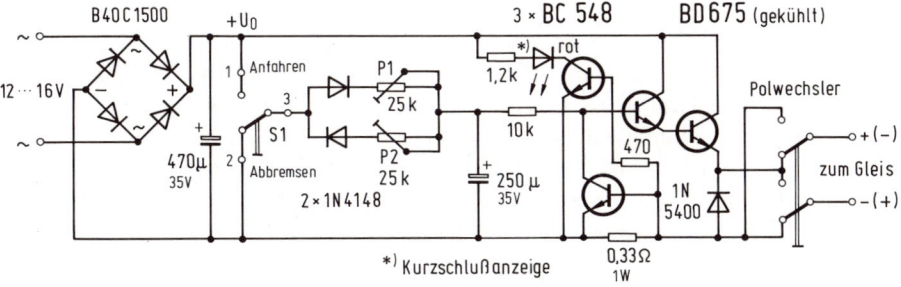

Abb. 3.15 Anfahr- und Bremsregelung mit Kurzschlußstrombegrenzung

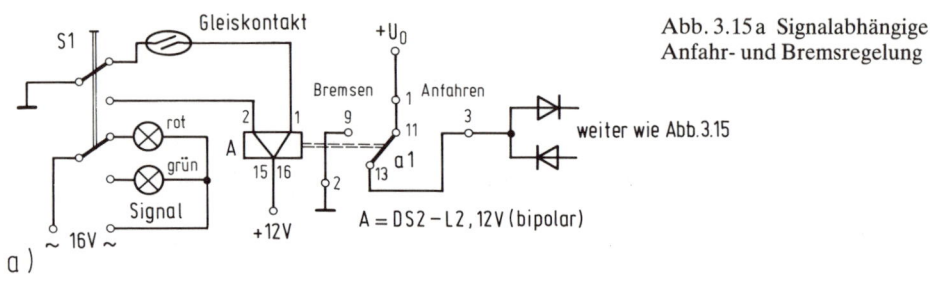

Abb. 3.15a Signalabhängige Anfahr- und Bremsregelung

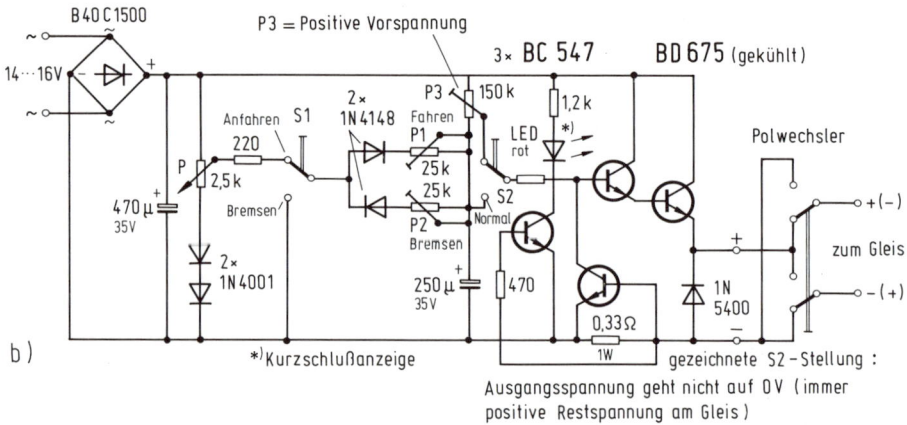

Abb. 3.15b Fahrregler mit Anfahr- und Bremsregelung sowie Kurzschlußstrombegrenzung

3.2.3 Elektronik-Fahrregler mit Anfahr- und Bremsregelung

Abb. 3.16 zeigt einen Fahrregler mit FET, Anfahr- und Bremsregelung sowie Anfahrhilfe nach einer Idee von Winfried Knobloch [8].

Der FET arbeitet in Drainschaltung als veränderlicher Widerstand und braucht, wie wir weiter vorn erfahren haben, eine negative Sperrspannung. Diese gewinnen wir aus dem Beleuchtungsausgang des Fahrstromgerätes. Der Wert der Sperrspannung ist exemplar- und betriebsspannungsabhängig, so daß wir einen Einstellregler (P1) benötigen, der so einzustellen ist, daß in der Stellung »Bremsen« der FET sicher sperrt und die Lok nicht anfährt bzw. anruckt. Hinter dem FET folgt noch eine Darlingtonstufe zur Stromverstärkung sowie unsere bekannte Kurzschlußstrombegrenzung.

Über P2 erhält der FET positive 50-Hz-Halbwellen, die als Anfahrhilfe dienen. P2 ist so einzustellen, daß die Lok gut und sicher anfährt. Die Z-Diode kompensiert die Abschnürspannung des FET und sollte mit ihrem Z-Spannungswert dieser Spannung gleich sein (s. FET).

Mit P3 ist die Anfahrverzögerung und mit P4 die Bremsverzögerung einstellbar. P5 ist der eigentliche Fahrregler.

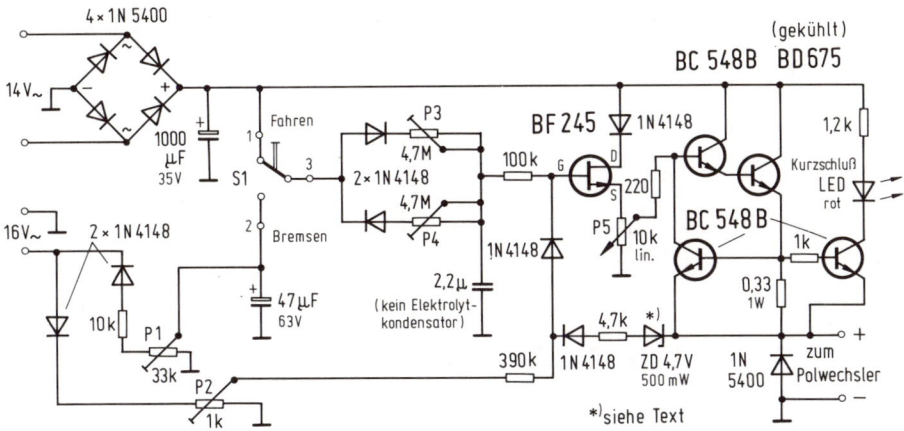

Abb. 3.16 Fahrregler mit FET (8)

3.2.4 Fahrtregler mit Phasenanschnittsteuerung

Als Vorbote der Impulstast-Fahrtregler zeigt *Abb. 3.17* eine Phasenanschnittsteuerung mit guten Langsamfahreigenschaften. P1 und C1 sind für die Zündverzögerungszeit des Thyristors verantwortlich (Phasenwinkel), wobei die Diode D1 zu lange Verzögerungen verhindert. Der 330-Ω-Widerstand sorgt dabei mit D1 für eine Beseitigung der Restladung und damit für völlige Entladung von C1 im Nulldurchgang. Die Zündung des Thyristors übernehmen T2 und D2. Damit der Haltestrom des Thyristors nicht unterschritten wird, wurde die Glühlampe als Vorlast eingebaut.

Das RC-Glied am Ausgang (22 Ω und 100 μF) stellt eine Phasenwinkelkompensation für die induktive Belastung des Lokmotors dar. Dadurch erreichen wir einen ruhigen Lauf bei geringen Drehzahlen und ein sicheres Abschalten im Nulldurchgang. Der Kondensator ist ggf. empirisch (im Versuch) an die entsprechenden Lokfabrikate anzupassen.

Mit T1, D4 und den Widerständen 1 Ω und 1 kΩ erfolgt eine Überstrombegrenzung ab ca. 1,4 A durch periodische Halbwellenausblendung, d. h. der Thyristor zündet nur noch in jeder 3., 4. oder 6. Halbwelle. Bei zu starker Stromentnahme kann es daher zum Stottern kommen, was dann leider normal ist.

Falls die Lok in Nullstellung des Fahrtreglers nicht sicher zum Stehen kommt, stimmt der Phasenwinkelbereich nicht, C1 ist dann zu vergrößern. C1 ist zu verringern, wenn die Lok bereits vor Nullanschlag anhält und nahe Null wieder anfährt. Stimmt die Nullseite, ist P1 in Maximalstellung zu bringen. Wird die Maximalgeschwindigkeit bereits vor dem Endanschlag erreicht und tut sich danach nichts mehr, so muß der 1-kΩ-Widerstand, der mit P1 in Reihe liegt, vergrößert und damit der Regelbereich gedehnt werden. Die 0,1-μF-Kondensatoren und die Ferritkerndrosseln (10...100 μH) dienen der Funkentstörung und sind so nahe wie möglich am Thyristor zu plazieren. Als Drossel kann der Typ SFT-1030 (40 μH, 3 A) Verwendung finden.

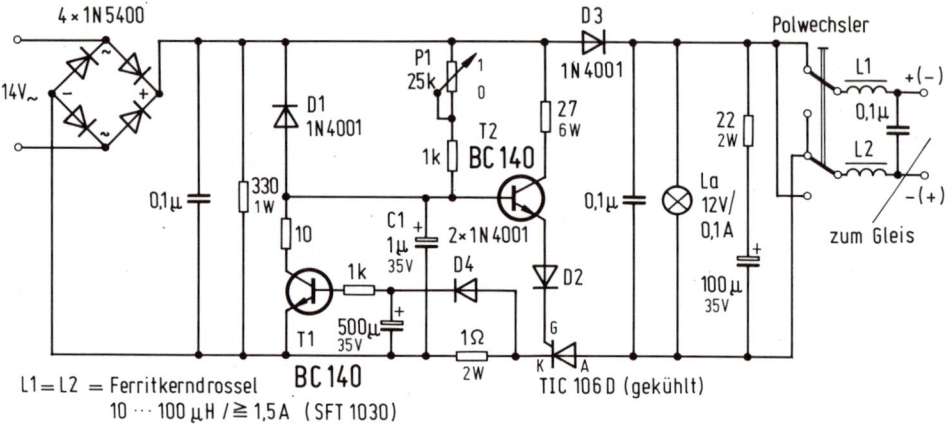

Abb. 3.17 Fahrregler mit Thyristor und Phasenausschnittsteuerung

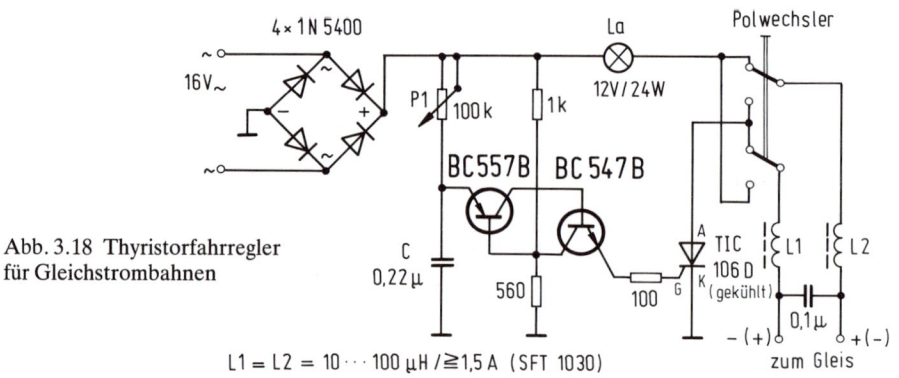

Abb. 3.18 Thyristorfahrregler
für Gleichstrombahnen

Eine weitere Thyristorsteuerung zeigt *Abb. 3.18,* in der eine Transistorkippschaltung den Thyristor steilflankig triggert. P1 und C bestimmen den Zündzeitpunkt und bilden mit den beiden anderen Widerständen (560 Ω und 1 kΩ) eine Brückenschaltung. Wenn die Brückenmitte < 0 ist, sperren beide Transistoren. Steigt die Mittenspannung, leiten die Transistoren, und C entlädt sich über den 100-Ω-Widerstand, der Thyristor zündet und wird erst beim nächsten Nulldurchgang der Wechselspannung wieder gelöscht.

Die Glühlampe (als PTC) schützt die Schaltung vor Schäden bei Kurzschlüssen und Überlastung. Das LC-Glied dient wieder der Funkentstörung.

Ersetzt man den Thyristor durch einen Triac, so kann die Schaltung zur Regelung von Wechselstrombahnen dienen, dies zeigt *Abb. 3.19.* Die Umschaltung der Fahrtrichtung erfolgt durch die Taste T1, die kurzzeitig 24 V~ an die Schienen gibt, die Schaltung ist

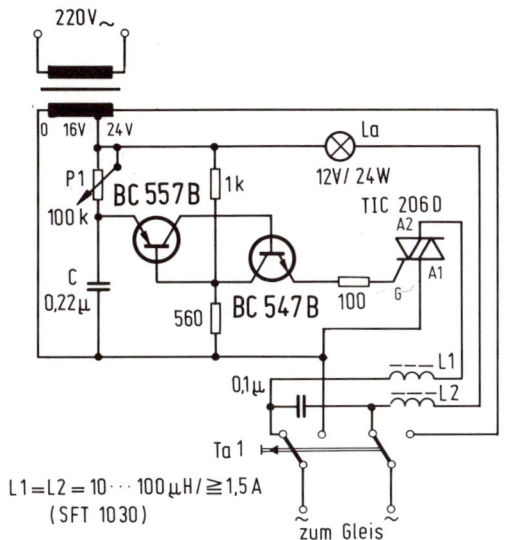

Abb. 3.19 Triac-Fahrregler für Wechselstrombahnen

dabei abgeschaltet. Der Fahrregler sollte dabei jedoch möglichst auf Null stehen, sonst bekommt die Lok einen ziemlichen Ruck.

Es wird ein 24 V-Transformator mit Anzapfung bei ca. 16 V benötigt.

3.2.5 Fahrregler mit Impulssteuerung

In *Abb. 3.20* ist eine Impulssteuerschaltung mit dem IC 555 zu sehen. Der 555 ist hier als Monoflop geschaltet und wird über einen Transistor mit der doppelten Netzfrequenz (100 Hz) getriggert. Natürlich kann auch eine Triggerung durch einen zweiten 555 (als AMV) z. B. mit f = 60 Hz erfolgen, doch wir wollen sparen. Die Diode verhindert eine Beeinflussung durch den Siebkondensator, der ja die Restwelligkeit beseitigt. Am Ausgang des 555 stehen Rechteckimpulse zur Verfügung, deren Impulslänge mit P1 einstellbar ist. Der am Ausgang angesteuerte Transistor bringt die Amplidude der Rechteckimpulse auf das Potential der Leistungsstufe (ca. 20 V). Die danach folgende Filterstufe (2,2 kΩ, 5,6 kΩ, 0,47 μF) flacht die Impulse ab (Tiefpaß) und leitet diese dann einer Stabilisierungsstufe mit Z-Diode (ZD 15) zu. Hierdurch wird die maximale Fahrspannung ($U_{Fmax} \approx U_z - 1,4$ V) festgelegt. Die Z-Diode ist den Bahnfabrikanten entsprechend zu dimensinieren (H0 und N = ZD 15, Märklin-Miniclub = ZD 9.1).

Durch Einsatz einer ZD 18 steht eine max. Ausgangsspannung von ca. 16,5 V zur Verfügung (z. B. für Märklin H0).

Die Endstufe ist wieder wie gehabt aufgebaut und weist auch eine Strombegrenzung bei ca. 2 A (0,33 Ω/5 W) auf. Hierzu ist natürlich ein entsprechender Kühlkörper mit 3°/W nötig.

Zur Kurzschlußanzeige dient die LED am Ausgang. Die Endstufe ist kurzschlußfest und nahezu lastunabhängig. Durch Zuschaltung von zwei weiteren Transistoren (Darlington-

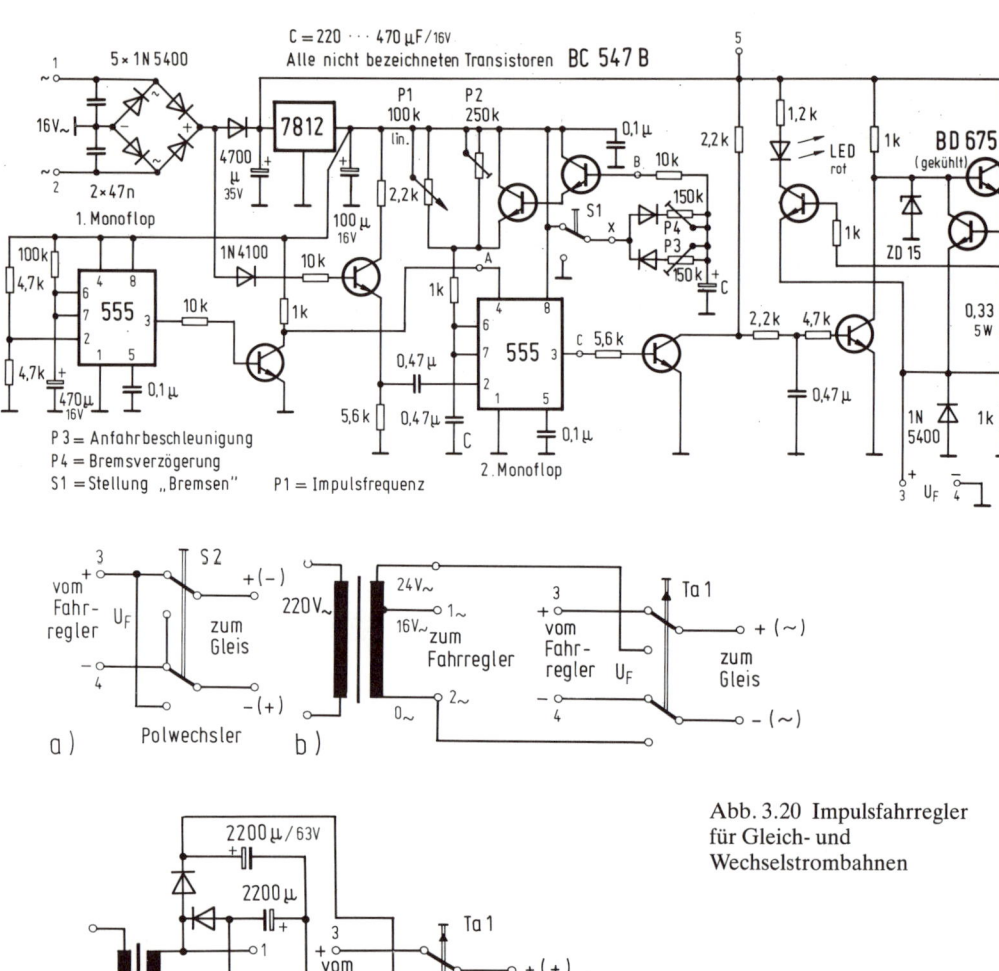

Abb. 3.20 Impulsfahrregler
für Gleich- und
Wechselstrombahnen

stufe) zum Fahrregler P1 ist eine Anfahr- und Bremsregelung durch Kondensatorauf- bzw.
-entladung gegeben, wobei die Zeiten durch Einstellregler variierbar sind.

Die Schaltung weist noch eine Besonderheit auf, nämlich eine Einschaltverzögerung mit
dem Monoflop 1 (Timer 555). Diese Verzögerung verhindert nach dem Einschalten der
Versorgungsspannung ein Anrucken bzw. Fahren der Lok, wenn der Schalter auf Bremsen
steht. Der Fahrregler gibt nämlich sonst beim Einschalten sofort volle Fahrspannung ab,
da der Transistor der Anfahr- und Bremsregelung erst durchsteuert, wenn C aufgeladen
ist. Die Verzögerungsschaltung verhindert durch Reset am Timer 2, die Impulsfolge für
eine bestimmte Zeit, in der sich C aufladen kann.

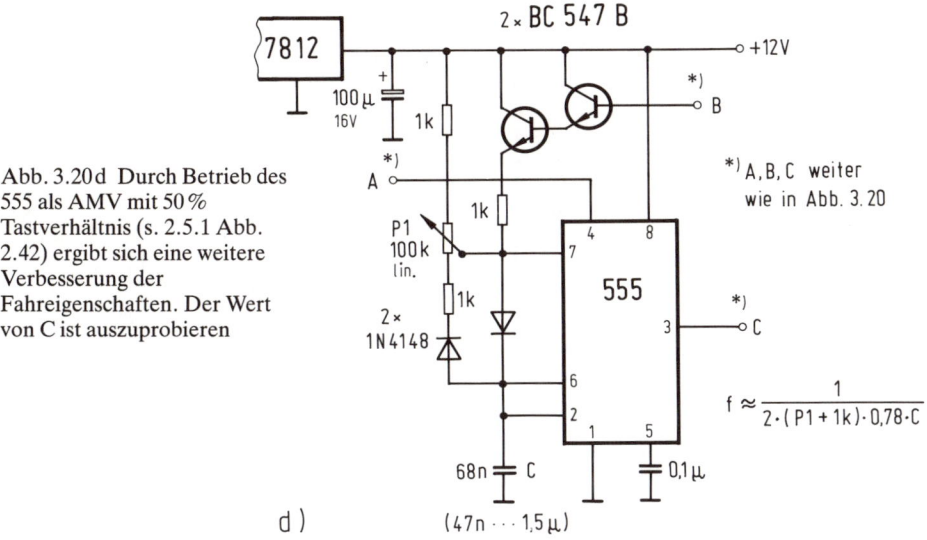

Abb. 3.20d Durch Betrieb des 555 als AMV mit 50 % Tastverhältnis (s. 2.5.1 Abb. 2.42) ergibt sich eine weitere Verbesserung der Fahreigenschaften. Der Wert von C ist auszuprobieren

$$f \approx \frac{1}{2 \cdot (P1 + 1k) \cdot 0{,}78 \cdot C}$$

Zum Abgleich schließt man einen Spannungsmesser an den Ausgang des Fahrreglers an und stellt P1 auf Maximum. Mit P2 wird nun die Ausgangsspannung ebenfalls auf Maximum getrimmt – fertig. Der Schalter S1 muß dazu natürlich auf »Fahren« stehen.

Die Schaltung ist sowohl für Gleich- als auch für Wechselstrombahnen geeignet. Am Ausgang ist dann entweder ein Polwechsler (Abb. 3.20 a) oder eine Taste, die einen 24-V-Impuls anschaltet (Abb. 3.20 b) zur Umpolung nötig. Die 24-V-Spannung kann entweder eine weitere Transformatoranzapfung oder eine Spannungsverdopplerschaltung liefern (Abb. 3.20 c).

Bei der Schaltung nach Abb. 3.20 c bricht die Spannung bei Belastung zwar etwas zusammen, doch sollte man dies vorher möglichst mit einem Relais oder einer älteren Lok ausprobieren, damit hier keine Schäden durch zu hohe Spannungen an den Umschaltrelais entstehen. Die Spannung ist durch einen entsprechend dimensionierten Vorwiderstand evtl. zu reduzieren. Mit einer nach Abb. 3.20 d abgeänderten Schaltung ergeben sich noch bessere Fahreigenschaften.

Eine Automatikschaltung mit automatischem Halt vor einem rot zeigendem Signal mit Gleisbesetzmelder zeigt *Abb. 3.21.* Der Fahrregler ist hier nur für die isolierte Strecke des Signals zuständig. Für die Fahrstrecke ist ein eigener Fahrregler nötig. Damit die Lok nicht vor dem Signal ruckartig schneller wird, sollte die Fahrspannung des Signal-Fahrreglers immer unter der Strecke liegen. Auch die Polung muß bei beiden Fahrreglern gleich sein, d. h. der Polwechsler sollte beide Fahrspannungen umpolen (4 × UM).

Die Schaltung besteht aus dem Besetztmelder, dem Signalschalter und einem NOR-Gatter. Steht der Schalter in Stellung »Halt« und fährt die Lok in den isolierten Abschnitt ein, so sind beide Eingänge des NOR »0«, so daß dessen Ausgang nach »1« geht. Der dann durchgeschaltete Transistor regelt im Fahrregler die Fahrspannung auf Null herunter.

Schaltet das Signal wieder auf »Freie Fahrt«, so fährt die Lok langsam an. Die Gleistrennstellenabstände sollten ca. 50 cm ... 1 m betragen und sind so zu wählen, daß der Zug sicher vor dem Signal zum Stehen kommt.

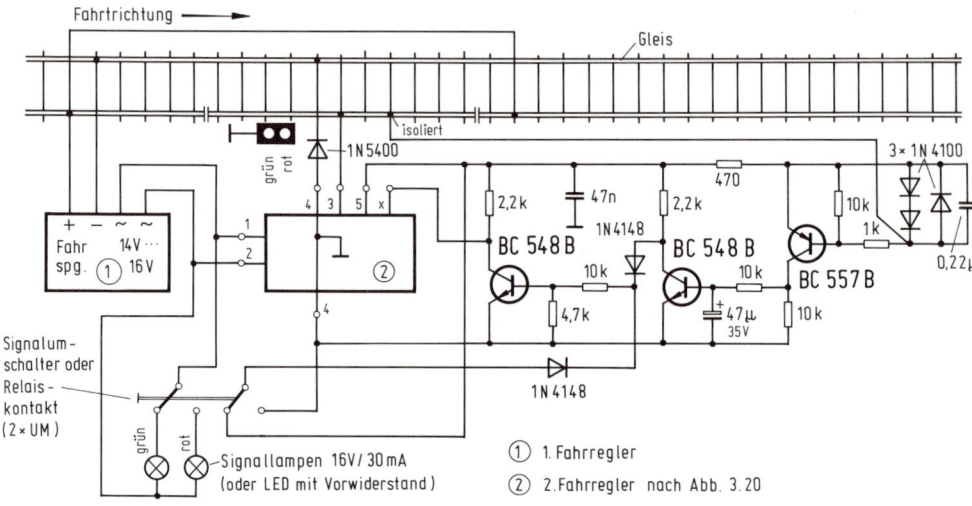

Abb. 3.21 Signalabhängiger Impulsfahrregler mit Belegtmelder

3.2.6 Superfahrpult mit allem Drum und dran

Abb. 3.22 zeigt das Superfahrpult mit Einknopfregelung, Anfahr- und Bremsregelung sowie Notbremse. Die Schaltung besteht aus einem astabilen Multivibrator mit IC (555), vier Regelschaltungen mit je einem OP (IC 324) und dem Leistungsteil mit Kurzschluß-strombegrenzung. OP II fungiert als elektronischer Umschalter, OP III und IV bilden eine Gleichrichterschaltung, und OP I steuert das Leistungsteil an.

Bei Betätigung der Notbremse erfolgt eine Aufladung des 100-μF-Kondensators über den 47-kΩ-Widerstand, der Transistor leitet und die ankommenden Impulse werden unterdrückt – die Lok bleibt abrupt stehen. Nach Loslassen der Taste fährt die Lok wieder sachte an. Mit P2 kann man die Anfahr- und Bremsverzögerung und mit P1 die Geschwindigkeit einstellen. LED 1 dient zur Kurzschlußanzeige, LED 2 und 3 zeigen die Fahrtrichtung an.

P1 legt je nach Drehrichtung die Fahrtrichtung fest (vorwärts oder rückwärts). In Mittelstellung bleibt die Lok stehen (Fahrspannung 0 V). Beim Fahrtrichtungswechsel bremst die Lok langsam ab, bleibt kurz stehen und fährt verzögert in die andere Richtung an.

Der Rangierschalter reduziert die Fahrendgeschwindigkeit je nach Stellung von P3, wodurch sich eine feinfühlige Rangiergeschwindigkeit ergibt.

Das Fahrpult ist für alle Gleichstrombahnen geeignet und kann mit der angegebenen Dimensionierung und einem Kühlkörper mit 3°/W einen maximalen Strom von ca. 2 A liefern. Eine ähnliche Schaltung ist bei der Firma Conrad als Bausatz erhältlich.

Wie bei allen Impulsschaltungen, müssen auch hier die Gleise einwandfrei sauber sein und guten Kontakt zum Stromabnehmer haben. Bei sauberen Schienen und mechanisch einwandfrei laufenden Loks sind Fahrstrecken von wenigen cm je Minute erreichbar.

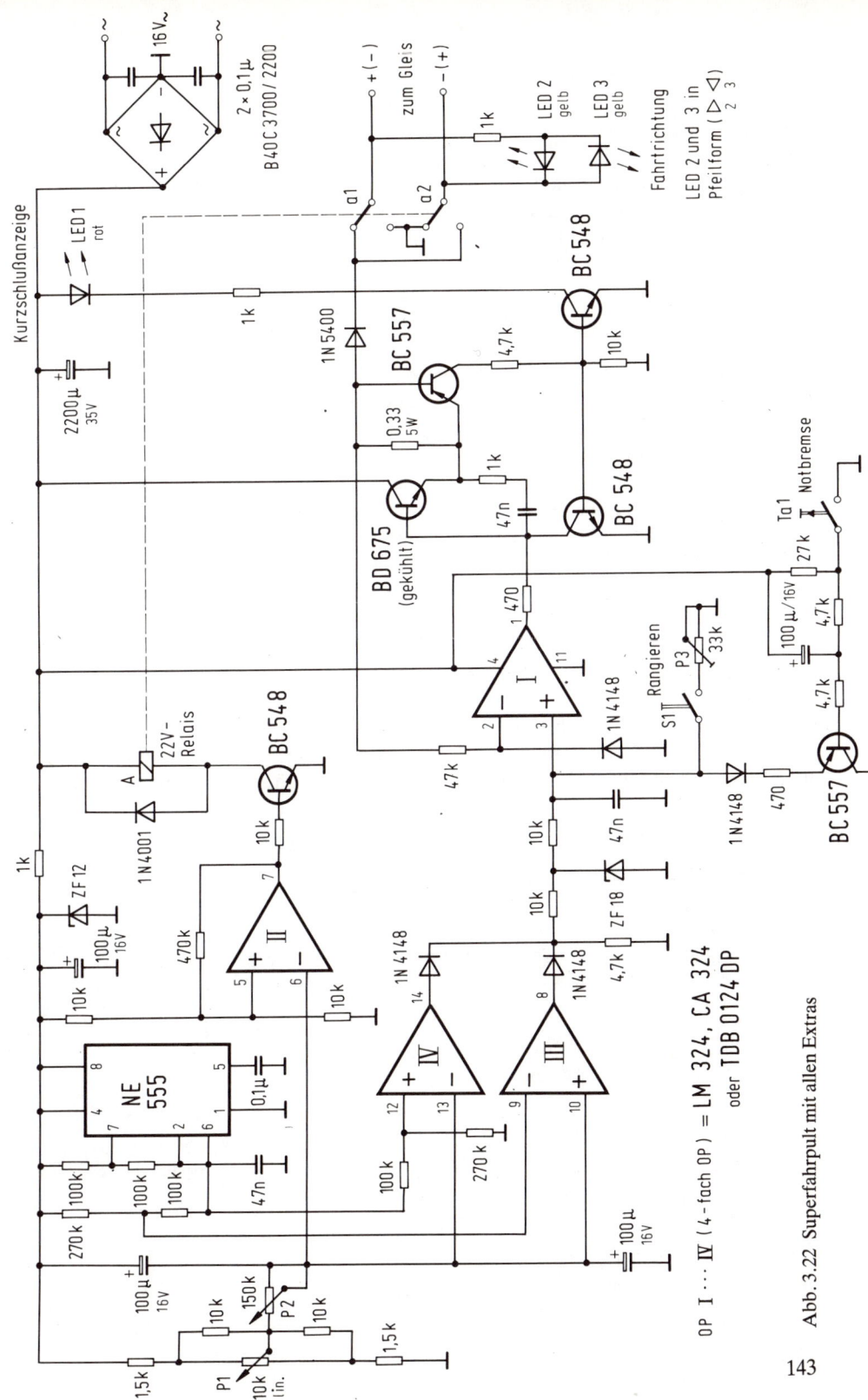

Abb. 3.22 Superfahrpult mit allen Extras

143

3.2.7 Langsamfahrschaltungen

Derartige Schaltungen benutzt man immer dann, wenn für bestimmte Teilstücke (z. B. Gefällstrecke) die Geschwindigkeit reduziert oder wenn eine »rasende« Lok angepaßt werden muß. Nachfolgend hierzu einige Lösungen:

Einfache Langsamfahrschaltungen

Die einfachste Lösung ist ein entsprechend dimensionierter 2-W-Widerstand von 10...100 Ω, der in der Gegenrichtung durch eine Diode überbrückt wird *(Abb. 3.23 a)*. In der Lok selbst ist die generelle Reduzierung der Fahrspannung durch Vorschaltung einer entsprechenden Anzahl von Siliziumdioden (je Diode ~ 0,6 V Spannungsabfall) möglich *(Abb. 3.23 b)*. Bei Elektronik-Fahrreglern kann natürlich einfach durch Widerstandszuschaltung zum Regelpotentiometer eine Spannungsanpassung erfolgen.

Eine fahrtrichtungsabhängige Gleisendabschaltung mit einer Diode zeigt *Abb. 3.23 c* (z. B. beim Prellbock). Fährt die Lok zum Prellbock, bleibt sie davor stehen (Fahrspannung wird durch die Diode gesperrt) und fährt erst nach Umpolung weiter.

Elektronische Langsamfahrschaltungen

Einfache Vorwiderstände im Fahrstromkreis verschlechtern stets das Drehmoment des Motors. Außerdem ist die Reduzierung vom Loktyp abhängig. Zudem geht viel Leistung als Wärme verloren. Diese Nachteile hat die Schaltung nach *Abb. 3.24* nicht, hier erfolgt

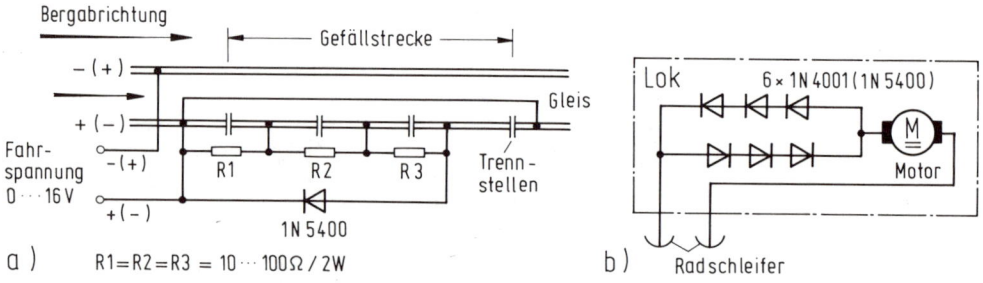

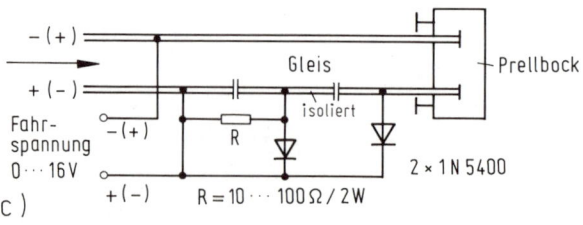

Abb. 3.23 Schaltungen zur Fahrspannungsregulierung

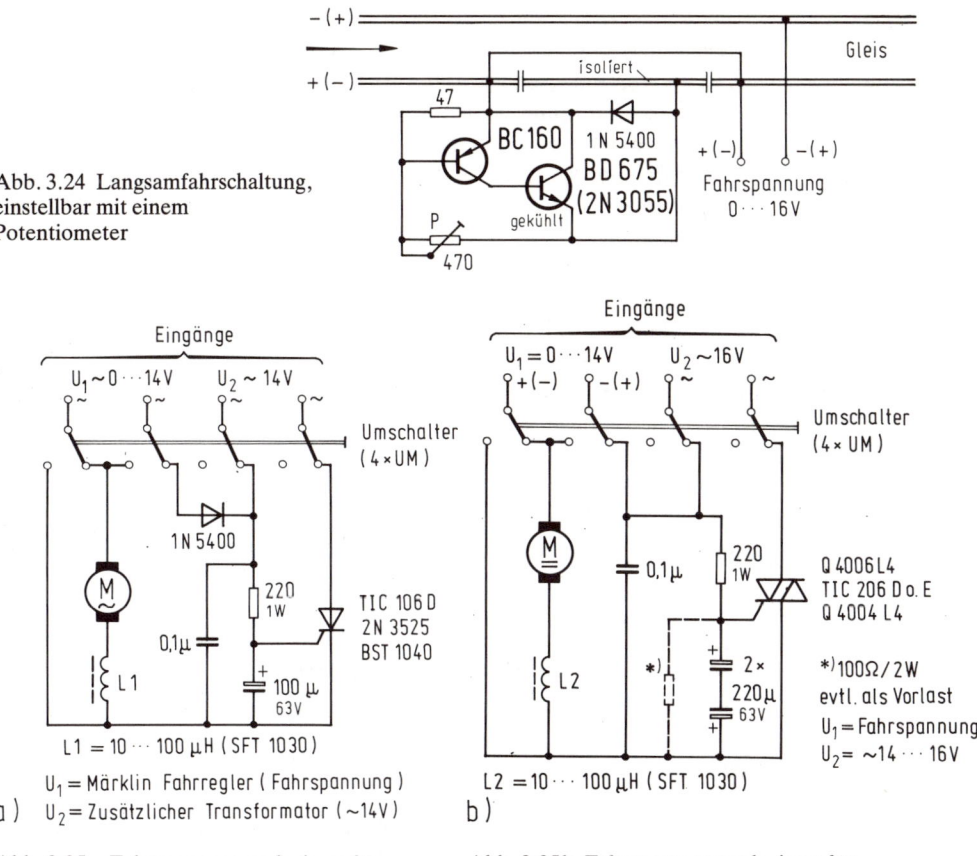

Abb. 3.24 Langsamfahrschaltung, einstellbar mit einem Potentiometer

a)
U$_1$ = Märklin Fahrregler (Fahrspannung)
U$_2$ = Zusätzlicher Transformator (~14V)

b)

Abb. 3.25a Fahrspannungsreduzierer für Wechselstrombahnen

Abb. 3.25b Fahrspannungsreduzierer für Gleichstrombahnen

eine Spannungsreduzierung unabhängig von der Stromaufnahme der Lok um einen konstanten, mit P einstellbaren Betrag.

Natürlich kann die Langsamfahrstrecke auch einen eigenen Fahrregler erhalten, doch gibt es noch einen anderen Trick für ein konventionelles Fahrpult – die schon bekannte Phasenanschnittsteuerung. Hier greifen wir eine Idee von Winfried Knobloch auf, die wir jedoch mit (z. Z.) leicht erhältlichen Halbleitern bestücken. *Abb. 3.25 a* zeigt die Wechselstromversion mit einem Thyristor. Der Umschalter macht eine externe Transformatorspannung (16 ~) zur Fahrspannung, und die Regelspannung des Fahrpults (4...16 V ~) steuert den Thyristor nach Gleichrichtung durch eine Diode über ein RC-Glied am Gate an. Die Amplitude der pulsierenden positiven Gleichspannung ist dabei vom Spannungswert U$_2$ (Fahrspannung) abhängig, so daß der Motor einen Halbwellenstrom erhält, der mehr oder weniger angeschnitten ist.

Beide Wechselspannungen (U_1 und U_2) müssen phasenrichtig sein, ansonsten ist U_2 umzupolen. Die Schaltung ermöglicht extrem gute Langsamfahreigenschaften und ist vornehmlich zum Rangieren einzusetzen. Der Fahrtrichtungswechsel erfolgt weiterhin durch den 24-V-Impuls vom Fahrpult. Der 0,1-μF-Kondensator und die Drosselspule von 10...100 μH bewirken wieder die Funkentstörung. Dem Märklin-Fahr-Transformator kann leider nur U_1 entnommen werden, da der Beleuchtungsausgang nur einpolig ist.

Ersetzt man den Thyristor durch einen Triac, so erhält man einen Langsamfahrzusatz für Gleichstrombahnen *(Abb. 3.25 b)*, der ähnlich wie die vorstehende Schaltung funktioniert, nur sind hier beide Halbwellen wirksam, so daß wir einen ungepolten (bipolaren) Kondensator brauchen, den wir aus zwei in Reihe geschalteten, gleich großen Kondensatoren doppelter Größe bilden.

Ein Nachteil der beiden eben vorgestellten Schaltungen ist jedoch, daß durch die Überlagerung der beiden Spannungen Spannungsspitzen bis zu 40 V auftreten können, die bei längerem Betrieb zu Schäden am Lokmotor (Verschleiß der Kohlestifte der Kollektoren) führen. Daher sollten diese Zusatzschaltungen immer nur kurzfristig (zum Rangieren, am Berg usw.) eingeschaltet sein.

Außerdem weisen alle Schaltungen mit Phasenanschnittsteuerung auch bei maximalem Phasenanschnitt immer noch eine Restspanung auf, die zu einem summenden Standgeräusch führt, das zuweilen (z. B. bei Dampfloks) störend ist.

3.2.8 Spannungs- und Stromanzeigen für das Fahrpult

Einfache Anzeigen

Relativ einfach sind analoge Zeigerinstrumente zur Spannngs- und Stromanzeige heranzuziehen, die in großer Vielfalt im Handel erhältlich sind. Durch selbstgefertigte Skalenbeschriftungen ist auch eine Geschwindigkeitsanzeige (Fahrspannung $\triangleq$ km/h) möglich. Mittels entsprechend dimensionierter Vor- bzw. Parallelwiderstände sind die Meßbereiche dem Meßwerk anzupassen.

1. Spannungsmessung *(Abb. 3.26 a):*
Der Hersteller gibt den Innenwiderstand R_i und den Spannungs-Normalmeßbereich U_i an. Bei einer Meßbereichserweiterung auf einen Spannungs-Endausschlag U ist ein Vorwiderstand R_v zum Schutz des Meßwerkes vorzusehen, der sich wie folgt errechnet:

$$R_V = R_i \left(\frac{U}{U_i} - 1 \right); \quad I_i \frac{U_i}{R_i}$$
R_v beseitigt somit die zu hohen Spannungsanteile (Spannungsabfall).

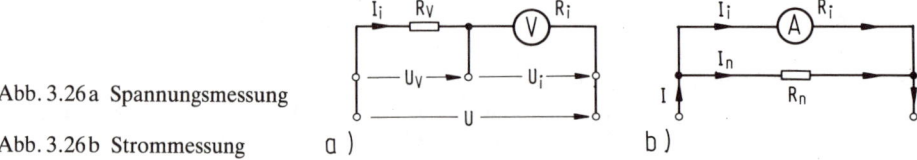

Abb. 3.26a Spannungsmessung

Abb. 3.26b Strommessung

2. Strommesser *(Abb. 3.26 b):*

Hier benötigen wir die Herstellerangabe des Innenwiderstandes R_i und des Strom-Normalmeßbereich I_i. Zur Meßbereichserweiterung ist für einen Strom-Endausschlag I ein Parallelwiderstand R_n (auch Shunt genannt) zum Schutz des Meßwerkes vorzusehen, der sich wie folgt errechnet:

$$R_n = \frac{R_i \cdot I_i}{I - I_i} \; ; \quad U_i = I_i \cdot R_i$$

R_n leitet also die zu hohen Ströme am Meßwerk vorbei.

Meist liefern die Firmen jedoch bereits Drehspulmeßinstrumente mit eingebauten Widerständen, die nicht mehr anzupassen sind.

Elektronische Anzeigen

Abb. 3.27 zeigt einen Spannungsmesser mit dem IC UAA 180 von Siemens, welches eine Leuchtbalkenanzeige mit 12 LEDs ansteuert. Die LED-Vorwiderstände sind bereits im IC integriert.

An Stift 17 liegt die Eingangsspannung (die Fahrspannung), von der die Balkenlänge d. h. die Anzahl der leuchtenden LED abhängt. Da diese Spannung maximal 6 V betragen darf, teilt ein Spannungsteiler die Fahrspannung herunter. An Stift 3 liegt die maximale und an Stift 16 die minimale Referenzspannung, mit der die Eingangsspannung verglichen wird. An Stift 3 schalten wir daher eine Z-Diode (5,6 V), und Stift 16 legen wir an Masse.

Die Höhe der LED-Ströme bestimmt der Strom, der durch Stift 2 in das IC fließt. Bleibt Stift 2 offen, stellt sich ein LED-Strom von ca. 45 mA ein, ohne Ansteuerung liegt der

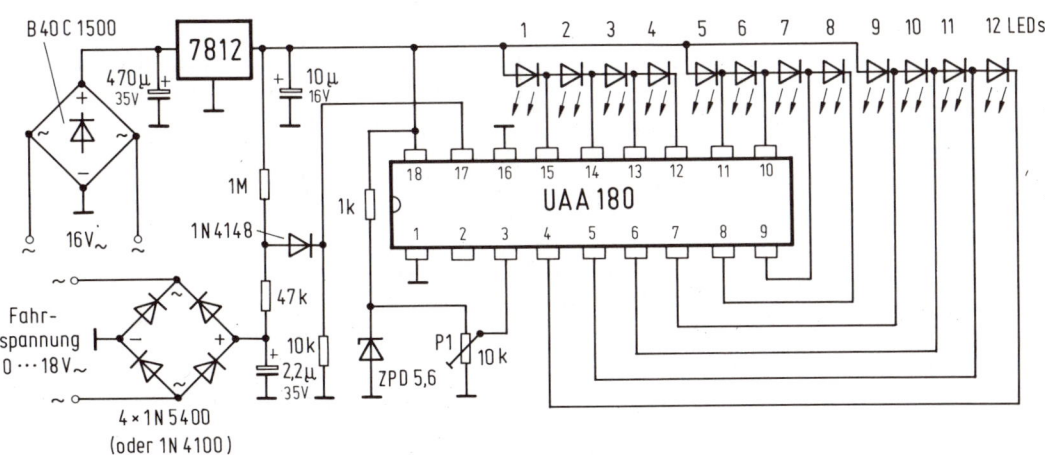

Abb. 3.27 Fahrspannungsanzeige mit LED-Balken

Strombedarf bei ca. 5,5 mA. Die Betriebsspannung des IC darf zwischen 10...18 V betragen, wir wählen hier den gängigen Wert (Spannungsregler 12 V) von + 12 V.

Die Einstellung der Schaltung, die sowohl für Gleichspannungs- als auch Wechselspannungsfahrpulte geeignet ist, erfolgt mit P1. P1 wird bei voll aufgedrehtem Fahrpultregler so eingestellt, daß die letzte LED gerade aufleuchtet. Die einzelnen LED können wir wieder in km/h eichen.

Eine vollektronische Meßschaltung für Gleichspannungen und -ströme zeigt *Abb. 3.28*. Herz der Schaltung ist der A/D-Wandler CA 3162 von RCA, dessen maximale Eingangsspannung 99,9 mV betragen darf. Da wir jedoch mit höheren Werten arbeiten, muß eine Meßbereichserweiterung durch Widerstände erfolgen, so daß dann Spannungen bis 99,9 V und Ströme bis 9,99 A anliegen dürfen. Die Schaltung kann somit auch als Gleichspannungs/Gleichstrom-Meßgerät dienen. Der Eingangswiderstand beträgt 10 MΩ. *Abb. 3.29* zeigt die Meßbereichserweiterung, wobei man zwischen Spannungs- und Strommessung umschalten kann. Der Dezimalpunkt (DP) ist dann auch entsprechend geschaltet. Spannungsmeßbereich 99,9 V DC, Strommeßbereich 9,99 A DC. Die Anzeige erfolgt

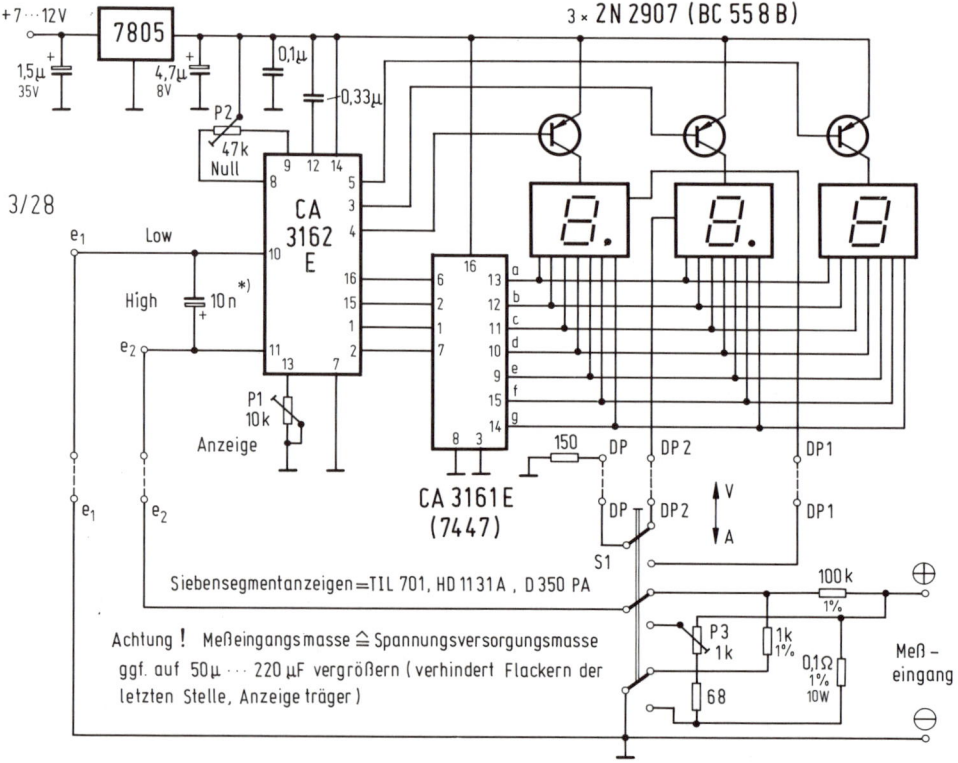

Abb. 3.28 Digitaler Strom-Spannungsmesser mit IC

Abb. 3.29 Meßbereichsanpassung für Digitalmeßgerät

nach Decodierung durch den BCD zu Siebensegmentdecoder CA 3161 mittels dreier Siebensegmentanzeigen mit gemeinsamer Anode (z. B. FND 507, TIL 701, HD 1131 a, D 350 PA o. ä.) im Multiplexbetrieb.

Die IC-Betriebsspanung darf + 5 V nicht überschreiten, daher ist ein Spannungsstabilisator 7805 nötig, der einen Kühlkörper erhält. Der Abgleich ist relativ einfach, bei kurzgeschlossenem Eingang ist P_2 so einzustellen, daß auf der Anzeige 000 erscheint. Dann ist eine bekannte Spannung, z. B. eine frische 1,55 V-Knopfzelle, anzulegen und mit P1 zur Anzeige zu bringen (z. B. 1,5 V)

Erscheint auf der Anzeige EEE oder ---, so liegt entweder eine positive oder eine negative Bereichsüberschreitung vor. Negative Eingangsspannung signalisiert ein Minuszeichen.

Bei korrekter Eichung ergibt sich eine Genauigkeit von 0,1% ± 1 Digit. Mit P_3 in Abb. 3,29 erfolgt der Abgleich des Strommeßbereichs bei einem bekannten Strom.

Nimmt man für S1 einen Umschalter mit 4 · UM, so kann der vierte Kontakt jeweils eine LED (mit Vorwiderstand) mit der Bezeichnung V oder A (z. B. aus Reibebuchstaben) zum Aufleuchten bringen.

3.2.9 Umschaltsperre verhindert Unfälle

Was passiert bei einem Fahrpult mit Polwechsler, wenn man zwischen Vor- und Rückwärtsfahrt bei voll aufgedrehtem Regler umschaltet? Die Lok macht einen mächtigen Satz, und der Motor und das Getriebe nehmen Schaden.

Die kleine Schaltung nach *Abb. 3.30* verhindert dies durch einen Fahrspannungsfühler (mit einem Transistor) und eine Schaltstufe mit bistabilem Relais.

Die jeweilige Hälfte des Relais läßt sich immer erst dann durch T2 schalten, wenn die Fahrspannung ca. 0,6 bis 0,7 V beträgt. Welche Relaishälfte angesteuert wird, entscheidet die Stellung von Umschalter S1 (Vorwärts/Rückwärts).

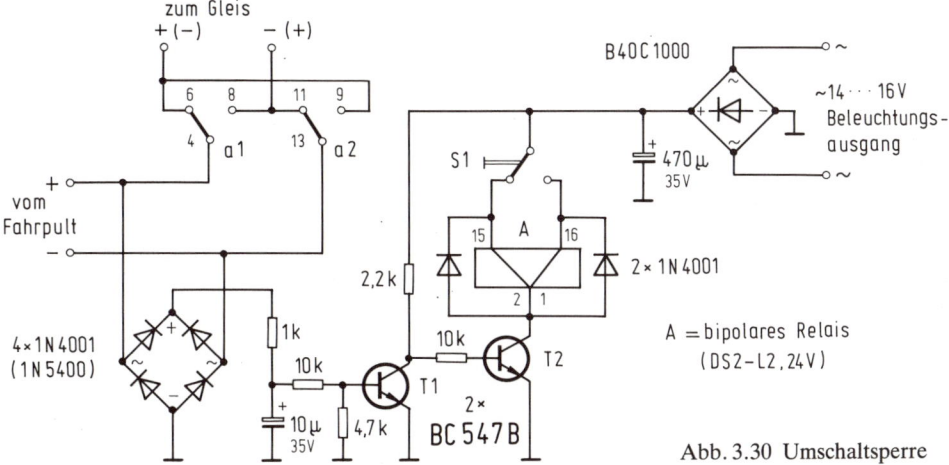

Abb. 3.30 Umschaltsperre

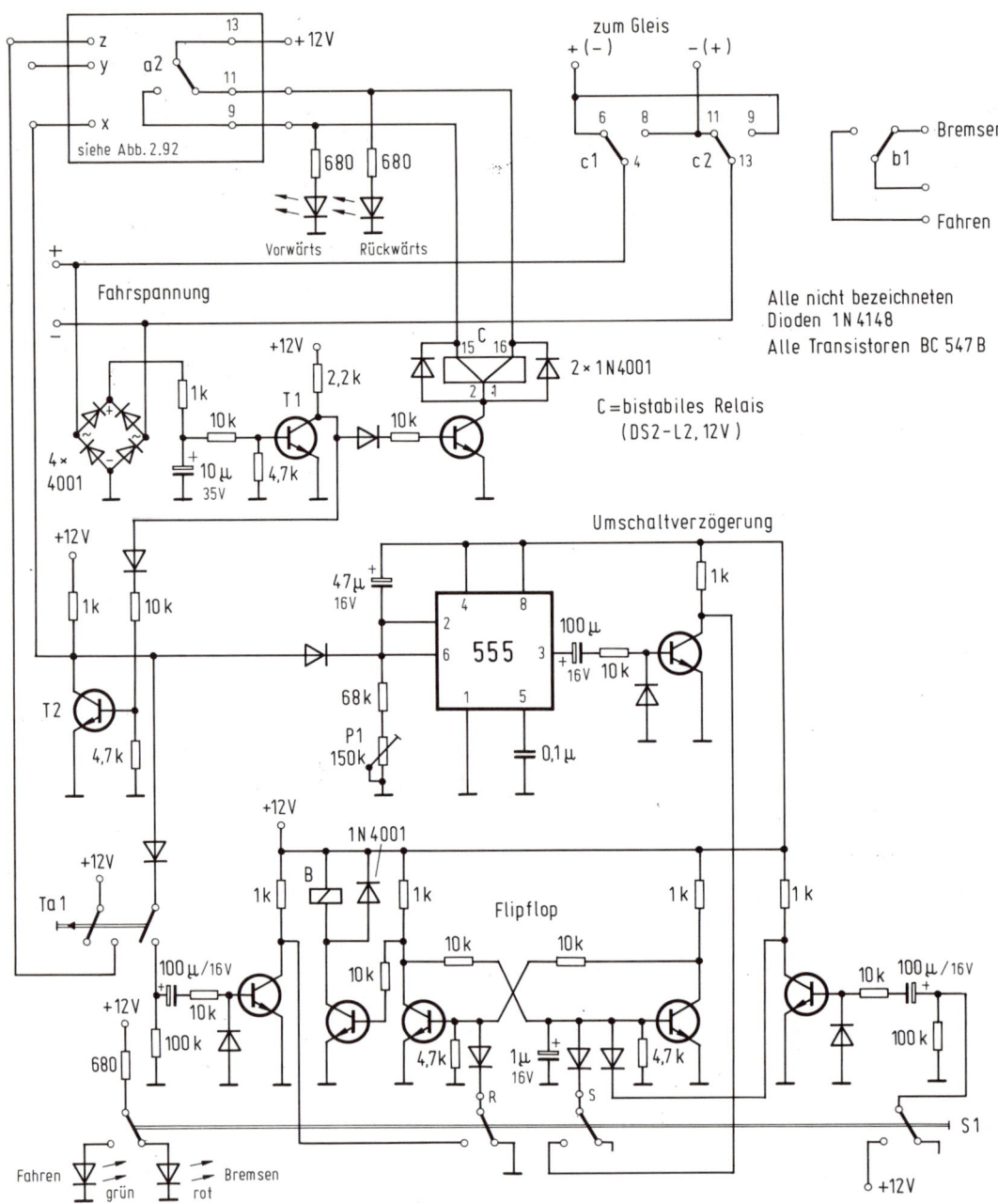

Abb. 3.31 Automatische Fahrtrichtungsumschaltung

3.2.10 Richtungswechsel per Knopfdruck

In *Abb. 3.31* kombinieren wir einen Impulsschalter nach Abb. 2.92 mit der Umschaltsperre und erhalten, unter zusätzlicher Verwendung eines FF und einer Anzugsverzögerung mit Timer, einen automatischen Richtungswechsel per Knopfdruck. Bei jedem
Tasten von S2 ändert sich nach kurzer Verzögerung die Fahrtrichtung, Umschalter S1 muß
hierzu in Stellung »Fahren« stehen. Wird S1 in Stellung »Bremsen« gebracht, bremst die
Lok ab und fährt erst nach Umschaltung von S1 wieder los. Durch das Flip-Flop erfolgt das
Schalten des A-Relais (Minusimpuls an S = A zieht an, Minusipuls an R = A fällt ab),
dessen a_1-Kontakt im Fahrpult die Anzugs- und Bremsverzögerung aktiviert.

Im Ruhezustand wird über den Transistorschalter T1 hinter dem Fahrspannungsgleich-
richter und einen weiteren Transistorschalter T2 der Punkt X der Abb. 2.92 an Masse
gelegt, so daß dann keine Umschaltung möglich ist.

Die Umschaltverzögerung ist mit P1 einstellbar.

Wenn nach einer Spannungsunterbrechung die Versorgungsspannung wieder anliegt,
geht die Lok automatisch in den Betriebszustand vor der Abschaltung, d. h. sie fährt
entweder langsam an oder bleibt stehen.

3.2.11 Funkentstörung des Lokmotors

Durch Induktionsspannungen von Motoren und Abreißfunken bei sich öffnenden Kontakten entstehen Störimpulse, die sich durch lautes Knacken oder Prasseln im Rundfunk-
empfänger oder Fernseher bemerkbar machen und im Fernsehbild zudem noch herrliche
Linien produzieren. Da dies in den meisten Fällen unerwünscht ist, wird der Störer,
nämlich der Motor bzw. der Kontakt durch Kondensatoren und Drosseln entstört. Dem
Kontakt schaltet man am besten einen Funkenlöschkreis parallel, der aus einer Reihenschaltung eines $50 \ldots 100$-Ω-Widerstandes und eines $0,1 \ldots 1$-μF-Kondensators besteht
(Abb. 3.32 a).

Beim Motor schalten wir zwei Keramikkondensatoren von $10 \ldots 47$ nF jeweils von der
Motorzuleitung zum Metallblock, der den Motor umgibt, und einen Kondensator von 68
nF $\ldots 0,1$ μF parallel zum Motor *(Abb. 3.32 b)*. Reicht das immer noch nicht aus, so sind in
die beiden Motorzuleitungen noch zwei Drosselspulen (Valvo-Ferroxcube) zu schalten.

Abb. 3.32 Funkentstörung für Schalter und Motoren

$L_1 = L_2 = 10 \ldots 100$ μH

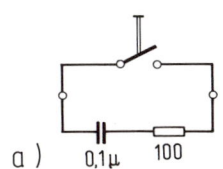

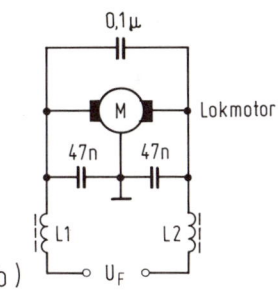

Die Drahtzuführungen sind so kurz wie möglich auszuführen, damit sie nicht als Sendeantennen wirken. Auch die Schienen sind immer sauber zu halten, um Funkenbildungen zu vermeiden.

3.3 Wendezugautomatiken

Die Schaltungen eignen sich vorzüglich, um z. B. einen Schienenbus zwischen zwei Bahnhöfen hin- und herpendeln zu lassen.

3.3.1 Wendezugautomatik für Gleichstrombahnen

Wie *Abb. 3.33* zeigt, besteht die Schaltung aus einem Monoflop mit Timer, 2 NAND-Gattern, 2 Invertern und 2 bipolaren Relais.

Wenn die Lok über einen der beiden SRK (Reed-Kontakte 1 oder 2) fährt, erhält das Monoflop einen negativen Impuls und gibt am Ausgang »L« ab. Über einen Inverter gelangt nun »0« jeweils zu einem Eingang der beiden NAND-Gatter. Da durch den negativen Impuls auch das A-Relais umgeschaltet hat, gibt nach Ablauf der Monoflopzeit das NAND, dessen zweiter Eingang nicht durch den a_2-Kontakt an Masse liegt, 0-Potential

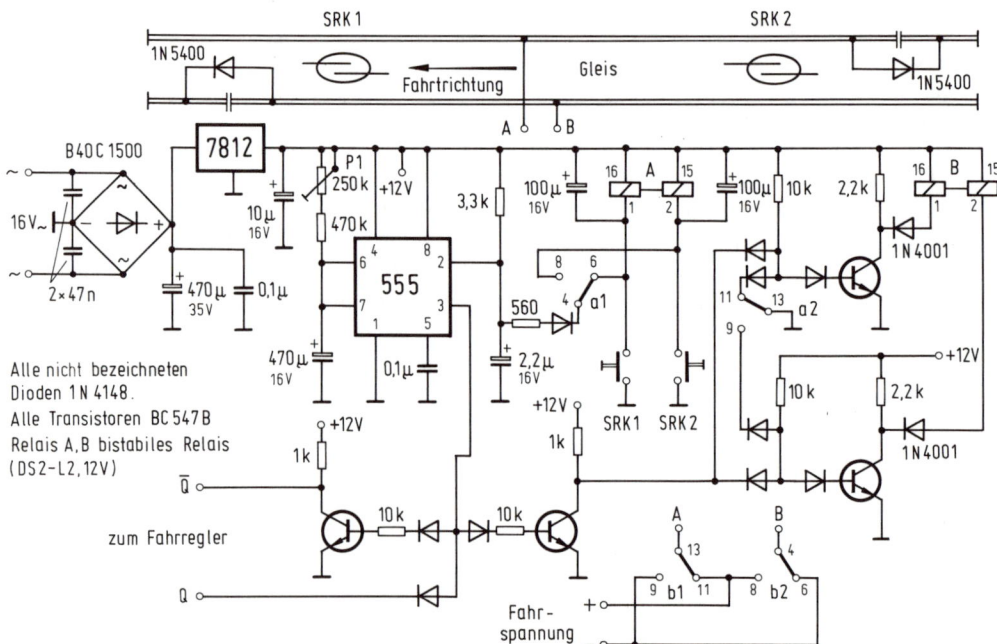

Abb. 3.33 Wendezugsteuerung für Gleichstrombahnen

an die jeweilige Wicklung des B-Relais. Dieses schaltet daraufhin um und wechselt die Fahrtrichtung. Beim Überfahren des anderen SRK wiederholt sich das Spiel für die andere Fahrtrichtung. Der a_1-Kontakt verhindert nach dem Umschalten, daß erneutes Überfahren ebenfalls die Fahrtrichtung wechselt oder daß das Monoflop erneut anspricht. Das A-Relais ist durch die 100-μF-Kondensatoren abfallverzögert, was ein »Flattern« beim Umschalten verhindert.

Sollte die Schaltung bei der ersten Einstellung nicht umschalten, so ist die Fahrspannung umzupolen. Die Verweildauer (Ruhezeit) ist mit P1 einstellbar.

Der Monoflop-Ausgang steuert noch einen weiteren Inverter an, der, wie der direkte Ausgang Q, zum Einschalten der elektronischen Anfahr- und Bremsregelung im Fahrpult dienen kann. Beim Impulsfahrpult nach Abb. 3.20 wird z. B. der Q-Ausgang von Abb. 3.33 mit dem Punkt X der Abb. 3.20 verbunden.

Den vorhandenen Polwechsler ersetzen die Relaiskontakte b_1 und b_2. Die beiden Dioden dienen als Prellbocksicherung. Sie verhindern ein Überfahren der Trennstelle.

Den Kollektorwiderstand (1 kΩ) beim Ausgangsinverter kann auch ein Relais mit Schutzdiode ersetzen, über dessen Kontakt wird dann potentialfrei die Anfahr- und Bremsschaltung des Fahrreglers aktiviert.

3.3.2 Wendezugautomatik für Wechselstrombahnen

Diese Schaltung *(Abb. 3.34)* sieht etwas verwirrender aus, da hier 2 Monoflops und 3 Relais zum Einsatz kommen. Durch einen der beiden SRK erhält das Monoflop 1 einen negativen Triggerimpuls und gibt am Ausgang »1« ab. Diese Ausgangsspannung dient zum einen zum Schalten der Anfahr- und Bremsregelungselektronik im Fahrpult (ähnlich Abb. 3.33) und zum anderen zum Sperren des Impulsschalters. Wenn das Monoflop zurückkippt, erhält der Transistor mit dem C-Relais im Kollektorzweig einen Plusimpuls, dessen Länge vom RC-Glied abhängt und das C-Relais zieht kurz an. Die C-Kontakte legen kurzzeitig 24 V~ an das Gleis, und das Relais in der Lok schaltet die Fahrtrichtung um.

Das zweite Monoflop, dessen Impulszeit immer länger als die des 1. Monoflop sein muß, verhindert beim Einschalten der Versorgungsspannung (durch das dann angesteuerte D-Relais) eine unbeabsichtigte Umpolung der Fahrspannung beim Einschalten. Im weiteren Betrieb hat das Monoflop 2 keinen Einfluß mehr.

Als Fahrregler kann ebenfalls das Impulsfahrpult nach Abb. 3.20 dienen, wobei der Q-Ausgang mit dem X-Eingang des Fahrreglers zu verbinden ist. Beim Ausgangsinverter ist statt des 1-kΩ-Widerstandes auch wieder der Einsatz eines Relais mit Schutzdiode möglich.

Es ist dadurch möglich, jedes andere Fahrpult einzusetzen. Auch das einfache Fahrpult von Märklin ist einsetzbar, wobei hier auf Q und $\bar{Q}$ verzichtet werden kann, da keine Anfahr- und Bremsregelung möglich ist.

Sollte die Lok doch einmal in die falsche Richtung losfahren, kann durch Taste T1 von Hand die Fahrtrichtung gewechselt werden.

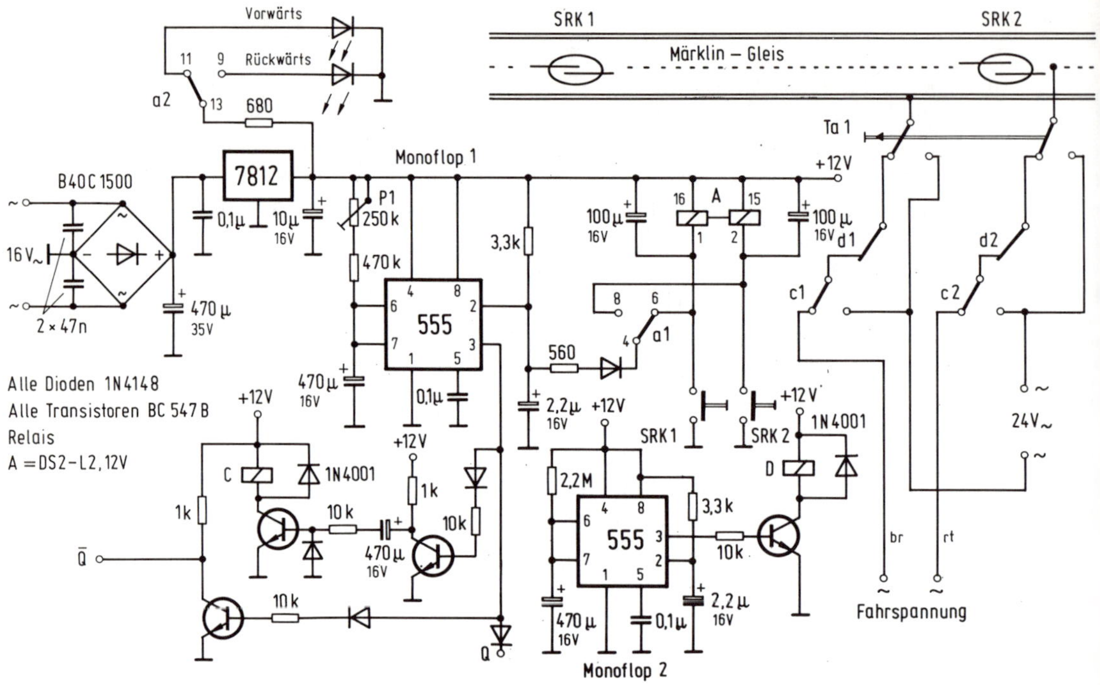

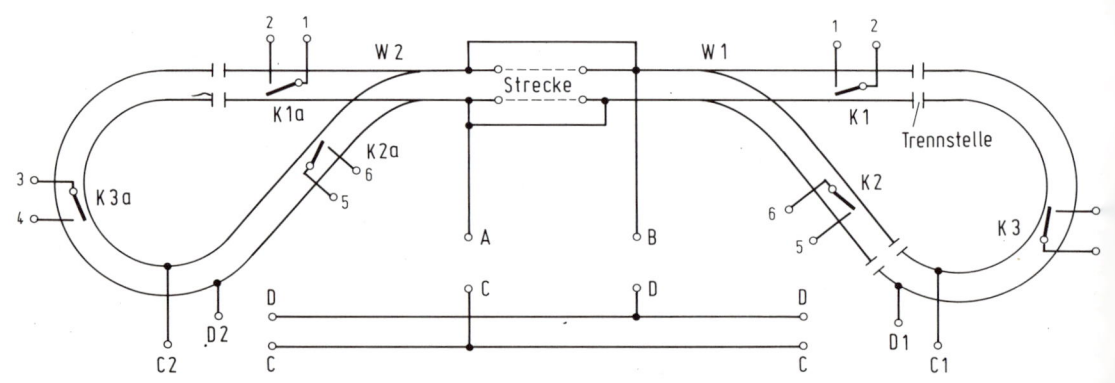

Abb. 3.34 Wendezugsteuerung für Wechselstrombahnen

Abb. 3.35 Prinzip einer Doppelkehrschleife

3.4 Kehrschleifenautomatik für Gleichstrombahnen

Kehrschleifen *(Abb. 3.35)* stellen ein (lösbares) Problem bei Gleichstrombahnen dar, da es ohne entsprechende Schutzschaltungen unweigerlich zu Kurzschlüssen kommt. Märklinisten kennen derartige Probleme nicht, hier sind Kehrschleifen problemlos herstellbar. Aber auch wir verzweifeln nicht, sondern wenden eine der nachfolgenden Schaltungen an.

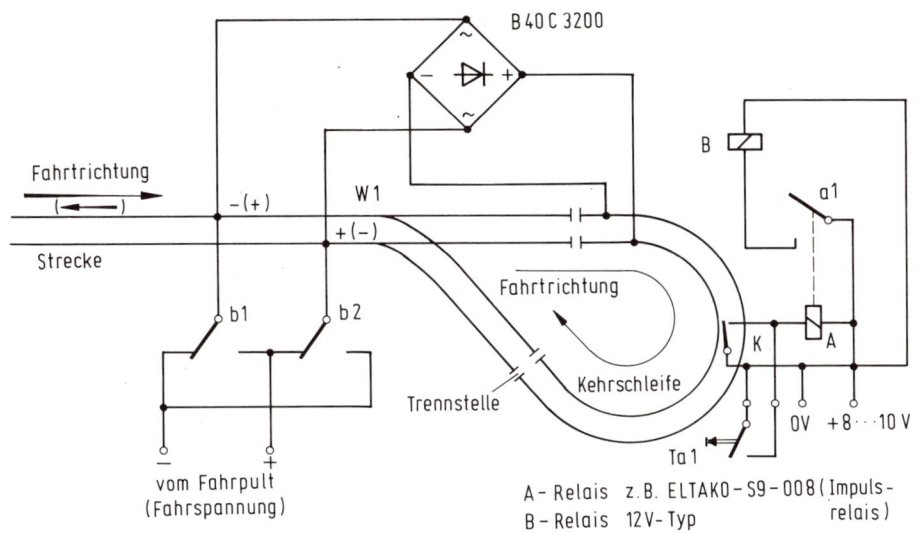

Abb. 3.36 Einfache Kehrschleifenschaltung mit Eltako-Relais

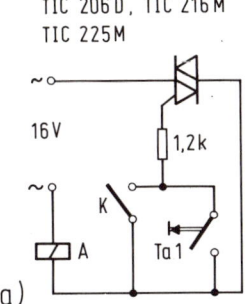

Abb. 3.36a Ansteuerung mit Triac bei geringer Kontaktbelastbarkeit des Kontaktes K (SRK o. ä.)

3.4.1 Einfache Kehrschleifenautomatik

Bei dieser einfachen Schaltung *(Abb. 3.36)* erfolgt keine Umschaltung der Weiche W1 (W1 konstant gerade, d. h. Weiche mit federnden Weichenzungen verwenden) und es ist auch nur die angegebene Fahrtrichtung möglich, da die Polarität innerhalb der Kehrschleife (durch den Gleichrichter) unabhängig von der Polarität der Strecke immer gleich bleibt. Überfährt der Zug den Kontakt K, wird die Fahrspannung durch das Stromstoßrelais umgepolt, und die Lok findet bei der Kehrschleifenausfahrt die richtige Polarität vor. Anstatt des angegebenen Eltako-Relais kann auch eine Elektronikschaltung (z. B. Abb. 2.90 oder 2.92) Verwendung finden. Es ist jedoch in jedem Falle darauf zu achten, daß die Kontaktbelastbarkeit des Schaltkontaktes zur Schaltung des Relais ausreicht. Sollte dies nicht ausreichen, so kann Abb. 3.36a Abhilfe bringen, in der ein Triac die Leistung schaltet (Betrieb mit Wechselspannung). Auch eine Lichtschrankenauslösung oder Tyristorsteuerung wäre denkbar.

Mit der parallel zum Kontakt geschalteten Taste Ta1 ist ein unabhängiger Fahrtrichtungswechsel möglich (z. B. am Ende der Strecke in der Gegenrichtung). Ist in der

155

Gegenrichtung eine weitere Kehrschleife vorhanden, ist diese spiegelbildlich aufzubauen. Der K-Kontakt der zweiten Kehrschleife ist mit dem der ersten parallel zu schalten.

3.4.2 Verbesserte Kehrschleifenautomatik

Wenn es erforderlich ist, auch die Weiche zu schalten, dann ist etwas mehr Aufwand nötig, wie wir an der *Abb. 3.37* sehen. Die Weiche W1 wird hier ausschließlich durch die Automatik gesteuert.

In der gezeichneten Stellung ist Relais B abgeschaltet, d. h. ein ankommender Zug fährt über die nach rechts abzweigende Weiche W1 in die Kehrschleife ein und überfährt den Kontakt K2, Relais B bleibt in seiner Ruhelage. Erst wenn der Zug K1 passiert, schaltet die Weiche W1 in Stellung »gerade«. Kontakt b_2 läßt das A-Relais anziehen, das die Fahrspannung umpolt. Wenn ein bistabiles Relais mit drei Umschaltekontakten zum Einsatz kommt, kann es auch die Weichenumschaltung vornehmen, und das Hilfsrelais A entfällt.

Kommt der Zug danach aus der Gegenrichtung zurück, so steht W1 in Geradeaus-Stellung, und der Zug durchfährt die Schleife in umgekehrter Richtung. Durch Kontakt K2 fallen Relais A und B wieder ab und polen die Fahrspannung erneut um.

Innerhalb der Wendeschleife kann beliebig rangiert werden. Eine zweite Kehrschleife baut man spiegelbildlich zu dieser auf und schaltet alle gleichnamigen Organe beider Schleifen, parallel (K1, K2, C, D, Weichenanschlüsse W1/W2).

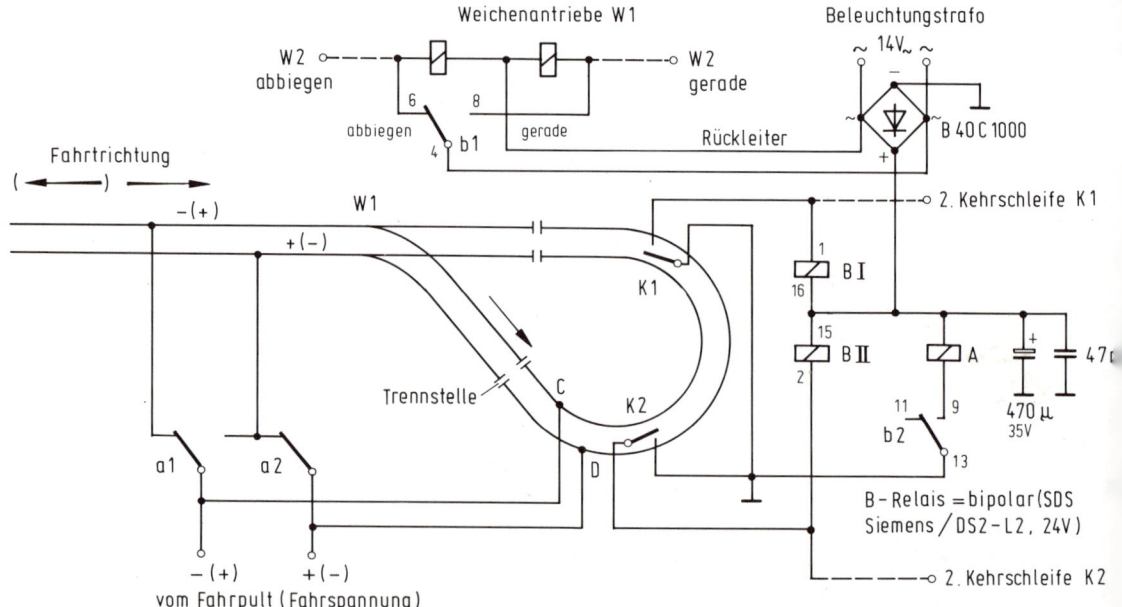

Abb. 3.37 Verbesserte Kehrschleifenschaltung

Die Kontakte K1 und K2 können SRK, Schaltgleise, Lichtschranken oder Gleisbesetzt-melderkontakte sein. Hier sollte jeder das für sich Beste heraussuchen.

3.4.3 Super-Kehrschleifen-Automatik für zwei Kehrschleifen

Bei dieser Schaltung sind alle Schaltmöglichkeiten gegeben, wozu ein größerer Aufwand nötig ist. In der gezeichneten Kontaktstellung *(Abb. 3.38)* fährt der Zug über die abzweigende Weiche W1 in die erste Kehrschleife ein und polt durch K3 die Fahrspannung der Fahrstrecke um. Nach Überfahren von K1 schaltet W1 auf gerade, und die Lok fährt in Richtung zweiter Kehrschleife, wo sich der Vorgang ähnlich abspielt. Die beiden Weichen können freizügig geschaltet werden, es gibt trotzdem keinen Kurzschluß. Wenn die rote LED leuchtet (ab ca. + 0,7 V), ist die Fahrspannung falsch gepolt, am Fahrpult ist dann der Polwechsler umzuschalten.

Zum Rangieren innerhalb der Kehrschleife ist die Fahrtrichtung durch Umpolen am Fahrpult zu ändern, auf der Fahrstrecke sind hierzu die Tasten TR (Rückwärts) und TV (Vorwärts) zu benutzen. Die Tasten T_1 a und T_2 a sowie die Tasten T_1 g und T_2 g sind die Weichentasten für abbiegen bzw. geradeaus. Die 3 Drähte der Weiche kommen an die Anschlüsse a, R, g, wobei R der gemeinsame Rückleiter ist. Als Relais sind bistabile Typen (z. B. der Firmen SDS oder Siemens) einzusetzen. Die Punkte Λ, B, C1, C2, D1, D2 entsprechen denen in Abb. 3.35.

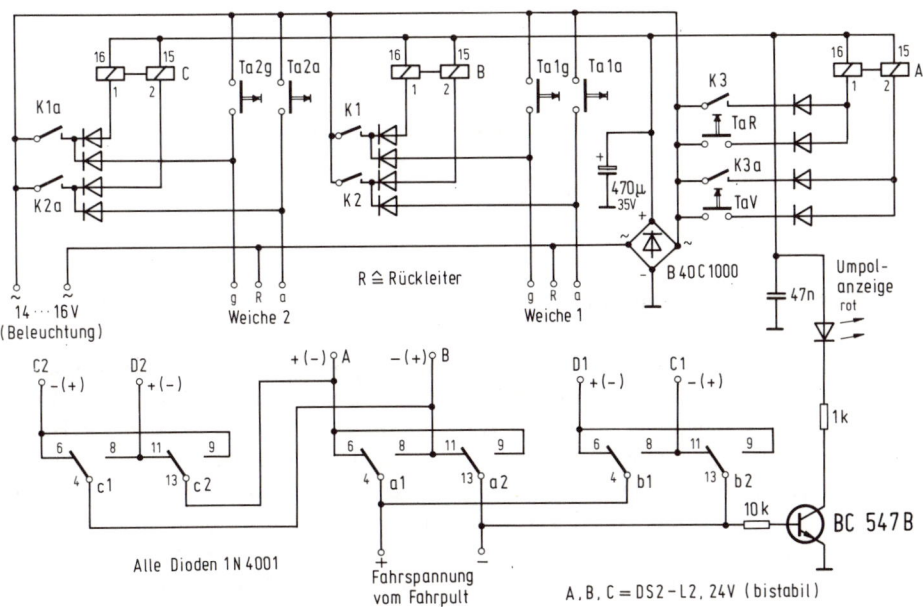

Abb. 3.38 Super-Kehrschleifenschaltung

3.4.4 Funktionelle Kehrschleifenautomatik

Auch diese Schaltung *(Abb. 3.39)* erlaubt eine freizügige Weichenschaltung. Durch die Kontakte K1 (K1a) bzw. K2 (K2a) ist innerhalb der Kehrschleife immer die richtige Polarität gegeben, so daß keine Kurzschlüsse möglich sind. Der Kontakt K3 bzw. K3a aktiviert wiederum einen Eltako, der für die richtige Polarität auf der Fahrstrecke sorgt, indem er das monostabile Relais C ein- oder ausschaltet, dessen Kontakte die Fahrspannung schalten. Mit Taste Ta1 ist eine Umpolung der Fahrspannung unabhängig von der Automatik möglich.

Die angegebenen Punkte A...D2 stimmen wieder mit Abb. 3.35 überein, wobei D jeweils mit D1, D2 und C jeweils mit C1 und C2 zu verbinden ist.

Sollte die Lok beim Einfahren in die isolierte Kehrschleife plötzlich rückwärts fahren, so sind die zu diesem Gleis führenden Drähte zu vertauschen.

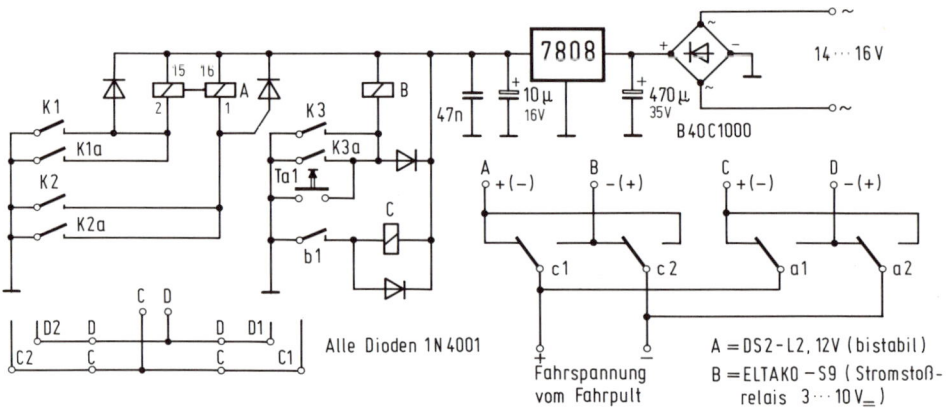

Abb. 3.39 Funktionelle Kehrschleifenschaltung

3.5 Blocksicherungsschaltung

Wenn mehrere Züge hintereinander auf der gleichen Fahrstrecke verkehren sollen, sind sowohl beim Vorbild (mit Indusi = induktive Zugsicherung), als auch im Modell entsprechende Maßnahmen nötig, um Auffahrunfälle zu verhindern; damit z. B. der Eilzug der kleinen Bimmelbahn nicht an den Tender fährt. Eine Maßnahme ist hier die Blocksicherung, die es beim Vorbild seit ca. 1900 gibt. Nachfolgend sehen wir einige dieser Schaltungen, wobei in der Regel das Selbstblocksystem mit der Signalgrundstellung = Fahrt frei zur Anwendung kommt. Der Zug stellt hinter sich das Blocksignal sofort auf Halt. Hierzu teilen wir die gesamte Fahrstrecke in mehrere Blockabschnitte ein, die wir jeweils wiederum in Fahr- und Haltebereich aufgliedern (siehe *Abb. 3.40*). Wer ganz sicher gehen will, fügt am Ende des Haltebereichs noch einen Notbremsbereich ein, der

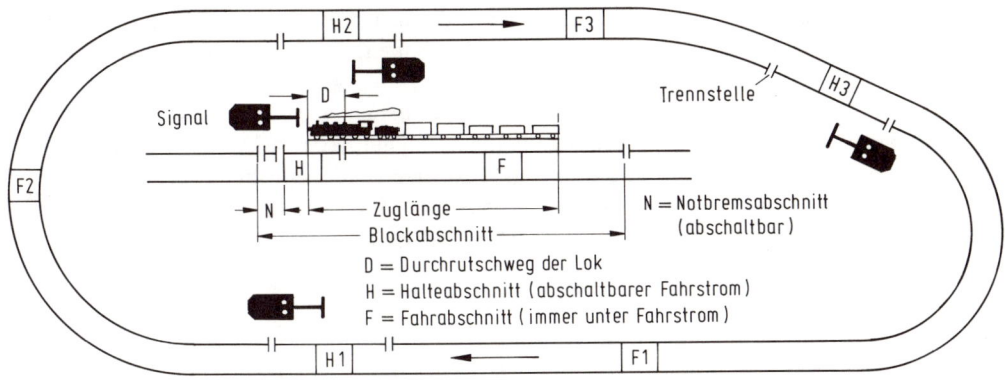

Abb. 3.40 Einteilung einer Strecke in Blöcke

bei rot zeigendem Signal gänzlich vom Fahrstrom abgetrennt ist und somit auch Raserloks abrupt zum Stillstand bringt. Werden Gleisbesetzmelder eingebaut, so ist diesem Kontakt ein 1-kΩ-Widerstand parallel zu schalten. Am Anfang eines Blockabschnittes wird ein Blocksignal (Form- oder Lichthauptsignal) mit den Signalbildern Hp0 und Hp1 aufgestellt, dessen Stellung vom Besetztzustand der folgenden Blockstrecke abhängig ist.

Die Bahnhofsgleise müssen ebenfalls in die Blocksicherung integriert werden, wobei die Stellung des Blocksignals zusätzlich von der Stellung der Weichen bzw. der Fahrstraßen abhängig ist. Die Einfahr- bzw. Ausfahrsignale eines Bahnhofs sind dann gleichzeitig Blocksignale.

Als Auslösekontakte können SRK, Lichtschranken- oder Gleisbesetztmelderkontakte, Schaltgleise o. ä. dienen. Die einzelnen Blockstrecken sind immer so zu wählen, daß sie mindestens der 1,5fachen (besser 2fachen) maximalen Zuglänge entsprechen. Der Haltebereich ist so zu bemessen, daß auch eine große Lok mit mehreren Anhängern aus maximaler Zuggeschwindigkeit sicher in diesem Bereich zum Stehen kommt und nicht in den nächsten Block rutscht (Trennstelle jeweils ca. 50 cm vor und hinter dem Signal = ca. 1 m Haltebereich). Lieber einen Block weniger vorsehen, als keine Sicherheitsreserven haben. Es muß immer ein Block mehr vorhanden sein, als Züge verkehren sollen, wobei die einzelnen Fahrstrecken nicht zu kurz sein sollten.

Als Fahrregler für die Fahrstrecke sind bei allen Blocksteuerungen einfache, entsprechend leistungsstarke Typen (z. B. nach Abb. 3.13 a, b oder Abb. 3.14 bzw. vom Modellbahnhersteller) einzusetzen.

Elektronische Fahrpulte, die die Fahrstromversorgung lastabhängig ausregeln (z. B. PCC 100–32 von Lauer, ASC 1000 von Roco usw.) sind nicht geeignet. Auch eine Anfahr- und Bremsregelung ist nicht unbedingt nötig.

Soll der Wechselspannungsausgang (Lichtausgang) größere Leistung erbringen (viele Loks = hoher Stromverbrauch), so empfiehlt es sich, hier einen extra Transformator mit z. B. 16 V~/8 A anzuschalten. Eventuell erforderliche Masseverbindungen der Baugruppen untereinander sind immer vor dem Polwechsler am festen Massepotential durchzuführen.

Alle Blockbausteine können sowohl Form- als auch Lichtsignale schalten. Formsignale mit Spulenantrieb sollten jedoch Endabschalter haben, um ein Durchbrennen zu verhindern, da Dauerspannung anliegt.

Nach geringfügigen Änderungen (statt Polwechsler einen 24-V-Impulsgeber einbauen) sind die Schaltungen auch für Märklinbahnen geeignet. Hier ist jedoch zu beachten, daß bei den Märklin-Fahrgeräten die beiden Ausgänge (Fahr- und Beleuchtungsspannung) eine gemeinsame Masse aufweisen. Es ist daher erforderlich, den Wechselspannungseingang der Blockmodule (16 V~) durch einen eigenen 14...16-V-Transformator zu versorgen.

3.5.1 Blocksicherung mit bistabilen Relais

Abb. 3.41 zeigt die Schaltung, wobei wieder bistabile Relais z. B. von SDS oder Siemens Verwendung finden. Durch Zuschaltung von weiteren Relais ist eine Erweiterung um zusätzliche Blockabschnitte jederzeit möglich.

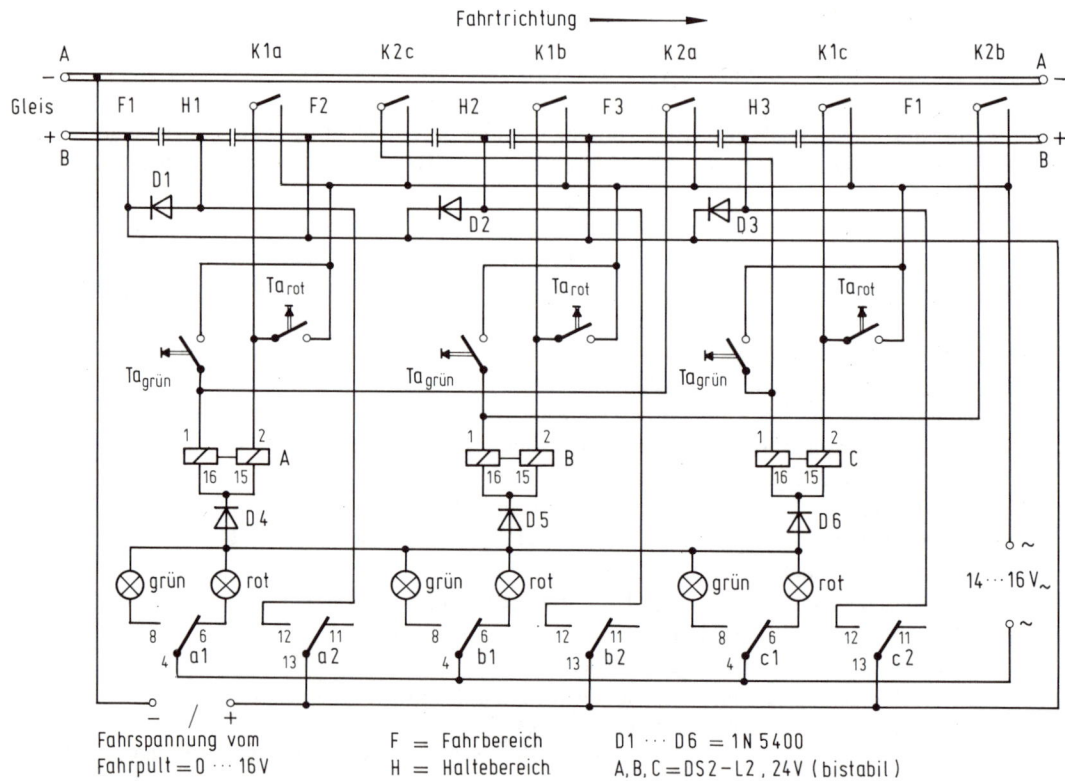

Abb. 3.41 Blocksicherung mit bistabilen Relais

Pro Block ist ein bistabiles Relais nötig, das sowohl das Signalbild entsprechend ansteuert, als auch die Fahrspannung zu- oder abschaltet. Die beiden Relaisspulen sind mit jeweils einem Kontakt (z. B. SRK) verbunden. Betrachten wir hier einen Block, so ergibt sich folgendes Verhalten:

Verläßt die Lok den Blockabschnitt, so schaltet sie kurz hinter der Gleistrennstelle über den Kontakt K1 das gerade passierte Blocksignal auf Rot, das solange in dieser Stellung bleibt, bis eine Lok kurz vor dem übernächsten Block wiederum einen Kontakt (K2) betätigt. Nun schaltet das Blocksignal auf Grün, und der ggf. hier stehende Zug kann ausfahren. Das Spiel beginnt aufs neue.

Bei der erstmaligen Inbetriebnahme dieser Schaltung (wie auch der anderen mit bistabilen Relais) ist ein definierter Zustand zu erzeugen, da die Relais in nicht definierter Lage geliefert werden. Alle Blocksignale sind hierzu durch die Taste »Rot« in die Stellung Halt zu bringen, wobei die Züge in den Haltebereichen stehen müssen. Dann gibt man Fahrspannung auf die Strecke und stellt das Signal des besetzten Blockes, vor dem ein unbesetzter Blockabschnitt liegt, auf Grün.

Der weitere Ablauf erfolgt nun automatisch, solange keiner den Betriebsfrieden stört und einfach eine Lok oder einen Zug vom Gleis nimmt. Durch Überbrücken der Trennstellen mit Dioden kann bei entsprechender Polung am Fahrregler auch rückwärts gefahren werden (Dioden bei Wechselstrombahnen nicht einbauen).

Baut man nach Abb. 3.21 noch einen Belegtmelder und einen Fahrregler mit Anfahr- und Bremsregelung ein und ersetzt den Signalumschalter aus Abb. 3.21 durch die beiden Relaiskontakte des jeweiligen bistabilen Relais der einfachen Blocksteuerung, erreicht man zusätzlich ein sanftes, vorbildgetreues Anfahren und Abbremsen vor dem Blocksignal. Die drei Dioden D1 bis D3 können dann entfallen.

Wenn auch bei dieser Version auf den Blockstrecken rückwärts gefahren werden soll, müssen die einzelnen Fahrregler jeweils einen eigenen Transformator (16 V~) und einen Polwechsler erhalten. Die Massepunkte aller Fahrregler sind untereinander zu verbinden (vor den Polwechslern).

3.5.2 Elektronische Blocksicherung

Abb. 3.42 zeigt die Schaltung für drei Blockabschnitte, wobei eine Erweiterung jederzeit möglich ist.

Ist bei dieser Schaltung der Halteabschnitt (H) eines Blocks oder die Fahrstrecke (F) vor dem Block durch einen Zug oder eine Lok besetzt, so spricht der Belegtmelder an, und sein Ausgang Q liefert positives Potential. Dieses gelangt auf einen Transistorschalter im vorherigen Blockmodul und das Relais in dessen Kollektorzweig zieht an. Der Relaiskontakt a_1 unterbricht nun die Fahrspannungszuführung für den Halteabschnitt dieses Blocks und das zugehörige Blocksignal schaltet durch a_2 von grün auf rot. Ein in diesen Block einfahrender Zug wird somit so lange gestoppt, bis der nächste Blockabschnitt (F und H) wieder frei ist.

Wird die Fahrspannung umgepolt, so fällt das Relais ab, und alle Blocksignale schalten auf Grün. Es kann rückwärts gefahren werden. Doch diese Variante sollte die Ausnahme sein, z. B. zum Rangieren u. ä., da hier *keine* Blocksicherung wirksam ist.

Abb. 3.42 Elektronische Blocksicherung
für 3 Blöcke

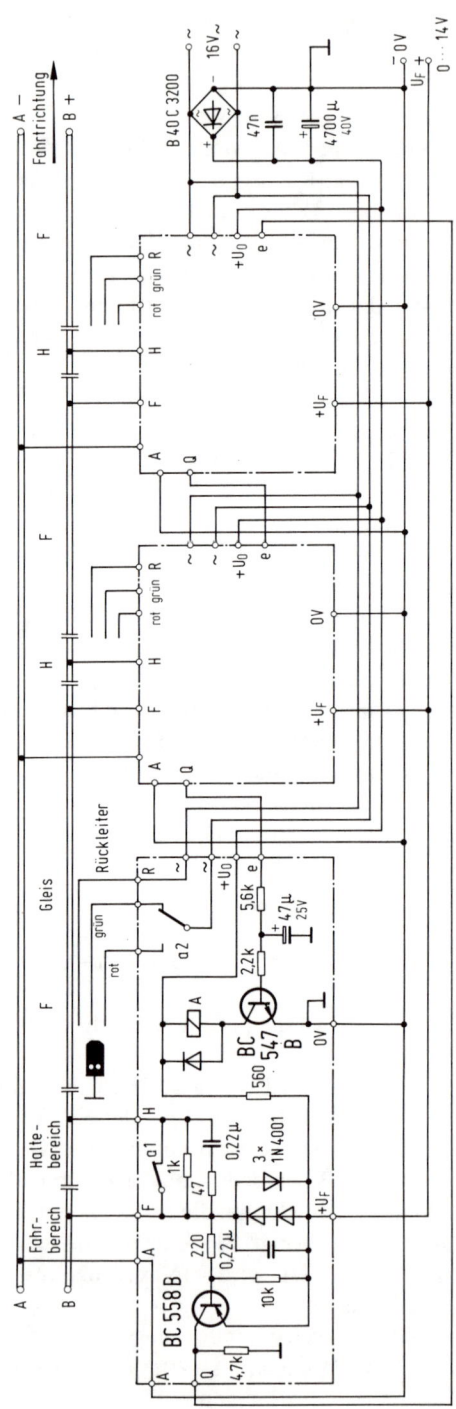

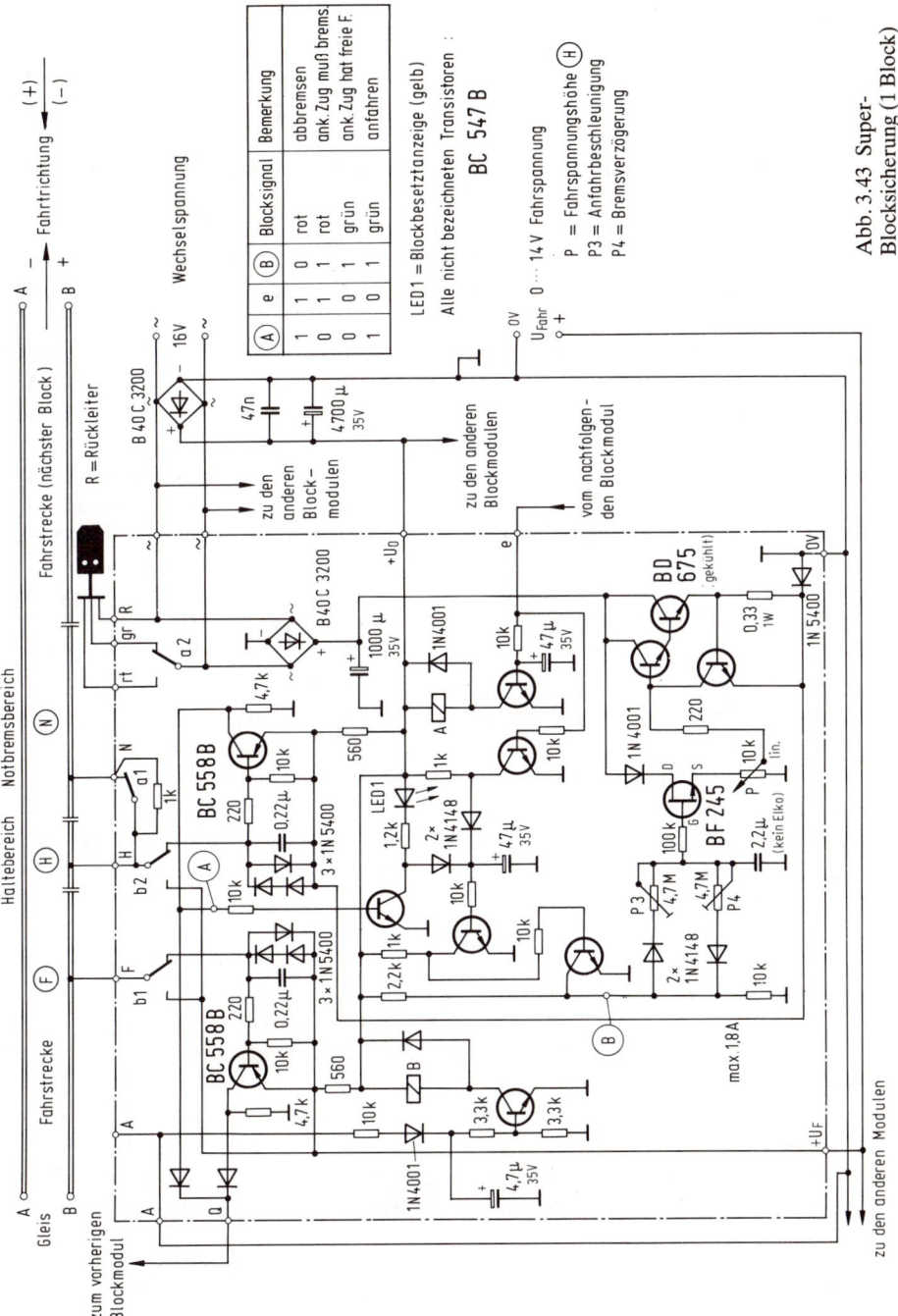

Abb. 3.43 Super-
Blocksicherung (1 Block)

163

3.5.3 Super-Blocksicherung

Ergänzt man Abb. 3.42 um einen weiteren Belegtmelder und einen eigenen Fahrregler, so erhält man die Schaltung nach *Abb. 3.43*. Außerdem erhielt der Block noch einen Notbremsbereich.

Je ein Belegtmelder arbeitet im Fahr- und im Haltebereich. Die beiden Ausgänge faßt ein Diodengatter (Oder) zusammen, so daß am Q-Ausgang jeweils positives Potential anliegt, wenn sich in einem der beiden Bereiche (F oder H) ein Zug oder eine Lok befindet. Durch den 1-kΩ-Widerstand parallel zum a_1-Kontakt wird auch ein Zug im Notbremsbereich vom Haltebereichsbelegtmelder registriert.

Das Q-Ausgangspotential gelangt wieder zum e-Eingang des vorherigen Blocks und bringt hier das A-Relais zum Anzug, welches den Notbremsbereich stromlos schaltet und das Blocksignal von Grün auf Rot stellt. Des weiteren befindet sich noch ein NOR-Gatter in diesem Blockmodul, dessen einer Eingang über einen Inverter 0-Potential erhält, wenn der nachfolgende Block belegt ist. Fährt nun ein Zug in den Haltebereich dieses Blocks ein, spricht der dafür zuständige Belegtmelder an und setzt über einen weiteren Inverter den zweiten Eingang des NOR-Gatters auf 0, dessen Ausgang wird »1«, und nach nochmaliger Invertierung gelangt 0-Potential auf den Steuereingang des Blockfahrreglers, den wir bereits aus Abb. 3.16 kennen. Der Fahrregler läßt die Fahrspannung im Haltebereich gegen 0 sinken, der Zug bremst somit ab. Erst wenn der nachfolgende Block wieder frei ist, erhält der Blockfahrregler Pluspotential, und der Zug fährt langsam an. Mit P3 und P4 ist die Anfahr- bzw. Abremsverzögerung einstellbar. Als Blockfahrregler kann natürlich auch ein anderer Fahrregler (z. B. nach Abb. 3.20) Verwendung finden.

Bei Rückwärtsfahrt wird das B-Relais aktiviert. Die Kontakte b_1 und b_2 trennen die beiden Belegtmelder von den Gleisen und schalten die Fahrspannung direkt an. Der Fahrspannungsfühler schaltet immer dann durch, wenn am A-Gleisstrang eine positive Spannung ($\approx 0,6$ V) anliegt.

Bei Wechselstrombahnen wäre der Fühler nicht sinnvoll, daher ist hier das B-Relais über eine externen Schalter ein- bzw. auszuschalten. LED 1 zeigt an, daß der Halteabschnitt eines Blocks besetzt ist.

3.6 Elektronische Besetztmelder

Die nachfolgend angegebenen Schaltungen registrieren alle einen Stromverbraucher, d. h. sie arbeiten als Stromfühler. Die Schaltung reagiert auf jeden Verbraucher, der sich zwischen dem Eingang und einer stromführenden Schiene befindet. Einen solchen Verbraucher stellt die Lok und jede Wagenbeleuchtungslampe (z. B. im D-Zug-Wagen, oder das Schlußlicht am Zug-Ende) dar; aber auch zwischen die Räder gelötete Widerstände von 1,8 . . .10 kΩ verursachen einen Stromfluß und bewirken somit ein Ansprechen der Schaltung.

Teilweise sprechen die Schaltungen nur an, wenn Fahrspannung anliegt. Durch zusätzliches Anlegen einer Hilfsspannung (vom Netzteil) kann auch der ruhende Verkehr überwacht werden. Hierzu sind jedoch Fahrspannungsmasse (0 V vor dem Polwechsler) und Netzteilmasse miteinander zu verbinden.

3.6.1 Einfache Belegtmelder

Wie wir bei den Dioden gesehen haben, fällt an einer in Durchlaßrichtung betriebenen Diode eine bestimmte Spannung ab ($\approx$ 0,3 V bei Germanium, $\approx$ 0,6...0,7 bei Silizium), die nahezu konstant ist (auch bei großen Strömen). Dies machen wir uns bei den Belegtmeldern zu Nutze. Schalten wir nämlich z. B. zwei Siliziumdioden in Reihe in die Fahrspannungszuführung zu einer Schiene des Gleises, so fällt an ihnen eine Spannung von ca. 1,2...1,4 V ab, wenn ein Verbraucher (z. B. Lok) die Verbindung zur anderen Schiene des Gleises herstellt *(Abb. 3.44)*. Eine parallel zu den Dioden geschaltete 1,5-V-Glühlampe leuchtet also, sobald die Fahrspannung größer als 1,5 V ist. Die beiden Dioden bilden einen stromabhängigen Widerstand, der den Spannungsabfall begrenzt und die großen Ströme am parallelgeschalteten Verbraucher (Glühlampe, LED, Transistor-strecke B-E usw.) vorbeiführt. Damit die Schaltung auch für Wechselstrom bzw. in der Gegenrichtung funktioniert, werden noch zwei Dioden antiparallel geschaltet. Die Belastbarkeit der Dioden muß der maximalen Stromaufnahme der Verbraucher auf dem befahrenen Gleis angepaßt sein. In Abb. 3.44 wurden 1N4001, die bis 1 A belastbar sind, verwandt. Bei einer Fahrspannung unter ca. 1,5 V...0 V erfolgt keine Besetztanzeige.

Anstatt der Glühlampe kann man auch eine entsprechend gepolte Leuchtdiode mit Vorwiderstand (unbedingt nötig) einsetzen. Sieht man dann noch den eingangs erwähnten Widerstand und eine Hilfsspannung von ca. + 14 V vor, so kann auch die Meldung des ruhenden Verkehrs erfolgen (siehe *Abb. 3.45*). Die einzelne antiparallele Diode gewährleistet die Stromzuführung bei Rückwärtsfahrt.

Abb. 3.44 Einfacher Belegtmelder (2 Fahrtrichtungen)

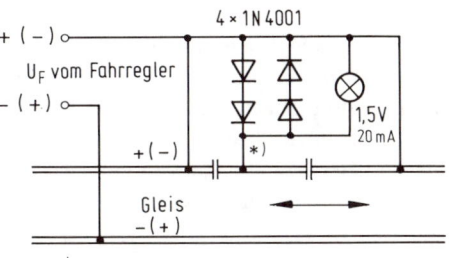

*) Überwachter Gleisabschnitt

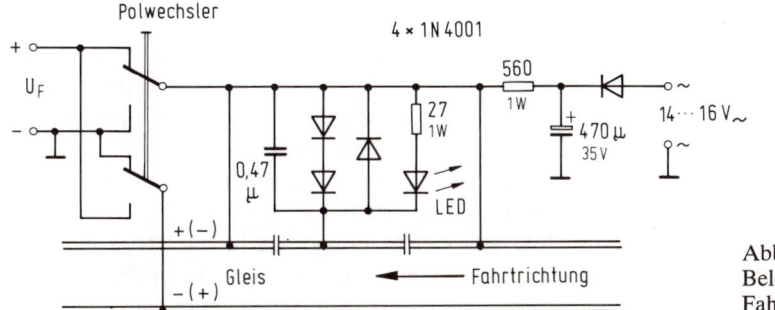

Abb. 3.45 Einfacher Belegtmelder (1 Fahrtrichtung)

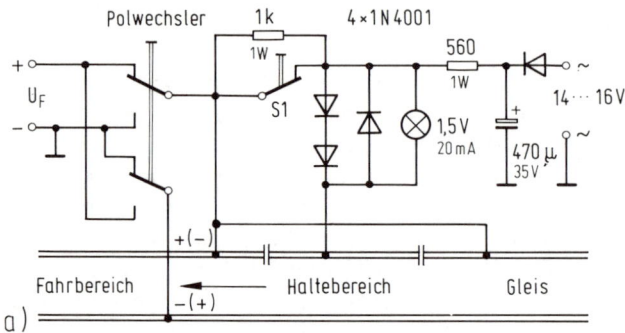

Abb. 3.45a Belegtmelder mit erweitertem Überwachungsbereich

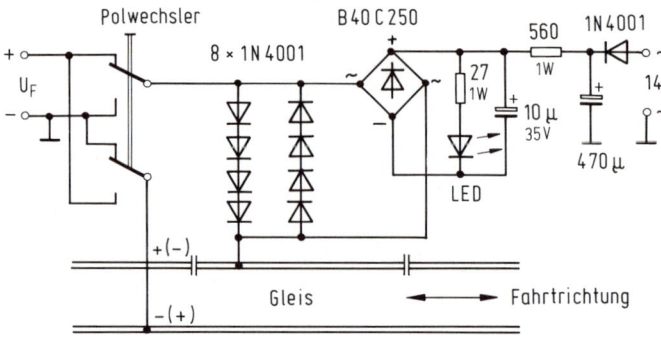

Abb. 3.46 Belegtmelder für ruhenden Verkehr (2 Fahrtrichtungen)

Soll die Belegtmeldung in beiden Fahrtrichtungen erfolgen, so ist eine Schaltung nach *Abb. 3.46* zu verwenden, die wir in ähnlicher Form bereits aus Abb. 2.88 kennen. Sollen die Belegtmelder in Haltebereichen eingesetzt werden, so ist der Kontakt bzw. Schalter für die Stromzuführung durch einen 1-kΩ-Widerstand zu überbrücken. Abb. 3.45 a zeigt dies am Beispiel eines nur in einer Fahrtrichtung wirkenden Belegtmelders, der jedoch auch den ruhenden Verkehr meldet.

3.6.2 Komfortabele Belegtmelder mit Schaltstufe

Abb. 3.47 zeigt den Belegtmelder, den wir bereits aus mehreren Schaltungen kennen und den wir noch öfter wiedersehen werden. Hier dient der Spannungsabfall an den Dioden dazu, einen PNP-Transistor durchzuschalten, der im Belegtfall Pluspotential am Kollektor liefert. Ein nachgeschalteter NPN-Transistor schaltet dann ebenfalls durch und an seinem Kollektor liegt 0 V. In Abb. 3.47 wurde hier ein Relais eingebaut, das im Belegtfall anzieht. Aber auch eine optische Anzeige mit einer LED ist möglich.

Sollte beim Betrieb von Märklinloks das Fahrtrichtungsumschalterelais in der Lok angezogen bleiben, so ist der 1-kΩ-Widerstand direkt an den + Pol des Gleichrichters (vor der Diode) anzuschalten. Durch die pulsierende Spannung fällt das Relais dann sicher ab.

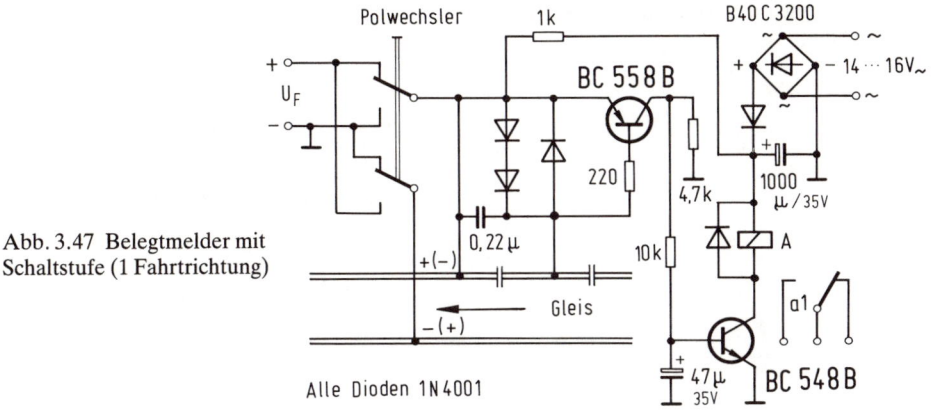

Abb. 3.47 Belegtmelder mit Schaltstufe (1 Fahrtrichtung)

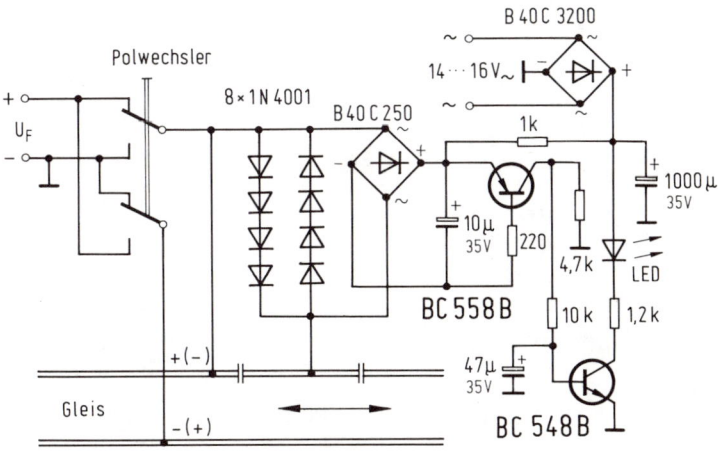

Abb. 3.48 Belegtmelder mit Schaltstufe (2 Fahrtrichtungen)

Soll die Schaltung in beiden Richtungen wirken, so ist die Anzahl der Dioden zu erhöhen und ein Gleichrichter vorzusehen. Die Schaltung zeigt *Abb. 3.48*.

Zum Schluß folgt mit *Abb. 3.49* noch eine Belegtmelderschaltung, die direkt an die entsprechende Schiene anzuschalten ist und wie ein elektronischer Schalter arbeitet. Abb. 3.49 ist bei Trennstellen in der Plusschiene (spricht auf 0-Potential an) einzusetzen. Die Anzeige erfolgt auch bei zugedrehtem Fahrregler.

Die eingezeichneten LED bei allen Belegtmeldern leuchten immer dann, wenn der Gleisabschnitt durch entsprechend präparierte Fahrzeuge besetzt ist.

Abb. 3.50 zeigt, wie der Widerstand zur Belegtmeldung eines unbeleuchteten Wagens anzubringen ist. Hierzu sind eventuell vorhandene Kunststoffräder oder -achsen gegen Metallausführungen auszuwechseln, damit der anzulötende Widerstand den Kontakt

167

Abb. 3.49 Belegtmelder mit Direktanschluß (1 Fahrtrichtung)

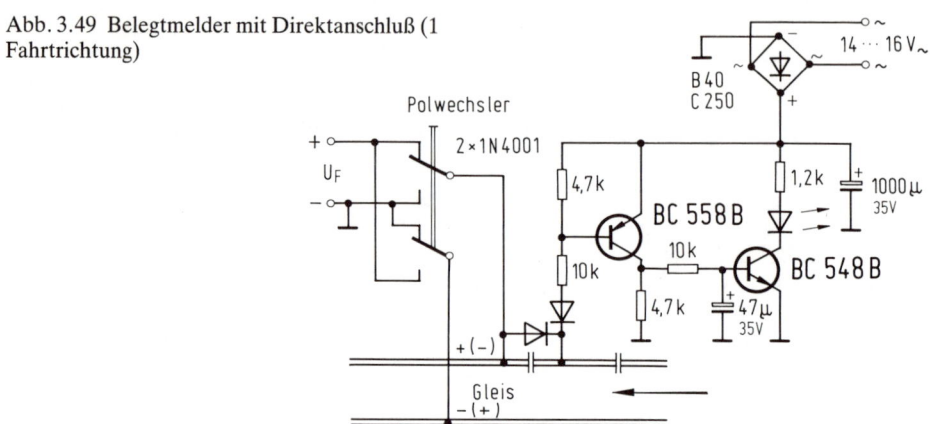

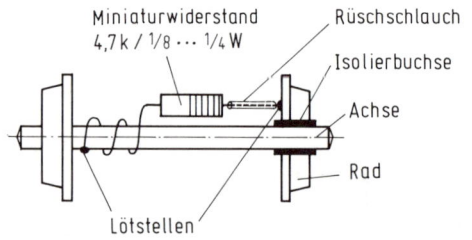

Abb. 3.50 Beschaltung eines Radsatzes zur Belegtmeldung

Abb. 3.51 Signalsteuerung mit Belegtmelder (1 Fahrtrichtung)

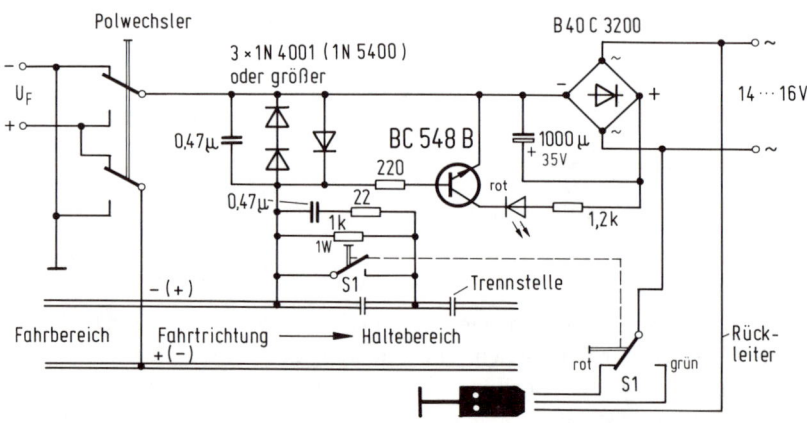

zwischen Schiene und Belegtmelder herstellen kann. Ein Rad ist jeweils von der Achse zu isolieren, sonst haben wir gleich einen Kurzschluß (bei Gleichstrom). Pro Wagen sind zwei Widerstände (je einer an jedem Ende) einzubauen. Bei Märklin ist diese Möglichkeit der Belegtmeldung nicht möglich, da hier beide Außenschienen auf gleichem, d. h. Masse-Potential liegen. Hier muß ein Mittelschleifer her, an den der Widerstand (besser Glühlampe) anzulöten ist.

Die Erwärmung der Lötstellen sollte so kurz wie möglich (aber so lange wie nötig) erfolgen, damit Kunststoffteile durch die Wärme nicht in Mitleidenschaft gezogen werden. Vor dem Löten ist die Lötstelle mit Azeton zu reinigen.

Abb. 3.51 zeigt einen Belegtmelder für eine Fahrtrichtung, der mit einem NPN-Transistor arbeitet. Die Funktion ist wie bei den anderen Schaltungen auch, d. h. die LED leuchtet im Belegtzustand. Die Trennstelle liegt hier jedoch in der Minusschiene.

Die in beiden Richtungen wirkenden Belegtmelder (Abb. 3.44, 3.45 und 3.48) sind selbstverständlich auch bei Trennstellen in der Minusschiene einsetzbar.

Wer einen kontaktlosen Belegtmelder bauen möchte, muß hier auf eine Lichtschrankenüberwachung zurückgreifen (z. B. aus Abschnitt 2.4).

3.7 Schattenbahnhof-Steuerungen

Schattenbahnhöfe sind verdeckte, unterirdische, dem Betrachter entzogene Gleisharfen (Abstellgleise), die einen Zugaufenthalt bewirken und den Einsatz vieler Züge (je nach Menge der Abstellgleise) auch auf kleineren Anlagen ermöglichen.

Da die manuelle Überwachung eines Schattenbahnhofs aufgrund seiner Lage schwierig ist (Unfallrisiko) und der Modellbahner lieber die Züge im oberirdischen Bereich betrachtet oder rangiert, wurden die nachfolgenden Automatiken entwickelt, die die Steuerung übernehmen. Die Schaltungen sind so konzipiert, daß alle Gleise belegt werden und daß bei vollständig belegtem Schattenbahnhof das Einfahrsignal auf Rot steht. Durch entsprechende Verdrahtung bzw. Beschaltung der Kontakte und Steuerstufen ist auch die andere Version realisierbar, bei der das Durchfahrgleis generell bei besetztem Schattenbahnhof alle noch einfahrenden Züge durchfahren läßt. In Zusammenarbeit mit der Ausfahrautomatik ist diese Version jedoch nicht empfehlenswert und ist deshalb hier nicht aufgeführt.

Das kürzeste Abstellgleis muß, um ein einwandfreies Arbeiten zu gewährleisten, immer ca. 1,5fache Maximalzuglänge haben.

3.7.1 Einfahr-Automatiken

Einfache Einfahrautomatik mit SRK

Wenn bei *Abb. 3.52* ein Zug in den Schattenbahnhof einfährt, wird SRK1 auf dem Einfahrgleis kurz betätigt und Relais E (monostabil) zieht an. Über den e_1-Kontakt erfolgt nun – entsprechend dem Belegtzustand der einzelnen Gleise – die Schaltung der Einfahrweichen W1 und W2. Öffnet SRK1 wieder, so fällt E zeitverzögert ab. Die Weichen erhalten somit nur einen Schaltimpuls. SRK1 ist so einzubauen, daß die Weichen vor dem Zugeintritt umschalten können. Da in unserem Beispiel alle Gleisabschnitte A...C frei sind, fährt der Zug in Gleis 1 und schaltet über SRK2 das bistabile Relais A in

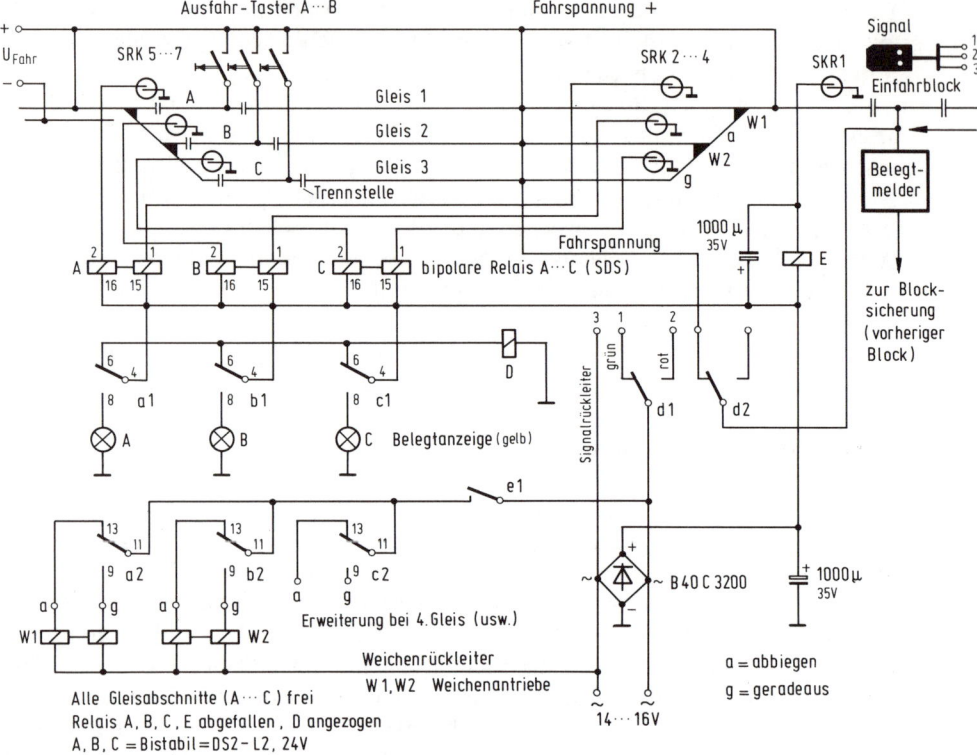

Abb. 3.52 Einfache Schattenbahnhofs-Einfahrautomatik mit SRK

die andere stabile Stellung. Über a_1 erfolgt die Belegtanzeige, die Lampe A (oder LED mit 1,2-kΩ-Vorwiderstand) leuchtet. Der a_2-Kontakt schaltet auf Abbiegen, da e_1 aber inzwischen wieder offen ist, erfolgt keine Umschaltung, sondern nur eine Vorbereitung für den nächsten e_1-Impuls.

Wenn alle Gleise besetzt sind, sind auch die parallelgeschalteten Kontakte $a_1 \ldots c_1$ alle umgeschaltet, so daß Relais D (monostabil) abfällt und über d_2 die Fahrspannung des Einfahrgleises unterbricht. Ein evtl. vorhandenes Einfahrsignal springt durch d_1 auf Rot. Ein einfahrender Zug muß nun hier halten. Ein Belegtmelder meldet dies dann der Blocksicherung des vorherigen Blocks.

Damit bei o. a. Schaltung keine Auffahrunfälle passieren, muß auch der letzte Wagen eines Zuges entsprechend Kapitel 3.6 präpariert sein, d. h. einen Stromverbraucher aufweisen, um den Einfahrblock so lange zu sichern, bis der Zug im Schattenbahnhofsgleis eingefahren ist.

Bei besetztem Schattenbahnhof hat nun der Modellbahner oder die Ausfahrautomatik einzugreifen. Taster A z. B. gibt Fahrspannung an Abschnitt A, der dort stehende Zug verläßt den Schattenbahnhof. Über SRK5 erfolgt daraufhin die Freigabe von Abschnitt A, und der wartende Zug kann nun in diesen Abschnitt vorrücken.

Die Schaltung ist beliebig erweiterbar.

Verbesserte Einfahrautomatik

Durch den Einsatz von Belegtmeldern und einer Steuerlogik erfolgt eine Verbesserung der vorherigen Schaltung, d. h. das Unfallrisiko ist hier noch geringer. Als Belegtmelder kommt die in Abb. 3.49 gezeigte Ausführung zur Anwendung.

Fährt nach *Abb. 3.53* ein Zug in den Gleisabschnitt 1 ein, so spricht Gleisbelegtmelder (GBM) 1 an und gibt zum einen eine positive Steuerspannung an ein NOR-Gatter mit Relais D und zum anderen an einen Impulsschalter mit Relais E. Das E-Relais spricht kurz an und schaltet die Weichen entsprechend dem Belegtzustandes der Gleisabschnitte A...C mit dem e_1-Kontakt. Solange Abschnitt 1 durch einen Stromverbraucher bzw. Meldewiderstand als besetzt gilt, bleibt Relais D angezogen und das Einfahrsignal auf Rot bzw. für eine Einfahrt eines Zuges aus dem vorherigen Block gesperrt. Der letzte Wagen ist daher auch wieder analog Kapitel 3.6 zu präparieren. Abschnitt 1 muß ca. eine Wagenlänge über die Weichen W1 und W2 in die Gleise 1...3 hineinreichen.

Sind alle Gleisabschnitte A...C besetzt, d. h. die Relais A...C angezogen, sperrt der Transistor T, und über den zweiten Eingang des NOR-Gatters erfolgt erneut die Durchschaltung des Gattertransistors. Das D-Relais zieht an, und das Einfahrsignal

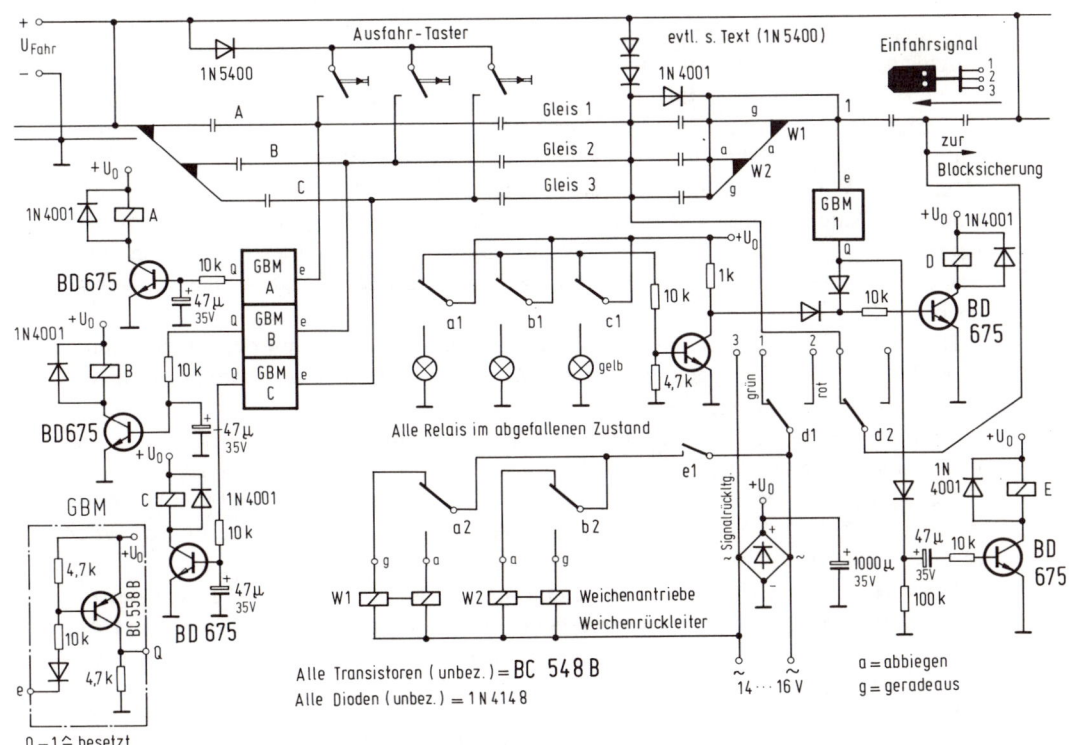

Abb. 3.53 Verbesserte Einfahrautomatik

schaltet auf Rot. Die Abschnitte A...C müssen so lang sein, daß die Lok in diesem Bereich sicher zum Stillstand kommt und nicht darüber hinaus in den Fahrbereich rutscht. Zu lang darf der jeweilige Abschnitt jedoch auch nicht sein, damit der letzte Wagen aus dem Bereich 1 heraus ist und diesen nicht als besetzt meldet (sonst Dauerrot). Zur Spannungsreduzierung im Schattenbahnhofsbereich können entsprechende Dioden (Typ 1 N 5400 oder stärker) dienen, die ja jeweils 0,6...0,7 V Spannungsabfall bewirken.

Am idealsten ist die Gleislänge der Gleise 1...3 jeweils, wenn der letzte Wagen mit Meldewiderstand oder Schlußlicht gerade aus dem Bereich 1 heraus ist und die entsprechende Lok gleichzeitig in den jeweiligen Abschnitt A...C einfährt. Die Gleislänge jedes Gleises sollte auch den längsten Zug sicher aufnehmen können (möglichst 1,5fache Zuglänge).

Super-Einfahrautomatik

Die beste aber auch komplizierteste Einfahrautomatik zeigt *Abb. 3.54*. Solange hier eines der Gleise 1...4 frei ist, steht das Einfahrsignal auf Grün und läßt einen Zug einfahren. Sobald sich die Lok im Bereich 1 befindet, spricht der Belegtmelder 1 an und schaltet über ein NOR (T14) mit Relais A das Einfahrsignal auf Rot, um ein Auffahren nachfolgender Züge zu verhindern. Um hier einen sicheren Schutz zu gewährleisten, müssen alle Wagen mit Meldewiderstand oder Stromverbrauchern ausgerüstet sein (Bereich 1 ist dann durchgängig, d. h. ununterbrochen, belegt).

Die Einfahrweichenschaltung übernimmt in Abb. 3.54 ein Dezimalzähler CD 4017 A, der abhängig vom Belegtzustand der Bereiche A...D über ein NOR (¼ CD 4001) einen Impulsschalter veranlaßt, kurzzeitig Minuspotential an die entsprechende (n) Einfahrweichen W1...W3 zu legen und diese umzuschalten. Die Codierung erfolgt hierbei durch eine entsprechend verschaltete Diodenmatrix. Sobald der NOR-Ausgang Pluspotential liefert, stoppt der Zähler (über Stift 13 am CD 4017 A) und verharrt solange in dieser Stellung, bis das entsprechende Gleis besetzt ist. Der Zähler läuft dann in aufsteigender Richtung (0...9) weiter.

Das NOR liefert immer dann Pluspotential am Ausgang, wenn der entsprechende Gleisabschnitt A...D frei ist (»0«) und der Zähler über den Inverter ebenfalls »0« an den zweiten NOR-Eingang schaltet.

Sind alle vier NOR-Ausgänge »0«, d. h. alle Abschnitte A...D besetzt, so sperrt T9 und T14 leitet, wodurch Relais A anzieht und das Einfahrsignal auf Rot geht.

Der Zähler läuft nun solange durch, bis wieder ein Zug ausgefahren und damit einer der Abschnitte A...D frei ist. Die Einfahrweichen werden dann auf dieses freie Gleis geschaltet und das Einfahrsignal zeigt Grün.

Die Ausfahrtasten schalten Fahrspannung an einen der Abschnitte A...D, und der Zug kann ausfahren. Die Tasten sind untereinander verriegelt, so daß nur immer ein Zug Spannung erhält, auch wenn zwei Tasten gleichzeitig gedrückt wurden. Zu den Gleisabständen gilt das bei Abb. 3.53 gesagte.

Die Schaltung ist auf bis zu neun Gleisen erweiterbar.

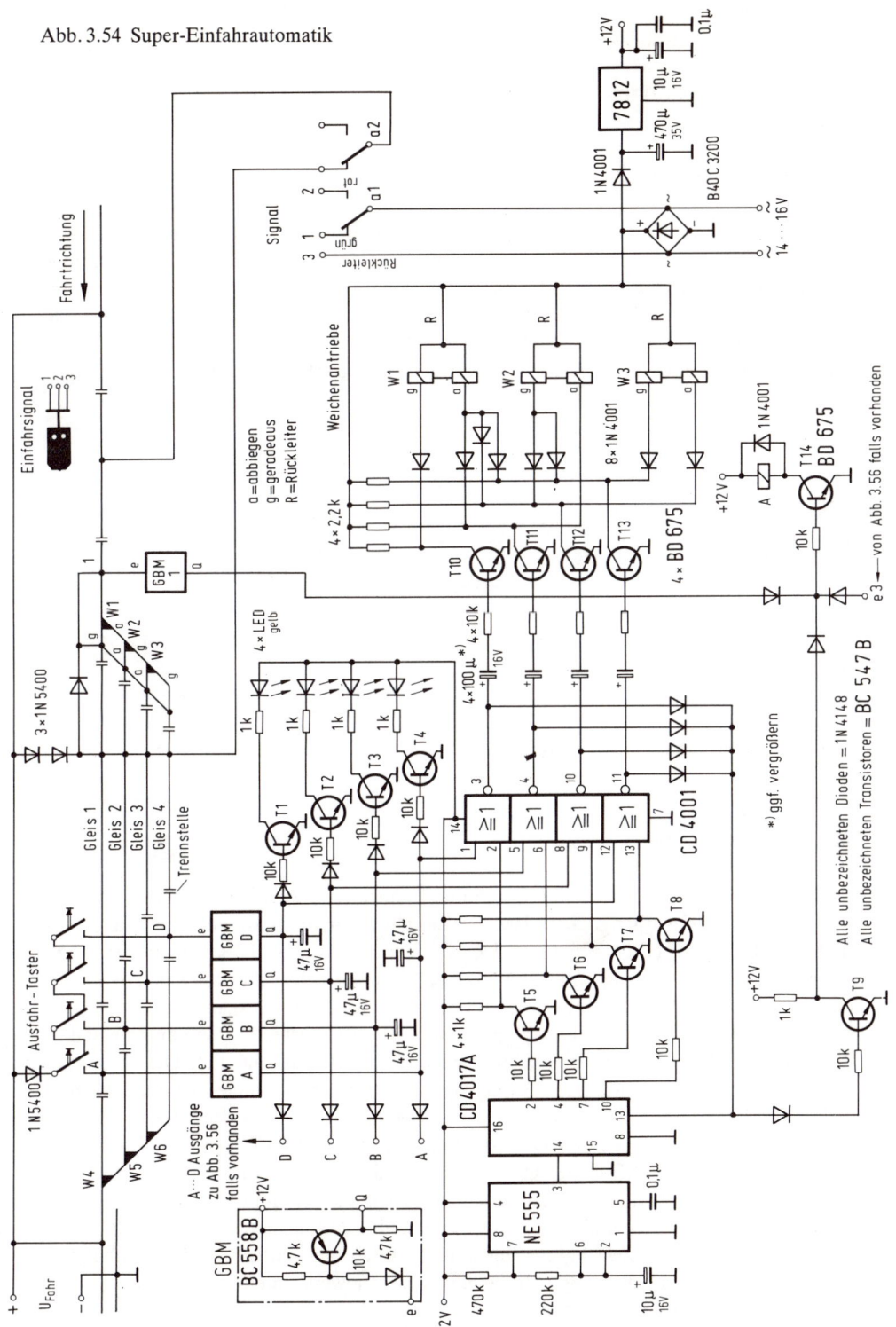

Abb. 3.54 Super-Einfahrautomatik

173

3.7.2 Schattenbahnhof-Ausfahrautomatiken

Einfache Ausfahrautomatik

Sobald man in *Abb. 3.55* eine Ausfahrtaste A...C betätigt, spricht das dazugehörige bistabile Relais X...Z an und legt Fahrspannung an den entsprechenden Gleisabschnitt A...C. Passiert die Lok den GBM 2 (Schaltung nach Abb. 3.49), so schaltet T1 durch und gibt Muspotential an die andere Relaisspulenseite der bistabilen Relais X...Z, und die Fahrspannung wird vom Gleis wieder abgeschaltet.

Die Relaiskontakte X1...Z1 verhindern eine Doppelschaltung von Relais und damit einen Zusammenstoß.

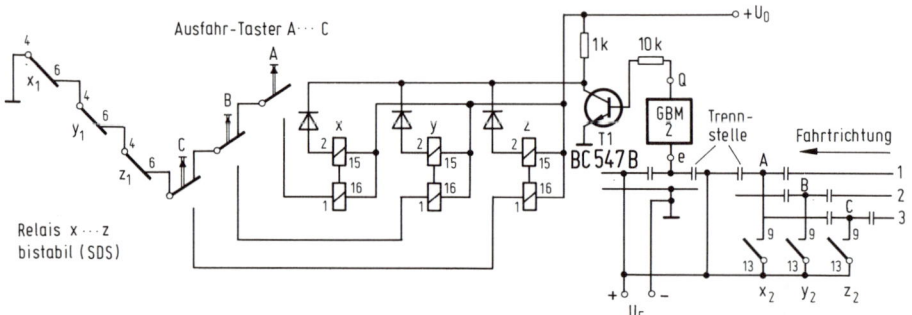

Abb. 3.55 Einfache Ausfahrautomatik

Super-Ausfahrautomatik

Natürlich gibt es zur Supereinfahrautomatik auch ein Ausfahrautomatik, nämlich *Abb. 3.56.*, die die Ausgänge der GBM der Einfahrautomatik mitbenutzt und auf jeweils einen NOR-Eingang (CD 4001) führt. Der dazugehörige zweite NOR-Eingang ist wieder mit einem Zähler-Ausgang eines CD 4017 A verbunden. Die Ausfahrweichen werden somit analog Abb. 3.54 geschaltet. Sobald der jeweilige NOR-Ausgang »1« ist, wird der Zähler (Stift 13) durch ein RS-Flip-Flop gestoppt. Ein Weiterlauf des Zählers ist erst nach Betätigung der Taste T1 (und damit Umschaltung des Flip-Flops) möglich. Diese Funktion kann auch ein in genügender Entfernung vom Schattenbahnhof angebrachter SRK oder Lichtschrankenkontakt übernehmen. Der 1-μF-Kondensator bewirkt ein Anlaufen des Zählers beim Einschalten. Die NOR-Ausgänge legen weiterhin Pluspotential an jeweils einen zugehörigen NAND-Eingang der NAND mit den Relais A...D, die über ihre Kontakte a_1...d_1 Fahrspannung an den entsprechenden Abschnitt A...D legen, wenn die restlichen Eingangsvariablen »1« sind. Als erste Forderung hierzu muß der GBM 2 »0« sein, d. h. es darf kein Zug bereits ausfahren. Durch den hinter GBM 2 geschalteten Inverter erhalten nämlich im Belegtfalle alle NAND jeweils an einem Eingang »0«, und das Relais (A...D) kann nicht anziehen.

174

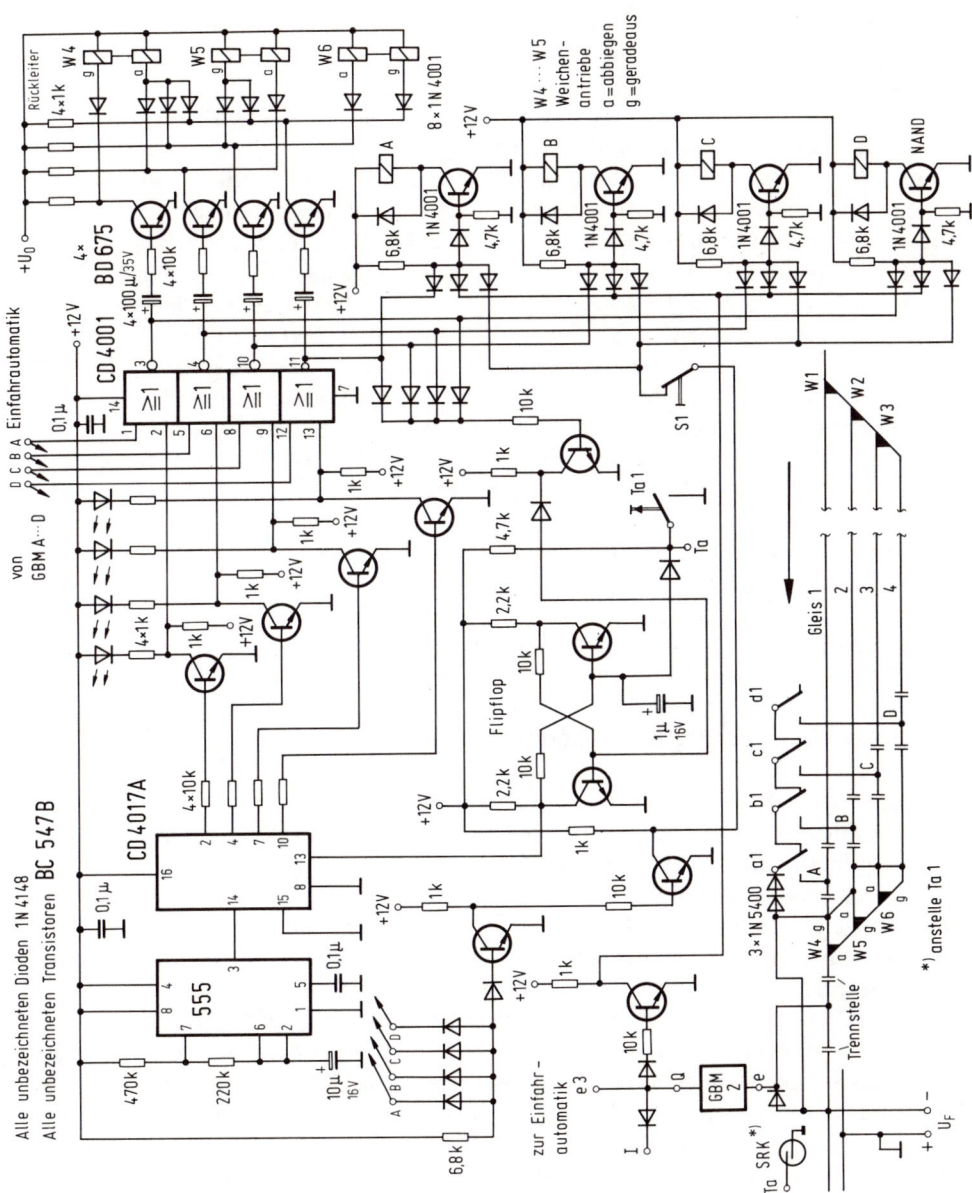

Abb. 3.56 Super-Ausfahrautomatik

Der dritte NAND-Eingang erhält erst »1«, wenn der Schattenbahnhof aufgefüllt ist. Hierzu sind die Belegtmelderausgänge A...D über ein AND zusammengefaßt, daß nur »1« liefert, wenn alle Gleise A...D besetzt sind.

Verläßt z. B. der Zug auf Gleis A den Schattenbahnhof, meldet GBM A dieses Gleis solange als besetzt, bis der letzte Stromverbraucher oder Meldewiderstand den Bereich A verlassen hat. Das Einfahrsignal kann somit auch nicht auf »Grün« schalten, da alle GBM immer noch Schattenbahnhof »aufgefüllt« melden. Zusätzlich verhindert GBM 2 im Besetztfall durch Anschalten von Pluspotential an Punkt e_3, der mit dem Eingang e_3 des NOR mit T14 der Einfahrautomatik zu verbinden ist, einen Abfall des A-Relais. Ein vor dem Einfahrsignal wartender Zug erhält also keine Freigabe (Grün) und kann daher nicht hinter dem ausfahrenden Zug gleich hinterherfahren, d. h. das Gleis 1 durchfahren. Erst wenn der Zug den Meldebereich von GBM 2 verlassen hat, kann der wartende Zug nach Gleis 1 nachrücken. Inzwischen hat der Zähler der Ausfahrautomatik jedoch um ein Gleis weitergezählt, so daß nun der Zug aus Bereich B, d. h. von Gleis 2 ausfährt.

Durch die beschriebene Sperrschaltung ist gewährleistet, daß immer der zuerst eingefahrene Zug auch wieder als erster ausfährt. Die Sperrfunktion ist durch Schalter S 1 abschaltbar.

Dann kann es jedoch vorkommen, daß bei leerem Schattenbahnhof ein gerade eingefahrener Zug diesen nach kurzer Pause sofort wieder verläßt. An Stelle der GBM können auch Lichtschranken Verwendung finden, die bei unterbrochenem Lichtstrahl (Besetztfall) »1« am Ausgang liefern müssen.

3.7.3 Lokidentifizierungs-Schaltungen

Bei den beschriebenen Automatikschaltungen ist nicht erkennbar, welche Lok bzw. welcher Zug in welchem Gleis steht. Wer eine solche Identifikation für nötig hält und den Aufwand hierfür nicht scheut, dem kann auch hier die Elektronik helfen. Jede Lok ist dazu durch eine gewisse Anzahl von Silberpapierquerstreifen (Zigarettenpapier o. ä.) auf der Lokunterseite zu kodieren, d. h. die Anzahl der Querstreifen identifiziert die Lok. Eine Zählschaltung mit Reflexlichtschranke zählt dann diese Streifen, und schon weiß man, wo die entsprechende Lok steht (wenn man die Kodierung nicht vergessen hat).

Um Fehlschaltungen zu vermeiden, sollten alle blanken Teile auf der Lokunterseite und die Achsen vor dem Anbringen der Kodierstreifen geschwärzt werden. Auch der Abstand zur Lichtschranke ist für die sichere Funktion wichtig. Hier hilft nur Probieren. Dies ist bei den käuflich zu erwerbenden Schaltungen jedoch auch unumgänglich.

Jedes Gleis muß eine der nachfolgend beschriebenen Identifizierschaltungen erhalten. Bei Stromausfall oder nach einer Betriebsunterbrechung haben jedoch alle Schaltungen die Loknummer vergessen. Dies ist nur durch einen, während des Betriebes durch das Netzteil gepufferten, Akkumulator (+ 12 V) zu verhindern. Durch Abschalten der Anzeigen (Pluszuführung zu den LED bzw. Anzeigen unterbrechen, z. B. durch einen Relaiskontakt) ist im Ruhebetrieb eine weitere Stromreduzierung möglich. Auch Batteriebetrieb (+ 5 V) ist möglich.

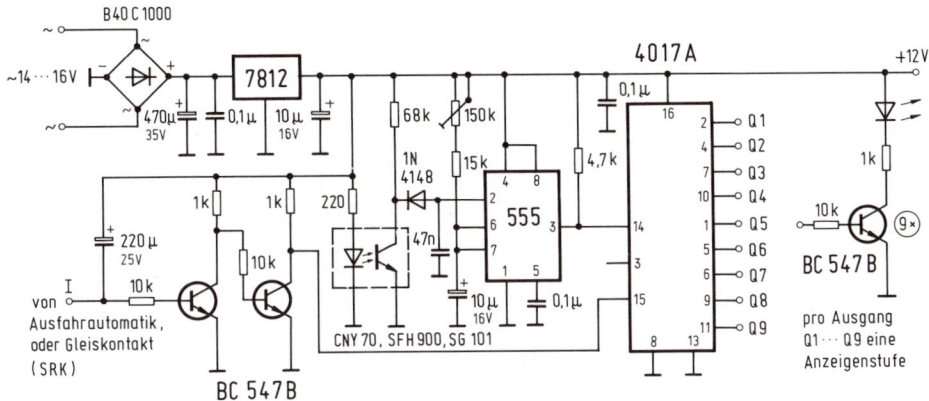

Abb. 3.57 Lokidentifizierer für 9 Loks

Identifizierschaltung für bis zu 9 Loks

Fährt die kodierte Lok über die im Gleiskörper untergebrachte Reflexlichtschranke (nach *Abb. 3.57*), so erzeugt jeder silberne bzw. helle Querstreifen einen Minusimpuls, den das Monoflop mit dem 555 in einen Impuls mit definierter Impulslänge verwandelt. Die Impulslänge ist den Gegebenheiten entsprechend einzustellen (ausprobieren). Jeder Plus-Impuls am Monoflopausgang schaltet den Zähler 4017 A einen Schritt weiter, und der am entsprechenden Ausgang (Q1 . . .Q9) angeschaltete Transistor läßt seine LED leuchten. Bei 4 Streifen unter der Lok, leuchtet z. B. LED 4.

Durch einen Plusimpuls an Punkt I erfolgt Reset (»1« an Stift 15) für den Zähler, d. h. alle LED gehen aus (Stift 3 des 4017 A = + 12 V). Beim Einschalten erfolgt über den 220-μF-Kondensator ebenfalls Reset.

Natürlich können auch hier TTL-ICs zum Einsatz kommen, die Schaltung wäre dann analog zur Hälfte der Abb. 3.58 ohne Flip-Flop (mit je einem 555, 7490, 74247 und einer Anzeige) aufzubauen.

Identifizierungsschaltung für bis zu 99 Loks

Abb. 3.58 zeigt eine Erweiterung der vorherigen Schaltung, hier jedoch mit TTL-ICs. Die Impulserzeugung verläuft analog Abb. 3.57 in zweifacher Ausführung (Einer und Zehner. Damit nicht immer beide Zähler angesteuert werden, schaltet ein Flip-Flop zwischen den beiden Monoflops um.

Fährt die nach *Abb. 3.58 a* kodierte Lok (32 z. B.) in den Meßbereich ein, so setzt der Magnet über SRK 1 das Flip-Flop, das dann »1« an Stift 10 und »0« an Stift 4 des 556 gibt. Die durch die folgenden drei, ca. 1 mm breiten hellen Querstreifen (Breite ausprobieren) erzeugten Impulse gelangen somit nur zum unteren Zähler, der über den BCD-Siebenseg-ment-Decoder die Ziffer »3« anzeigen läßt. Kurz nachdem der letzte Streifen den

177

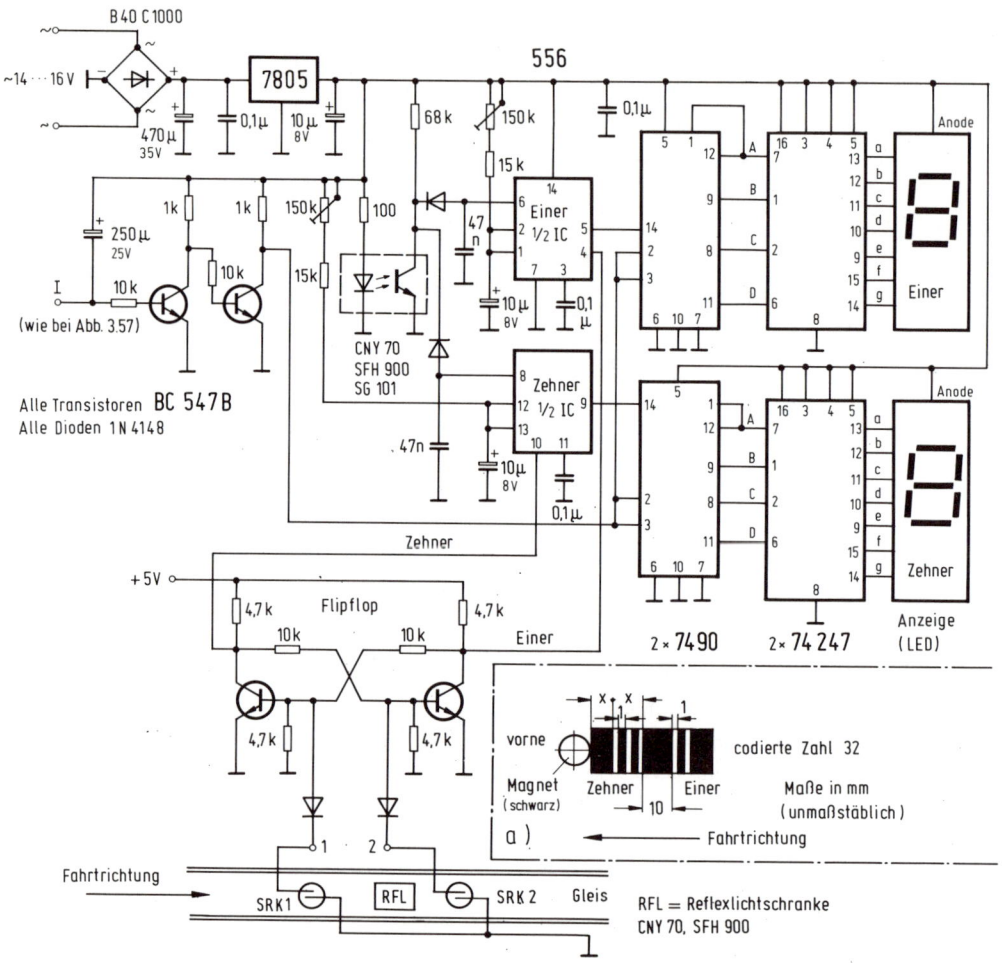

Abb. 3.58 Lokidentifizierer für 99 Loks   Abb. 3.58 a Beispiel einer Kodierung

Reflexkoppler passiert hat, setzt der Magnet über SRK 1 das Flip-Flop zurück (»1« an Stift 4 und »0« an Stift 10 des 556) und die nächsten Streifen (2) bringen den oberen Zähler zum Ansprechen. Woraufhin die Ziffer »2« an der Eineranzeige erscheint. Es leuchten jetzt die Ziffern 3 und 2 = 32. Die in Abb. 3.58 a angegebenen Maße stellen nur einen Anhalt dar und sind den eigenen Gegebenheiten entsprechend anzupassen. Soll die Ziffer »0« bei den Einern erscheinen (z. B. 30), so erfolgt nur die Kodierung der Zehnerzahl (hier 3 Streifen) und das Einerfeld bleibt schwarz. Diese Lösung ist bei den kürzeren Loks zu empfehlen, um Platzprobleme zu vermeiden. Eine nicht kodierte Lok mit schwarzem Unterboden erzeugt die Anzeige »00«.

178

Reset erfolgt analog Abb. 3.57. Je nach verwendetem Siebensegmentanzeigetyp kann noch ein Vorwiderstand (220...270 Ω) zwischen Dekoder und Anzeige (a...g) erforderlich sein.

3.8 Elektronisches Gleisbildstellwerk mit Drucktastenbedienung

Nach der Dienstvorschrift 482/6 der DB müssen beim Gleisbildstellwerk Dr S2 und Dr S3 (2) – (Sig VB 6) u. a. folgende Forderungen erfüllt sein, die wir möglichst auch beim Modell einhalten wollen:

1. Auswahl einer Fahrstraße durch gemeinsames Drücken von Start- und Zieltaste.
2. Löschen einer fälschlich gewählten Fahrstraße durch zusätzliches Drücken der Fahrstraßenhilfstaste (FHT).
3. Speichern der Fahrstraße und Anzeige im Stelltische durch gelbe Streckenausleuchtung, wenn der Besetztzustand dies erlaubt (d. h. gewählte Fahrstraße nicht durch Fahrzeuge oder andere Fahrstraße belegt).
4. Sperre von Zugfahrten über besetzte Gleise.
5. Rangierfahrten im besetzten Gleise erlaubt.
6. Alle Weichen (auch Flankenschutzweichen) innerhalb der gewählten Fahrstraße entsprechend schalten.
7. Anzeige der Weichenanlage für die gewählte Fahrstraße.
7 a. Anzeige nicht umgeschalteter Weichen durch gelbes Blinklicht.
7 b. Anzeige umgeschalteter Weichen durch gelbes Dauerlicht.
8. Freigabe der Strecke, d. h. der zugehörigen Signale, erst wenn alle erforderlichen Weichen ihre Endstellung (für die gewählte Fahrstraße) erreicht haben.
9. Fahrstraßen- und weichenabhängige Signalsteuerung (Haupt- und Sperrsignale) und deren Ausleuchtung für Zug und Rangierfahrten auf dem Stelltisch.
10. Hauptsignalabhängige Vorsignalsteuerung und Ausleuchtung im Stelltisch (Vorsignal am Mast eines Hauptsignals bleibt bei Hp0, Hp00 dunkel).
11. Anzeige des Besetztzustandes von Gleisabschnitten, Weichen und Kreuzungen durch rotes Dauerlicht.
12. Fahrstraßenunabhängige Weichen- bzw. Signalumschaltung (z. B. bei Rangierfahrten) durch die Weichentaste (WT), die Weichengruppentaste (WGT), die Signaltaste (ST) und die Signalgruppentaste (SGT).
13. Rotschaltung eines Signals durch Betätigung der Signalhaltgruppentaste (HaGT) und der entsprechenden Signaltaste (ST).

Diese Auswahl an Funktionen soll uns genügen. Denn ein vollwertiges Stellwerk der DB mit allen seinen Tasten, Lampen, Weckern, Sicherungen usw. können und brauchen wir im Modell nicht nachzubauen. Um diese 13 Punkte zu erfüllen, ist bereits ein größerer Aufwand erforderlich.

Eine Eigenart des Vorbilds wollen wir jedoch übernehmen: Wir verwenden bei der Fahrstraßenspeicherung die (bistabile) Relaistechnik des Vorbilds, damit nämlich auch nach einer Unterbrechung des Betriebes (auch Modellbahner müssen essen und schlafen!)

noch alles richtig funktioniert und die Schaltungen nicht undefinierte Zustände annehmen wie bei elektronischen Schaltern (Flip-Flops, ICs usw.). Außerdem wurden weitgehend Transistoren eingesetzt, zum einen aus Kostengründen zum anderen aus Gründen der Verfügbarkeit. Aber wer will, kann hier auch IC-Gatter einsetzen. Die Logik (siehe entsprechende Blockschaltbilder) funktioniert jedenfalls auch mit diesen Bausteinen.

Einen vorbildlichen Modell-Gleisbildstelltisch mit allen Stelltischfeldern der Bauform Dr S 2 bieten die Firmen Mini TEC und Herkat an.

Aus Gründen der Flexibilität, der Übersichtlichkeit, der leichteren Erweiterbarkeit und des einfacheren Aufbaus, erfolgt die Realisierung des elektronischen Durcktastenstellwerks durch Module der nachfolgenden Art:

3.8.1 Fahrstraßenmodul (FM)

Fahrstraßen sind signaltechnisch gesicherte Fahrwege, die durch gleichzeitiges Drücken der Start- und der Zieltaste eingestellt werden. In der Regel ist die Starttaste die Signaltaste (ST) am Startsignal. Für eine Einfahrt ist die Fahrstraßentaste (FT) im Bahnhofsgleis (z. B. beim Ausfahrsignal) die Zieltaste. Bei der Ausfahrt ist die Zieltaste in der Regel die FT im Streckengleis.

Abb. 3.59 zeigt die Schaltung des Moduls, das aus einem OR, einem NOR, einem AND, einem NAND und einem nichtflüchtigem Speicher (bipolares Relais) besteht *(Abb. 3.59 a)*. Nur wenn die Start-und die Zieltaste zusammengedrückt sind, liefert das NOR »1« am Ausgang; sind zudem noch alle zu überfahrenden Gleisabschnitte frei (eB1 ... eBN = »1«) und die Taste FHT nicht gedrückt (= »1«), so erscheint am NAND-Ausgang »0«, und das Relais kippt in die Arbeitslage. Die Kontakte a₁ und a₂ schalten QSi und QF an + 12 V. Durch QSi erfolgt über die Rückmeldematrix die Signalsteuerung, und QF übernimmt

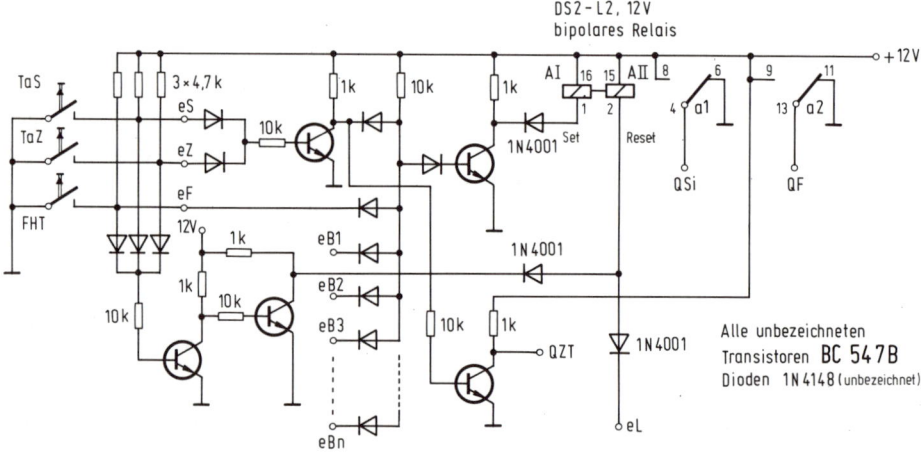

Abb. 3.59 Fahrstraßenmodul FM

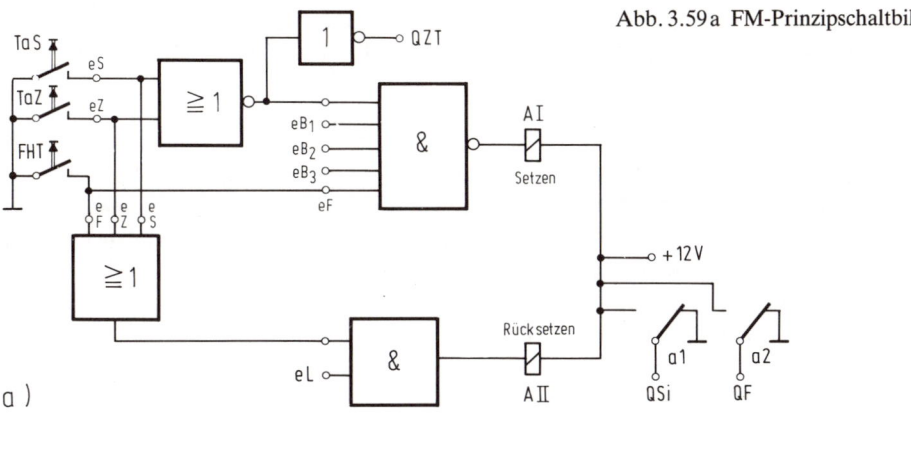

Abb. 3.59a FM-Prinzipschaltbild

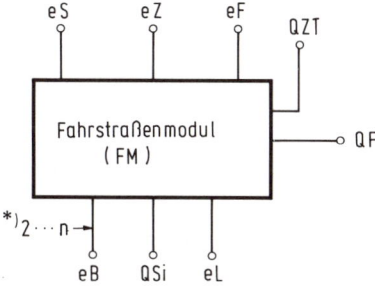

Abb. 3.59b FM-Blockschaltbild

*) je nach zu passierenden Gleisabschnitten und Weichen
(die alle frei sein müssen) 2 ⋯ n Eingänge eB

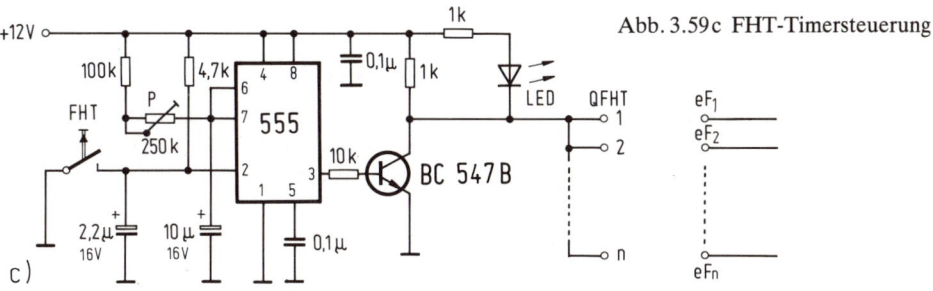

Abb. 3.59c FHT-Timersteuerung

jeweils über eine Matrix sowohl die Ausleuchtung der eingestellten Fahrstraße, als auch die Schaltung der entsprechenden Weichen (mit Flankenschutz bei Zugstraßen).

Am NOR-Ausgang befindet sich noch ein Inverter, dessen Ausgang QZT »0« liefert, wenn man die zugehörige Start- und Zieltaste des FM betätigt. Dieser Ausgang definiert die einzugebende Fahrstraße (z. B. ZT1, ZT4 usw.) und dient zur Beeinflussung der

$e_1 \ldots e_n$-Eingänge des BM über die Belegtmeldematrix. Bei FM für Rangierstraßen benötigt man den Ausgang QZT nicht, da hier alle BM am eR über QRT 0 gleichzeitig beim Betätigen einer RT und der SGT »0« erhalten.

Betätigt man zusätzlich zu Start- und Zieltaste noch die Taste FHT, so liefert der NAND-Ausgang »1«, und das OR gibt »0« über das AND an die zweite Spulenseite (AII) des Relais, welches daraufhin in seine Ruhelage zurückkippt und QSi und QF an 0 V legt. Der zweite Eingang des AND (eL) erhält seine Ansteuerung durch den Gleisbesetztmelder (GBM) im Zielgleis. Wenn die Lok ihr Ziel erreicht hat, spricht der jeweilige GBM an und gibt über das AND wiederum Minuspotential an die zweite Spulenseite und löscht die Fahrstraße. Wer Mühe hat, drei Tasten auf einmal zu drücken, kann durch die Taste FHT ein Monoflop mit Inverter triggern, das ca. $1{,}2 \ldots 4{,}25$ s »0« an den OR-Eingang legt *(Abb. 3.59 c)*. In der Monoflopzeit (optische Anzeige durch LED) sind nun die anderen beiden Tasten zu betätigen.

Die Speicherung der Fahrstraße ist immer nur dann möglich, wenn folgende Bedingungen erfüllt sind:

Taste Start (TS)	= 0	Taste gedrückt
Taste Ziel (TZ)	= 0	Taste gedrückt
Alle e B (eB1 . . .eBn)	= 1	Strecke zwischen Start und Ziel frei
eL	= 1	Ziel-GBM meldet frei
Taste FHT	= 1	Taste nicht gedrückt

Hat einer der Eingänge einen anderen Zustand (z. B. eB = 0 $\triangleq$ Gleis besetzt), erfolgt keine Einstellung dieser Fahrstraße.

Die Besetztmeldung für eB1 . . .eBn geschieht durch die entsprechenden Belegtmelder, die wiederum über die Belegtmeldematrix verknüpft sind.

3.8.2 Weichenmodul (WM)

Das komplizierteste Modul ist das Weichenmodul (WM), dessen Schaltung *Abb. 3.60* zeigt. Zum besseren Verständnis sehen wir uns daher erst einmal das Blockschaltbild in *Abb. 3.60 a* an und zwar für die Weichenstellung »Abzweigen«. Da für die Weichenstellung »Gerade« alle Vorgänge identisch ablaufen, ist hier eine Wiederholung nicht nötig und unterbleibt deshalb auch.

Die einzelnen FM melden über die Weichenmatrix, welche Stellung die zur Fahrstraße gehörigen Weichen haben müssen. Dies bedeutet für unser Beispiel, am Eingang e_a liegt »1« und an e_g liegt »0«. Durch Negation kehren sich diese Verhältnisse um, so daß jeweils ein Eingang der drei NOR des linken Teils (NOR 1 . . .3) »0« erhält. Da der Kontakt b_1 offen ist, bringt NOR2 im Takt des an eT angeschlossenen Multivibrators am Ausgang »1«. Über das OR fängt die gelbe LED der Weiche (Abzweigen) an zu blinken, und zwar bis b_1 schließt und über NOR3 und das OR Dauerpluspotential an den Transistor T1 der gelben LED legt und diese konstant leuchtet (Weiche in Endlage). Das Umschalten des bistabilen Relais B erfolgt über die Rückmeldung der Weiche (Pluspotential bei Weichenendstel-

Abb. 3.60 Weichenmodul WM

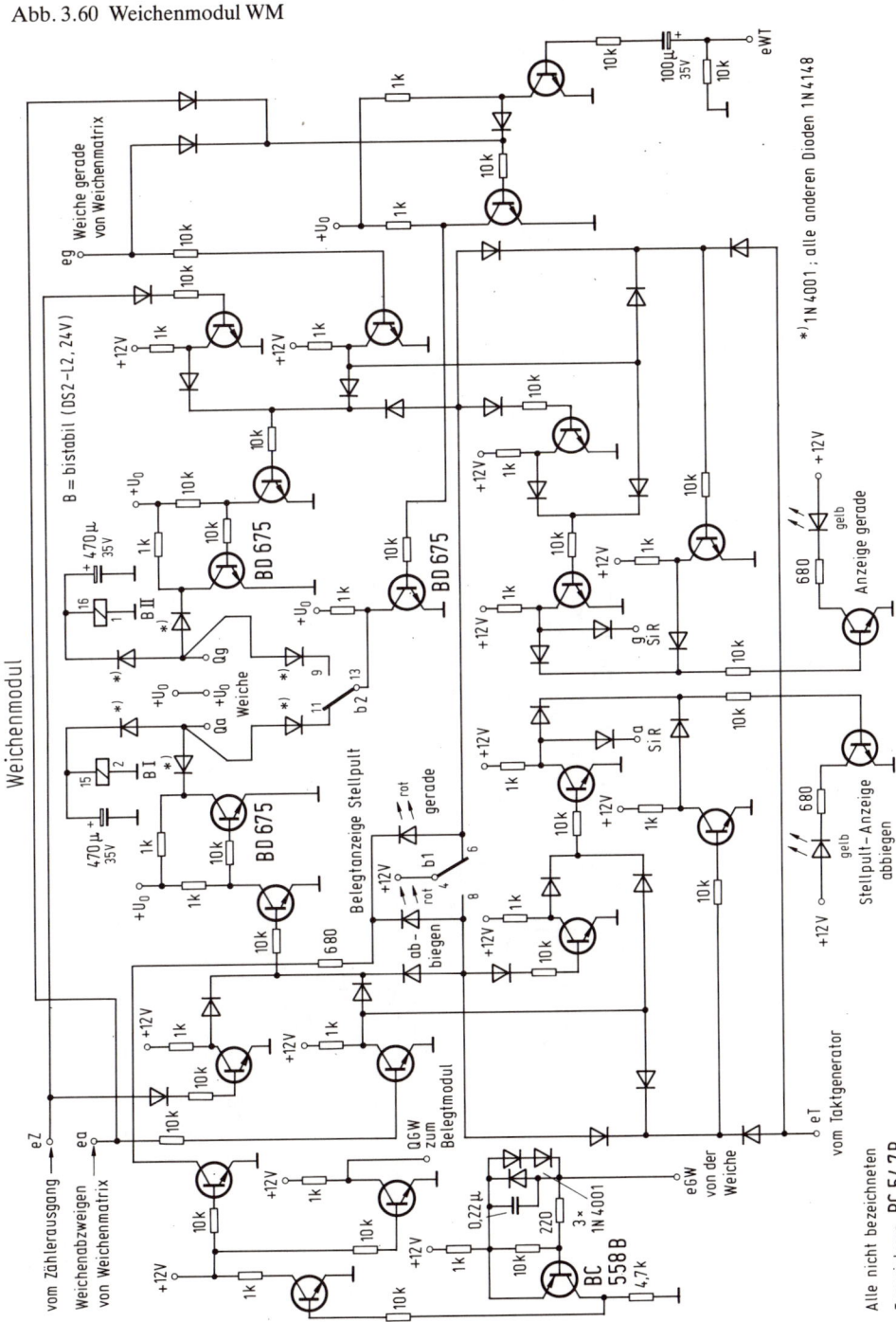

183

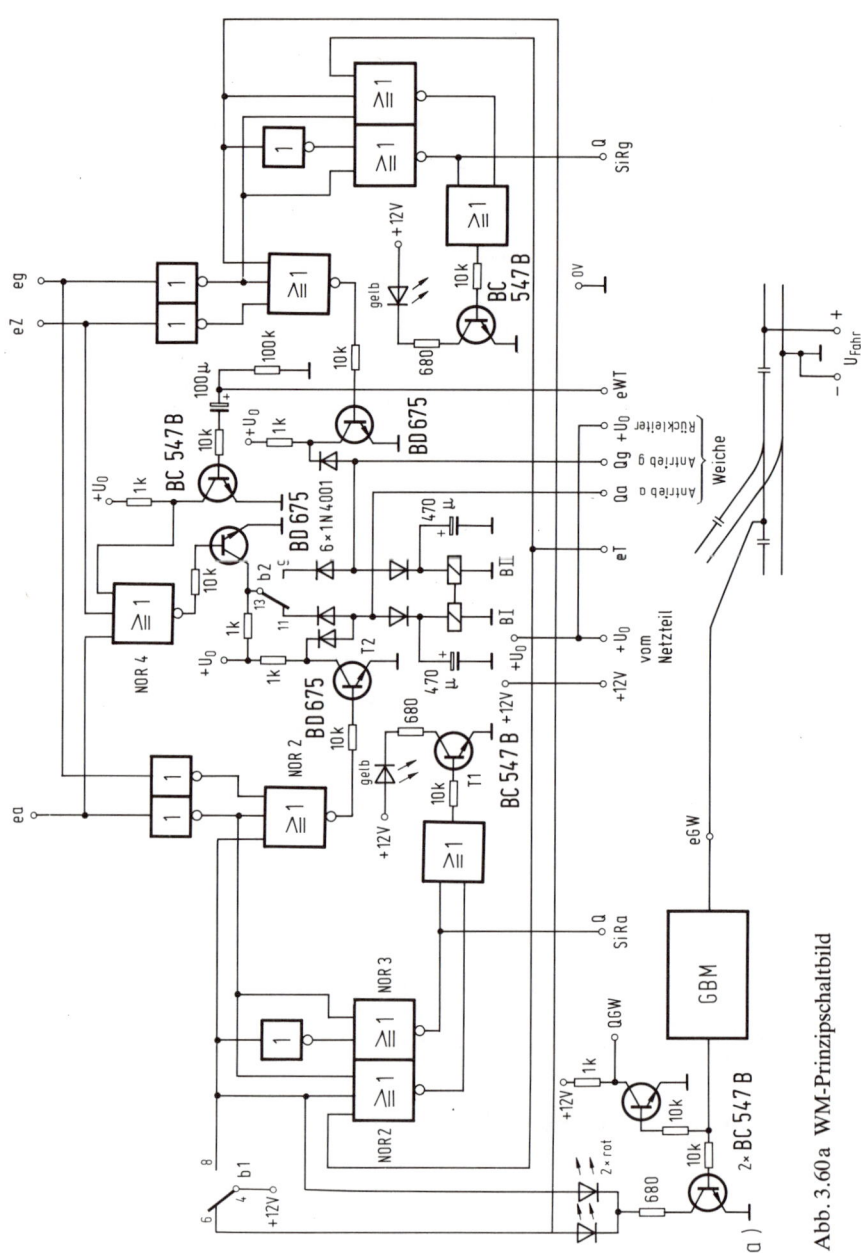

Abb. 3.60a WM-Prinzipschaltbild

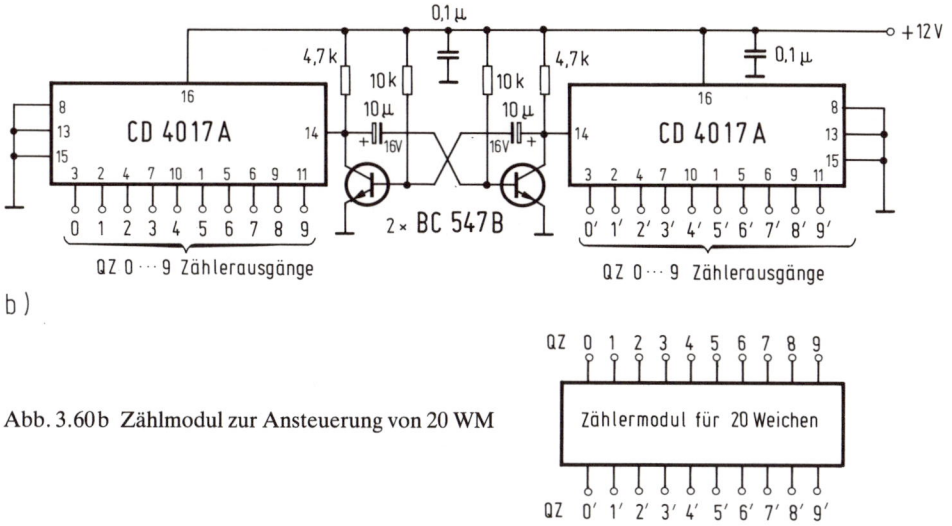

Abb. 3.60 b Zählmodul zur Ansteuerung von 20 WM

lung). Es werden also Weichen mit Rückmeldung der Weichenstellung benötigt, die jedoch heute schon Standard sind.

Auch für Märklin M- und K-Gleise gibt es Problemlösungen. Die Weiche selbst schaltet, wenn an NOR 1 der invertierte Takt des Weichenzählermoduls für diese Weiche anliegt. NOR 1 liefert dann (und nur dann) Pluspotential an den Schalttransistor T2 (BD 675), der Minuspotential an die entsprechende Weichenspule legt und diese umschaltet. Nach erfolgter Umschaltung verhindert b_1 durch Pluspotential an den dritten Eingang von NOR 1 weitere Ansteuerungen dieser Weichenspule (Weichenschutz bei Fehlfunktionen).

Das Weichenzählermodul *(Abb. 3.60 b)* besteht aus zwei wechselseitig von einem Multivibrator getakteten Zehnerzähler 4017 A, die nacheinander Pluspotential am entsprechenden Ausgang liefern. Es ist mit einem Zählermodul möglich, 20 verschiedene Einzelweichen oder, wenn es das Netzteil verträgt, auch 60 Weichen (immer drei Weichen gleichzeitig) umzuschalten.

Durch die versetzte Umschaltung erreichen wir eine Stromverringerung für jeden Umschaltvorgang, da maximal nur drei Weichen Strom ziehen. Das Netzteil kann somit schwächer ausgelegt sein. Beim Vorbild vergeht zudem auch eine gewisse Zeit, bis alle Weichen in die Endlage gelaufen sind.

Über NOR 4 ist bei gleichzeitiger Betätigung der Weichentaste (WT) und der Weichengruppentaste (WGT) auch eine Umschaltung der Weiche von Hand möglich, und zwar wird bei jedem Tastendruck auf WT die Weichenstellung umgeändert. Man kommt somit mit einer Taste für beide Weichenstellung aus. Bei Kreuzungs- und Dreiwegweichen benötigt man jeweils zwei Tasten mit zwei NOR. Über das bzw. die NOR müssen die beiden Ausgänge der Weichematrix (auch bei Kreuzungs- und Dreiwegweichen) mit dem Ausgang des, durch die Tasten WT und WGT angesteuerten, Impulsschalters verknüpft

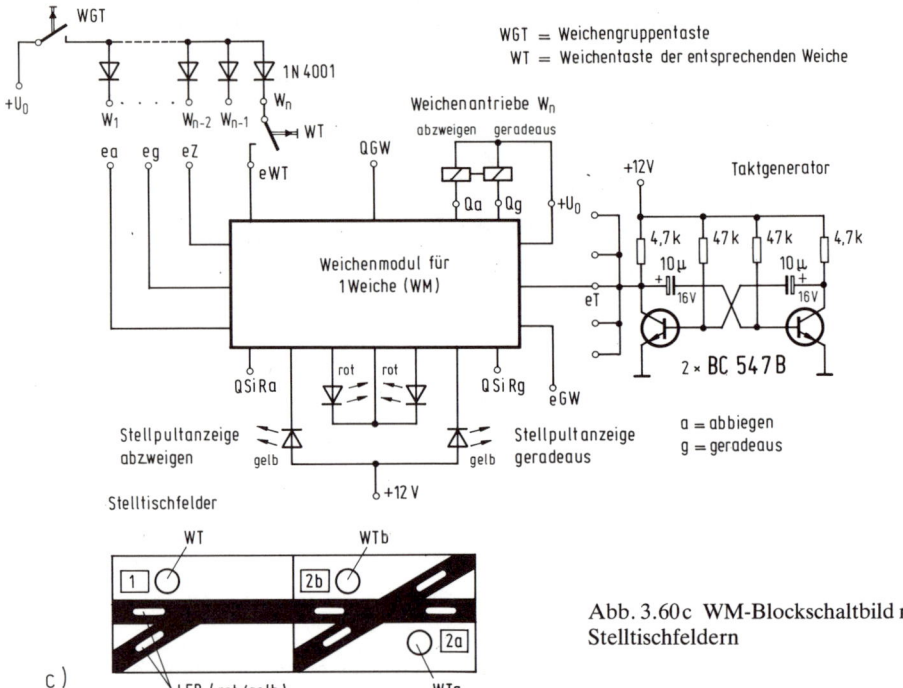

Abb. 3.60c WM-Blockschaltbild mit Stelltischfeldern

sein. Ist nämlich eine Fahrstraße eingespeichert, darf keine Umschaltung durch WT und WGT erfolgen. NOR 4 verhindert dies.

Außerdem enthält das WM noch einen eigenen Belegtmelder, der entsprechend präparierte Fahrzeuge, die auf der Weiche stehen (verlorene Wagen, liegengebliebene Loks usw.) meldet. Im Stelltisch erfolgt in diesem Falle eine Rotausleuchtung der Weichenstellung *(Abb. 3.60c)*, die gerade eingestellt ist (durch b_1). Über den Ausgang QGW erfolgt zusätzlich die Ansteuerung aller eB-Eingänge der FM, die diese Weiche ebenfalls benötigen.

Der Ausgang von NOR 3 (QSIRa) liefert außerdem Pluspotential an die Rückmeldematrix bei Erreichen der gewünschten Weichenstellung (ansonsten »0«). Hier erfolgt dann die Ansteuerung der Signale, wenn alle Weichen fahrstraßengerecht stehen (NAND- bzw. AND-Funktion). Wer für die Gatter MOS-ICs einsetzen will, benötigt drei 4000, einen 4001 und einen 4069 (die OR werden dabei aus je 1 NOR des 4001 und dem Inverter des 4000 gebildet). Wie wir sehen, ist also die aufgezeigte Transistorlogik preiswerter und einfacher aufzubauen.

3.8.3 Belegtmeldemodul (BM)

Dieses Modul *(Abb. 3.61)* überwacht den Belegtzustand der einzelnen Fahrabschnitte, wertet ihn aus, steuert die Anzeige im Stelltisch für den überwachten Bereich und verhindert Zugfahrten in besetzte Gleisabschnitte, Rangierfahrten sind jedoch zugelassen, so daß auch hier wieder eine entsprechende Logik nötig ist, deren Blockschaltbild *Abb. 3.61 a* zeigt.

Theoretisch könnte man alle Fahrstrecken in viele kleinere Abschnitte mit GBM und BM (nach Abb. 3.62) einteilen und dadurch die Zugfahrt anhand des Wechsels der LED von gelb in rot verfolgen. Aus Kostengründen ist hiervon jedoch abzuraten. Wir zeigen daher nur den letzten Bereich (z. B. beim Signal) an und steuern die LED (gelb) für die Fahrstrecke über den QF-Ausgang des FM, die nach Erreichen des Zielabschnittes verlöschen.

Das BM muß zwei Informationen verarbeiten und anzeigen!

1. den Belegtzustand des Zielabschnittes mittels GBM und
2. den Belegtzustand durch eine bereits eingegebene Fahrstraße über die Fahrstraßenbelegtmatrix von den einzelnen FM.

Außerdem muß durch einen Trick die Logik überlistet werden, Rangierfahrten (trotz Belegung) zuzulassen. Sehen wir uns hierzu wieder das Blockschaltbild, Abb. 3.61 a an.

Belegt eine Fahrstraße einen Gleisabschnitt, erhalten alle BM, die in dieser Fahrstraße liegen, am Eingang eA über die Fahrstraßenbelegtmatrix »1«. Diese »1« wandelt ein Inverter in »0«, und über die beiden AND gehen die Ausgänge Qa und Qas auf »0«, und die gelbe LED leuchtet. Ist zusätzlich noch der Abschnitt besetzt (QL des GBM = »0«),

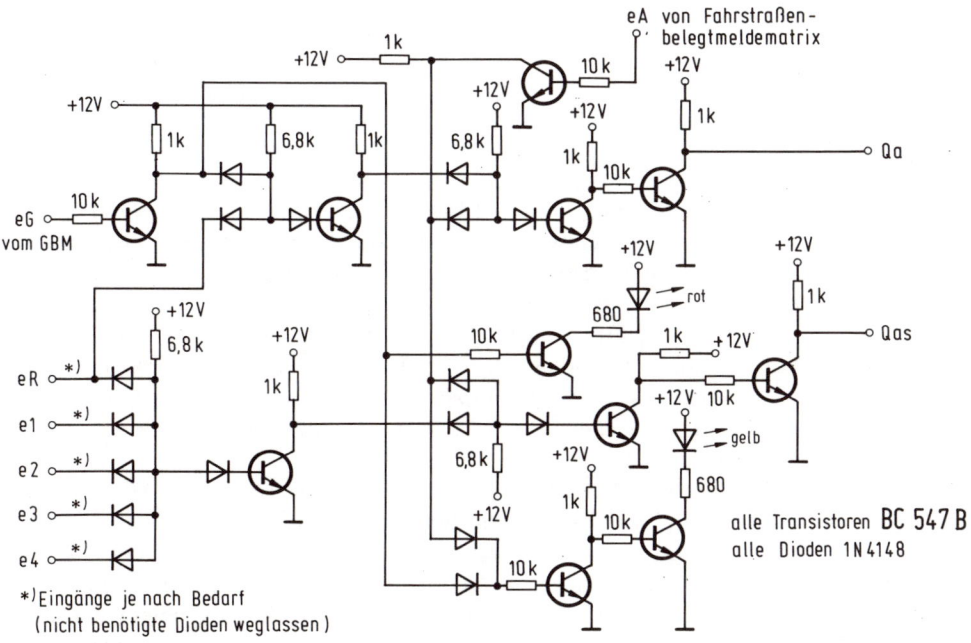

Abb. 3.61 Belegtmeldemodul BM

187

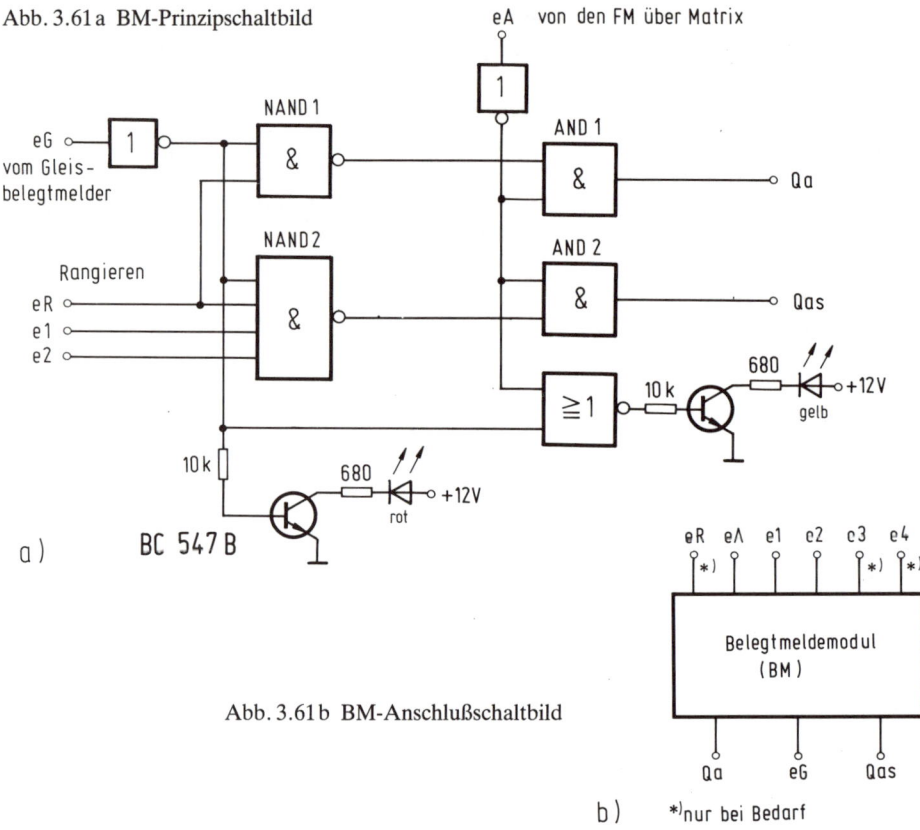

Abb. 3.61a BM-Prinzipschaltbild

Abb. 3.61b BM-Anschlußschaltbild

wird dieser Zustand noch erhärtet, die rote LED leuchtet, und die gelbe LED verlischt durch die NOR-Verknüpfung. Selbst wenn danach am eA eine »0« liegt, d. h. keine Belegung durch eine Fahrstraße mehr vorliegt, kann bei belegtem Gleis keine Zugfahrt erfolgen, da AND 1 und 2 dies verhindern.

Soll jedoch eine Rangierfahrt erfolgen, legen wir »0« an eR. Dazu werden alle Rangiertasten einpolig über ein Diodengatter (AND) zu dem Punkt QRT verknüpft, der beim Betätigen jeder RT an alle eR gleichzeitig »0« legt. Liegt »0« am eR, so geben NAND 1 und 2 am Ausgang »1« ab, so daß die Ausgänge Qa und Qas beide solange »1« liefern, bis die Fahrstraße eingespeichert und eA »1« ist.

Aber wofür sind die zwei Ausgänge Qa und Qas überhaupt nötig? Qa dient als Zielbelegtmelder und Qas als Startbelegtmelder. Denn auch ein auf die Ausfahrt wartender Zug belegt den überwachten Gleisabschnitt und würde ohne den Trick mit NAND 2 nie ausfahren können. Über die Verknüpfung in NAND 2 kann jedoch der Ausgang Qas bis zur Einspeicherung der Fahrstraße (eA = »1«) »1« liefern und die Einspeicherung ermöglichen. Ausgang Qa bleibt weiterhin »0«. Die einzelnen Ausgänge Qa und Qas werden durch die Belegtmeldematrix miteinander verknüpft (je nach dem, ob

188

es sich um einen Start- oder Zielpunktabschnitt handelt) und den eB-Eingängen der jeweiligen FM zugeführt. Jedes FM erhält dabei in der Regel mindestens zwei Zuführungen, da jeder Abschnitt wenigstens Ziel- und Startpunkt ist. An MOS-ICs wären erforderlich: 1×4068, 1×4011, 1×4049 und 1×4001. Das Anschlußschema des BM zeigt *Abb. 3.61 b*.

Bei signallosen Gleisabschnitten (z. B. Verbindungsschiene zwischen zwei Weichen) kann das Belegtmeldemodul einfacher ausfallen, da der Ausgang Qas entfällt und die Logik somit mit $1 \times$OR, $1 \times$NOR, zwei Invertern und den beiden Anzeigetreibern auskommt *(Abb. 3.62...3.62 b)*. Die Funktion entspricht der vorher beschriebenen Schaltung. Ausgang Qa liefert nur dann »1«, wenn an eA »0« (nicht durch Fahrstraße belegt) und an eG »1« (Gleis unbelegt) liegen. Die rote LED zeigt den Gleisbelegtzustand an, die gelbe LED signalisiert Belegung durch eine Fahrstraße:

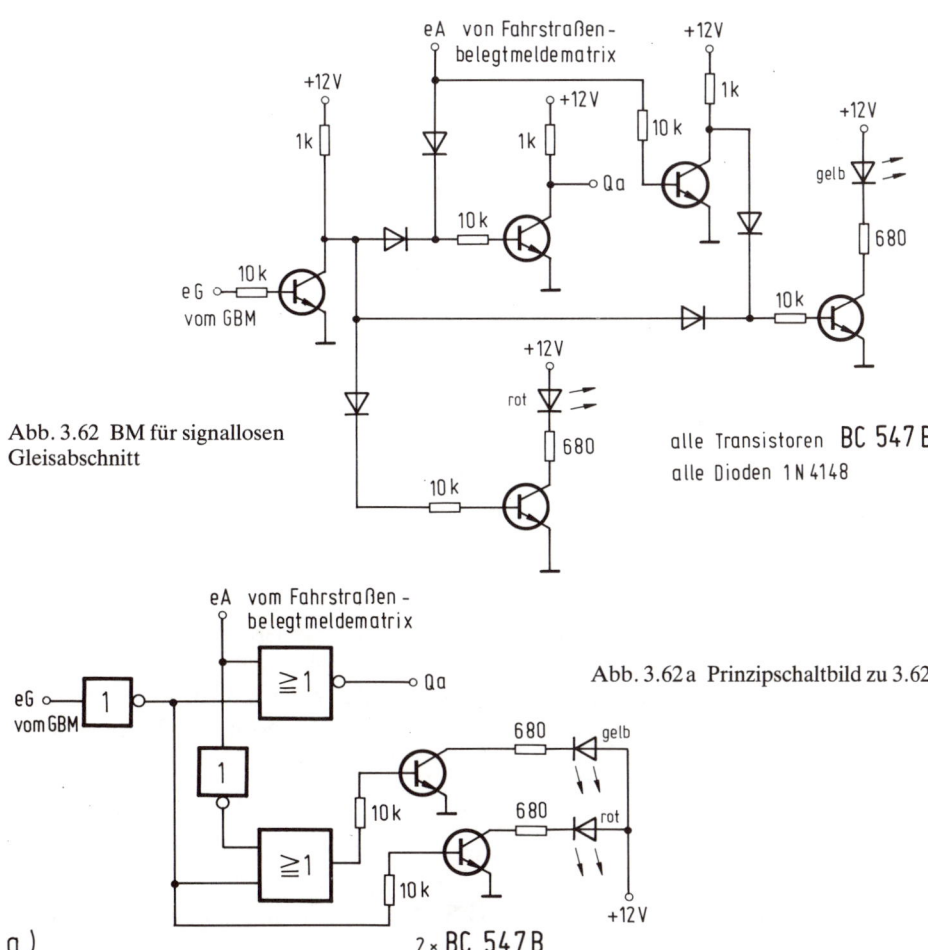

Abb. 3.62 BM für signallosen Gleisabschnitt

Abb. 3.62 a Prinzipschaltbild zu 3.62

alle Transistoren BC 547 B
alle Dioden 1N 4148

a)

Abb. 3.62 b Anschlußschaltbild zu 3.62

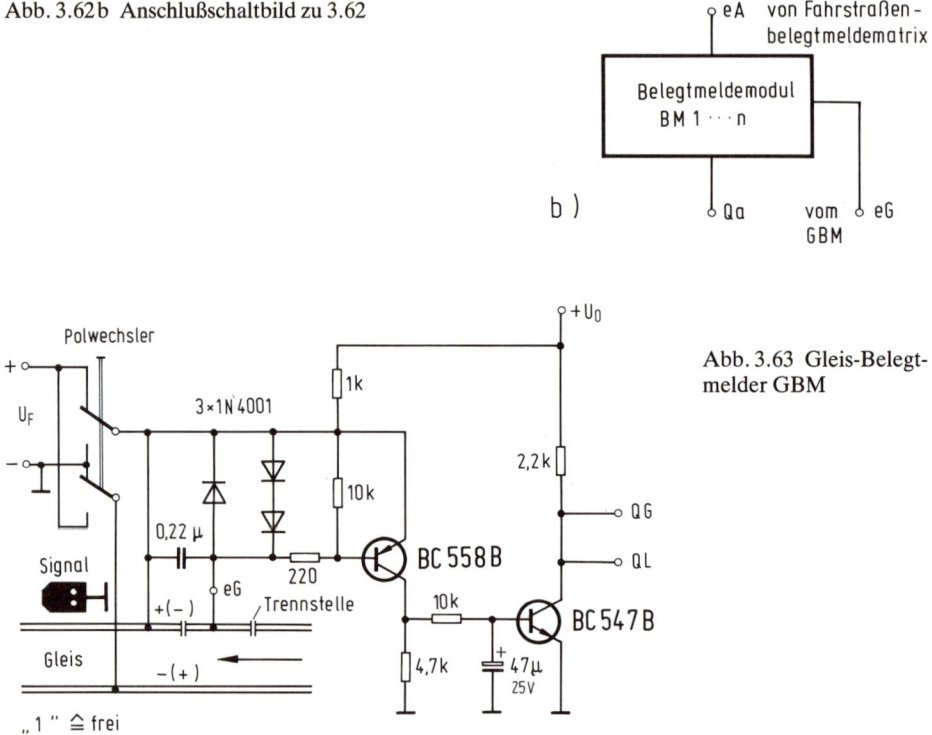

Abb. 3.63 Gleis-Belegt-
melder GBM

"1" ≙ frei
"0" ≙ besetzt

3.8.4 Gleisbelegtmelder (GBM)

Hier verwenden wir die bereits bekannte Schaltung nach Abb. 3.47, mit einigen kleinen
Änderungen (siehe *Abb. 3.63).* Auf eine nochmalige Beschreibung der Funktion verzichten wir.

Anstelle der beiden einfachen LEDs (rot/gelb) kann auch eine Duo- oder Dreifarben-
LED (ca. $5 \times 2{,}5$ mm^2) Typ LD 110...LD 113 von Siemens oder Typ CQX 96 oder V 518
von Telefunken (alle rot/grün) Verwendung finden. Die geänderten Anzeigetreiber zeigt
Abb. 3.64. Es gibt auch den Typ V 619 P von Telefunken (5 mm ∅) der rot und gelb
leuchtet. Durch einen Trick (Farbmischung) können auch die o. a. LED-Typen statt grün
gelb leuchten. Die Schaltung zeigt *Abb. 3.65.* Bei gelb werden beide Anoden (A_1 und A_2)
angesteuert.

3.8.5 Signalmodule (SM)

Bei allen SM erfolgt keine Ansteuerung des ZS 1-Melders, da die Zusatzsignale im Modell
meist nur Atrappen sind.

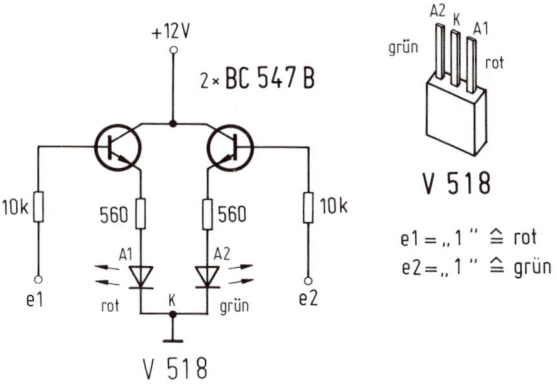

Abb. 3.64 Stelltischanzeige mit Duo-LED (rot/grün)

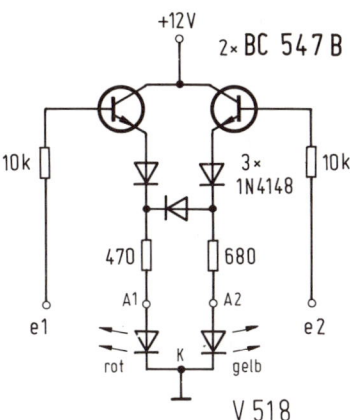

Abb. 3.65 Vorbildgetreue
Stelltischanzeige mit Duo-LED (rot/gelb)

Hauptsperrsignalmodul (HSSM)

Fangen wir mit dem kompliziertesten Signal, dem Hauptsperrsignal an, das die Stellungen Hp 00, Hp 1, Hp2 und Sh 1 anzeigen muß. Wie wir vom WM wissen, liefert der Ausgang SIR Pluspotential, wenn die Weiche fahrstraßengerecht umgeschaltet hat. Über die AND bzw. NAND der Rückmeldematrix sind alle SIR-Ausgänge einer Fahrstraße mit dem entsprechenden Ausgang QSi des FM verknüpft, d. h. erst wenn alle Bedingungen erfüllt sind, liefert QF' »1«. Dieses Potential steuert über die Signalmatrix die Eingänge eHp 1, eHp 2, e Sh 1 nach den Erfordernissen an. Im HSSM erzugt eine Logik aus 1 NOR und 2 OR daraus das korrekte Signalbild. *Abb. 3.66* zeigt die vollständige Schaltung.

Die Logik zeigt *Abb. 3.66 a.* Wir erkennen hier noch ein weiteres NOR, welches ein Relais steuert. Das Relais zieht immer dann an, wenn mindestens eine der drei Eingangsvariabelen (Hp 1/2, Sh1, D) »1« ist. Der abgefallene Zustand entspricht Hp 00. Über die Relaiskontakte erhält das Gleis die Fahrstromversorgung. Eingang eD dient dazu, ein auf »Halt« stehendes Signal von hinten zu passieren (z. B. Ausfahrsignal der Gegenrichtung im Bahnhof). Das Anschlußbild zeigt Abb. *3.66 b,* das Stelltischfeld Abb. *3.66 c.* Die Ansteuerung von eD übernimmt wieder die Signalmatrix.

e Hp 1	e Hp 2	e Sh 1	e D	Signalbild	Relais A	11	12	13
0	0	0	0	Hp 00	abgefallen	1	0	0
0	0	0	1	Hp 00	angezogen	1	0	0
0	0	1	egal	Sh 1	angezogen	1	0	0
0	1	0	egal	Hp 2	angezogen	0	0	1
1	0	0	egal	Hp 1	angezogen	0	1	0

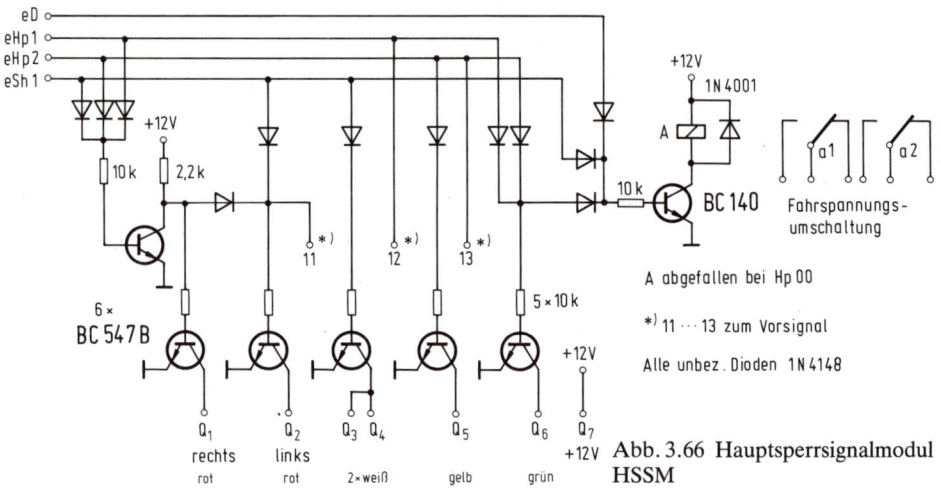

Abb. 3.66 Hauptsperrsignalmodul HSSM

Abb. 3.66a Prinzipschlaltbild des HSSM

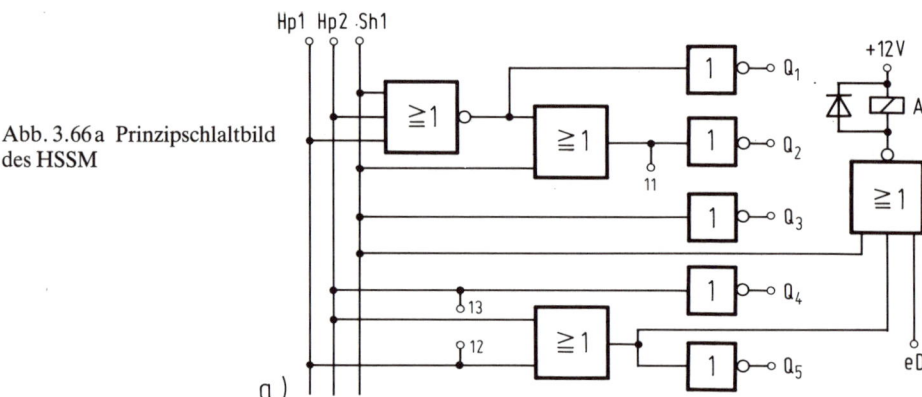

Abb. 3.66b Anschlußbild zum HSSM

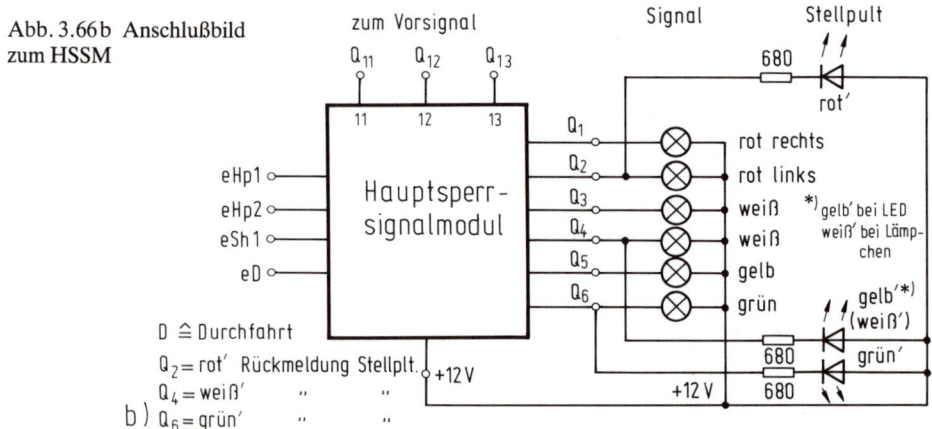

Hauptsignalmodul (HSM)

Hier sind nur die Signalbilder Hp 0, Hp 1 und Hp 2 nötig, so daß die Logik mit 2×NOR und drei Schaltstufen auskommt (s. *Abb. 3.67...3.67 b*). Ansonsten gilt das beim HSSM gesagte.

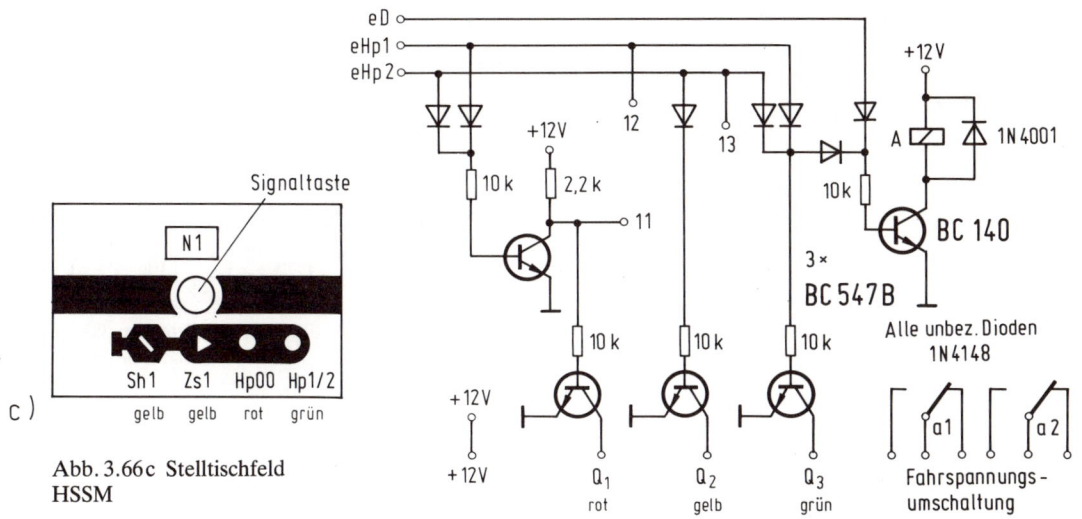

c)

Abb. 3.66c Stelltischfeld HSSM

Abb. 3.67 Hauptsignalmodul HSM

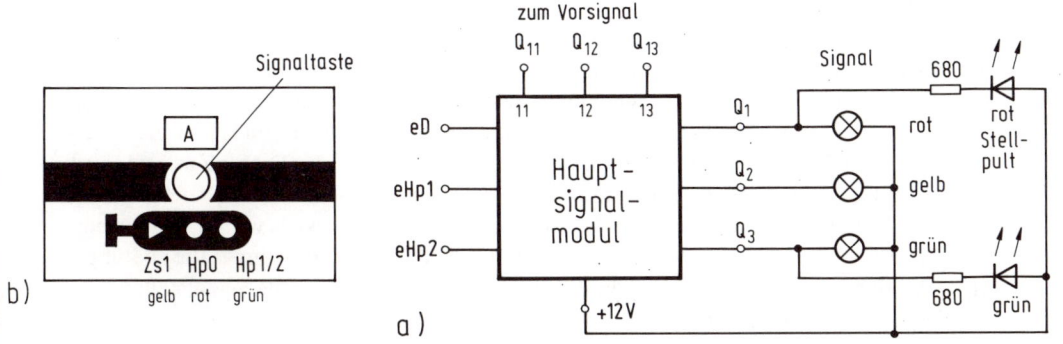

b)

Abb. 3.67b Stelltischfeld HSM

a)

Abb. 3.67a Anschlußbild zum HSM

Gleissperrsignalmodul (GSSM)

Die *Abb. 3.68...3.68 b* zeigen dieses Modul, das die einfachste Schaltung aufweist und wohl nicht weiter zu erläutern ist.

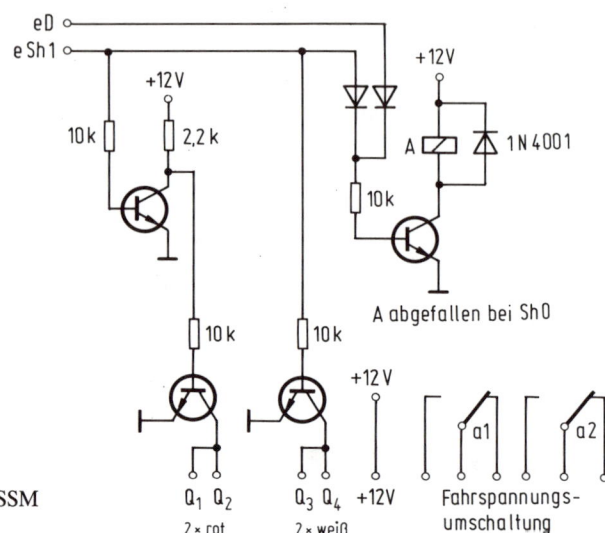

Abb. 3.68 Gleissperrsignalmodul GSSM

Allgemeines zur Signalsteuerung

In der Regel erfolgt die Stellung der Signale durch die Fahrstraßenlogik. Durch gleichzeitiges Betätigen der Tasten ST und HaGT ist es jedoch auch möglich, ein Signal unabhängig davon auf »Halt« zu stellen (z. B. im Notfall). Auf »Fahrt« kommt dieses Signal dann wieder beim Einstellen der entsprechenden Fahrstraße.

Zur Realisierung dieser Schaltung ist das SM noch um ein Flip-Flop mit NOR-Eingängen und 1...3 NOR (pro Signalstellung Hp 1, Hp 2, Sh 1 je 1 NOR) zu erweitern. Die NOR sind dabei zwischen Signalmatrix und SM-Logik zu schalten. Die Schaltung *Abb. 3.69* (für Hauptsperrsignal) arbeitet wie folgt: Betätigt man ST und HaGT gleichzeitig, kippt das FF in die Arbeitslage, und der Ausgang Q liefert »1«. Dieser Zustand führt über die NOR dazu, daß alle Eingänge des SM »0« erhalten – und das bedeutet »Halt«; egal was die Signalmatrix über den zweiten Eingang des NOR jeweils vorgibt. Erst wenn man die ST alleine (Zugstraße) oder zusammen mit der SGT (Rangierstraße) betätigt, kippt das FF wieder in seine Ruhelage (Reset) zurück und es erfolgt die Signalstellung die die Signalmatrix vorschreibt (»0« an beiden NOR-Eingängen bedeutet »1« am NOR-Ausgang).

Durch den 2,2-μF-Kondensator erreichen wir eine definierte (Ruhe-)Lage (Q = »0«) beim Einschalten der Spannungsversorgung. Zur sicheren Funktion sind die Tasten wie folgt zu betätigen:

1. HaGT drücken und festhalten.
2. Entsprechende ST kurz betätigen und loslassen.
3. HaGT loslassen, das Signal zeigt »Halt«.
4. ST erneut kurz betätigen und loslassen, das Signal erhält Stellbefehle wieder von der Signalmatrix.

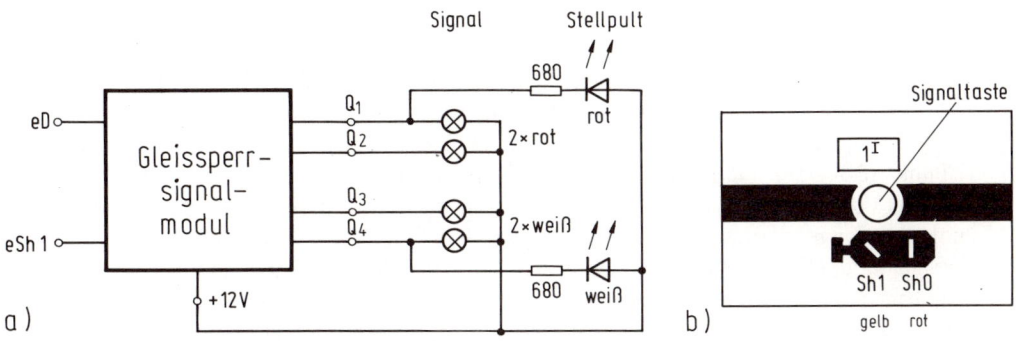

Abb. 3.68a Anschlußbild zum GSSM

Abb. 3.68b Stelltischfeld GSSM

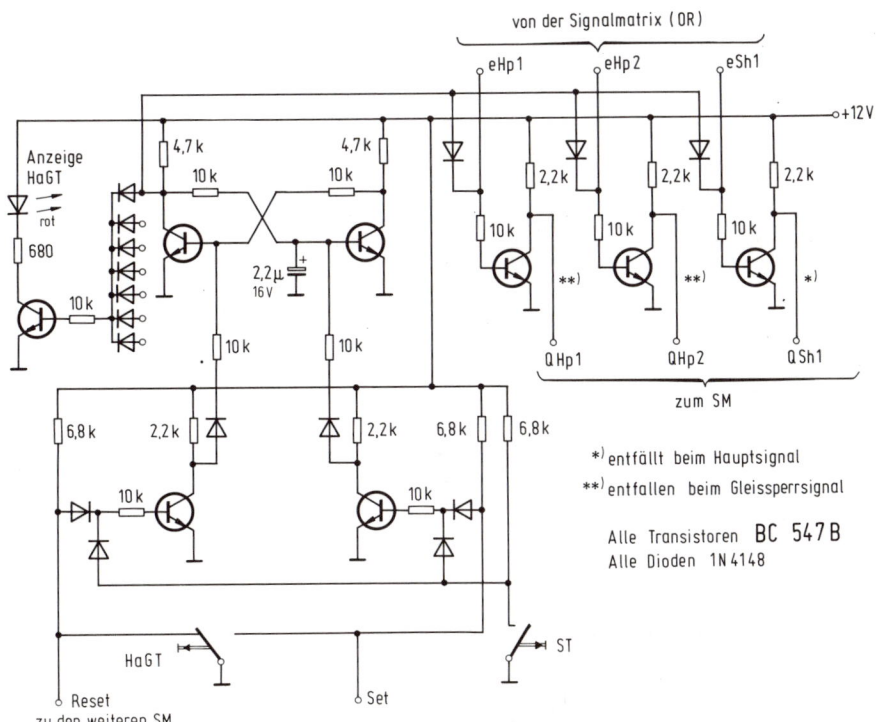

Abb. 3.69 Erweiterung der Signalmodule (Notfallrot HaGT)

Alle FF-Ausgänge Q sind zudem über ein Dioden-OR mit einem Anzeigentreiber verbunden, der durch eine rote LED anzeigt, daß die Taste HaGT betätigt wurde.

195

Vorsignalmodul

Beim Hauptsperrsignal- und beim Hauptsignalmodul finden wir die Punkte 11, 12, und 13. Hier erfolgt der Anschluß des Vorsignalmoduls *(Abb. 3.70)*.

Bei Hp 00, Hp 0 und Sh 1 ist Punkt 11 = »1«, das Vorsignal zeigt Vr 0. Vr 1 zeigt es bei Hp 1 (Punkt 12 = »1«) und schließlich Vr 2 bei Hp 2 (Punkt 13 = »1«).

Ist das Vorsignal am Mast eines anderen Hauptsignals angebracht, bleibt das Vorsignal dunkel, solange das zugehörige Hauptsignal Hp 0 anzeigt. Außerdem entfällt die Vorsignaltafel (Ne 2). Diese Bedingung erfüllen wir, indem wir Punkt 11 nicht mit dem Hauptsignal verbinden. Das Anschlußbild des Vorsignalmoduls zeigt *Abb. 3.70 a*.

Ein Vorsignal muß teilweise die Signalstellung verschiedener Hauptsignale anzeigen, wobei es je nach Weichenstellung Hp 1 oder Hp 2 anzuzeigen hat. Hierzu ist pro Signalbild eine Logik aus drei NOR-Gattern nötig, die die Hauptsignalausgänge und die Fahrstraßenausgänge (QF) miteinander verknüpft. Die Schaltung zeigt Abb. 3.78.

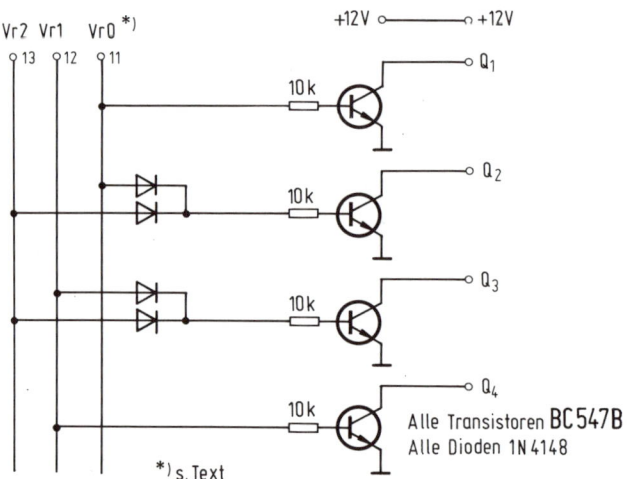

Abb. 3.70 Vorsignalmodul

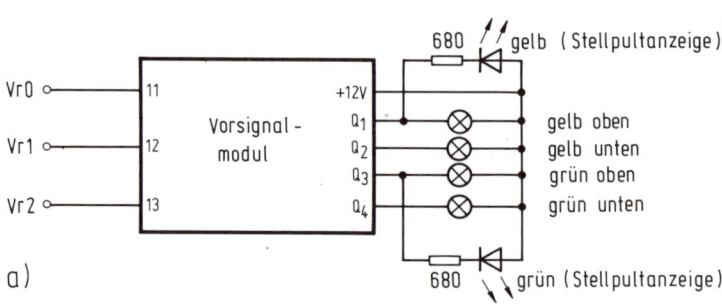

Abb. 3.70a Anschlußbild zum Vorsignal

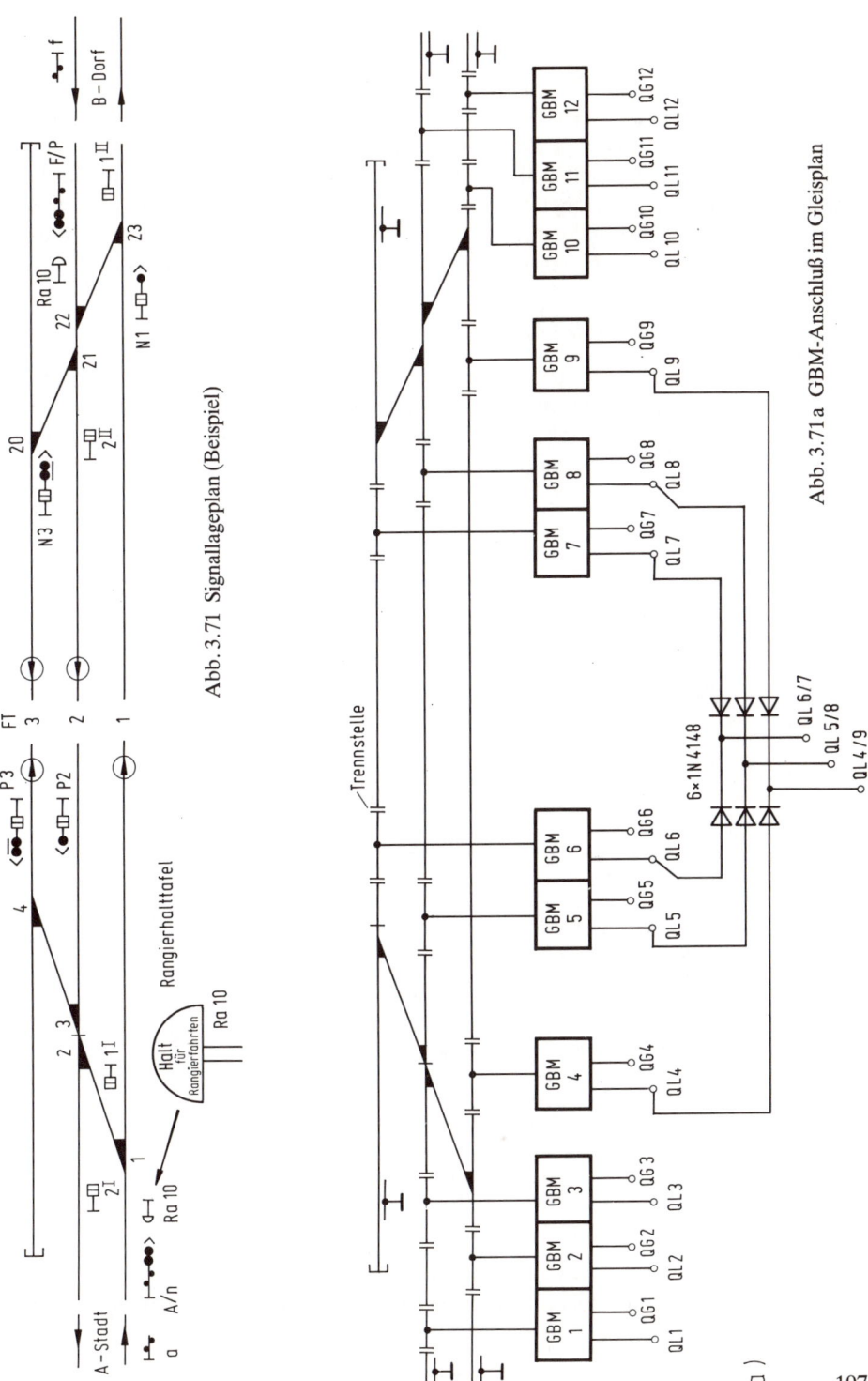

Abb. 3.71 Signallageplan (Beispiel)

Abb. 3.71a GBM-Anschluß im Gleisplan

197

3.8.6 Matrixschaltungen

Zum besseren Verständnis für den Aufbau einer Matrix sehen wir uns die Zusammenschaltung der Module an einem Beispielgleisplan (*Abb. 3.71*) an. Die Belegtmelder zu diesem Beispiel zeigt *Abb. 3.71 a*. Für derartige Matrixschaltungen bietet der Handel doppel kaschierte Platinen mit senkrechten (Vorderseite) und waagerechten Leiterbahnen (Rückseite) und entsprechenden Bohrungen an, die den Aufbau sehr erleichtern. Anhand des Signalplanes sollte man in einer Tabelle die Forderungen und die daraus resultierenden Module für seinen Fall festlegen.

Weichenmatrix/Fahrstraßenbelegtmatrix

Die Ausgänge QF der 15 FM steuern über diese OR-Matrix in *Abb. 3.72* zum einen die gelben LED für die Fahrstraßenausleuchtung im Stelltisch und zum anderen die einzelnen Weichen (W1...W23) fahrstraßengerecht an, und zwar bei Zugstraßen mit und bei Rangierstraßen ohne Flankenschutz.

Die folgende *Tabelle* gibt über die Schaltung hierzu Auskunft:

Zugstraßen (8)

FM	ZT	von St	nach FT	Signalbild	Weichen (g = gerade, a = abzweigen)	GBM
1	1	F	3	Hp 2	22g, 21a, 20a	11, 7, 6
2	2	F	2	Hp 1	22g, 21g	11, 8, 5
3	3	A	3	Hp 2	1a, 2a, 3a, 4a	2, 6, 7
4	4	A	1	Hp 1	1g	2, 4, 9
5	5	N 3	n. Bd	Hp 2	20a, 21a, 22a, 23a	7, 10, 12
6	6	N 1	n. Bd	Hp 1	23g	9, 10, 12
7	7	P 3	n. AS	Hp 2	4a, 3a, 2g	6, 3, 7, 1
8	8	P 2	n. AS	Hp 1	3g, 2g	5, 3, 1, 8

Rangierstraßen (7)

FM	RT	von ST	nach ST	Signalbild	Weichen	GBM
9	1	1^{II}	P 3	Sh 1	23a, 21a, (Kein Flankenschutz 22, 20)	10, 7, 6
10	2	1^{II}	P 2	Sh 1	23a, 21g, (Kein Flankenschutz 22)	10, 8, 5
11	3	1^{II}	1^{I}	Sh 1	23g	10, 9, 4
12	4	2^{I}	N 3	Sh 1	3a, (Kein Flankenschutz 21, 23)	3, 6, 7
13	5	2^{I}	2^{II}	Sh 1	3g	3, 5, 8
14	6	N 3	1^{II}	Sh 1	20a, 22a, (Kein Flankenschutz 21, 23)	6, 7, 10
15	7	2^{II}	1^{II}	Sh 1	22a, (Kein Flankenschutz 21, 23)	5, 8, 10

Es erfolgte hier nur eine Auswahl der möglichen Rangierstraßen, damit die Schaltung überschaubar bleibt.

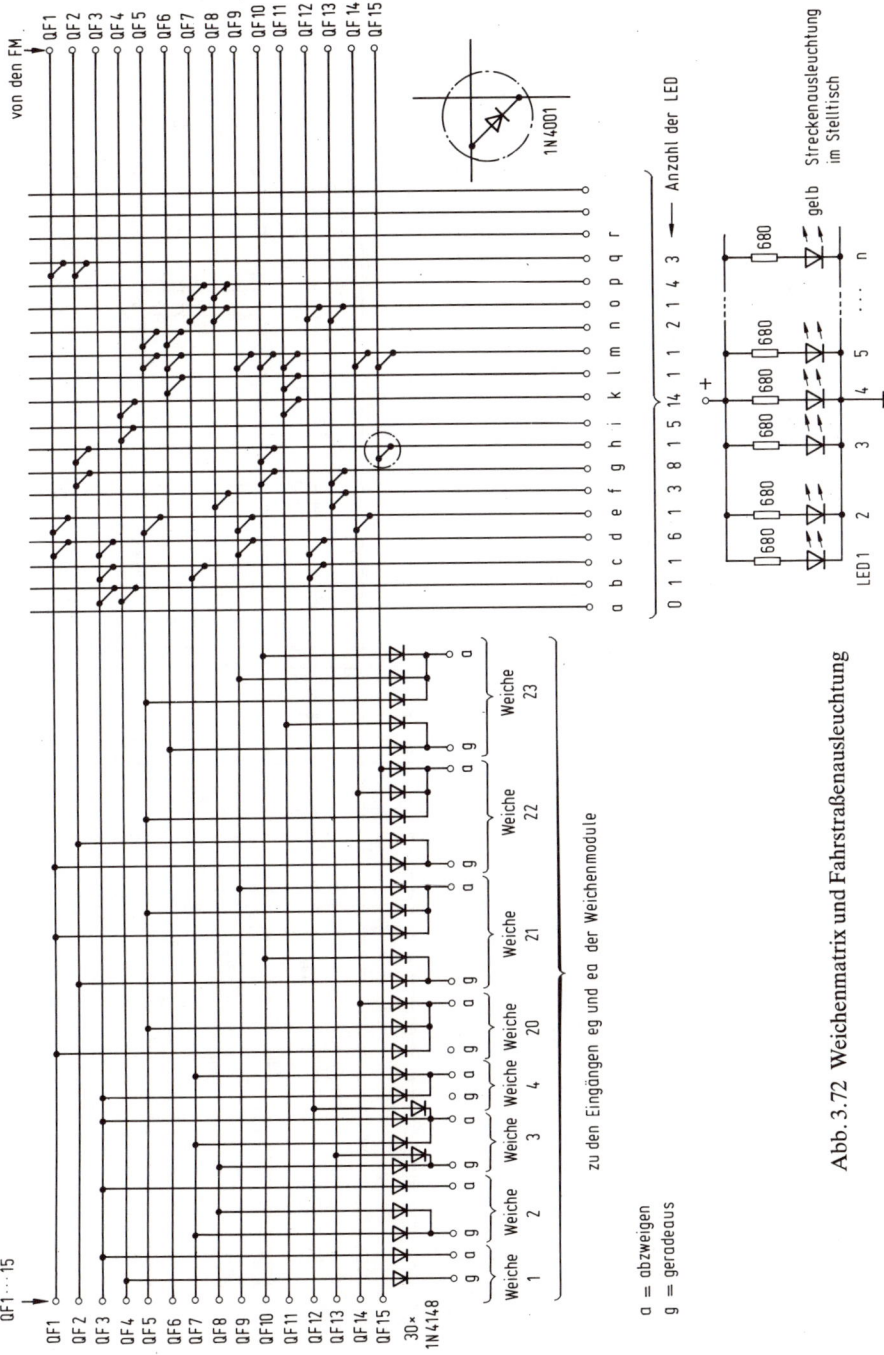

Abb. 3.72 Weichenmatrix und Fahrstraßenausleuchtung

199

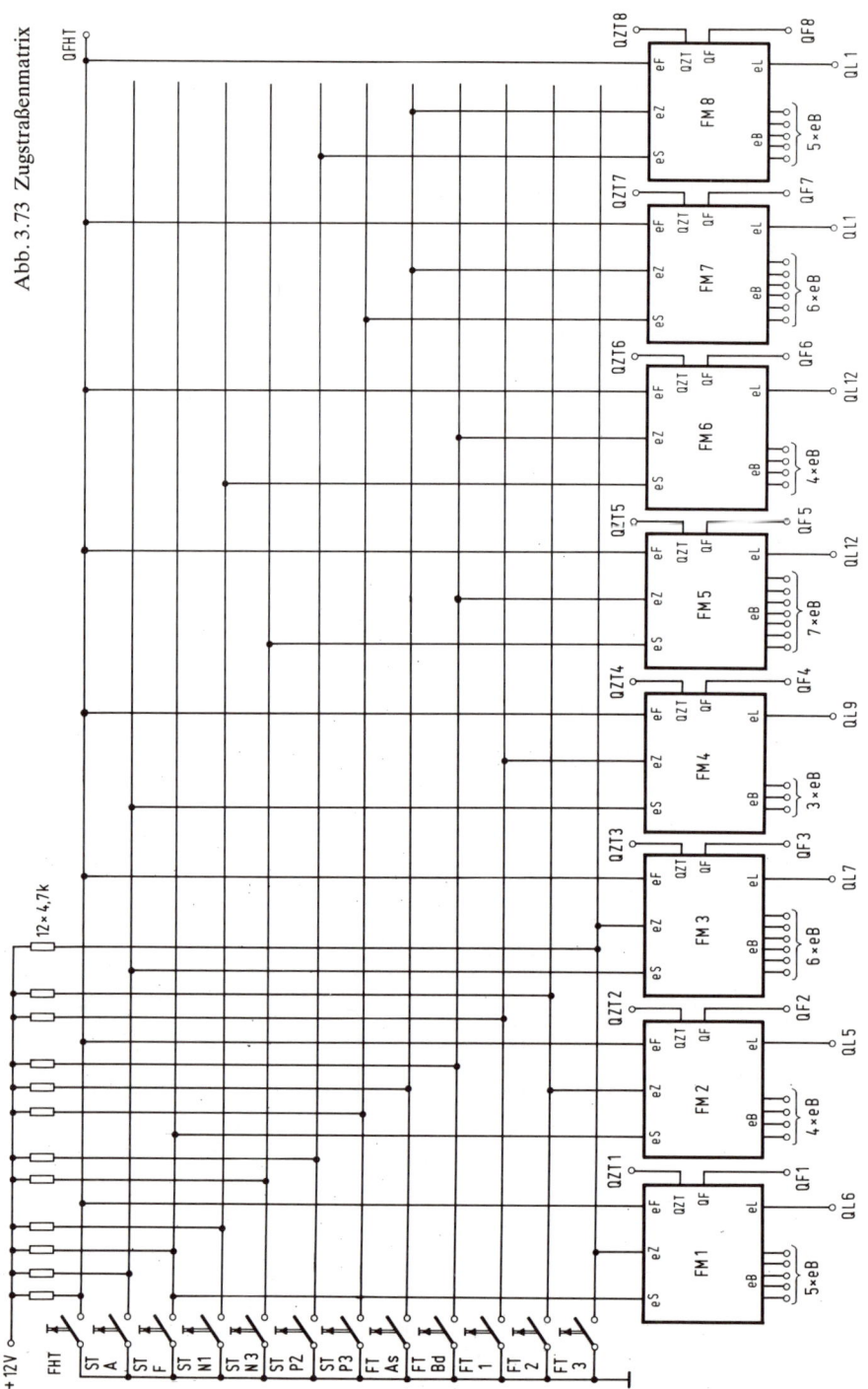

Abb. 3.73 Zugstraßenmatrix

Zugstraßenmatrix

Wir benötigen hier acht FM. Die Signaltasten (ST) sind die Starttasten und die Fahrstraßentasten (FT) die Zieltasten. Die Verknüpfung der Tasten mit den FM erfolgt über die Zugstraßenmatrix *(Abb. 3.73)*.

Die Löschung der Fahrstraße geschieht über GBM, wobei die in den freien Strecken (GBM 1 nach A-Stadt oder GBM 11 nach B-Dorf) so weit von den Weichen entfernt sein müssen, daß der letzte Wagen diese verlassen hat, bevor die Löschung erfolgt.

Die Hauptsperrsignale erhalten als ST eine Taste mit $2 \times$ EIN, da sowohl Zug- ($1 \times$ EIN) als auch Rangierstraßen ($1 \times$ EIN) über diese Signale gehen. Ist eine derartige Taste ($2 \times$ EIN) nicht zu bekommen, tun es auch zwei Tasten $1 \times$ EIN jeweils für ZT und RT.

Zur Ansteuerung der Eingänge $e_1 \ldots e_n$ der BM (Startsignal, rückwärtiges Signalpassieren usw.) dienen die Ausgänge QZT, die »0« bei Betätigung der ST abgeben und im Ruhezustand »1« liefern.

Rangierstraßenmatrix

Eine Rangierfahrt geht immer von Gleissperrsignal zu Gleissperrsignal. Hierzu zählen auch die Hauptsperrsignale. Der Rangierauftrag erfolgt durch das auf Sh 1 gestellte Signal, wobei hierzu die Signalgruppentaste (SGT) und die ST gemeinsam zu betätigen sind. Wir bauen auch hier FM (7 Stück) ein. Zum Einstellen sind 2 ST als Start- und Zieltaste sowie die SGT gleichzeitig zu drücken. Die SGT ist dabei vor den ST zu betätigen. Auch hier kann die SGT wieder einen Timer setzen, analog Abb. 3.59 c. Man braucht dann nur zwei Hände. Die Taste FHT hat auch für diese FM Gültigkeit (QFHT von der Zugstraßenmatrix). Bei den Hauptsperrsignalen dient die zweite Tastenfunktion ($1 \times$ EIN) der Rangierstraßeneinstellung. Die Matrix zeigt *Abb. 374*.

Alle QRT-Ausgänge sind zudem noch durch ein AND miteinander verknüpft, das am Ausgang QRT0 »0« liefert, wenn man eine Rangierstraße einstellt. Dieser Ausgang ist mit dem Eingang eR der BM zu verbinden, in deren Bereich Rangierfahrten stattfinden sollen.

Belegtmelder-Doppelmatrix

Jeder Signal-GBM ($2 \ldots 11$) steuert jeweils ein Belegtmeldemodul (BM) an. Außerdem erfolgt noch die Auswertung des Weichenbelegtzustandes über die acht Ausgänge QGW der Weichenmodule (WM $1 \ldots 4$ und $20 \ldots 23$). Für die Beschaltung der $e_1 \ldots e_n$-Eingänge des BM stellen wir sicherheitshalber wieder eine Tabelle auf:

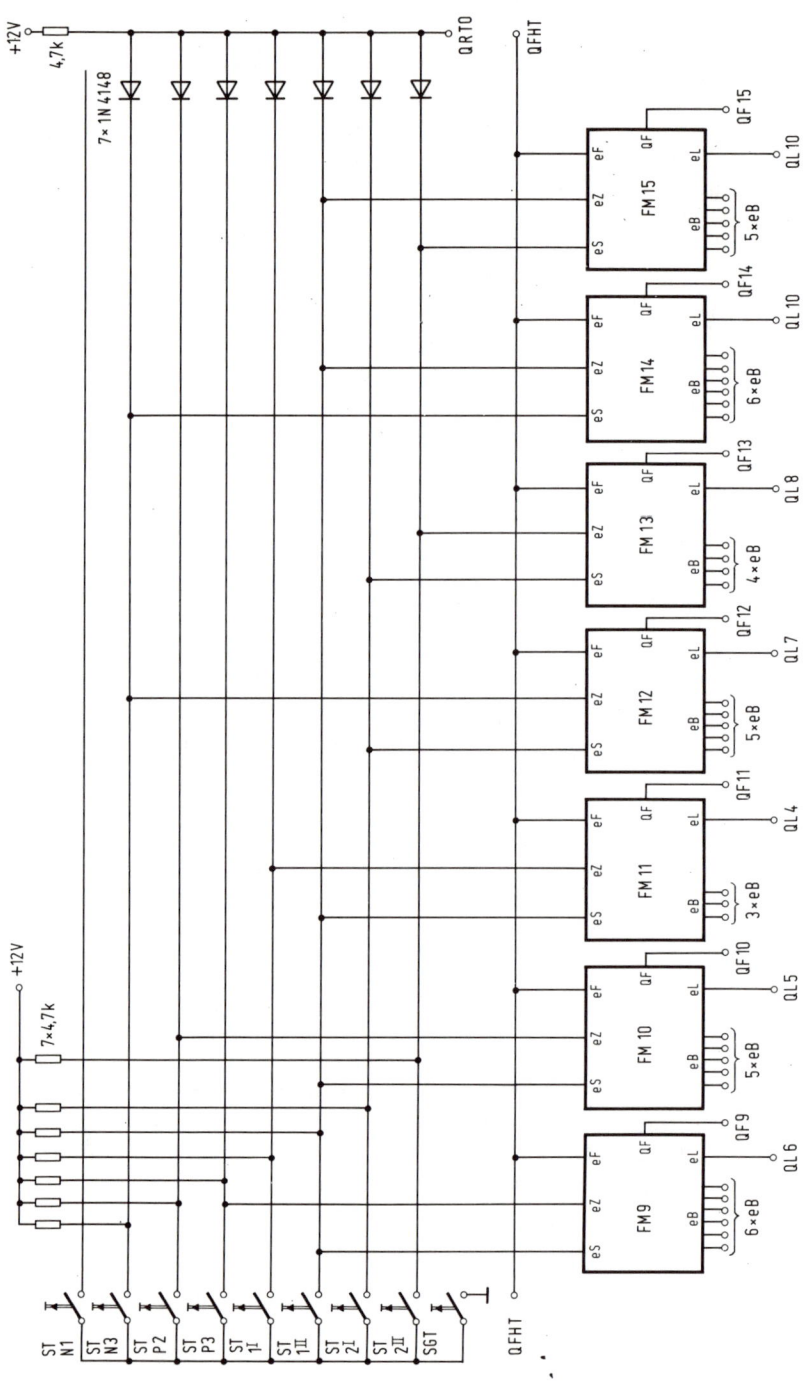

Abb. 3.74 Rangierstraßenmatrix

BM	GBM	Startsignal	Startfahrstraße	Rangieren	Anzahl der Eingänge des BM
1	2	A	ZT 3,4	nein	$2e$ (e_1, e_2) + 0 eR + 1 eA (A1)
2	3	2^{I}	RT 4,5	ja, eR	$0e$ (−) + 1 eR + 1 eA (A2)
3	4,9	1^{I} oder N1	ZT 6	nein	$1e$ (e_1) + 0 eR + 1 eA (A3)
4	5,8	P2 oder 2^{II}	ZT 8, RT 7	ja, eR	$1e$ (e_1) + 1 eR + 1 eA (A4)
5	6,7	P3 oder N3	ZT 5, 7 RT 6	ja, eR	$2e$ (e_1, e_2) + 1 eR + 1 eA (A5)
6	10	1^{II}	RT 1, 2, 3	ja, eR	$0e$ (−) + 1 eR + 1 eA (A6)
7	11	F	ZT 1, 2	nein	$2e$ (e_1, e_2) + 0 eR + 1 eA (A7)
−	1	P3 oder P2	ZT 7, 8	nein	———————————
−	12	N3 oder N1	ZT 5, 6	nein	———————————

Die Ausgänge Qas (Start) und Qa (Ziel) bilden mit den acht Ausgängen der Weichen-belegtmelder QGW1...8 und den beiden Belegtmelderausgängen der nachfolgenden Streckenblöcke QG1 und QG12 (nach A-Stadt bzw. B-Dorf) den zweiten Teil der Belegtmelderdoppelmatrix *(Abb. 3.75)*. Durch diese Matrix erfolgt die fahrstraßenabhän-gige Verknüpfung der o. a. Ausgänge mit den eB-Eingängen der 15 FM und damit die Freigabe bzw. Sperrung einer Fahrstraße (ZT oder RT, alle eB = »1« ≙ Freigabe). Erst wenn auch die Blöcke mit GBM1 oder GBM12 »frei« melden, darf die Zugstraßenpro-grammierung ZT7, 8 oder ZT 5, 6 erfolgen.

Rückmeldematrix

Diese Matrix in *Abb. 3.76* verknüpft die 16 SIR-Ausgänge der WM (»1« = Weiche in Endstellung) und die 15 Si-Ausgänge der FM (»1« ≙ Fahrstraße eingestellt) über ein AND bzw. NAND zur fahrstraßengerechten Ansteuerung der Signale. Ein AND ist einzu-bauen, wenn die Signale ihr Ansteuerpotential direkt von dieser Matrix erhalten (QF' = »1« ≙ freie Fahrt). Das NAND braucht man, wenn die Haltfunktion mit Taste HaGT zwischengeschaltet wird (QF' = »0« ≙ freie Fahrt). In der Abb. 3.76 ist die letztere Version gezeichnet, da sie eher dem Vorbild entspricht. Die NAND-Ausgänge QF' steuern über die Signalmatrix (Abb. 3.78) die Signale an. Als NAND können Transistor-Gatter nach Abb. 2.10 oder MOS-IC-Gatter wie 4011, 4012, 4023, 4068 usw. dienen.

Signalmatrix

Über die Signalmatrix (Dioden-OR nach *Abb. 3.77*) erfolgt die fahrstraßenabhängige Ansteuerung der Signalmodule. Die Signalmatrix bleibt gleich, egal ob die direkte Ansteuerung der Signale oder die Ansteuerung mit der zusätzlichen Haltfunkton (HaGT) erfolgen soll.

Nicht benötigte Eingänge der Signalmodule sind an 0 V (Masse) zu legen. Die Signalmatrix legt fest, welches Signalbild das entsprechende Signal bei der eingestellten

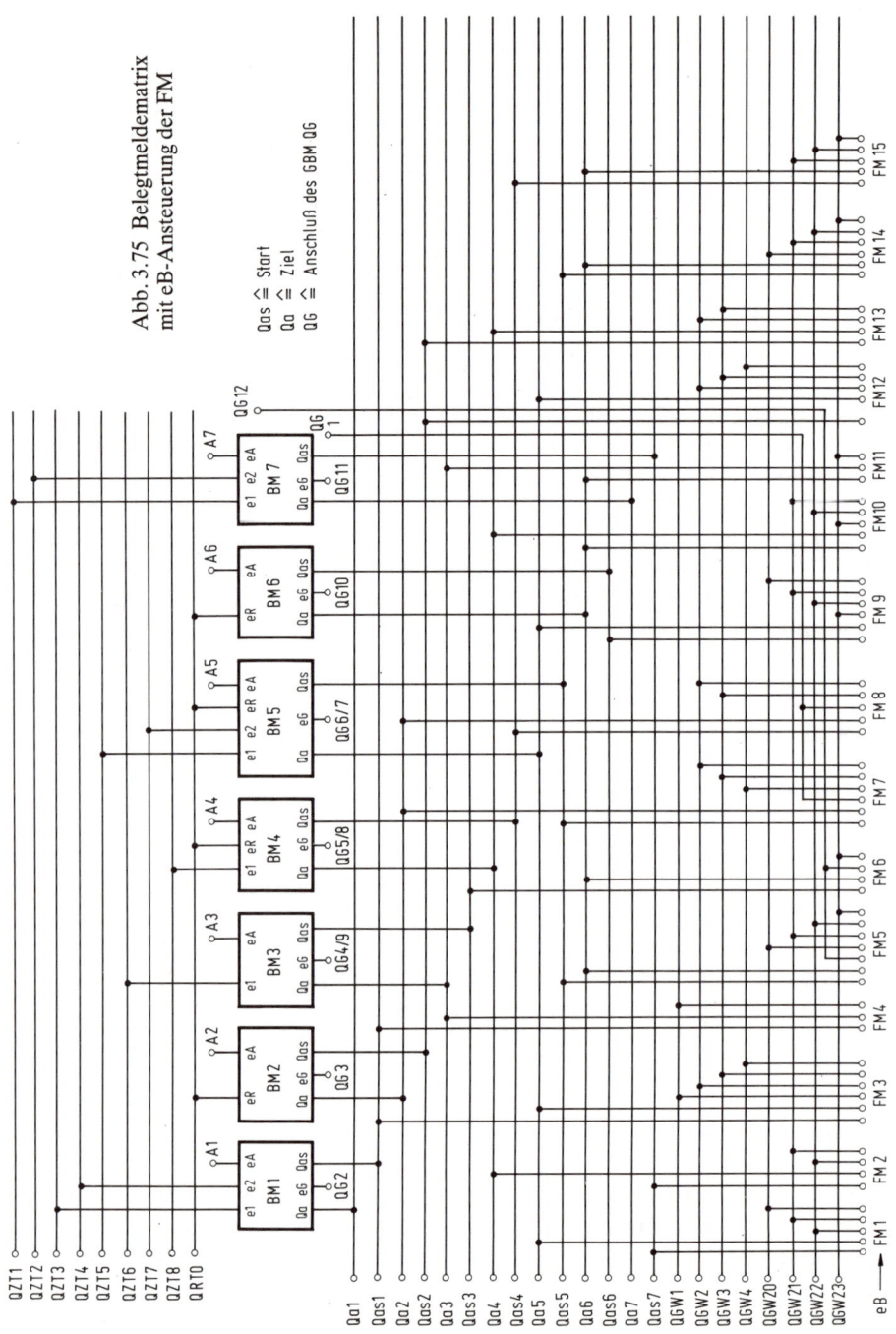

Abb. 3.75 Belegtmeldematrix
mit eB-Ansteuerung der FM

Qas ≙ Start
Qa ≙ Ziel
QG ≙ Anschluß des GBM QG

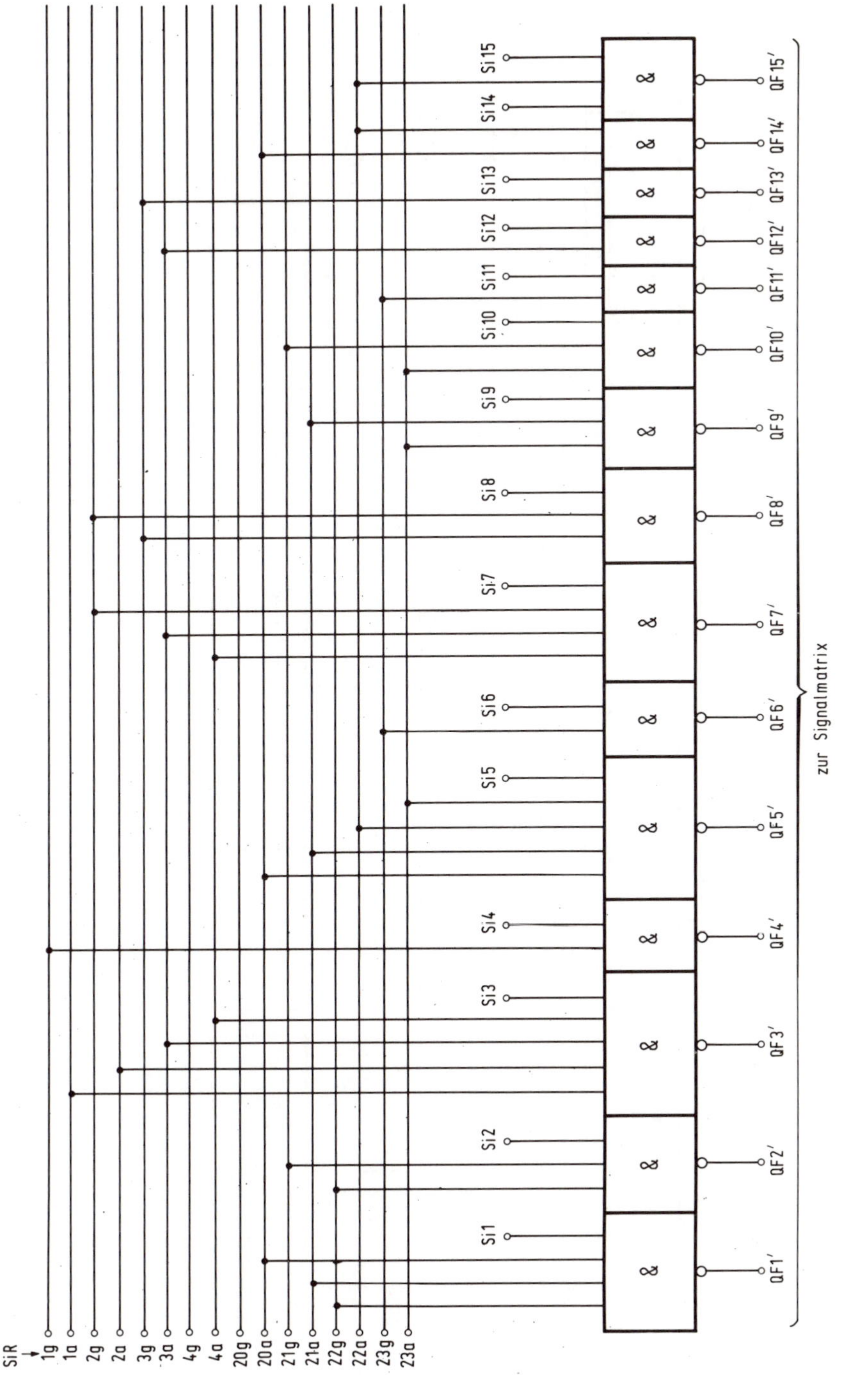

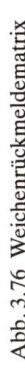

Abb. 3.76 Weichenrückmeldematrix

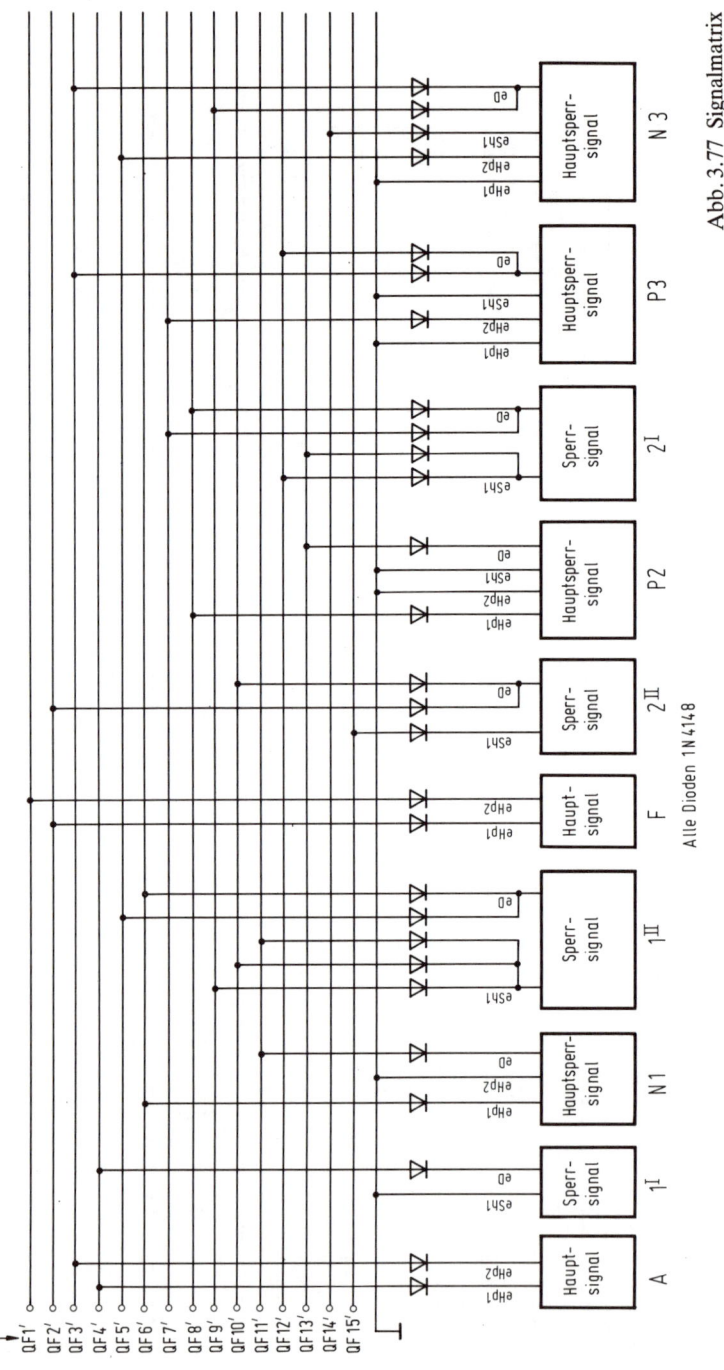

Abb. 3.77 Signalmatrix

Fahrstraße anzeigen soll. Passiert die Lok ein Signal von dessen Rückseite, erfolgt über eD die Fahrspannungsversorgung, auch wenn dieses Signal »Halt« zeigt.

Ein Vorsignal für mehrere Hauptsignale

Normalerweise steuern die Ausgänge 11...13 der Hauptsignale die Vorsignale direkt an (Vr0, Vr1, Vr2). Soll ein Vorsignal jedoch die Stellung mehrerer Hauptsignale anzeigen, muß eine Logik das anzukündigende Hauptsignal anhand der eingestellten Fahrstraße heraussuchen, um dann das dazu gehörende Vorsignalbild anzeigen zu können. Hierzu dient eine Verknüpfung aus drei NOR *(Abb. 3.78 a)*, die pro Signalstellung des Vorsignals (2 bzw. 3) einzusetzen ist. Die Anzahl der Eingänge hängt dabei von der Anzahl der zugehörigen Hauptsignale ab. *Abb. 3.78* zeigt die Realisierung mit Transistoren für drei Hauptsignale in der Stellung Vr1. Erfolgt der Einsatz von AND bei der Rückmeldematrix, können die Inverter hinter QF' entfallen.

Auf die Wahrheitstabelle der Schaltung verzichten wir (es funktioniert wirklich). Aufgrund der Vielzahl von gleichartigen Gattern bietet sich auch der Einsatz von NOR-IC-Gattern an (auch für die Inverter), z. B. die MOS-IC's 4001, 4025.

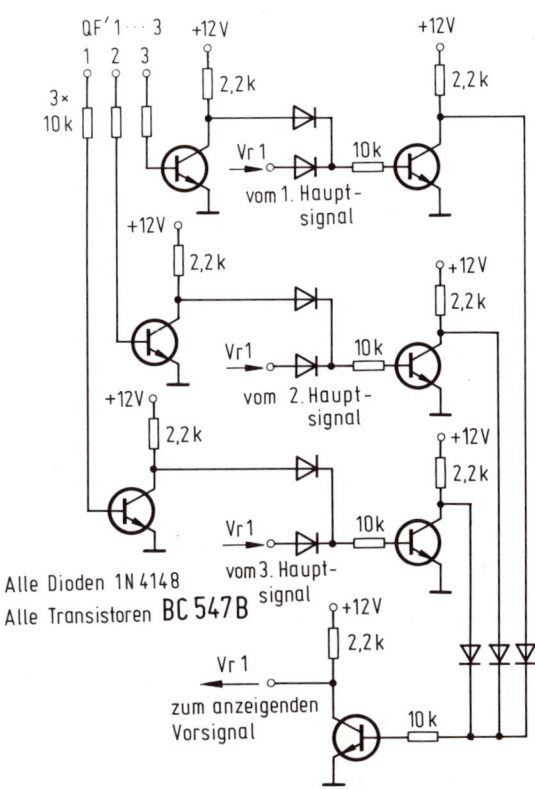

Abb. 3.78 Schaltung der Vorsignalsteuerung eines Vorsignals für drei Hauptsignale (nur Vr 1, da Vorsignal am Mast des Hauptsignals befestigt)

207

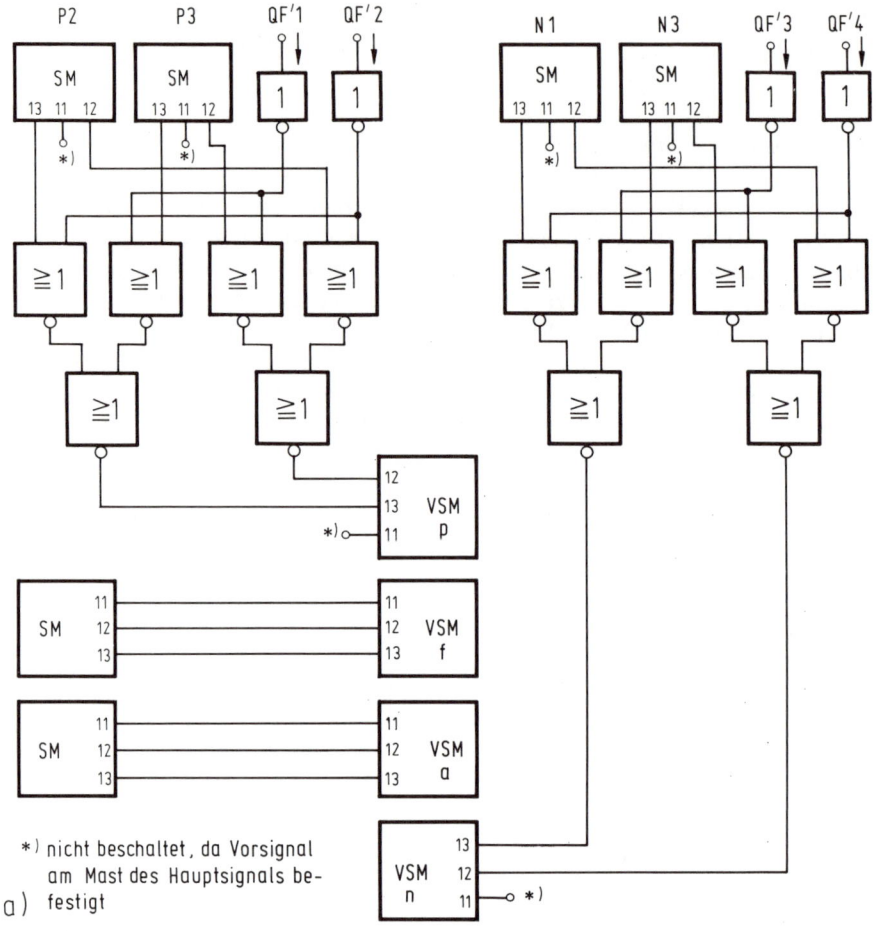

Abb. 3.78a Logik der Vorsignalsteuerung für den Beispielgleisplan in Abb. 3.71

Zum Schluß zeigt *Abb. 3.79* die Stelltischausführung des Beispielbahnhofs, mit weitgehend im Handel erhältlichen Stelltischfeldern. Die LEDs (je eine) vor den Signalen steuern die BM, und die LEDs (je drei) der Weichenfelder bringen die WM zum Leuchten, wobei die vorderste LED der Weiche bei beiden Weichenstellungen aufleuchten muß. Alle Schaltungsvorschläge stellen jedoch nur Lösungsmöglichkeiten dar, die jeder nach eigenen Bedürfnissen ändern kann.

Die Stromversorgung der Module übernimmt die Schaltung nach *Abb. 3.79 a* mit einem Spannungsregler 78 H 12 KC, der einen Strom bis maximal 5 A liefert. Die unstabilisierte Spannung U_o steht vor dem Spannungsregler zur Verfügung. Je nach Strombedarf muß der

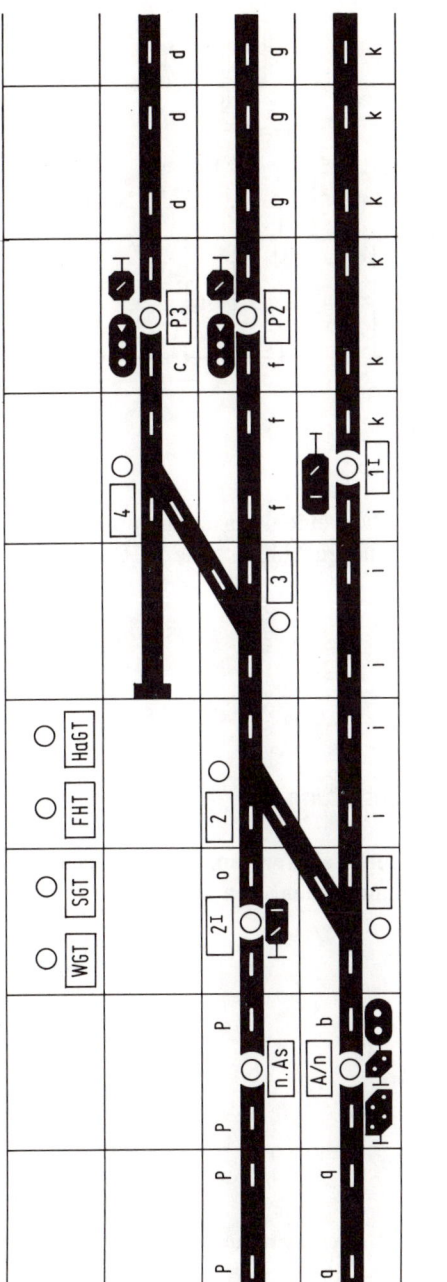

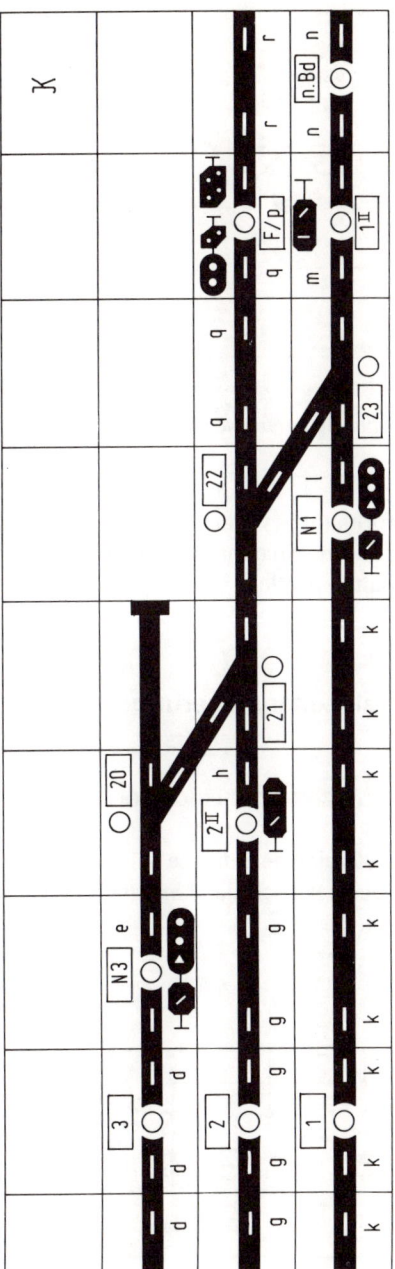

Abb. 3.79 Stelltischausführung für den Beispielgleisplan

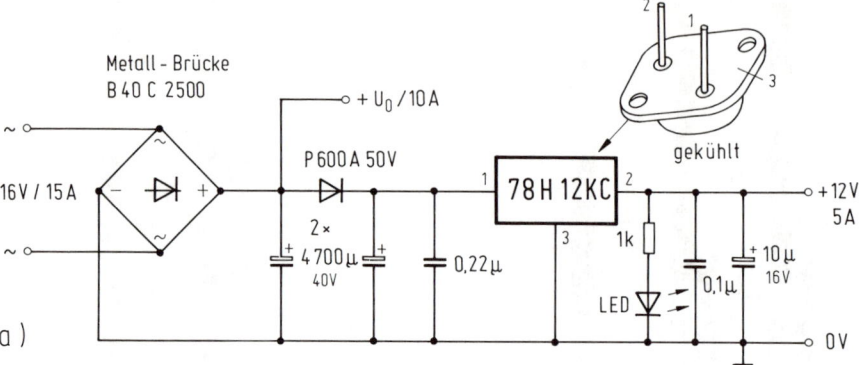

Abb. 3.79 a Spannungsversorgung des Gleisbildstellwerks

Transformator gewählt werden, in Abb. 3.79 a wurde von einem Maximalstrom von 15 A ausgegangen. Spannungsregler und Gleichrichter sind zu kühlen. Die LED dient als Einschaltkontrolle.

3.9 Weichenansteuerung

3.9.1 Weichen mit Rückmeldung und Endabschaltung

Abb. 3.80 zeigt die einfache Rückmeldeanzeige bei den o. a. Weichen. Die entsprechende LED leuchtet nach der Umschaltung (Kennzeichnung bezieht sich auf eine Arnold N-Weiche).

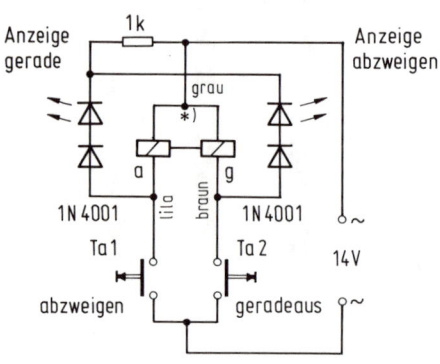

Abb. 3.80 Weichenrückmeldung am Beispiel der Arnold N-Weiche

210

3.9.2 Weichen ohne Rückmeldung und ohne Endabschaltung

Ansteuerung durch Dauerpotential

Durch Dauerpotential an einer Spule der Weiche, würde diese nach einiger Zeit durchbrennen. Dies vermeiden wir durch Impulsansteuerung mittels eines RC-Gliedes nach *Abb. 3.81*. Die Größe von C (1000...5000 μF) ist empirisch zu ermitteln. Die Schaltung kann auch bei Signalantrieben u. ä. Verwendung finden.

Der Antrieb erhält beim Schließen von S1 den Aufladestromstoß des Kondensators C und zieht an. Sobald die Aufladung abgeschlossen ist, sinkt der Strom durch den Antrieb auf 10...25 mA und kann keinen Schaden mehr anrichten. Nach Öffnen von S1 entlädt sich C über den 1-kΩ-Widerstand. Die Schaltung braucht also je nach Kapazität eine gewisse Erholzeit (2...10 s), d. h. erst nach Ablauf dieser Zeit ist ein erneuter Schaltvorgang möglich.

Abb. 3.81 Impuls-Antriebssteuerung für Antriebe ohne Endschaltung

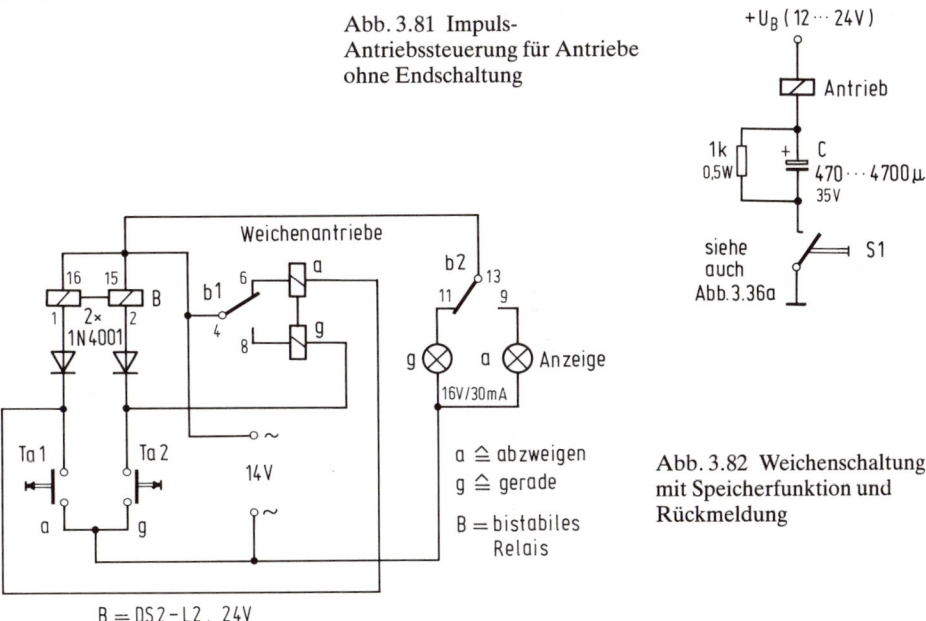

Abb. 3.82 Weichenschaltung mit Speicherfunktion und Rückmeldung

Ansteuerung mit bistabilen Relais

Gleichzeitig mit dem Schalten der Weiche erfolgt das Umschalten eines bistabilen Relais, das die Spulen vor dem »Durchschmoren« bewahrt. Die Ansteuerung der Schaltung nach *Abb. 3.82* kann mit Gleich- oder Wechselspannung erfolgen. Der zweite Relaiskontakt schaltet die Anzeigelampen (Rückmeldung) um. Eine weitere Möglichkeit ist die Ansteuerung über Thyristor oder Triac (s. Abb. 3.36a).

3.10 Aufenthaltsschalter für den Halt zwischendurch

Einsatzorte für den Aufenthaltsschalter sind Haltepunkte, Bahnhöfe oder verdeckte Strecken (Simulationen längerer Fahrstrecken).

3.10.1 Komfortabler Aufenthaltsschalter

Wie *Abb. 3.83* zeigt, besteht die Schaltung aus einem Timer-Monoflop mit Schaltverstärker, der ein Relais ein- bzw. ausschaltet. Als Setzimpuls dient ein Minusimpuls, den ein Schaltgleis, ein SRK, eine Lichtschranke o. ä. liefert. Der a_1-Kontakt kann dann die Fahrspannung zum isolierten Gleisabschnitt unterbrechen oder in einem elektronischen Anfahr- und Bremsregler analog *Abb. 3.14* oder *3.15* den Bremsvorgang einleiten bzw. nach Ablauf der Timerzeit den Zug wieder anfahren lassen. Die Haltezeit ist zwischen ca. 4 s bis 1 Min. einstellbar und kann durch Ändern der Bauteile den Gegebenheiten angepaßt werden. Mit einem 1-MΩ-Potentiometer und 470 μF ergibt sich z. B. eine Maximalzeit von ca. 9 Minuten.

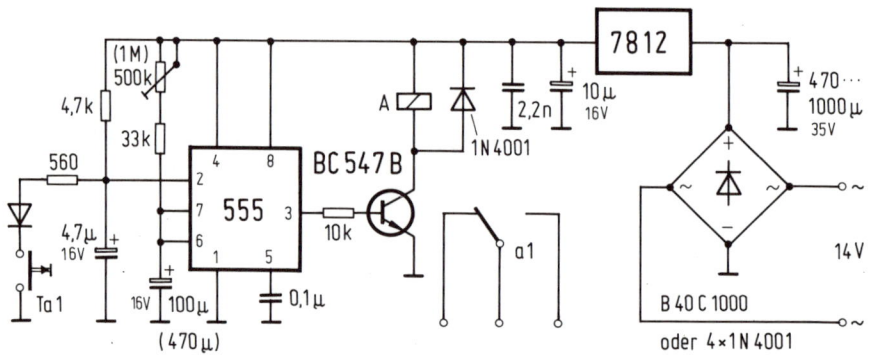

Abb. 3.83 Aufenthaltsschalter mit Timer 555

3.10.2 Einfacher Aufenthaltsschalter mit Zugbeeinflussung

Im Prinzip handelt es sich bei *Abb. 3.84* um eine uns bereits bekannte Anfahr- und Bremsregelung mit Darlingtonausgangsstufe und elektronischer Strombegrenzung (hier ca. 1,2 A maximal), die nach *Abb. 3.84 a* mittels Schaltkontakt (z. B. des Relais aus Abb. 3.83) einen Zug langsam auslaufend zum Halten bringt (Kontakt offen entspricht dabei »Halt«). Schalten wir jedoch den Impulsschalter nach *Abb. 3.84 b* davor, so erhalten wir einen zeitlich begrenzten Halt mit anschließender Weiterfahrt.

  Der Vorteil der genannten Schaltungen ist der, daß keine zusätzliche Spannungsversorgung außer der Fahrspannung erforderlich ist.

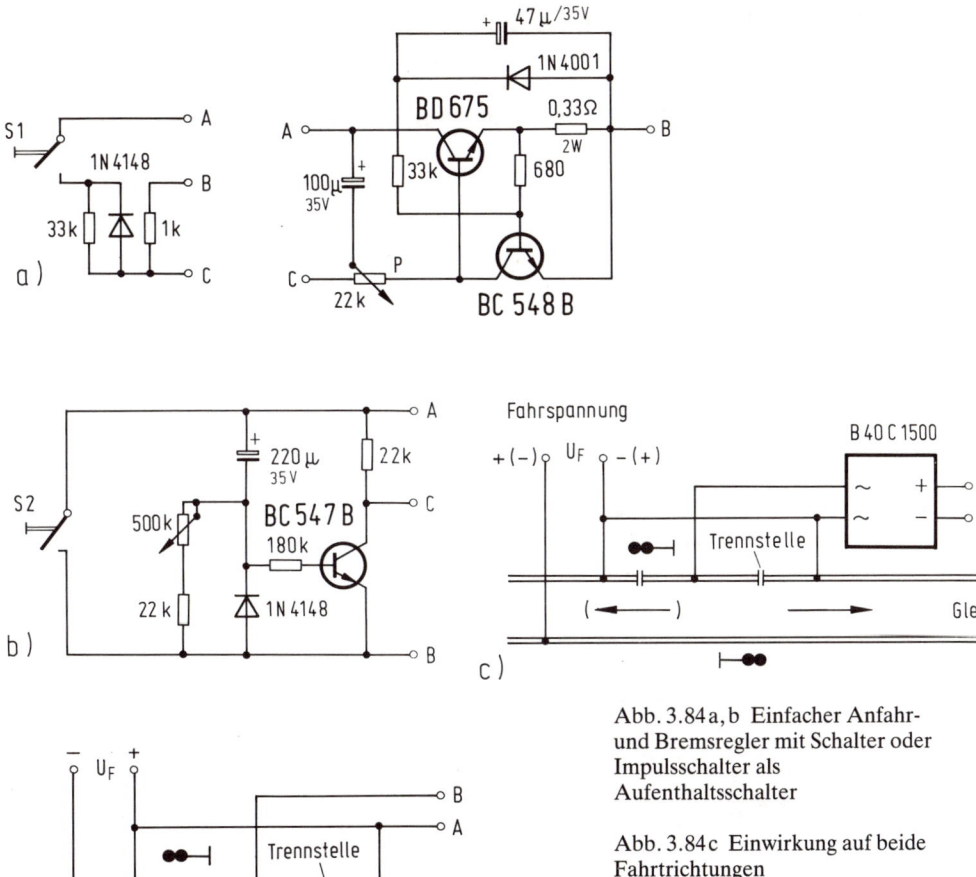

Abb. 3.84 a, b Einfacher Anfahr-
und Bremsregler mit Schalter oder
Impulsschalter als
Aufenthaltsschalter

Abb. 3.84 c Einwirkung auf beide
Fahrtrichtungen

Abb. 3.84 d Einwirkung auf eine
Fahrtrichtung

Beim Überfahren der Trennstelle erhält der Transistor in Abb. 3.84 b einen Plusimpuls über die Diode, wodurch sich deren 220-μF-Kondensator schlagartig entlädt, um sich gleich wieder über die Reihenschaltung 22 kΩ, Einstellregler 500 kΩ und Motorwiderstand der Lok gegen Masse (2. Schiene) aufzuladen. Am Kollektor des Transistors liegt für die Ruhezeit »0«, so daß die Darlingtonstufe sperrt und die Fahrspannung unterbricht. Der Einstellregler in Abb. 3.84 und der 100-μF-Kondensator sorgen dabei für ein langsames Abklingen. Ist der 220-μF-Kondensator nahezu aufgeladen, steigt die Kollektorspannung langsam wieder an, und die Lok erhält somit ebenfalls eine langsam ansteigende Fahrspannung und verläßt die Haltestelle. In der Gegenrichtung passiert ein Zug die isolierte Stelle ohne Halt. Soll die Automatik in beiden Richtungen wirken, ist ein Gleichrichter analog *Abb. 3.84 c* notwendig.

Der Schalter S 2 in Ab. 3.84 b überbrückt die Automatik, so daß ein Zug dann ohne Halt hindurchfährt. *Abb. 3.84 d* zeigt den Anschluß der Schaltung an das Gleis.

3.11 Signalschaltungen für die Lichtsignale der DB

Vom Gleisbildstellwerk her kennen wir bereits die einzelnen Signaltypen, deren Signalbilder *Abb. 3.85* zeigt, wobei die Signalbegriffe folgendes bedeuten (s. auch DB Dienstvorschrift 301):

Hp 0 = Zughalt
Hp 1 = Fahrt
Hp 00 = Zughalt und Rangierverbot
Hp 2 = Langsamfahrt
Hp0 + Sh 1 = Zughalt, Rangierfahrt erlaubt
Sh 0 = Halt! Fahrverbot
Sh 1 = Fahrverbot aufgehoben (Rangierfahrt erlaubt)
Vr 0 = Zughalt erwarten (Anzeige nur bei einzeln stehendem Vorsignal)
Vr 2 = Fahrt erwarten
Vr 2 = Langsamfahrt erwarten
Zs 1 leuchtet = Vorbeifahrt am »Halt« zeigenden Signal erlaubt.
Notrot = Signalstromversorgung ausgefallen, Vorsignal in Vr 0-Stellung.
  Die Signale werden in der Regel in Fahrtrichtung rechts vom Gleis aufgestellt.

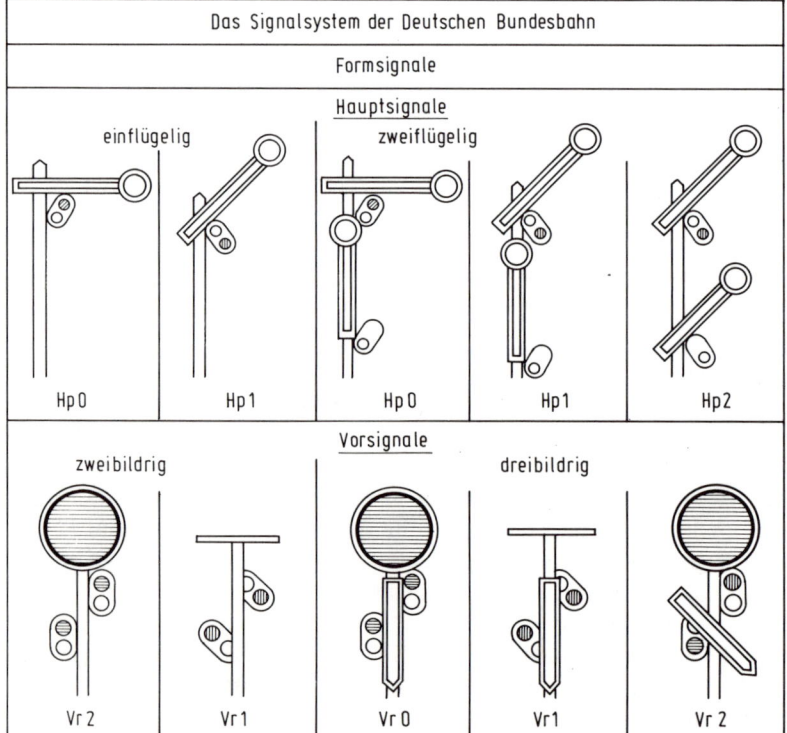

Abb. 3.85 Signalbilder der Lichtsignale der DB

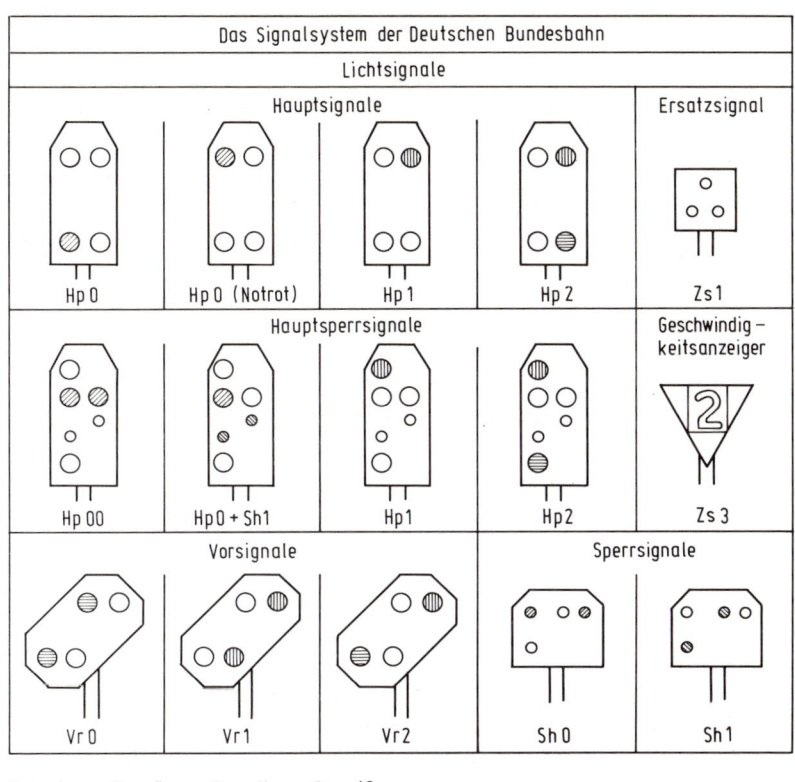

Abb. 3.85

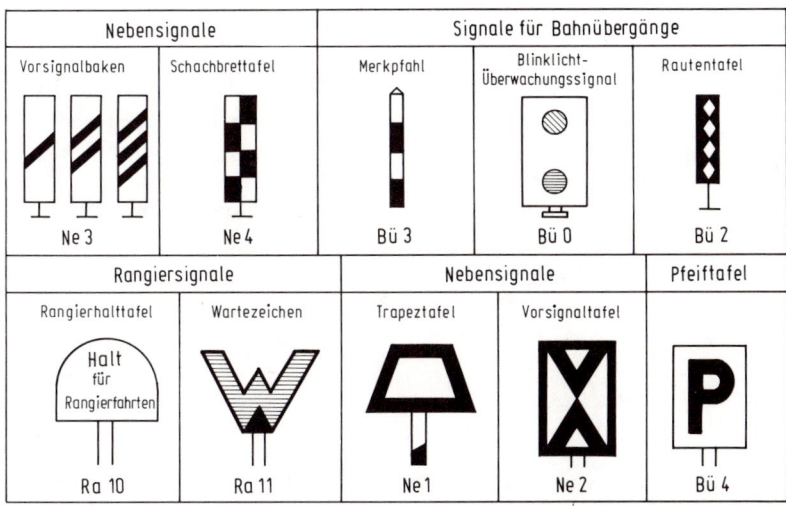

Abb. 3.85

Vor dem Vorsignal der Einfahrsignale stehen in der Regel vier Nebensignale, nämlich 3 Vorsignalbalken (Ne 3) und die Vorsignaltafel (Ne 2) im Abstand von 75 m, 75 m, 100 m. Der Abstand des Vorsignals zum Hauptsignal beträgt, abhängig von der Streckengeschwindigkeit 400, 700 oder 1000 m. Diese Abstände sind im Modellbahnbereich nicht maßstabsgetreu realisierbar. Doch ein gewisser Abstand sollte gewahrt sein (vor allem auf Hauptbahnstrecken). Genug jetzt davon, wer hier mehr wissen will, lese o. a. Dienstvorschrift oder entsprechende Literatur.

3.11.1 Signalschaltung elektronisch gelöst

Bei Signalen mit Glühlampen oder bereits eingebauten LED-Vorwiderständen sind die 680-Ω-Widestände der Module zu entfernen.

Hauptsperrsignalmodul

Wie *Abb. 3.86* zeigt, besteht dieses Modul aus drei RS-FF mit vier Schaltstufen, die ihre Setz- bzw. Rücksetzbefehle von einer Diodenmatrix über die entsprechenden Befehlstasten erhalten. Die nachfolgende Tabelle gibt Auskunft über die einzelnen Schaltzustände. Die 1-μF-Kondensatoren bewirken eine Bevorrechtigung der HP00-Stellung beim Einschalten.

Relais A versorgt den Rangierbereich und Relais B den Ausfahrbereich mit Fahrspannung.

	Stift 1	Stift 2	Stift 3	Stift 4	Relais A	Relais B
Hp 00	1	0	1	0	abgefallen	abgefallen
Hp 0/Sh 1	1	0	1	0	angezogen	abgefallen
Hp 1	0	1	1	0	angezogen	angezogen
Hp 2	0	1	0	1	angezogen	angezogen

$1 \approx + 12$ V $0 \approx 0$ V

Hauptsignalmodul

Abb. 3.87 zeigt dieses Modul, das nur noch zwei RS-FF mit Schaltstufen aufweist. Die 1-μF-Kondensatoren bevorrechtigen Hp 0 beim Einschalten, Relais A schaltet die Fahrspannung ein. Durch den Schalter S1 (4 × UM) können wir Stromausfall in der

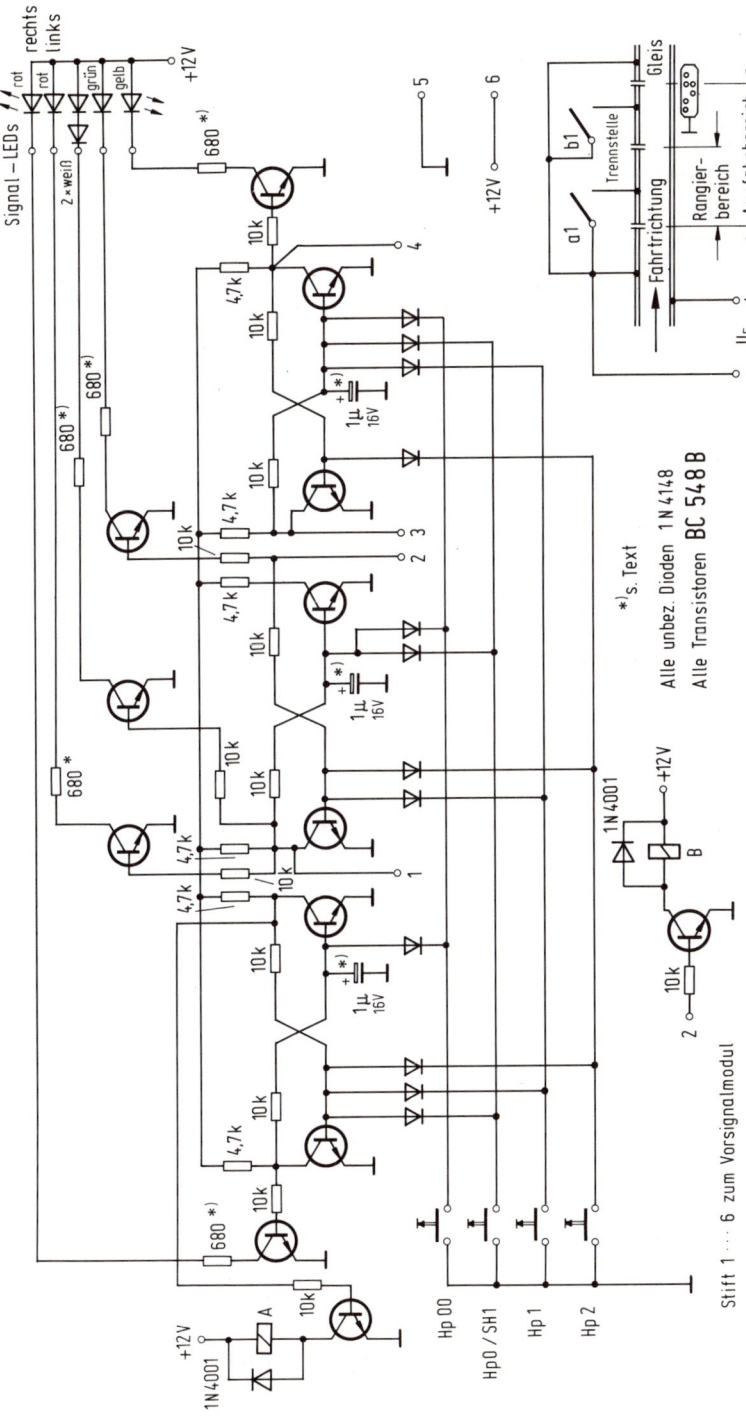

Abb. 3.86 Hauptsperrsignal mit Transistor-FF

217

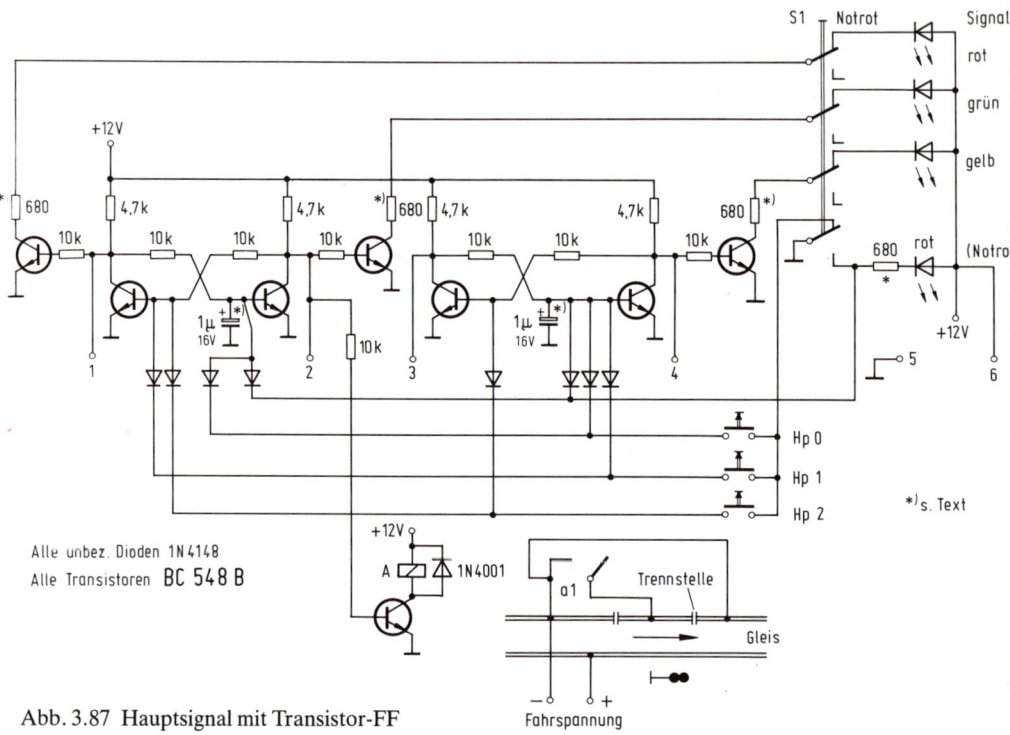

Abb. 3.87 Hauptsignal mit Transistor-FF

Signalstromversorgung simulieren, d. h. 0 V abschalten und die Notrot-Anzeige zum Leuchten bringen. Am Vorsignal leuchtet Vr 0 und Relais A ist abgefallen.

	Stift 1	Stift 2	Stift 3	Stift 4	Relais A
Hp 0	1	0	1	0	abgefallen
Hp 1	0	1	1	0	angezogen
Hp 2	0	1	0	1	angezogen
Notrot	1	0	1	0	abgefallen

Gleissperr- bzw. Blocksignalmodul

Sowohl für das hohe, als auch das niedrige Gleissperrsignal und für das Blocksignal ist das Modul nach *Abb. 3.88* zu verwenden. Wir kommen hierbei mit einem RS-FF aus, wobei die Sh 0- bzw. Hp 0-Stellung bevorzugt ist, Relais A schaltet die Fahrspannung zum Gleis durch.

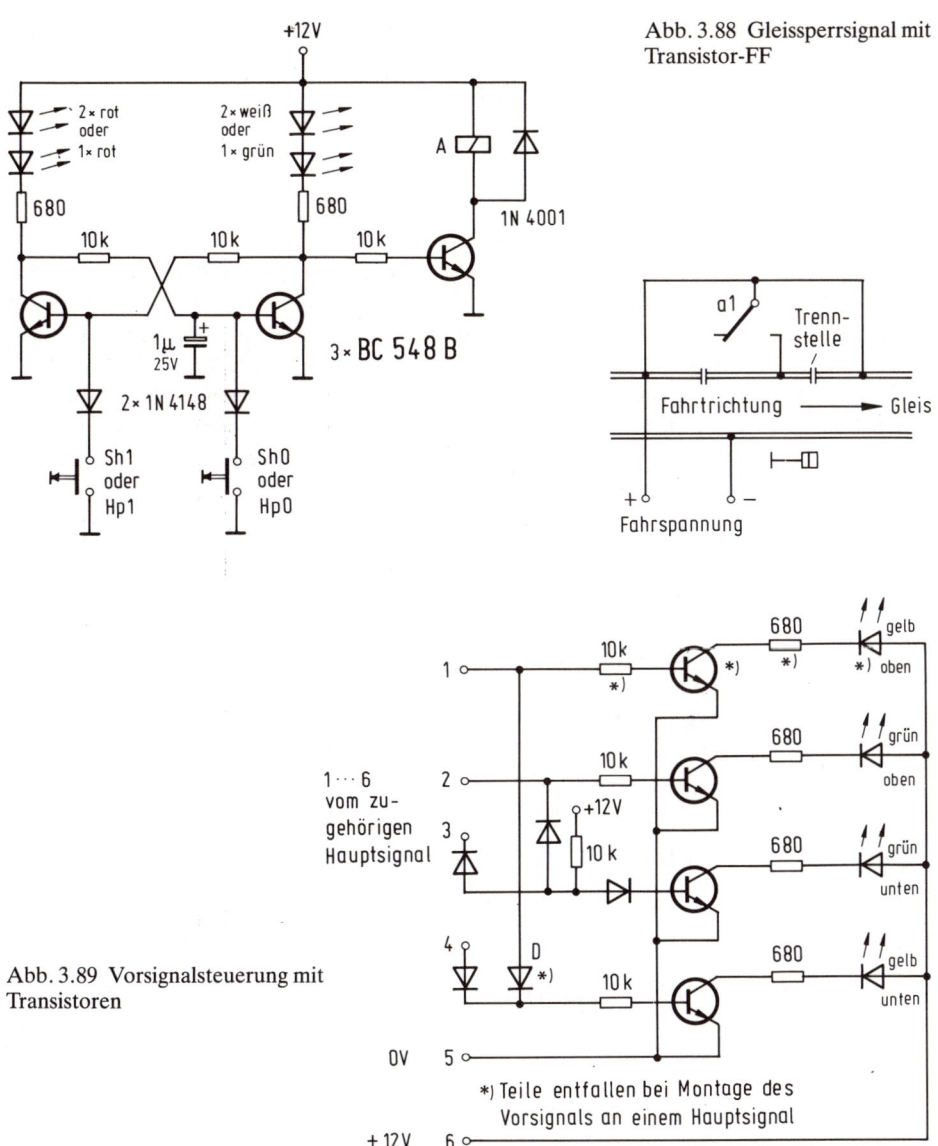

Abb. 3.88 Gleissperrsignal mit Transistor-FF

Abb. 3.89 Vorsignalsteuerung mit Transistoren

*) Teile entfallen bei Montage des Vorsignals an einem Hauptsignal

Vorsignalmodul

Die Stifte 1...6 in *Abb. 3.89* korrespondieren mit den entsprechenden Stiften 1...6 der Haupt- bzw. Hauptsperrsignale. Befindet sich das Vorsignal am Mast eines Hauptsignals, erfolgt keine Vr 0-Anzeige, dazu entfällt die obere Schaltstufe mit der LED gelb oben und die Diode D. Ansonsten besteht die Vorsignallogik aus einem AND, einem OR und vier Schaltstufen.

3.11.2 Signalschaltungen mit bistabilen Relais

Ersetzen wir die RS-FF durch bistabile Relais von SDS oder Siemens, erhalten wir nachfolgende Schaltungen:

Hauptsperrsignalmodul

Durch Antippen der entsprechenden Befehlstaste erfolgt analog der nachstehenden Tabelle die vorschriftsmäßige Signalbildausleuchtung *(Abb. 3.90)*. Wer Weichen mit Rückmeldung hat, kann die Rückmeldespannung jeweils zum Schalten eines Schalttransistors nutzen, der Massepotential an die Hp 1/Hp 2 Doppeltaste (2 × EIN) legt. Je nachdem, welcher Transistor leitet, stellt sich Hp 1 oder Hp 2 ein. Somit erfolgt ein weichenabhängiges Signalbild. Sind keine derartigen Weichen vorhanden, ist für Hp 1 bzw. Hp 2 jeweils eine eigene Taste (1 × EIN) zum Schalten des Massepotentials vorzusehen.

Befehl	A	B	C	rot lk.	rot re.	weiß	grün	gelb	Vorsignal
Hp 00	abgefallen	abgefallen	abgefallen	X	X				gelb/gelb
Hp 0/Sh 1	angezogen	angezogen	abgefallen	X		X			gelb/gelb
Hp 1	angezogen	abgefallen	abgefallen				X		grün/grün
Hp 2	angezogen	abgefallen	angezogen				X	X	grün oben/ gelb unten

Durch Entfernen der Brücke Br entfällt die Anzeige Vr 0.

Hauptsignal

Diese Schaltung *(Abb. 3.91)* funktioniert ähnlich der vorhergehenden. Auch hier ist die weichenabhängige Signalanzeige möglich. Es fehlt jedoch das C-Relais, da die Funktion Hp 0/Sh 1 nicht nötig ist. Dafür ist ein Notrotschalter vorhanden.

Befehl	A	B	rot	grün	gelb	Notrot	Vorsignal
Hp 0	abgefallen	abgefallen	X				gelb/gelb
Notort	abgefallen	abgefallen				X	gelb/gelb
Hp 1	angezogen	angezogen		X			grün/grün
Hp 2	abgefallen	abgefallen		X	X		grün oben/ gelb unten

Wenn die Brücke Br wegfällt, unterbleibt die Vr 0-Anzeige.

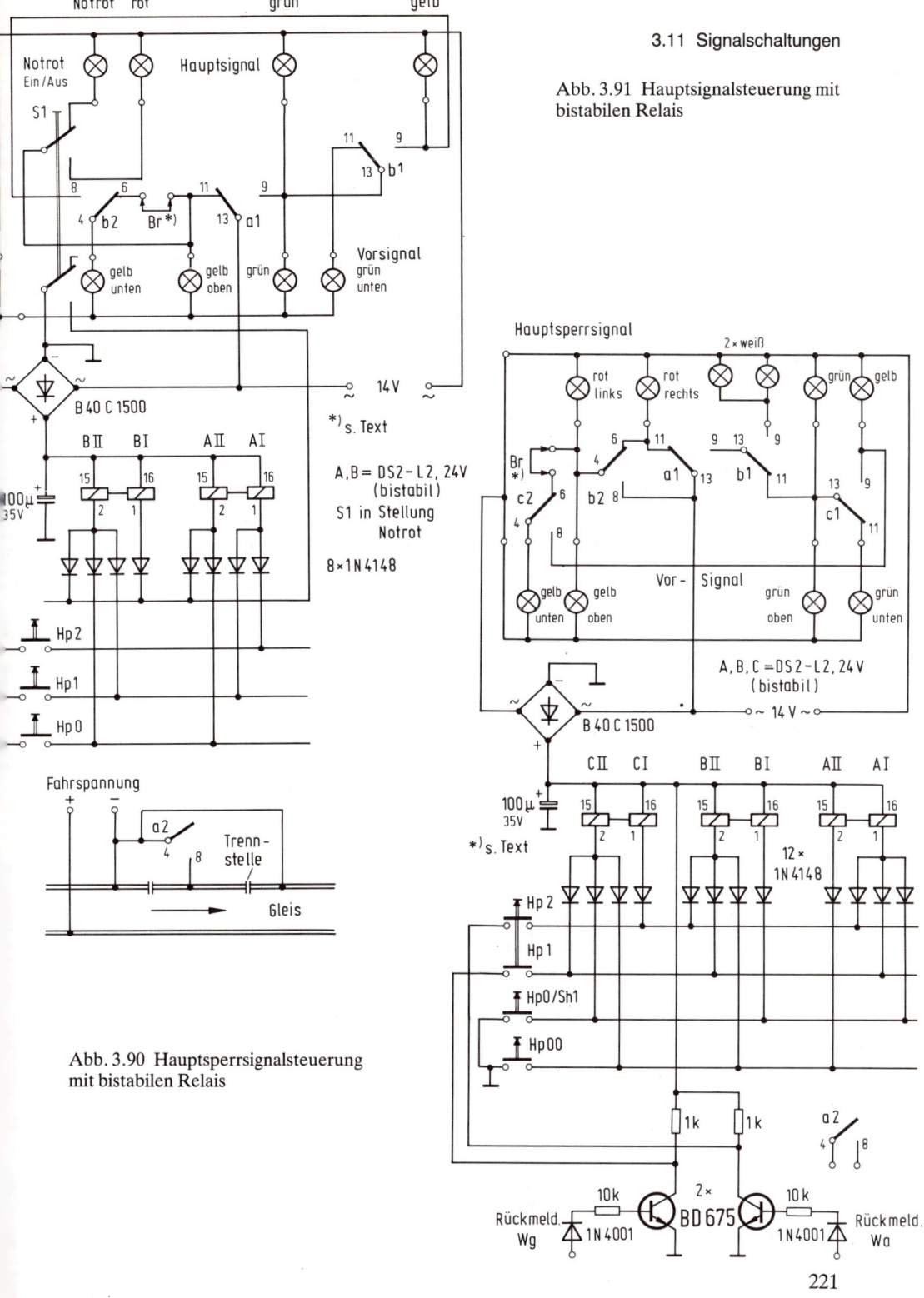

Abb. 3.91 Hauptsignalsteuerung mit bistabilen Relais

Abb. 3.90 Hauptsperrsignalsteuerung mit bistabilen Relais

221

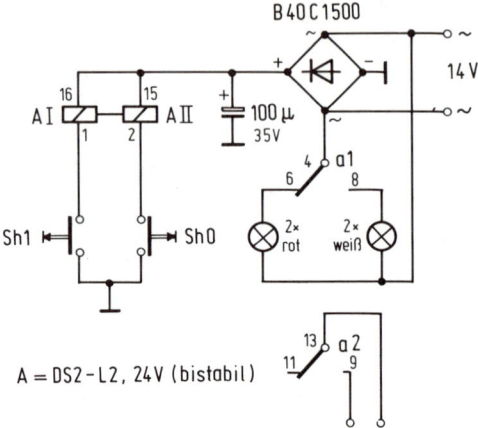

Abb. 3.92 Gleissperrsignalsteuerung mit
bistabilen Relais

Gleissperrsignalmodul

Wie *Abb. 3.92* zeigt, erfolgt hier nur die Umschaltung zwischen Sh 0 (HLp 0) und Sh 1
(Hp 1) durch Betätigung der entsprechenden Taste. Ein Hinweis noch: Gleissperrsignale
gelten bei Zug- und Rangierfahrten gleichermaßen, d. h. bei Sh 0 hat hier jeder Zug zu
halten. Bei Gleissperrsignalen entfällt die Vorankündigung durch ein Vorsignal. Die
Grundausführung ist die niedrige Ausführung, auch Zwergsignal genannt.

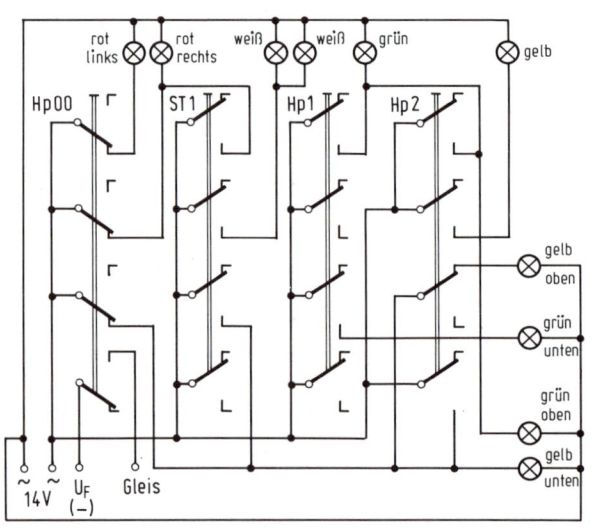

Abb. 3.93 Einfache
Hauptsperrsignalschaltung mit
vier mehrpoligen Umschaltern

3.11.3 Einfache Signalschaltung mit Umschaltern

Wer die Signalbilder besonders preiswert erzeugen will, benutzt dazu einen entsprechenden Umschaltersatz mit gegenseitig auslösenden Schaltern (je 4 × UM). Je Signalbild ist
ein Schalter nötig. Stellvertretend für alle möglichen Versionen zeigt *Abb. 3.93* die

Hauptsperrsignalausführung mit zugehöriger Vorsignalansteuerung. Beim Hauptsignal entfällt dann der Schalter Hp 0/Sh 1, beim Gleissperrsignal kommen wir mit zwei Schaltern aus. Entsprechende Mehrfachschalter liefern der Elektronik-Versandhandel oder die Zubehörhersteller (z. B. BRAWA Bestell-Nr. 2755, 2756 oder 2757).

3.12 Fahrspannungsabhängige Zugbeleuchtung schafft Wirklichkeitstreue

Wirkungsvoll und vorbildgetreu ist es, wenn der Zug bei abgeschalteter Raumbeleuchtung am Abend über die Anlage mit ihren beleuchteten Häusern, Signalen und Straßenlaternen fährt. Man kann sich als Betrachter direkt in diese Modellbahnidylle hineinversetzen. – Doch plötzlich erlischt die Zugbeleuchtung langsam, um dann ganz auszugehen. Was ist geschehen?

Der Zug ist im Bahnhof angekommen und der Fahrdienstleister hat ihn durch Abschalten der Fahrspannung zum Halten gebracht. Damit fehlt die Spannungsversorgung, der durch die Fahrspannung versorgten Modellämpchen. Die Reisenden müssen im Dunkeln aussteigen – die Illusion ist hin.

Dieses fahrspannungsabhängige Schwanken der Zugbeleuchtung muß nicht sein, hier gibt es folgende Abhilfemaßnahmen, die alle eine eigene Stromquelle für die Zugbeleuchtung darstellen:

3.12.1 Zugbeleuchtung über die Oberleitung

Ist eine Oberleitung vorhanden, kann über diese und eine Schiene (0 V) eine konstante Spannung (z. B. + 12 V) zu den Lämpchen geleitet werden. Dadurch büßt man jedoch den unabhängigen Mehrzugbetrieb mit zwei Loks ein.

3.12.2 Speisung aus Batterien oder Akkumulatoren

Die unwirtschaftlichste Lösung stellt dabei die Versorgung der Lämpchen aus Trockenbatterien dar, da diese ziemlich schnell aufgebraucht sind. Setzt man dagegen kleine NC-Akkumulatoren ein und puffert sie mit der Fahrspannung, ergibt sich ein dem Original ähnlicher Betrieb. Der Akkumulator braucht dabei nur beim Stand bzw. bei geringer Fahrspannung seine gespeicherte Energie abgeben. Leider sind mehrzellige Kleinstakkumulatoren kostenintensiv und schwer, zudem passen sie größenmäßig nicht in alle Spurweiten wie z. B. Spur Z.

Abb. 3.94 zeigt eine einfache Schaltung, mit Pufferung des Akkumulators in beiden Fahrtrichtungen. Am Gleichrichter entsteht dabei einen Spannungsabfall von ca. 1,6...1,8 V.

Der Widerstand R begrenzt den Ladestrom und ist entsprechend dem verwendetem Akkumulatortyp zu dimensionieren nach R = U/I.

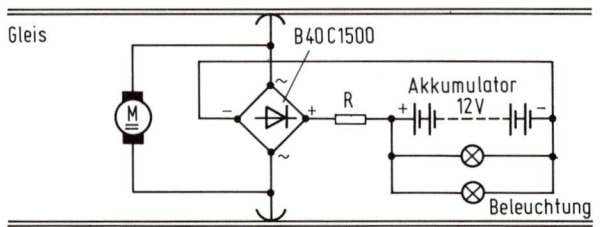

Abb. 3.94 Konstant-
beleuchtung mit
Akkumulatoren

3.12.3 Halbwellenspeisung der Zugbeleuchtung

Eine weitere Möglichkeit besteht in der Trennung von Motor- und Glühlampenkreis und damit getrennten Ansteuerung beider Kreise durch jeweils eine Halbwelle. Wie *Abb. 3.95* zeigt, sind hierzu Fahrspannungs- und Beleuchtungsausgang des Fahrpults zusammenzuschalten. Im Zug sorgen entsprechend dimensionierte Dioden für die Trennung. Bei diesem Verfahren ist keine Rückwärtsfahrt mehr möglich. Außerdem entsteht eine Energieaufsplittung (Leistung muß jeweils um das $\sqrt{2}$-fache größer sein). Des weiteren können wir keine Elektronikfahrregler mit dieser Lösung betreiben.

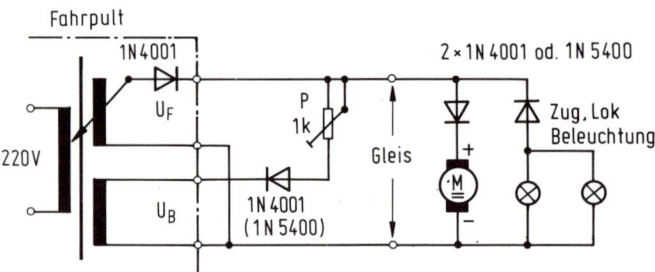

Abb. 3.95 Einfache
Konstantbeleuchtung für
eine Fahrtrichtung

3.12.4 Zugbeleuchtung mit Niederfrequenz

Nachdem wir gesehen haben, daß alle vorangegangenen Lösungen mehr oder weniger große Nachteile aufweisen, kommen wir zum elegantesten Verfahren, nämlich der Überlagerung der Fahrspannung mit einem niederfrequenten Wechselstrom über entsprechende Trennweichen aus LC-Gliedern.

Sinusgenerator

Die Nf erzeugt eine Phasenschieber-Schaltung, die wir für eine Schwingfrequenz von ca. 16 kHz dimensionieren *(Abb. 3.96)*.

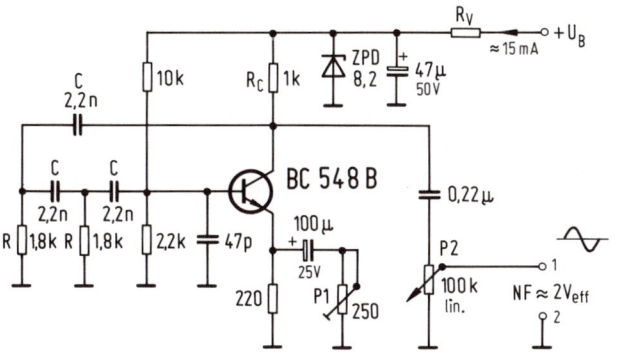

+ U_B	R_V
12 ··· 14 V	330 Ω / 0,1 W
14 ··· 16 V	510 Ω / 0,25 W
17 ··· 27 V	1 kΩ / 0,5 W
27 ··· 36 V	1,5 kΩ / 1 W
36 ··· 50 V	2,7 kΩ / 1 W
50 ··· 70 V	3,9 kΩ / 1 W

Zenerdiode 8,2V / 500 mW (ZPD 8,2)

$$f_0 \approx \frac{1}{2 \pi \cdot C \cdot R \sqrt{6 + 4 R_C / R}}$$

Abb. 3.96 Sinusgenerator für NF-Zugbeleuchtung

Diese Sinusfrequenz liegt schon außerhalb des Hörbereichs eines Erwachsenen und ist noch nicht so hoch, um Ärger mit der Deutschen Bundespost oder den Nachbarn zu kriegen. Bei höheren Frequenzen wirkt die Schiene nämlich wie eine Sendeantenne und die Schaltung stört mit ihren (harmonischen) Oberwellen den Rundfunk- und Fernsehempfang. Durch die Verwendung eines Sinusgenerators, der keine bzw. nur geringe Oberwellen produziert, anstatt eines Rechteckgenerators mit störenden Oberwellen, erfolgt keine bzw. nur eine vernachlässigbare Störstrahlung.

Wer möchte, kann R auch mit 1,5 kΩ wählen, die Frequenz erhöht sich dann auf ca. 20 kHz. Die angegebene Schaltungsvariante erfüllt jedenfalls die allgemeinen Genehmigungsbedingungen des z. Z. gültigen Amtsblattes des Bundesministers für das Post- und Fernmeldewesen Nr. 163, Jahrgang 1984 vom 14. 12. 84, sofern beim Aufbau die Bedingungen in bezug auf Funkstörspannung (der Funkentstörungsgrad N ist einzuhalten) und die Störfeldstärke Beachtung finden. Im Zweifelsfall ist dies vom Betreiber nachzuweisen. Die allgemeine Genehmigung gilt dann als erteilt. Bis 10 kHz tolerieren Deutsche Bundespost und VDE (DIN 57875, VDE 0875) jedoch derartige Anlagen auch ohne besondere Genehmigung. Leider macht sich diese Frequenz als Pfeifen bemerkbar, da sie noch voll im Hörbereich liegt (C = 4,7 nF, R = 1,6 kΩ). Jeder kann also für sich entscheiden, welche Bauteile er für R und C einsetzt. Aufgrund des Schaltungsprinzips entstehen jedenfalls kaum Oberwellen. Der 47 pF-Kondensator an der Basis des Transistors verhindert ein hochfrequentes Schwingen des Oszillators im UKW-Bereich. P1 (250 Ω) stellt eine Stromgegenkopplung dar, mit der man ein besonders verzerrungsarmes Ausgangssignal erreicht. Zu starke Gegenkopplung läßt jedoch die Schwingungen abreißen. Die Versorgungsspannung des Generators ist durch eine Z-Diode (8,2 V) stabilisiert. Der Vorwiderstand ist der Verstärkerversorgungsspannung anzupassen (einige Werte enthält die Tabelle).

Der Abgleich der kompletten Schaltung (mit Verstärker) erfolgt ohne Oszilloskop folgendermaßen: P2 auf Maximum stellen, P1 vom kleinsten Widerstandswert kommend, so weit zurückdrehen, bis die Zugbeleuchtung gerade ausgeht. Danach P1 wieder aufdrehen, bis die Beleuchtung gerade einsetzt. P2 entspricht dabei dem Lautstärkeregler des Endverstärkers. Mit dem Oszilloskop stellt man am Ausgang des Sinusoszillators eine saubere, unverzerrte Sinusschwingung (max. 2. V_{eff}) durch Regeln mit P1 ein und kontrolliert diese am Verstärkerausgang bei voll aufgedrehtem P2. Nach abgeschlossenem einwandfreiem Abgleich besteht kaum noch die Gefahr einer Störung von Funkdiensten bzw. des Rundfunk- oder Fernsehempfangs.

Endstufen für die Zugbeleuchtung

Hier kann jeder Nf-Leistungsverstärker Verwendung finden. Doch wer möchte schon auf die Musikwiedergabe über seine Stereoanlage verzichten. Es folgen daher drei Endstufenvorschläge.

1. Diskrete Endstufe 40 W

Die Schaltung nach *Abb. 3.97 a* besteht aus einem Operationsverstärker als Vorverstärker und einer kurzschlußfesten Leistungsendstufe aus zwei symmetrischen Darlingtonstufen (BD 137/2 N 3055 und BD 138/BDX 18). Alle vier Leistungshalbleiter sind mit Kühlkörpern zu versehen. Da die Kühlflächen alle unterschiedliches Potential führen, ist für jeden der vier Transistoren ein eigener Kühlkörper vorzusehen. Die Treiber (BD 137/138)

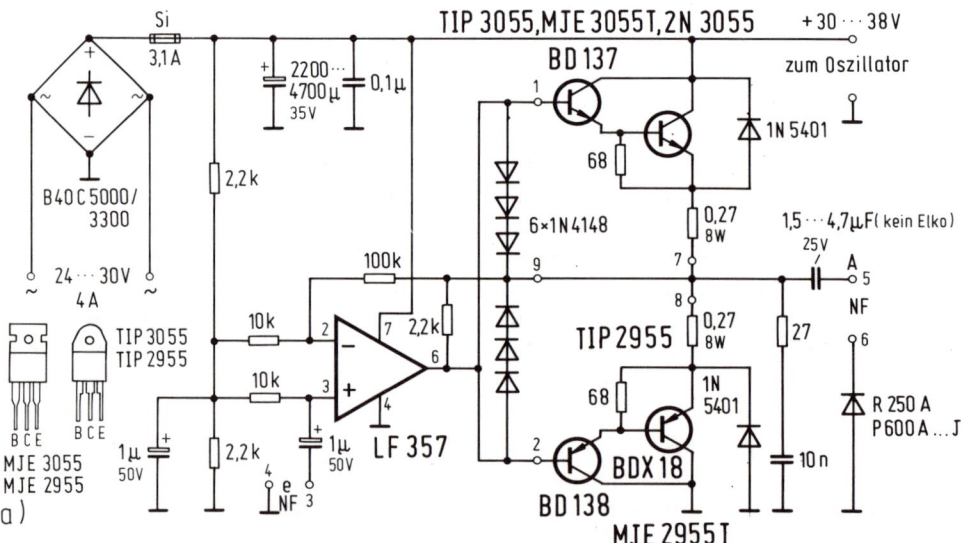

Abb. 3.97a Leistungsendstufe für NF-Zugbeleuchtung

erhalten U-Kühlkörper für SOT 32-Gehäuse (z. B. SK 13/35 SA), und die Endstufen erhalten Fingerkühlkörper für T0-3-Gehäuse (z. B. FK-201/SA). Als Ersatztyp für den BDX 18 von Thomson kann der MJ 2955 mit T0-3-Gehäuse von Motorola dienen.

Anstelle der diskreten Darlingtonstufen können auch die integrierten Ausführungen TIP 130 bzw. BD 679 (NPN) und TIP 135 bzw. BD 680 (PNP) Verwendung finden, die ebenfalls auf Fingerkühlkörper der o. a. Art zu montieren sind. Für diese Version (s. *Abb. 3.97 b)* ist ein kompletter Bausatz lieferbar.

Am Endstufenausgang ist ein Kondensator zwischen 0,68 μF bis 10 μF vorzusehen, der für hohe Wechselstrombelastung geeignet sein muß, es darf kein Elektrolytkondensator sein! In Abb. 3.96 b dient als Ausgangskondensator ein Kunststoffolien-Kondensator (MKH oder MKM) mit 1,5 μF und einer DC-Belastung von 250 V.

Zur Spannungsversorgung ist ein Transformator mit einer Sekundärwicklung von 24...30 V/4A einzusetzen. Die Ausgangsleistung beträgt bis zu 40 W, wobei die Ausgangsspannung mit P2 des Sinusgenerators von 0 bis ca. 12 V$_{eff}$ stufenlos regelbar ist. Führt man P2 als Potentiometer aus, kann man die Helligkeit der Beleuchtung einfach an die Bedürfnisse anpassen.

Abb. 3.97b Einfachere Endstufe für 3.97 a

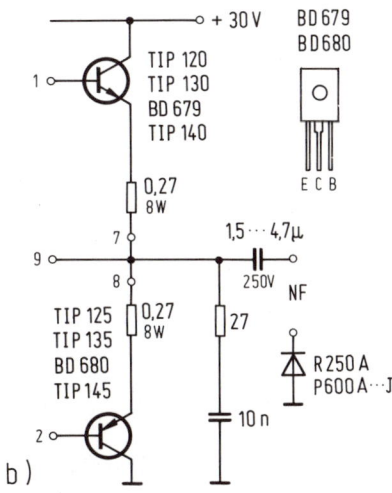

2. IC-Endstufen 20 W/30W

Wer sich die Arbeit vereinfachen will, kann auch einen integrierten, kurzschlußfesten Endverstärker einsetzen. *Abb. 3.98* zeigt z. B. einen mit dem IC TDA 2020 und Abb. *3.98 a* einen mit dem TDA 2030 (20W) oder TDA 2040 (30W) von SGS. Die Schaltung entspricht im wesentlichen der SGS-Applikation und bedarf keiner weiteren Erklärung. Nur eine Warnung noch, die Kühlfahne des IC führt Spannung und darf daher mit keinem Bauteil oder gar Masse Berührung haben. In Abb. 3.98 a gewinnen wir die symmetrische Betriebsspannung durch Doppelweggleichrichtung und Kondensatorpufferung direkt aus der Beleuchtungsspannung von $\sim$ 14 V. Als Sinusgenerator dient hier die Schaltung nach Abb. 2.63 c (Wien-Robinson-Generator). Das Boucherot-Glied am Ausgang verhindert Schwingungen (1 Ω, 0,1 μF).

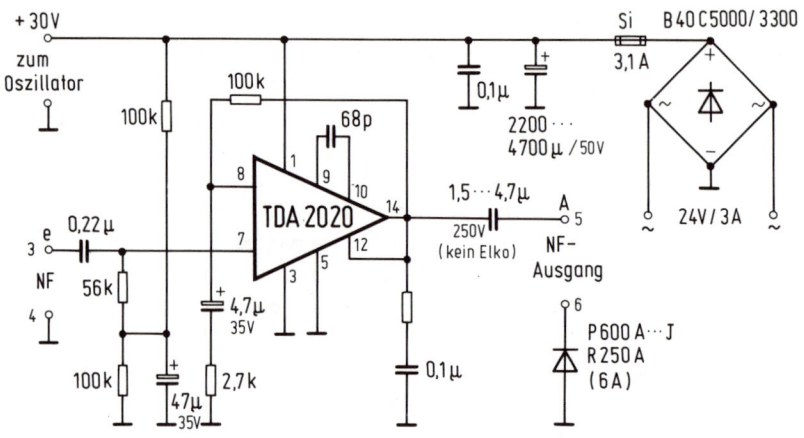

Abb. 3.98 IC-Endstufen für NF-Zugebeleuchtung

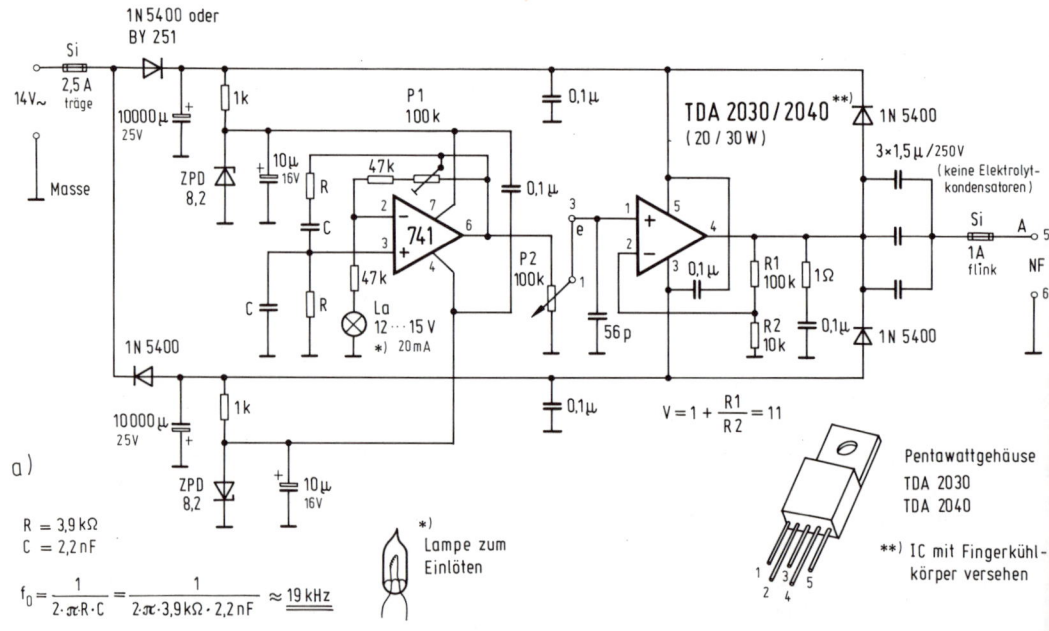

Anschluß der beschriebenen Bausteine

Den Nf-Ausgang des Sinusgenerators verbindet man bei externem Aufbau mittels abgeschirmten Kabels (Diodenkabel) mit dem Eingang des Endverstärkers *(Abb. 3.99)*.

Die Abschirmung ist dabei einseitig an Masse (0V) zu legen. Der Ausgang A des Endverstärkers kann direkt an das Gleis gelegt werden.

Wie wir aus dem 1. Kapitel wissen, hat ein Kondensator für Gleichstrom und Strom mit einer niedrigen Frequenz (z. B. die Netzfrequenz mit 50 Hz) einen hohen kapazitiven Blindwiderstand; man kann sagen, er sperrt diese Ströme. Höhere Frequenzen passieren den Kondensator einwandfrei. Eine Spule verhält sich genau umgekehrt. Dieses Verhalten nutzen wir aus, um Kurzschlüsse zwischen Beleuchtungsgenerator und Fahrspannung zu vermeiden.

Die Nf hat ja bereits ihren Auskoppelkondensator, die Fahrspannung muß allerdings noch eine Drosselspule erhalten. Wir wählen hier einen Wert zwischen 15 bis 25 mH mit einer Strombelastbarkeit von 3 A oder größer. Derartige Spulen finden im Lautsprecherboxenbau Verwendung, aber auch ein Ausgangsübertrager oder eine Drosselspule ist einsetzbar. Es ist jedoch auf einen geringen Gleichstromwiderstand $(1 \ldots 10 \, \Omega)$ zu achten.

Damit die Lämpchen der Zugbeleuchtung nicht die Fahrspannung belasten und keine Überlagerung der Fahrspannung erfolgt, erhalten sie einen $0,1 \ldots 0,22$-μF-Kondensator

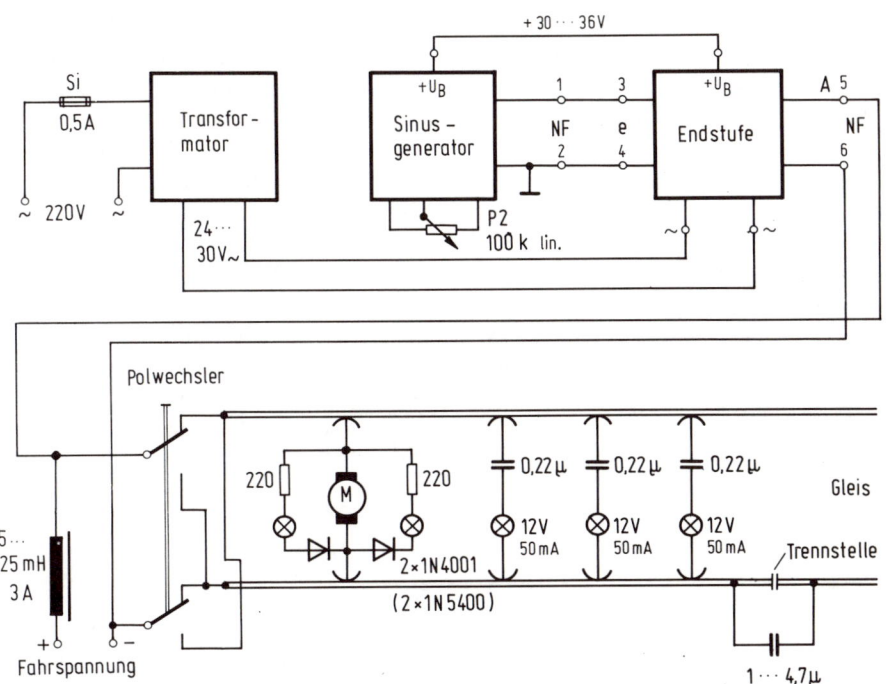

Abb. 3.99 Anschluß der NF-Zugbeleuchtung

vorgeschaltet. Zur Spannungsanpassung der Lämpchen an die NF-Spannung kann es zudem erforderlich sein, einen Vorwiderstand von 220...330 Ω einzuschalten. Die Belastung durch den Lokmotor ist mit ca. 2...5 Lämpchen (je Motor) gleichzusezten. Je nach Strombedarf der Lämpchen kann der Verstärker 30...70 Stück zum Leuchten bringen. Damit auch im abgeschalteten Streckenabschnitt die Lämpchen leuchten, sind Trennstellen mit 1,5...4,7-μF-Kondensatoren (MKS, MKT o. ä., jedoch keine Elektrolytkondensatoren) zu überbrücken.

Zum Schutz des Verstärkers vor dem Einschaltstromstoß sollte vor Betriebspausen der Regler P2 so weit zurückgenommen werden, daß die Lampen verlöschen. Bei Fahrbetrieb erfolgt dann wieder die Einschaltung durch Hochregeln mit P2. Die aufgezeigten Schaltungen sind für Gleich- und Wechselstromanlagen gleichermaßen geeignet.

Die Wechselspannungseingänge sind so ausgelegt, daß die gängigen Transformatorentypen mit 24 oder 30 V (2 · 12 V bzw. 2 · 15 V) aus dem Verstärkerbau Verwendung finden können.

Fahrtrichtungsabhängige Stirnlampenumschaltung

In der Regel erfolgt die Stirnlampenumschaltung bei Gleichstrombahnen durch in die Lok eingebaute Dioden (siehe *Abb. 3.100*) und bei Wechselstrombahnen durch das Fahrtrichtungsrelais. Erfolgt jedoch die Lämpchenversorgung über einen Nf-Generator, so leuchten die Stirn- bzw. Schlußlichter durch die durch sie hindurchfließende Nf-Halbwelle im Stand gemeinsam mit halber Helligkeit. Diesen Nachteil der Nf-Zugbeleuchtung können wir jedoch beseitigen. *Abb. 3.101* und *3.102* zeigen zwei mögliche Problemlösungen. In Abb. 3.101 steuert die Fahrspannung über einen Strombegrenzungswiderstand von 390 Ω einen der beiden Thyristoren auf, und zwar den in Flußrichtung gepolten. Die beiden in Reihe geschalteten Kondensatoren von 22 μF ergeben einen bipolaren Kondensator von 11 μF der ein Flackern der Lämpchen verhindert.

Jedoch hat auch diese Schaltung einen Nachteil: die Thyristoren können den Zustand nicht speichern, d. h. wenn die Fahrspannung unter die Haltespannung sinkt (ca. 1,5 V) verlöschen die Stirn- bzw. Schlußlichter. Um dies zu verhindern, kann man anstatt der Lampen jeweils eine Wicklung eines bistabilen Relais (z. B. SDS) vom Thyristor ansteuern lassen und die Lämpchen über den Relaiskontakt umschalten. Dies verursacht bei der Spurweite N bereits Platzprobleme, so daß hier eine elektronische Lösung nach *Abb. 3.102* mit einem RS-FF aus NAND-Gattern sinnvoll ist. Die Stromversorgung der

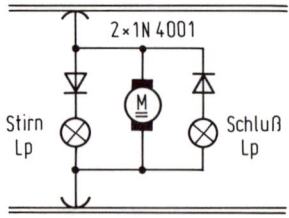 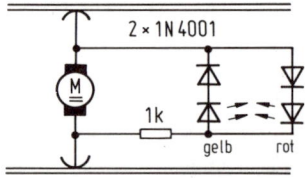

Abb. 3.100 Einfache Stirnlampenumschaltung

Abb. 3.101 Thyristorstirnlampen-
umschaltung für Nf-Zugbeleuchtung

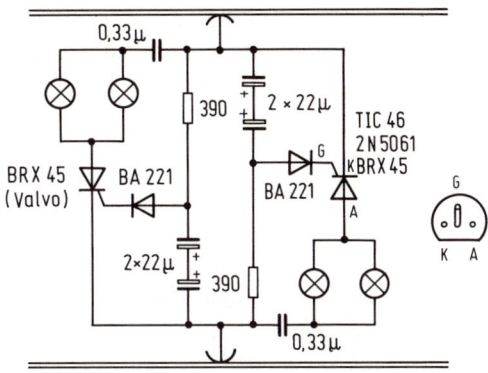

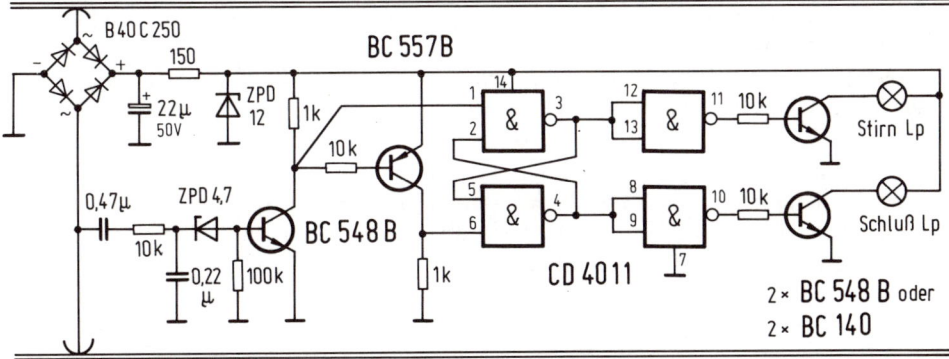

Abb. 3.102 Stirnlampenumschaltung für Nf-Zugbeleuchtungen

Schaltungen erfolgt durch die Nf-Spannung und belastet damit den Nf-Generator zusätzlich.

Das Setzen bzw. Rücksetzen des FF in Abb. 3.102 übernehmen die beiden Transistoren,
wobei die Umschaltung der NPN-Transistor veranlaßt, der als Impulsschalter geschaltet
ist. Die Z-Diode (4,7 V) verhindert, daß Störimpulse eine ungewollte Umschaltung
verursachen. Der 0,22-μF-Kondensator vor der Z-Diode leitet die NF gegen Masse ab.

3.13 Modellbahngeräusche elektronisch erzeugt

3.13.1 Dampflok-Geräuschgeneratoren

Das für viele Modellbahner wohl wichtigste Geräusch auf der Modellbahnanlage ist das
von der Fahrtgeschwindigkeit rhythmisch unterbrochene Zischen des Abdampfes einer

Dampflok. Die nachfolgend vorgestellten Schaltungen ahmen das Geräusch, das entsteht, wenn der Abdampf zum Anfachen des Kesselluftzuges durch den Schornstein abgeblasen wird, nahezu vorbildgetreu nach, ohne jedoch den ganzen Raum vollzuqualmen. Außerdem ist bei fast allen Schaltungen noch eine Dampfpfeife mit enthalten.

Rauschgeneratoren

Analysieren wir das Zischen der o. a. Geräusche, so stellen wir fest, daß es sich dabei um ein Rauschen handelt, das wenige tiefe aber dafür viele hohe Frequenzen enthält. Wir brauchen also einen Rauschgenerator. Hierfür seien, stellvertretend für alle anderen Möglichkeiten, drei erprobte Schaltungen 3.103 a, b, c vorgestellt.

In *Abb. 3.103 a* und *b* dient jeweils ein in Sperrichtung betriebener NPN-Transistor BC 547 B als Rauschquelle, wobei die Verstärkung in Abb. 3.103 a zwei Transistorverstärker (einer reicht meist auch schon) mit Stromgegenkopplung (P1 dient der Einstellung der Rauschspannungsamplitude) und in Abb. 3.103 b ein Operationsverstärker übernehmen. In Abb. 3.103 b kann man durch Betätigen von Taste T den Pfeifton einer Dampfpfeife auslösen. Beide Schaltungen arbeiten jedoch erst bei der angegebenen Versorgungsspannung (+ 12 V) einwandfrei. Abb. *3.103 c* hingegen zeigt eine Version, die bereits ab 5 V arbeitet und daher für Batteriebetrieb in Frage kommt. Hier liefert ein Spezial-Orgel-Rauschgenerator-IC von National das Rauschen. Die Schaltung besticht durch ihre Einfachheit. Das IC ist allerdings nicht überall erhältlich und daher schwierig zu beschaffen. Außerdem ist es relativ teuer.

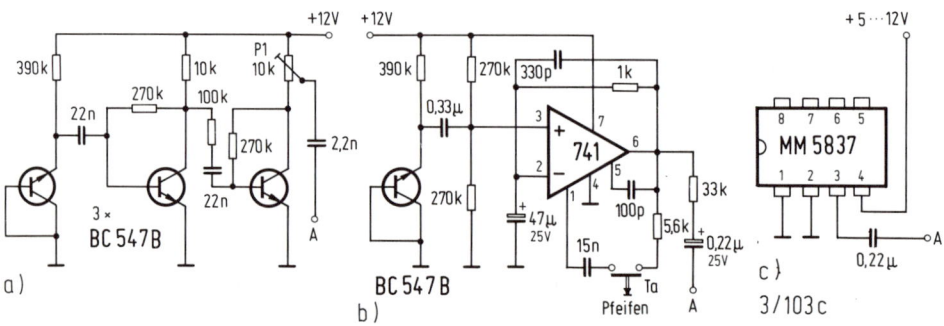

Abb. 3.103 a...c Rauschgeneratoren

Taktgeneratoren

Nun haben wir zwar das Dampfgeräusch, doch der rhythmische Anstoß fehlt noch. Hierzu gibt es auch wieder viele Lösungen. Die beste Lösung ist, die Taktsteuerung synchron von der Pleuelstange vornehmen zu lassen. Hierzu ordnet man hinter der Pleuelstange eine

Gabellichtschranke (z. B. Herkat) an, in die die Stange bei jedem Stoß kurz eintaucht und die Lichtschranke unterbricht. Oder man bringt einen Schließ-Kontakt an, den die Stange betätigt. Lichtschranke oder Kontakt takten dann direkt oder über ein Monoflop den Rauschgenerator.

Dies geht jedoch nur bei den großen Spurweiten (H0 und größer) und bedingt ein Mitfahren des Dampflokgeräuschbausteins und einer Batterie in den Fahrzeugen.

Alle anderen Schaltungen leiten die Impulsfolge aus der Fahrspannung ab. *Abb. 3.104a* zeigt die Lösung mit einem Timer 555 als Multivibrator und einem Optokoppler (aus einem LDR und einem Glühlämpchen von 14 V), der die Taktfrequenz verändert. Wie wir wissen steigt mit sinkendem Widerstand die Frequenz des AMV, d. h. hier, je heller das Glühlämpchen leuchtet (Fahrspannung steigt), um so kleiner wird der LDR-Widerstand und um so schneller der Takt. Mit P1 ist eine Anpassung der Rauschlänge an den Loktyp möglich. P2 dient als Vorwiderstand des LDR und verhindert ein Überschlagen des Taktes bei kleinerem LDR-Widerstand. P2 ist daher bei maximaler Lampenhelligkeit so einzustellen, daß der Takt bei voller Fahrspannung noch natürlich, d. h. dem Loktyp entsprechend klingt. Der Optokoppler selbst ist aus lichtundurchlässigem Material zu fertigen, wobei der Abstand zwischen LDR und Lämpchen auszuprobieren und dann zu fixieren ist.

Die hinter dem 555 folgende Schaltung entspricht weitgehend der der Bahnglocke und ist in Kapitel 3.19 nachzulesen. Bei gleichzeitigem Betrieb eines Nf-Generators ist die Glühlampe über eine Drossel anzuschließen.

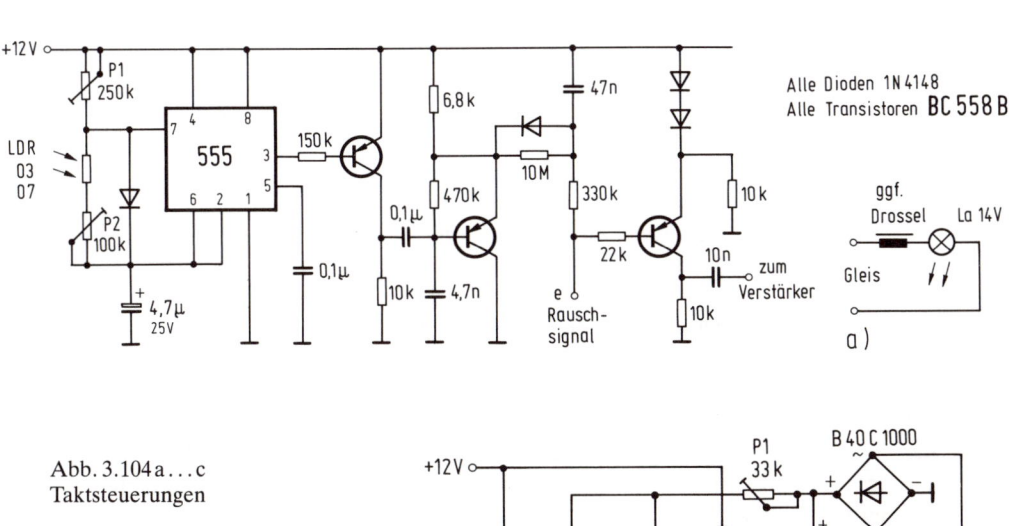

Abb. 3.104a...c
Taktsteuerungen

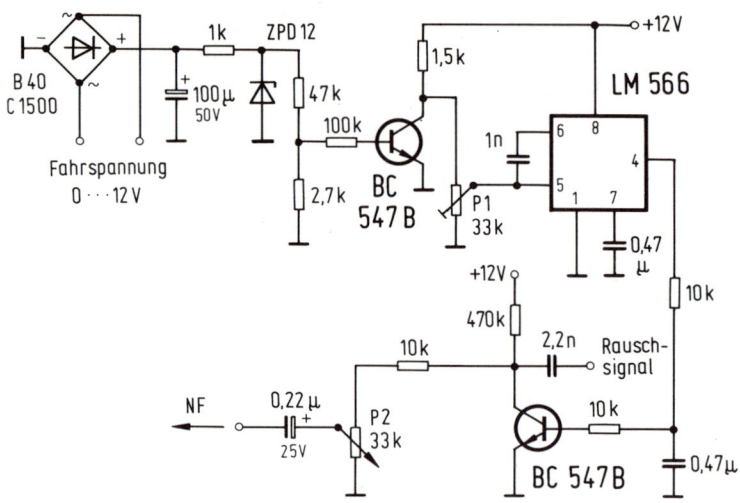

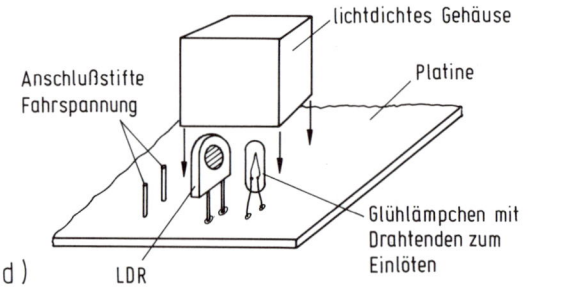

d)

Abb. 3.104 d
Einbau des LDR in 3.104 a

Die Nachteile der Steuerung mit Optokopplern sind die Unempfindlichkeit, die Unlinearität und der nötige mechanische Aufwand.

Zur Realisierung unserer Taktsteuerung kommt daher nur ein direkt von der Fahrspannung über einen Gleichrichter gesteuerter Oszillator in Frage. *Abb. 3.104 b* zeigt eine diskrete Lösung, *Ab. 3.104 c* eine mit einem speziellen IC (LM 566/National). In beiden Fällen handelt es sich um einen VCO (Voltage Controlled Oscillator = spannungsgesteuerter Oszillator), dessen Funktion uns aus Kapitel 1 hinlänglich bekannt ist. Mit P1 ist in beiden Fällen der Anfangstakt einzustellen. Bei Mehrzug-Steuerungen (z. B. Digitalsteuerung) mit konstanter Fahrspannung am Gleis, ist die fahrspannungsabhängige Taktsteuerung nicht so einfach möglich. Hier ist bei stationären Geräten eine Digital-Proportionalsteuerung o. ä. (analog der Lokempfängerschaltung) einzusetzen. Bei im Zug mitfahrenden Bausteinen kann man entweder die Pleuelkontaktsteuerung wählen oder die Fahrspannung direkt am Lokmotor (ggf. Drosselspulen zwischenschalten) abnehmen. Am naturgetreuesten und störungsfreiesten arbeitet der Pleuelkontakt. Nachdem wir nun die einzelnen Bausteine kennen, kann sich jeder hieraus seinen Dampflokgeräuschgenerator zusammenstellen. Zwei funktionsgetestete Lösungen sollen hierzu einen kleinen Anreiz bieten.

Mini-Dampflokgeräusch

Wie *Abb. 3.105* zeigt, erfolgte hier die Kombination eines VCO aus einem diskreten astabilen Multivibrator, einem Monoflop, dem IC-Rauschbaustein, einer Schaltstufe mit zwei Transistoren und unserem bekannten Nf-IC-Verstärker. Die Schaltstufe sperrt bei nicht anliegender Fahrspannung ($U_F \le 0{,}7$ V) den Taktgenerator, so daß im Stand das Rauschen unterbleibt. Für diese Schaltung ist ein Bausatz lieferbar, dessen Platine in Fahrzeuge ab H0 hineinpaßt. Zur Spannungsversorgung dient eine 9-V-Blockbatterie, die über einen externen Schalter in den Betriebspausen auszuschalten ist, damit sie sich nicht entlädt – und die Dampflok schweigt. Als Lautsprecher ist eine, der Spurweite angepaßte Größe zu wählen (∅ 2,2 cm und größer). Je kleiner der Lautsprecher ist, um so schlechter sind Wirkungsgrad und Klang. Hier gilt es, den besten Kompromiß zu finden. Durch Einbau in das in Abb. 3.109b gezeigte »Gehäuse« ist eine enorme Klangverbesserung bei den Minilautsprechern (hier ∅ 2,2 cm) zu erreichen.

Die Funktion der Schaltung ist schnell erklärt: Der Taktgenerator taktet fahrspannungs-abhängig gesteuert mehr oder weniger oft das Monoflop. An dessen Ausgang liegt ein Transistorschalter, der dann für die Monoflopzeit Masse an Stift 1 und 2 des MM 5837 legt und es rauschen läßt. Der LM 386 verstärkt dann das Signal.

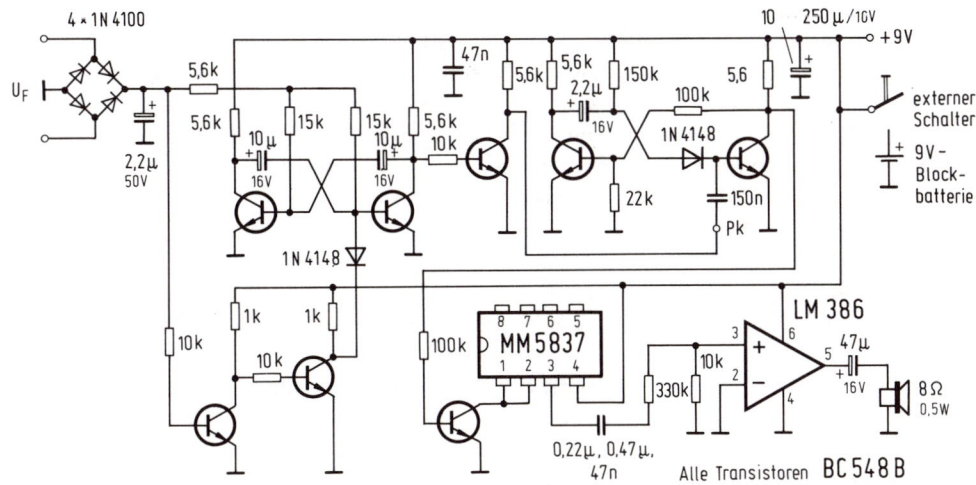

Abb. 3.105 Mini-Dampflokgeräusch

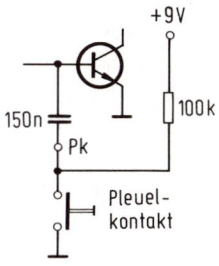

Soll die Triggerung des Monoflop durch einen Pleuelkontakt erfolgen, so können Taktgenerator und Schaltstufen entfallen, da der Kontakt Masse an den 150-nF-Kondensator legt. Es ist lediglich ein 100-kΩ-Widerstand nach + 9 V zur Kondensatorentladung nötig, wie die Ergänzung zu Abb. 3.105 zeigt.

Super-Dampflokgeräusch

Die relativ aufwendige Schaltung zeigt *Abb. 3.106,* die durch den Einsatz von ICs und einen Komplettbausatz jedoch leicht realisierbar ist.

Takt- (AMV) und Rauschgenerator (OP IV), sowie die Schaltstufen und den Verstärker (LM 386) kennen wir ja schon. Neu hinzugekommen sind ein Modulator (OP I), ein Summenverstärker (OP II) und ein Pfeiftongenerator (OP III). AMV und Schaltstufen sind zudem noch durch ein NAND miteinander verknüpft.

Der als Differenzverstärker geschaltete Modulator erhält am nicht invertierenden Eingang (Stift 3) das Rauschsignal und am invertierenden (Stift 2) die spitzen, positiven Taktimpulse des Taktgenerators, die den OP schnell öffnen und allmählich wieder schließen. Hierdurch erreichen wir eine Amplitudenmodulation des Rauschsignals und damit einen verblüffend echten Klang. Durch die Diode gegen Masse erfolgt eine Ableitung der negativen Impulsflanken, da wir nur die positiven brauchen.

Den Pfeifton erzeugt ein weiterer Generator mit OP, dessen Grundton (Pfeifen) durch den Rauschton moduliert wird, um den heiseren hohen Pfeifton einer Dampfpfeife nachzubilden. Die Schwingfrequenz ist mit P1 einstellbar und durch die Umschalttaste T1 (z. B. Reedkontakt im Gleiskörper) einschaltbar, damit nur im Bedarfsfall der Pfiff ertönt.

Der Summenverstärker addiert dann moduliertes Rauschsignal und Pfeifton und führt dieses Summensignal über ein RC-Glied und einen Einstellregler (P2 zur Lautstärkeregulierung) dem Nf-Verstärker zu.

Die Endstufe weist noch eine Besonderheit auf, und zwar eine verzögerte Stummschaltung im Ruhezustand (Lokstillstand). Solange die Stifte 2 und 6 des Monoflops (Timer 555) an Masse liegen, liegt Stift 2 des LM 386 über den Inverter ebenfalls an Masse und die Endstufe arbeitet. Fehlt dem 555 die Masse an den Stiften 2 und 6 (keine Fahrspannung), geht er verzögert auf »1« und schaltet die Endstufe verzögert stumm. Die Lok stößt somit im Stillstand noch einmal ein Geräusch aus. Durch Betätigung der Taste T2 erfolgt ebenfalls ein Setzen des Timers, der dann die Endstufe freigibt und über den 470-kΩ-Widerstand Pluspotential an den invertierenden Eingang des OP I (Stift 2) legt und damit die Rauschspannung freigibt, die ja ansonsten bei fehlender Fahrspannung durch das NAND gesperrt ist. Bei fahrender Lok ist T2 wirkungslos. Durch Anschluß eines AMV-Ausganges über eine Diode anstelle von bzw. parallel zu Taste T2, ist ein rhythmischer Dampfausstoß im Stand zu erzeugen, wenn einem die stehende Lok sonst zu ruhig ist.

Nach Abgleich der Tonhöhe der Dampfpfeife (P1) und der Lautstärke (P2) ist die Schaltung betriebsbereit.

Beim Anschluß an das Fahrpult ist darauf zu achten, daß Fahr- und Beleuchtungsspannungsausgang nicht einpolig miteinander verbunden sein dürfen (Massekurzschluß z. B. bei Märklin-Fahrpult). In diesem Fall ist ein extra Transformator für 14 V~ einzusetzen.

236

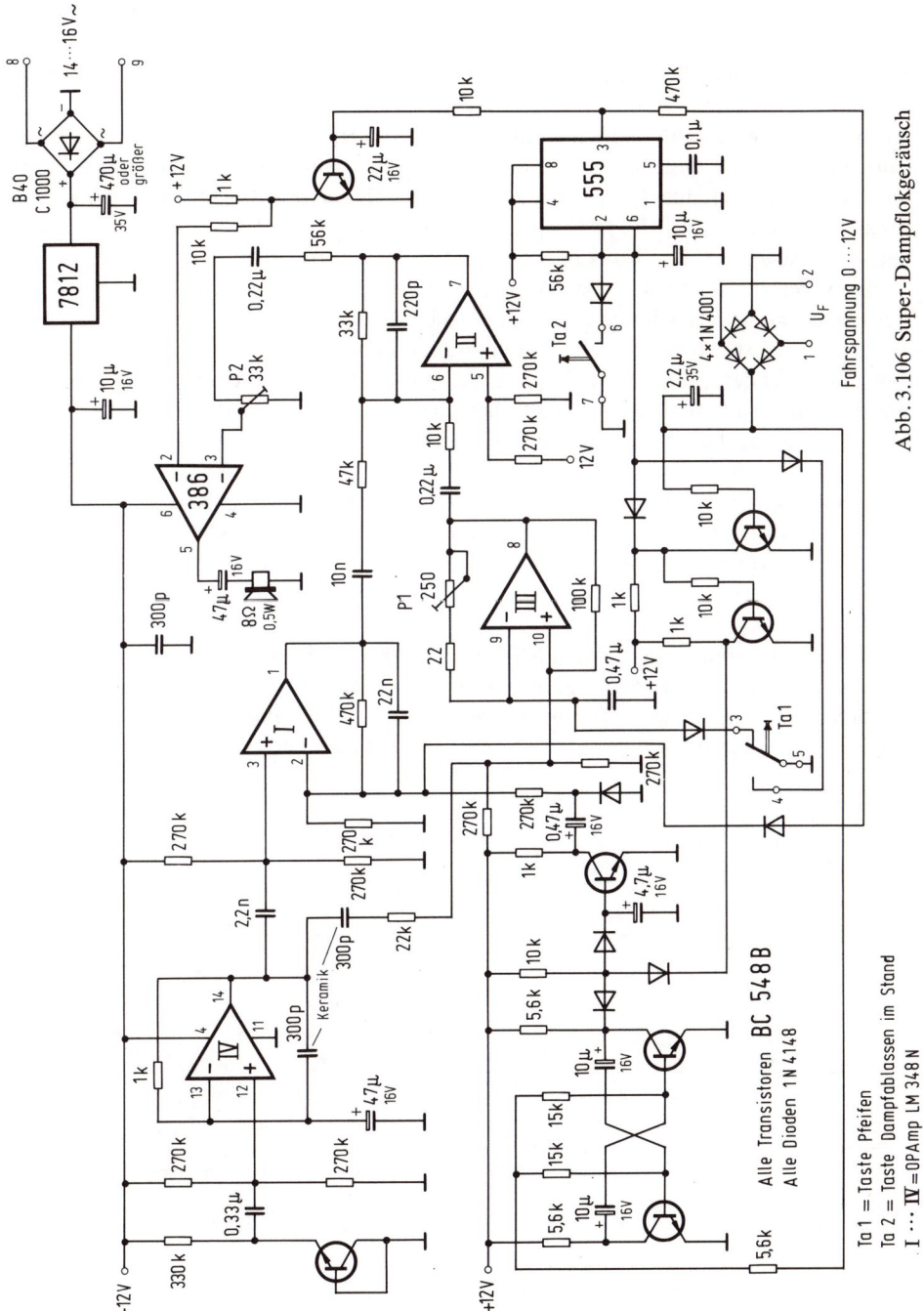

Abb. 3.106 Super-Dampflokgeräusch

Alle Transistoren BC 548 B
Alle Dioden 1N 4148

Ta 1 = Taste Pfeifen
Ta 2 = Taste Dampfablassen im Stand
I ··· IV = OPAmp LM 348 N

Installation der Lokgeräusche

Bei stationären Dampflokgeräuschen tritt immer wieder ein Problem auf, wie bekomme ich fahrende Lok und Geräusch, d. h. Lautsprecher unter einen »Hut«?

Eine elegante Lösung stellt hier die sinnvolle Verteilung von mehreren größeren Lautsprechern (im Gehäuse) über die Anlage dar, wobei die fahrende Lok über Schaltkontakte die Lautsprecher an die Enstufe des Geräuschgenerators an- bzw. wieder abschaltet (siehe *Abb. 3.107*). Bei richtiger Anordnung der Lautsprecher wird dem Betrachter suggeriert der Ton käme aus der fahrenden Lok.

Dieses Verfahren ist bei großen Anlagen mit Spur N- und Z-Fahrzeugen sinnvoll, da hier kaum Lautsprecher in die Lok o. ä. eingebaut werden können. Aber auch bei H0-Anlagen hat es sich bewährt. Für H0 und größere Maßstäbe kann die Übertragung des Lokgeräuschs oder nur des Rauschsignals auch über die Gleise zu einem in der Lok oder einem Anhänger befindlichen Miniaturlautsprecher erfolgen. Doch bevor wir an die Schaltung herangehen, wollen wir uns erst deren Nachteile ansehen, die da sind:

1. Brumm- und Störgeräusche sowie Störgeräuscheinstreuungen (Knacken, Knistern usw.) durch die Fahrspannung, den Lokmotor und unsaubere Schienen.
2. Leistungsverlust durch den Schienenwiderstand und
3. Schäden die durch Kurzschlüsse auf dem Gleiskörper entstehen können.

Auch ein Zusammenarbeiten mit Nf-Zugbeleuchtungen ist nur unter erhöhtem Filteraufwand möglich. Eine Beschreibung unterbleibt daher. Wer sich trotzdem nicht abschrecken läßt, dem zeigt *Abb. 3.108* die Schaltung. Hierbei ist zu beachten, daß ein weiterer Nf-Verstärker nötig ist, der 2...7 W liefern müßte und kurzschlußfest sein muß.

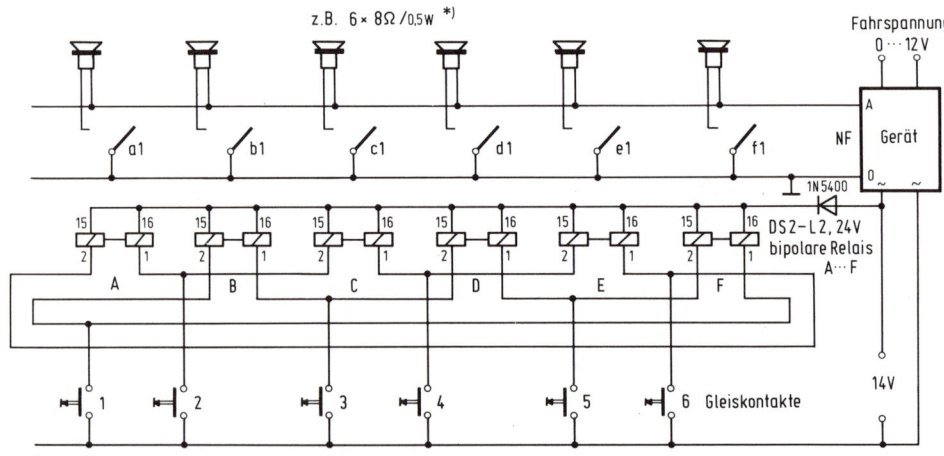

*) Leistung der Lautsprecher je nach verwendetem Verstärker

Abb. 3.107 Lautsprecheransteuerung durch SRK

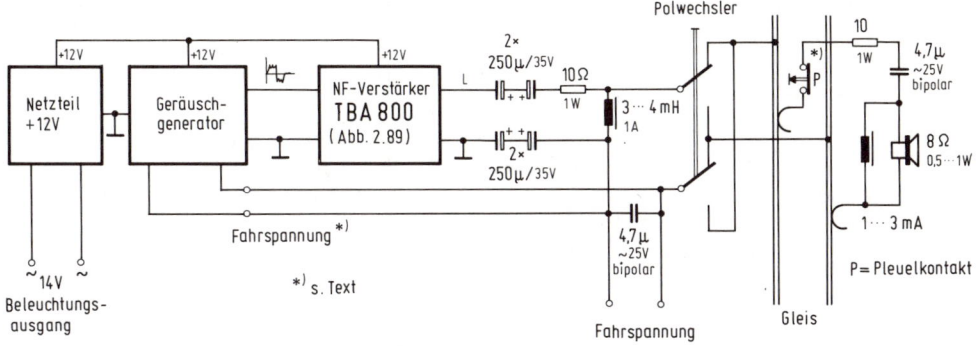

Abb. 3.108 Übertragung der Geräusche zu Lok über die Schienen

Der Verstärker nach Abb. 2.75 ist hier gut geeignet. Der Anschluß erfolgt am Lautsprecherausgang, anstatt des Lautsprechers. P2 ist auf unverzerrte Wiedergabe einzustellen.

Hinter dem Nf-Verstärker erfolgt die Einkopplung der Nf auf das Gleis mit zwei bipolaren Kondensatoren und einer Drosselspule, die verhindert, daß die Nf zum Fahrstromgerät abwandert.

In der Lok oder im Waggon ist ebenfalls ein Kondensator zur Entkopplung vorzusehen. Die Drosselspule dient hier als Hochpaß, um das Brummen bzw. die Fahrgeräusche zu reduzieren. Alle Kondensatoren müssen bipolare Typen (z. B. aus dem Lautsprecherboxenbau) sein, wobei sich die angegebenen Spannungswerte auf die Wechselspannungsbelastbarkeit beziehen. Auch die Spulen entstammen dem Boxensortiment. Der Widerstand im Empfänger (10 Ω/1 W) beeinflußt die Lautstärke und muß ggf. empirisch den Bedürfnissen angepaßt werden.

Wie eingangs erwähnt, ist es auch möglich, nur das Rauschen eines Rauschgenerators zu übertragen und den Lautsprecher in der Lok über einen Pleuelkontakt an und abzuschalten. In diesem Fall ist der eingezeichnete Kontakt P nötig.

3.13.2 Diesellokgeräuschgeneratoren

Bei Diesellokomotiven gibt es aufgrund des automatischen Getriebes und der damit nahezu konstanten Drehzahl nur zwei Geräusche, das typische »Nageln« im Stand (ca. 5 Hz) und das relativ gleichmäßige »Hämmern« während der Fahrt (ca. 25 Hz). Da das Diesellokgeräusch dem Schall des Explosionsknalls aus dem Auspuff entspricht, also einen mit Wucht aus einem Rohr entweichendem Druck, ist die elektronische Reproduktion nur mit gewissen Abstrichen an die Vorbildtreue möglich. Aber es fährt ja auch keine echte »218« auf der Anlage, sondern nur ein mehr oder weniger genaues verkleinertes Abbild.

Die Schaltung nach *Abb. 3.109* besteht aus einem Taktgenerator (555) mit zwei elektronisch umschaltbaren Taktfrequenzen, einem Integrator und einem IC-Nf-Verstär-

239

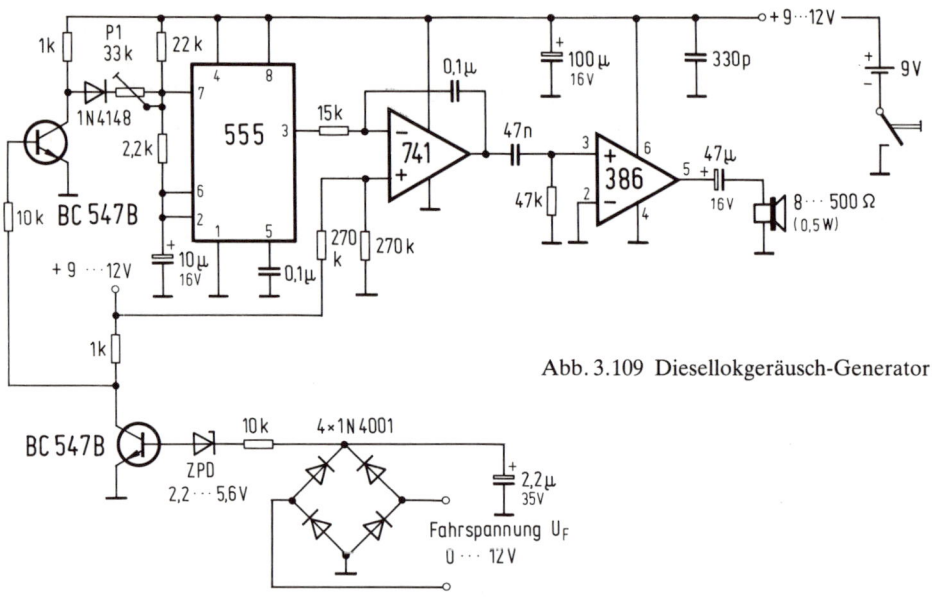

Abb. 3.109 Diesellokgeräusch-Generator

ker. Die Schaltung kann so klein zusammengebaut werden, daß sie in einer Lok ab Baugröße H0 mitfahren kann (Bausatz lieferbar). Ansonsten gilt das beim Dampflokgeräusch gesagte (auch in bezug auf die Mehrzugsteuerung).

Die elektronische Umschaltung erfolgt fahrspannungsabhängig durch die beiden Transistorschalter, wobei die Z-Diode ZPD 2,2 bis 5,6 V die Umschaltspannung U_u festlegt. Hier heißt es wieder die richtige Z-Diode für die Anfahrspannung der eingesetzten Lok empirisch ermitteln ($U_u = U_z + 0{,}7$ V).

Der zweite Transistorschalter sperrt, wenn die Fahrspannung anliegt; somit liegt der Einstellregler P1 (33 kΩ) parallel zum 22-kΩ-Widerstand, d. h. der Gesamtwiderstand wird kleiner und somit die Frequenz höher. Wir haben das Fahrgeräusch, dessen Frequenz mit P1 einstellbar ist. Leitet der 2. Transistorschalter (keine Fahrspannung), so liegt nur noch der 22-kΩ-Widerstand an $+ U_B$ und das Standgeräusch ertönt.

Das größte Problem bei der Schaltung ist jedoch der Lautsprecher, denn erst er erzeugt zusammen mit dem Resonanzkörper das typische Geräusch. Hier hilft wieder nur experimentieren.

Sehr gut hört sich ein Ohrhörer mit einem übergestülpten Metallrohr (ca. ∅ 8 · 50 mm) an oder eine Mikrofonkapsel in einer durchbohrten Dose aus Kunststoff oder Metall. Doch beide Lösungen sind relativ leise. Am lautesten ist ein 8-Ω-Lautsprecher, der noch ganz brauchbar klingt. Baut man diesen Lautsprecher noch in einen Pappzylinder ein und verschließt dessen Öffungen, so ist das Ergebnis recht brauchbar (Abb. 3.109 b).

Die Stromversorgung erfolgt durch eine Batterie oder die Nf-Zugbeleuchtung *(Abb. 3.109 a)*.

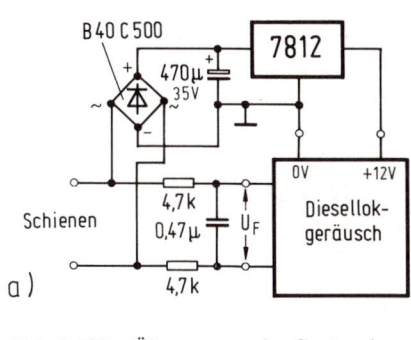

Abb. 3.109a Übertragung des Geräusches über die Schienen

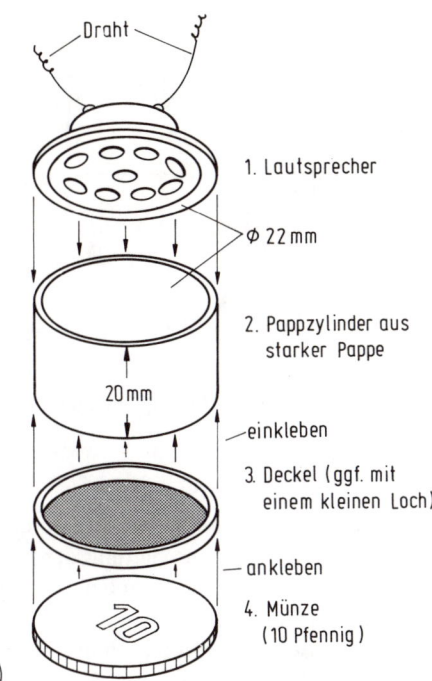

1. Lautsprecher

Φ 22 mm

2. Pappzylinder aus starker Pappe

einkleben

3. Deckel (ggf. mit einem kleinen Loch)

ankleben

4. Münze (10 Pfennig)

b)

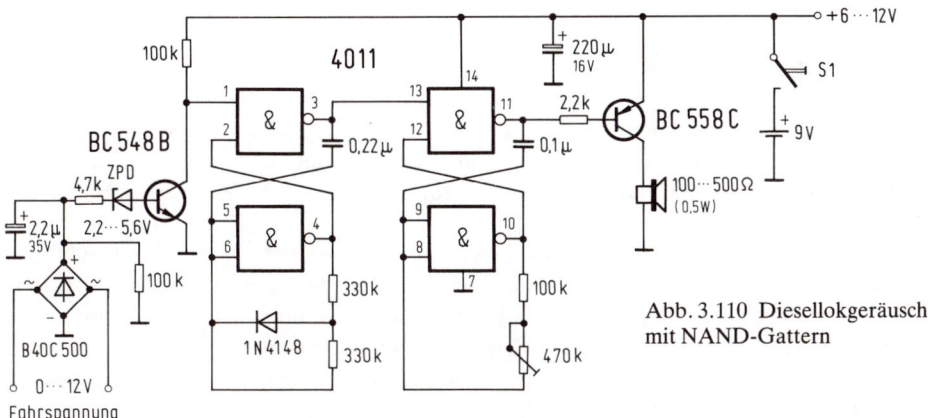

Abb. 3.110 Diesellokgeräusch mit NAND-Gattern

Eine andere Lösungsmöglichkeit mit einem C-MOS-IC 4011 zeigt die *Abb. 3.110*. Wir sehen hier zwei AMV mit Endstufe und Lautsprecher, sowie den uns schon bekannten Transistorschalter. Der erste AMV schwingt konstant auf ca. 5 Hz, also unserer Standfrequenz und sperrt dann den zweiten AMV. Der zweite AMV schwingt einstellbar zwischen ca. 15 Hz bis ca. 60 Hz und gibt die Fahrfrequenz ab, wenn er »1« vom Ausgang des ersten AMV erhält. Den ersten AMV bringen wir durch den Transistorschalter dazu,

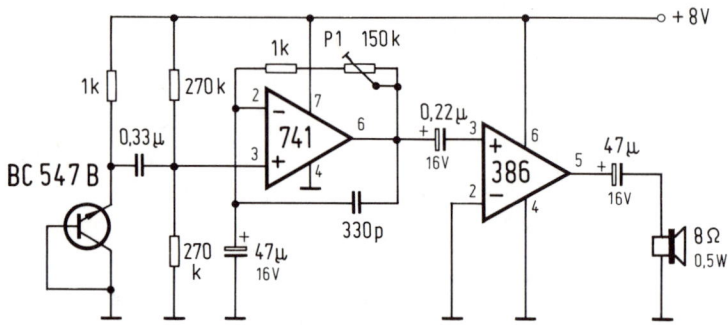

Abb. 3.111 Diesellokgeräusch mit OP

das Schwingen zu unterlassen. Bei durchgeschaltetem Transistor (Fahrspannung vorhanden) erfolgt die Stummschaltung des ersten AMV.

Das über Z-Diode und Lautsprecher gesagte gilt auch für diese Schaltung.

Eine ganz einfache Schaltung *(Abb. 3.111)* noch zum Schluß, die ein regelbares Dieselgeräusch liefert. Sie besteht nur aus einem Trapezgenerator (OP) und dem IC-Nf-Verstärker. Die Frequenz ist mit P1 einstellbar. Die Schaltung bildet eher die Geräusche der Generatoren einer E-Lok nach.

3.13.3 Dampflokpfeifen

Dem Pfeifton einer mit komprimierter Luft oder Dampf betriebenen Lokpfeife ist immer das Rauschen des Luft- oder Dampfstroms überlagert. Denn gerade dieser Dampf schafft erst die richtige Atmosphäre und es entsteht ein Pfiff, der dem des Vorbilds fast gleichkommt.

Als Rauschgenerator verwenden wir einen der in Abb. 3.103 a...c angegebenen. Das Rauschen moduliert die Frequenz des als Rechteckgenerators arbeitenden OPs und schon haben wir den gewünschten Dampfpfiff. Da das dauernde Pfeifen mit der Zeit stört, sehen wir noch einen Ausschalter vor. Außerdem pfeift das Original auch nur dort, wo ein Signal LP1 (Pfeiftafel) oder LP3 (Läute- und Pfeiftafel) steht, z. B. vor oder nach dem Tunnel, vorm Bahnübergang, bei der Einfahrt in den Bahhof, an schlecht einsehbaren Streckenabschnitten usw. *Abb. 3.112* zeigt die einfache Version, die pfeift, wenn die Lok den LDR abdunkelt, d. h. den Lichtstrahl unterbricht. Der Kondensator von 47 μF bewirkt eine gewisse Zeitverzögerung und ein vorbildähnliches Ausklingen des Pfeiftons. Die Verstärkung übernimmt der BC 140, der einen Kühlstern erhalten muß und den Lautsprecher treibt.

Die Schaltung nach *Ab. 3.113* ist etwas komplizierter aufgebaut und besteht aus einem Monoflop (555) mit einstellbarer Schaltzeit (P2), dem Rauschgenerator, dem Rechteckgenerator und einem IC-Nf-Verstärker mit einstellbarer Lautstärke (P3).

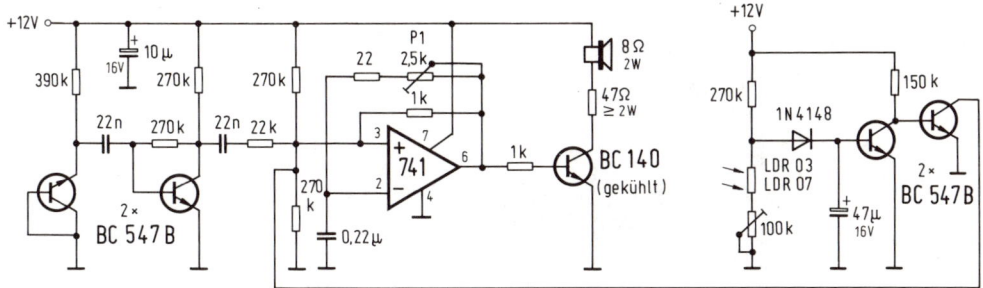

Abb. 3.112 Lokpfeife mit LDR-Auslösung

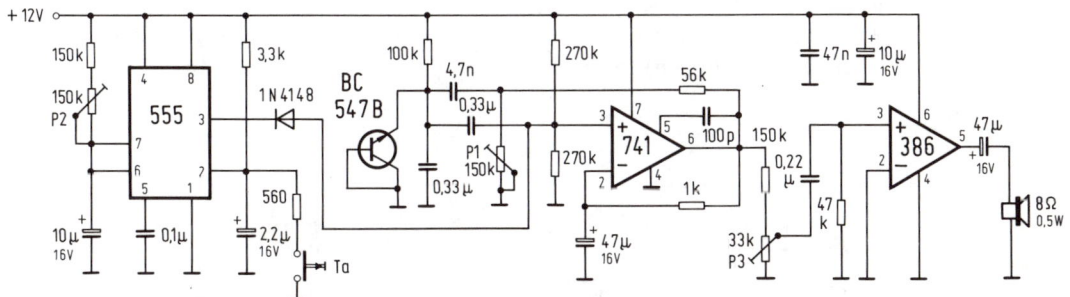

Abb. 3.113 Lokpfeife mit Zeitschalter

Mit P1 ist sowohl in Abb. 3.112 als auch 3.113 die Tonhöhe des Pfiffs einstellbar. Ein Minusimpuls der Taste (SRK, Lichtschranke usw.) triggert das Monoflop und der Ausgang geht für die Impulszeit auf »1«. Der Piff ertönt. Ist das interne FF des 555 zurückgekippt, verstummt der Pfiff.

3.13.4 Hupen

Hupen können auf der Modellbahn vielfältig Verwendung finden, z. B. bei der Diesellok, beim Auto usw. Beginnen wir mit einer einfachen und trotzdem wirkungsvollen Schaltung *(Abb. 3.114)*. Hier dienen ein PNP und ein NPN als Schwingungserzeuger, wobei eine Rückkopplung vom Ausgang (NPN) zum Eingang stattfindet. Der Transistorschalter am Eingang schaltet bei positivem Basispotential die Hupe ein. Durch Einsatz verschiedener Werte für C1 und C2 sind unterschiedliche Töne möglich. C1 sollte dabei den gleichen Wert wie C2 haben. Für einige Werte von C1 und C2 hier die sich ergebenden Töne:

C1 = C2 = 2,2 nF = hoher Pfeifton
C1 = C2 = 22   nF = tiefer Ton (Autohupe)
C1 = C2 = 0,47 µF = Maschinengewehrfeuer

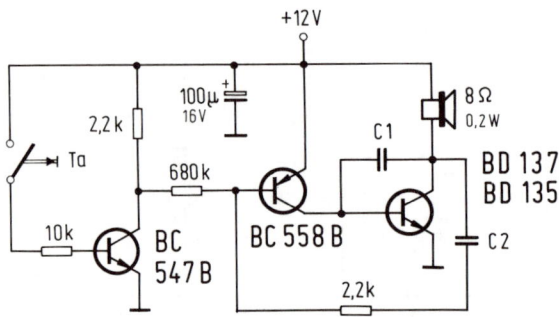

Abb. 3.114 Hupe

Bei der zweiten Schaltung *(Abb. 3.115)* finden wir einen Doppeltimer vor, wobei der eine Timer als Monoflop und der andere als AMV arbeitet. Mit P1 ist die Hupzeit zwischen 1,7 s bis 3,3 s einstellbar. P2 dient der Einstellung der Tonhöhe, wobei die Bandbreite von hoch (pfeifen) bis tief (hupen) reicht. Die Verstärkung übernimmt der BC 140.

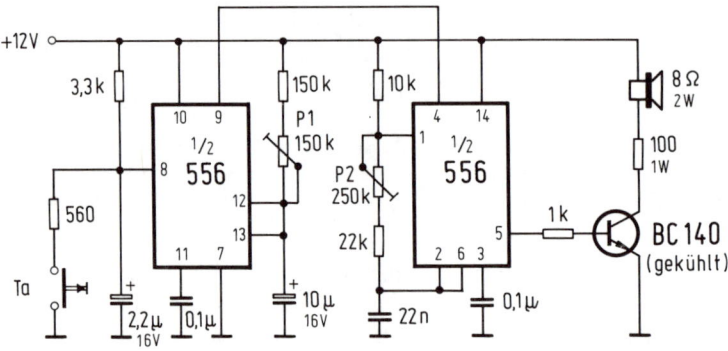

Abb. 3.115 Diesellokhupe mit Zeitschalter

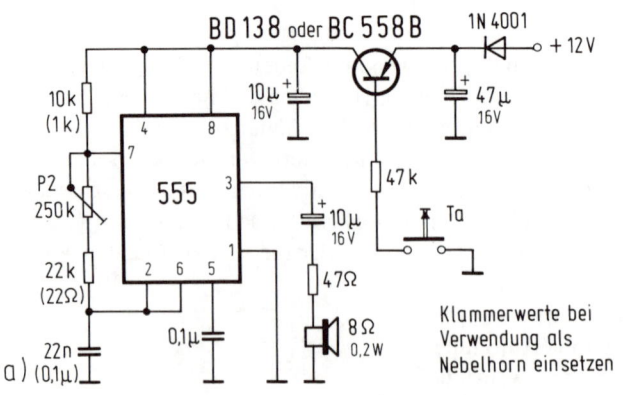

Abb. 3.115a Vereinfachte Hupenschaltung

244

Wer hier sparen will und nicht sehr lange Impulszeiten benötigt, kann als Verzögerungsschalter einen PNP-Transistor einsetzen. Zusätzlich kann man den Lautsprecher direkt am Timerausgang anschalten (s. *Abb. 3.115 a*).

3.13.5 Rund um den Bahnübergang

Auf jeder Modellbahnanlage findet man mindestens eine dieser niveaugleichen Kreuzungen zwischen Straße oder Weg und Eisenbahngleis. Die Sicherung eines Bahnüberganges übernehmen je nach Verkehraufkommen (bei Schiene und Straße) entweder Blinklichtanlagen alleine (unbeschrankter Bahnübergang) oder in Zusammenarbeit mit Halb- oder Vollschrankenanlagen (beschrankter Bahnübergang). Bei unbewachten Übergängen finden wir nur Warnkreuze (Andreaskreuz) oder Drehkreuze (bei Fußwegen). Die Steuerung aller Einrichtugnen erfolgt entweder durch die nächste Betriebsstelle (Bahnhof, Stellwerk) oder einen Schrankenwärterposten. Beim Schließen der Schranke ertönt zudem noch ein Läutewerk.

Alle hier angegebenen Einrichtungen können wir elektronisch nachbilden. Erwähnen wollen wir der Vollständigkeit wegen noch, daß auf der Straße die bekannten Verkehrsschilder und die drei Baken im Abstand von jeweils 80 m auf den Bahnübergang aufmerksam machen.

Beim Vorbild erfolgt die Einschaltung der Warnanlage abhängig von der Streckengeschwindigkeit, die maximal gefahren werden darf. Bis 60 km/Std. beträgt die Entfernung 400 m, bis 120 km/Std. sind es 1200 m. Diese Entfernungen sind maßstabsgerecht nicht einmal in Spur Z (1:220) einzuhalten. Als Kompromiß sind folgende Abstände noch realistisch: für H0 2...3 m, für N 1...1,5 m und für Z 0,6...1 m. Doch nun zur Elektronik.

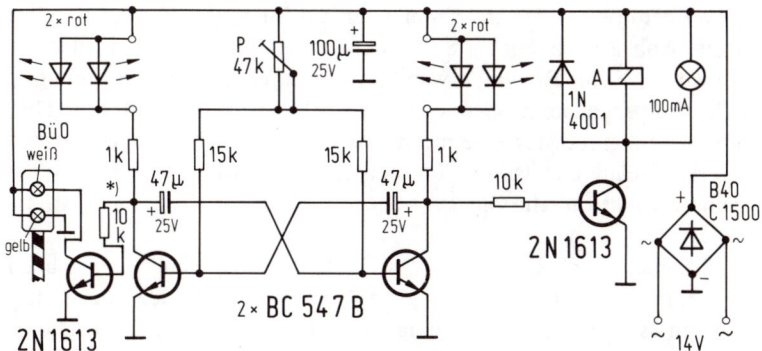

Abb. 3.116 Blinkschaltung für das Andreaskreuz

Warnblinker für das Andreaskreuz

Zwei als Multivibrator geschaltete Transistoren schalten im Kollektorzweig je zwei LEDs (rot) ein und aus *(Abb. 3.116)*. Die Spannungsversorgung übernimmt nach Gleichrichtung der Beleuchtungsausgang des Fahrgerätes (14 V~). Durch den relativ großen Kondensator verlischt das Blinklicht langsam, was dem Vorbild entspricht und sehr naturgetreu aussieht. Die jeweils gleich angesteuerten LEDs sind kreuzweise auf beide Übergangsseiten zu verteilen, so daß auf jeder Seite sowohl eine LED an ist und eine aus. Erfolgt die Anschaltung größerer Stromverbraucher, so sind Leistungstransistoren (z. B. BD 675) einzusetzen oder noch weitere Schaltverstärker anzusteuern. Durch Einbau eines Einstellreglers kann die Blinkfrequenz variiert werden.

Einschaltung der Warnanlagen

Hier gibt es wieder verschiedene Möglichkeiten. Z. B. Einschalten der Warnanlagen für alle Züge gleich (nach der maximalen Zuglänge) über einen Zeitschalter. Dies sieht in der Regel nicht sehr natürlich aus, wenn z. B. eine Lok den Bahnübergang schon längst verlassen hat und die Schranke immer noch unten ist oder wenn die Schranke noch vor dem letzten Wagen aufgeht.

Eine sehr realistische Lösung ist die, die Strecke vor und hinter dem Bahnübergang (Abstände siehe weiter vorn) zu isolieren und über einen Gleisbesetztmelder (z. B. nach Abb. 3.48 mit Relais statt Vorwiderstand und LED) überwachen zu lassen. Die Warnanlage ist dann so lange in Betrieb, wie sich ein Stromverbraucher oder entsprechend präparierter Waggon im überwachten Bereich befindet. Die Lok schaltet das Relais ein und nach dem letzten Waggon fällt es wieder ab. Der Relaiskontakt aktiviert dann die Warnanlage.

Auch die Ein- und Ausschaltung durch Gleiskontakte oder SRK, die sich im erforderlichen Abstand vor und hinter dem Bahnübergang befinden, ist möglich. Hier haben wir leider wieder das Problem mit den unterschiedlichen Zuglängen. Baut man jedoch noch zusätzlich eine Lichtschranke ein, so kann man auch dieses lösen. *Ab. 3.117* zeigt die Schaltung für eine zweigleisige Strecke, wobei als Lichtschranke z. B. Abb. 2.83 a in Verbindung mit dem IR-Sender und Empfänger von Busch (5962) oder eine Reflexlichtschranke nach Abb. 2.84 b oder 2.85 dienen kann. Als Schrankenantrieb findet in Abb. 3.117 einer der Firma Brawa Verwendung, dessen Schließ- bzw. Öffnungsgeschwindigkeit durch einen regelbaren Spannungsregler LM 317 T einstellbar ist. Der Antrieb weist noch einen Taktgeber für eine mechanische Glocke auf. Wir schließen daran ein abfallverzögertes Relais an, das die Taktpausen überbrückt. Über den Relaiskontakt steuern wir unsere elektronische Glocke (siehe dazu Abb. 3.119) an. Die Warnkreuze sind von Busch.

Sobald ein Magnet über SRK 1 oder 3 fährt, geht das entsprechende bistabile Relais A oder B in die Arbeitslage und läßt über den a_1 bzw. b_1-Kontakt den Motor die Schranke schließen, indem es die Ausgangsspannung des LM 317 T durchschaltet. Die Ausgangsspannung dieses Reglers ist mit P1 zwischen ca. 2,7 bis 14 V einstellbar und beeinflußt so die Antriebsgeschwindigkeit.

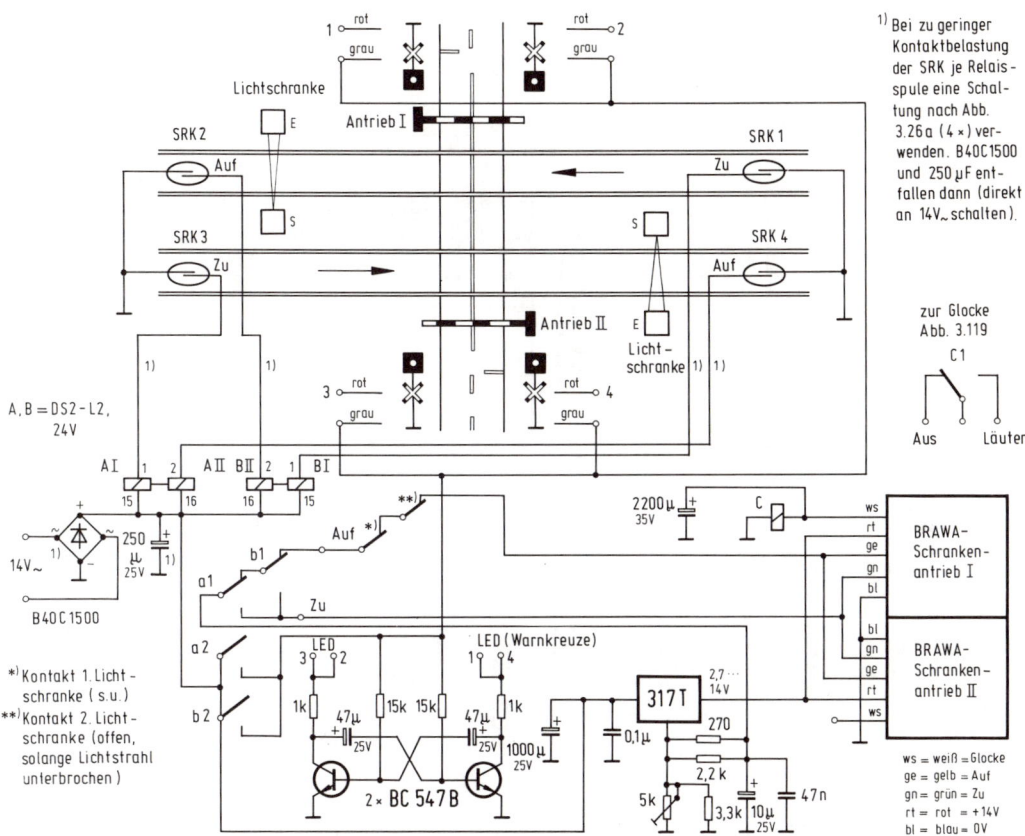

Abb. 3.117 Bahnübergangssicherung einer doppelgleisigen Bahnstrecke

Gleichzeitig erhält die Blinkschaltung (AMV) positive Betriebsspannung über die Kontakte a_2 oder b_2, und die LEDs der Warnkreuze beginnen zu blinken. Hat der Zug die geschlossene Schranke passiert, unterbricht er den Strahl einer IR-Lichtschranke und deren Kontakt öffnet, so daß die Schranke nicht öffnen kann, solange der Lichtstrahl unterbrochen ist (Antrieb erhält keine Spannung). Nach der Lichtschranke erfolgt durch SRK 2 bzw. 4 das Rücksetzen des entsprechenden Relais A oder B. Die Relais-Kontakte öffnen, das Blinken hört auf, die Öffnung der Schranke wird vorbereitet und nach Abfall des Lichtschrankenrelais auch durchgeführt. Wen das vorzeitige Verlöschen der LED stört, der muß ein Relais mit zwei Kontakten bei der Lichtschranke einsetzen und jeweils einen davon zu a_2 und b_2 parallel schalten.

Eine elektronische Lösung soll die Steuermöglichkeiten abrunden. Wir finden in *Abb. 3.118* zwei Monoflops (4098), einen binären Auf/Abwärtszähler 40193, zwei NOR und einen AMV sowie eine Treiberstufe.

247

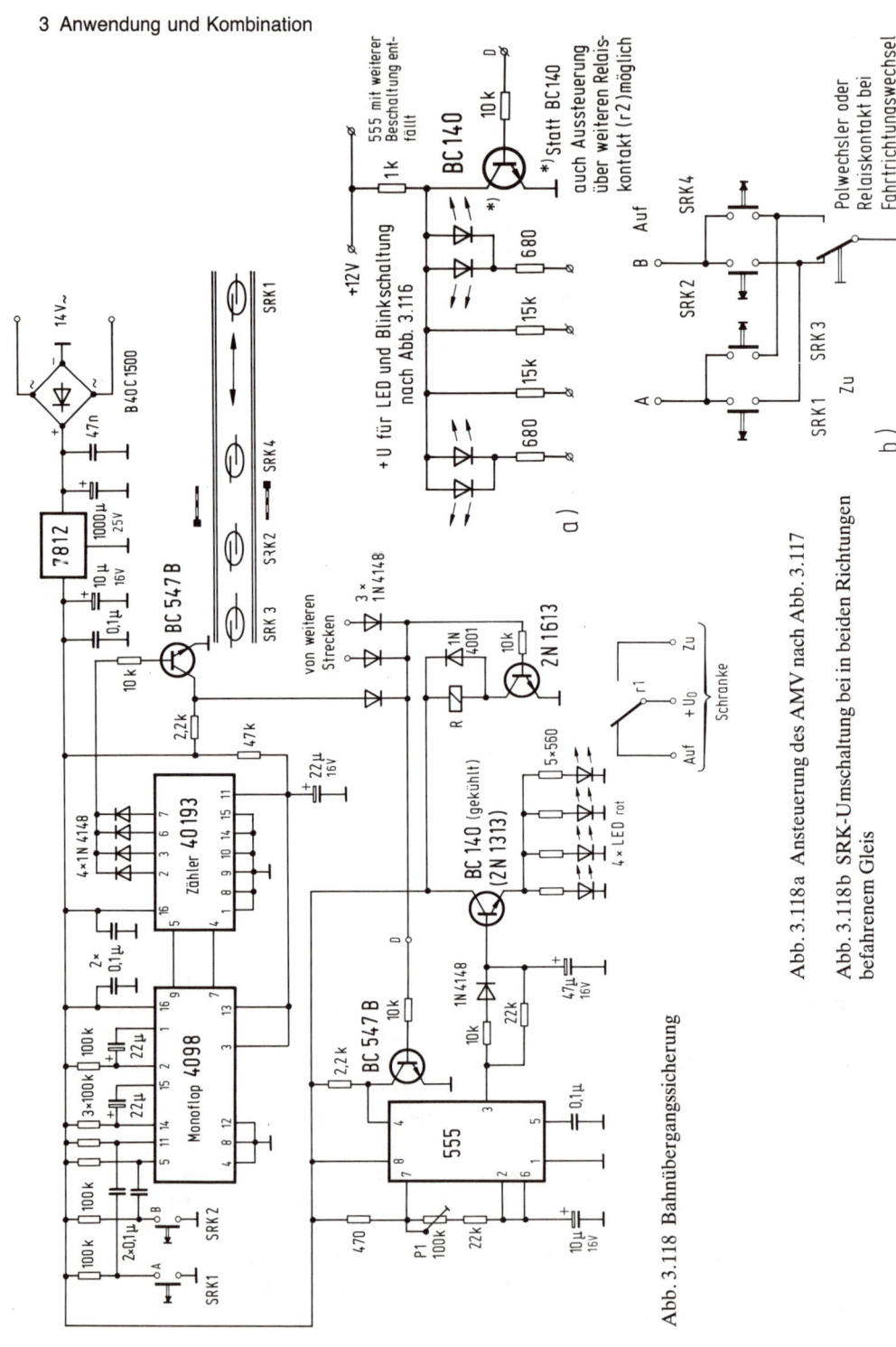

Abb. 3.118a Ansteuerung des AMV nach Abb. 3.117

Abb. 3.118b SRK-Umschaltung bei in beiden Richtungen befahrenem Gleis

Abb. 3.118 Bahnübergangssicherung

Die beiden Monoflops dienen zur Entprellung der SRK und erzeugen einen definierten Taktimpuls für den Zähler bei jedem über die SRK fahrenden Magneten. Bei diesem Vorschlag müssen alle Loks und alle Schlußwagen (in der Regel Ausführungen mit Schlußlicht) jeweils einen Magneten erhalten.

Der Zähler 40193 zählt nun vor und hinter der Schranke an seinen beiden Zähltakteingängen jeweils die Monflopimpulse des zugehörigen SRK. Wurden beide SRK gleich oft betätigt, d. h. einfahrende = ausfahrende Magnete, ist der Zählerausgang »0000« (Stifte 2, 3, 6 und 7) und das Blinken unterbleibt (Reset des Timers) bzw. die Schranke öffnet. Solange eine Abweichung zwischen den Impulsen der beiden SRK besteht, ist wenigstens einer der Ausgänge »1«, wodurch der Reseteingang des Timers über die zwei NOR Plus erhält und der AMV zu schwingen anfängt. Am Ausgang bringt eine Leistungsendstufe mit einem BC 140 die vier LED der Warnkreuze zum Blinken.

Hier wurden zur Vereinfachung alle vier LEDs parallelgeschaltet. Durch die RC-Kombination an der Basis des Leistungstransistors erreichen wir ein langsames Verlöschen bzw. Aufglimmen der LED. P1 dient der Blinkfrequenzeinstellung.

Wer jedoch das vorbildgetreue Wechselblinken der jeweiligen Warnkreuze wünscht, muß das zweite NOR statt des BC 547 B mit einem BC 140 (2 N 1613) mit Kühlkörper ausrüsten und über diesen dann die positive Betriebsspannung (+ 12 V) für den Wechselblinker und die LEDs nach Abb. 3.116 einschalten lassen. *Abb. 3.118a* zeigt diese Version auszugsweise.

Die Reseteingänge von Zähler und Monoflop erhalten beim Einschalten der Betriebsspannung zudem einen Minusimpuls, so daß immer der Anfangszählerstand »0000« beim Einschalten erfolgt. Also keinen Zug in der Betriebspause innerhalb der Warnanlage stehen lassen, sonst gibt es einen Verkehrsunfall beim Einschalten.

Soll die eingleisige Strecke in beiden Richtungen befahren werden, sind 4 SRK nötig, die beim Fahrtrichtungswechsel umzuschalten sind (z. B. durch ein Relais oder einen weiteren Kontakt des Polwechslers), wie *Abb. 3.118 b* zeigt.

Bei zwei- oder mehrgleisigen Bahnübergängen ist je eine Schaltung mit Monoflop und Zähler der o. a. Art nötig. Der Timer erhält die Informationen dann über das zweite NOR, wie in Abb. 3.118 bereits angedeutet.

Die SRK 1 (bzw. 3) sollten soweit vom Bahnübergang entfernt angebracht sein, daß die Schranke genügend Zeit zum Schließen hat (s. Einleitung), die SRK 2 (bzw. 4) können sich bereits eine Lok- bzw. Wagenlänge hinter dem Übergang befinden.

Die Schrankensteuerung erfolgt durch Relais R, dessen Kontakt r_1 zwischen auf und zu umschaltet, je nach Ausgangspotential des ersten NOR.

Elektronisches Läutewerk

Wie wir gesehen haben, benötigen wir für unseren Bahnübergang noch ein Läutewerk. Dies ließe sich relativ einfach durch eine mechanische Metallglocke realisieren. Doch dies ist ein Elektronikbuch, also nehmen wir einen AMV für den Ton und einen für den Takt, schalten beide über einen Impulsformer zusammen, verstärken das getaktete Signal und schon haben wir unser Läutewerk. Wer zwei derartige Schaltungen miteinander kombiniert und die Tongeneratoren so einstellt, daß ihre Frequenzen um eine Terz voneinander

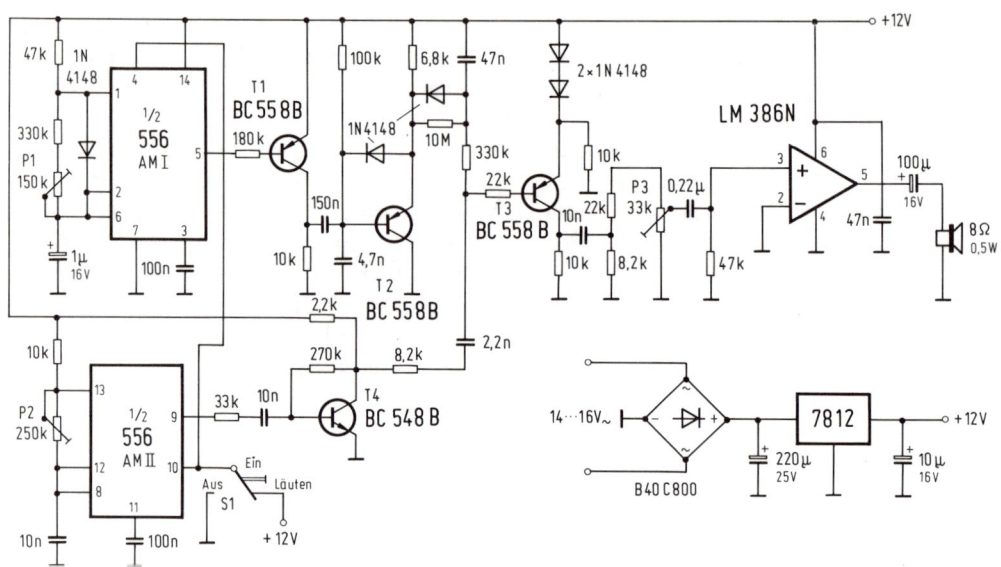

Abb. 3.119 Bahnübergangs-Glocke

abweichen, kann ein Doppelschlagläutewerk für Kleinbahnhöfe erstellen, das früher immer anschlug, wenn der Zug die vorhergehende Station verlassen hatte.

Doch nun zur Schaltung nach *Abb. 3.119,* die ein verblüffend naturgetreues blechernes Geräusch erzeugt. Für den Ton ist der untere AMV II ($\frac{1}{2}$ 556) verantwortlich, die Tonhöhe ist mit P2 einstellbar. Den Takt erzeugt der obere AMV I ($\frac{1}{2}$ 556), der den nachfolgenden PNP-Transistor öffnet. Über den 150-nF-Kondensator gelangt dann ein kurzer negativer Impuls zum nächsten PNP-Transistor und öffnet diesen kurzzeitig. Der 47-nF-Kondensator lädt sich über die Diode schlagartig auf und über die beiden Widerstände (330 kΩ, 22 kΩ) öffnet der dritte PNP-Transistor und läßt das, über einen Stromverstärker verstärkte, am 2,2 nF-Kondensator anliegende, Tonsignal zum Verstärker passieren bzw. verstärkt es noch zusätzlich. Der 47-nF-Kondensator entlädt sich nun langsam wieder (über 10 MΩ, 100 kΩ, 330 kΩ, 22 kΩ, PNP-Transistor T3) und sperrt ihn immer mehr. Der Ton wird leiser und verstummt schließlich ganz. Der Zyklus kann von vorn beginnen. Der 47-nF-Kondensator bewirkt ein weiches Schalten des PNP-Transisotrs T2 (kein Knacken). Durch die beiden Dioden im Emitterzweig des PNP-Transistors T3 erhält dieser eine leichte negative Vorspannung, wodurch sich in den Pausen eine exakte Sperrung ergibt.

Mit P3 kann man die Lautstärke des Läutewerkes einstellen.

Über S1 erhält der untere AMV Reset (»0«) und verstummt, damit es nicht dauernd läutet. Bei offenem Schalter, oder wenn dieser Plus anschaltet, arbeitet der Generator. Der Schalter kann auch ein Relaiskontakt o. ä. sein (z. B. C-Kontakt aus Abb. 3.118).

Die Schaltung eignet sich auch als Ersatz der nostalgischen Messingglocke einer alten »Bimmelbahn«.

Zeitschalter

Die Warnanlage oder die Glocke kann auch für eine fest einstellbare Zeit eingeschaltet werden. Hierzu benutzen wir einen Zeitschalter. Diesmal aber keinen 555, sondern einen XR 2242 CP von Exar *(Abb. 3.120)*. Das 8polige IC enthält einen Zeitbasisozillator, einen 8 Bit-Binärzähler, zwei Komperatoren, ein Steuer-Flip-Flop und einige Schaltstufen. Das zeitbestimmende Glied besteht aus dem Widerstand R und dem Kondensator C. Das IC weist drei Ausgänge mit unterschiedlichen Impulszeiten bei gleichem RC-Glied auf. Der kürzeste Impuls liegt an Stift 8 ($\tau_1 = R \cdot C$) und der längste an Stift 3 ($\tau_3 = 128 \cdot R \cdot C$). Stift 2 hingegen liefert $\tau_2 = 2 \cdot R \cdot C$. Zwei hintereinandergeschaltete XR 2242 würden eine maximale Gesamtverzögerung von $\tau = 128^2 \cdot R \cdot C$ ergeben. Beim Anlegen der Betriebsspannung erfolgt automatisch Reset (Stift 2, 3 und 8 = »1«). Eine positive

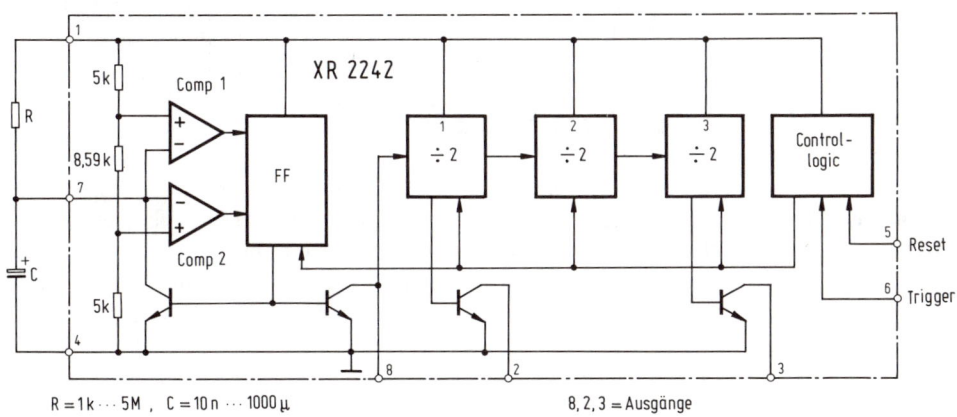

Abb. 3.120 Aufbau des XR 2242

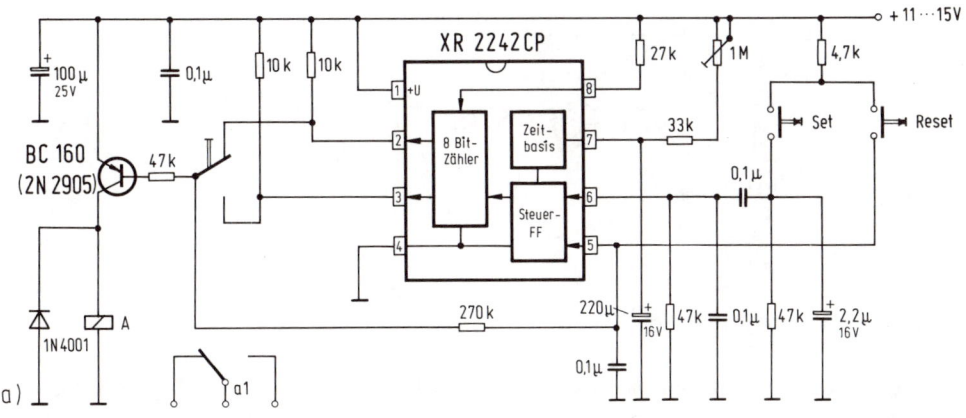

Abb. 3.120a Zeitschalter mit XR 2242

Triggerflanke am Triggereingang (Stift 6) startet das Monoflop und setzt die Ausgänge für die Impulszeit τ auf »0«. Ein positiver Resetimpuls an Stift 5 beendet den Zeittakt. Über einen Umschalter nach *Abb. 3120a* gelangt entweder das Signal von Ausgang 2 oder 3 zu einer PNP-Transistorstufe mit einem Relais. Über den Relaiskontakt erfolgt die Anschaltung der Warnanlage für die Impulszeit, wobei lange Züge durch einen Reedkontaktimpuls die Impulszeit verlängern können. Der Umschalter ist dann durch einen Relaiskontakt eines bistabilen Relais zu ersetzen, welches Reedkontakte ein- bzw. ausschalten.

3.14 Eine ordnungsgemäß gesicherte Baustelle

Da auch beim Vorbild an allen Ecken und Enden die Straßen zu großen Baustellen (meist für längere Zeit) verwandelt werden, darf eine Straßenbaustelle auch bei unserer Modellanlage nicht fehlen. Damit nun unsere Minibewohner nicht in offene Gruben fallen, brauchen wir eine vorschriftsgemäße Sicherung. Hierzu die folgenden Schaltungen:

3.14.1 Blinkende Absperrschranken und Fahrzeuge

Kleinere Baustellen werden meist mit Absperrschranken, an denen in der Regel drei blinkende Lampen hängen, gesichert. Da jede Lampe einen eigenen Blinkgeber hat, blinken alle unterschiedlich. *Abb. 3.121* zeigt eine einfache Blinkschaltung für eine Leuchte, Absperrschranken mit drei LEDs werden für H0 und N von Busch und Brawa angeboten. Auch die Rundumleuchte eines Baufahrzeuges (zu. B. Unimog) kann man mit dieser Schaltung realisieren.

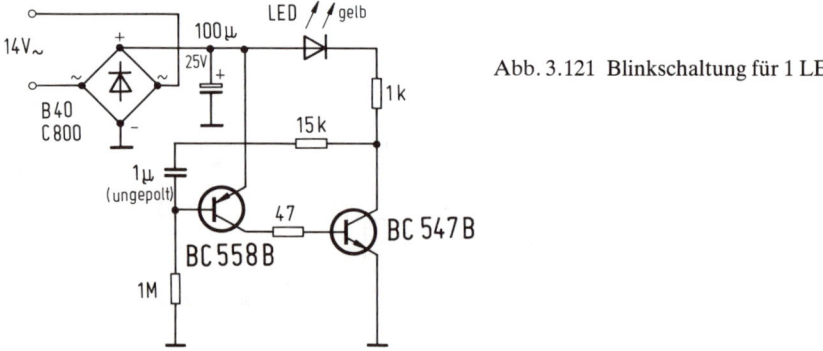

Abb. 3.121 Blinkschaltung für 1 LED

3.14.2 Baustellenampel

Hierfür setzen wir den uns bereits hinlänglich bekannten AMV ein, wobei ein Transistor jeweils die rote LED der einen und die grüne LED der anderen Richtung zum Leuchten bringt, und das im Blinktakt des AMV *(Abb. 3.122)* abwechselnd.

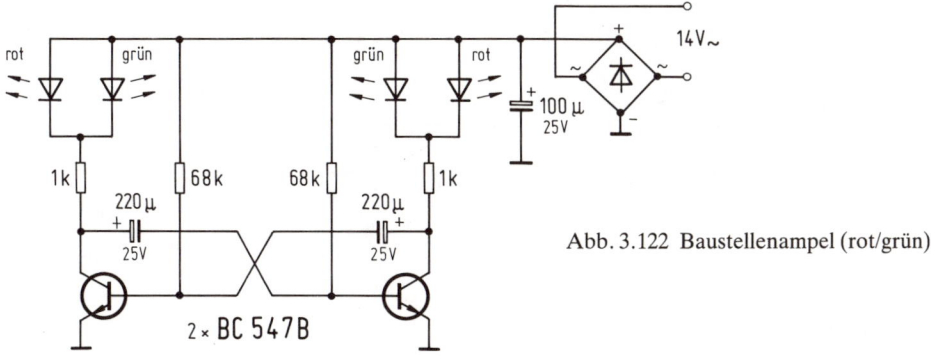

Abb. 3.122 Baustellenampel (rot/grün)

3.14.3 Baustellenblitz-Schaltungen

Blitz für 4 Warnbaken

Die Schaltung dazu zeigt *Abb. 3.123.* Wir erkennen als Taktgeber einen AMV mit dem IC 555, der einen 7490-Zähler taktet, der bis 5 zählt. Die Decodierung erfolgt diskret mit 4 NAND in Dioden-/Transistorlogik, die gleichzeitig die jeweilige LED treiben. Die Blitzfrequenz ist mit P1 einstellbar. Die vier LEDs leuchten nacheinander jeweils kurz auf. Beim fünften Taktimpuls sind alle LEDs dunkel. Der sechste Taktimpuls gibt gleichzeitig Reset, so daß der Zyklus von vorn beginnt.

Abb. 3.123 Vierfach
Lauflicht für 4
Warnbaken

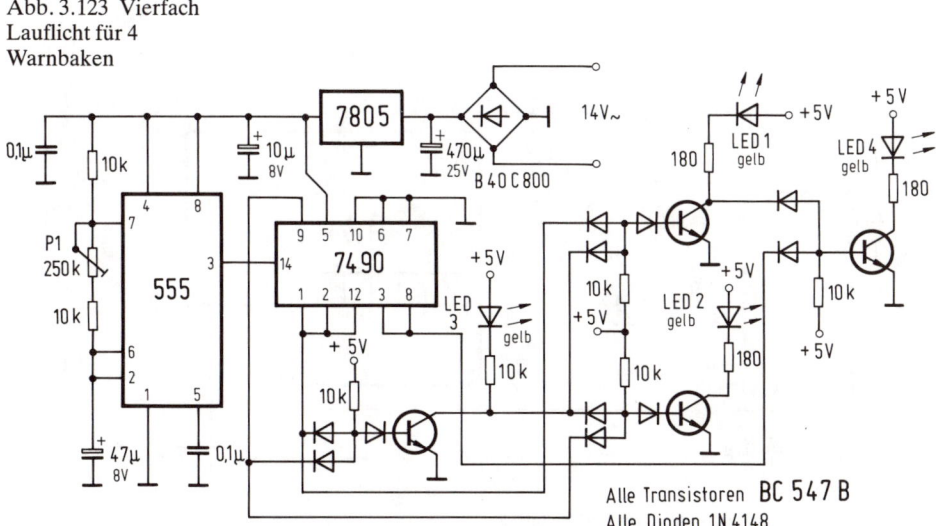

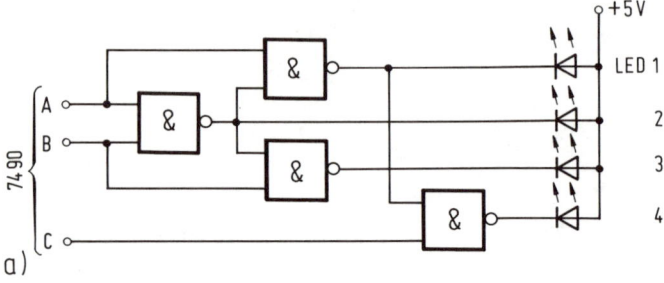

a)

Baustellenblitz für bis zu 10 Warnbaken

Ein AMV mit 555 und ein MOS-Zähler 4017 bilden das Herz der Schaltung des Lauflichts nach *Abb. 3.124*. Durch Festlegung des Teilungsfaktors können 1 bis 10 LEDs durch die Inverter eingeschaltet werden. Hierzu ist nur der Reseteingang (Stift 15) entsprechend dem Ausdruck n+1 mit dem jeweiligen Ausgang (0...9) zu verbinden; n entspricht dabei der LED-Anzahl. Noch naturgetreuer wirkt eine kurze Pause zwischen den Zyklen, die man erhält, wenn man n+2 an Reset legt. In Abb. 3.124 zählt der Zähler bis 10 (0...9) und beginnt ohne Pause wieder von neuem.

An Stift 12 liegt bei jedem 10. Taktimpuls »1«, so daß die über den Inverter betriebene LED bei jedem 10. Takt leuchtet. P1 regelt die Taktfrequenz.

Anzahl der LED	Teilungsverhältnis	Dezimalausgang	Stift		Stift
8	n + 1 = 9	8	9	an	15
8	n + 2 = 10	9	11	an	15
4	n + 1 = 5	4	10	an	15
4	n + 2 = 6	5	1	an	15

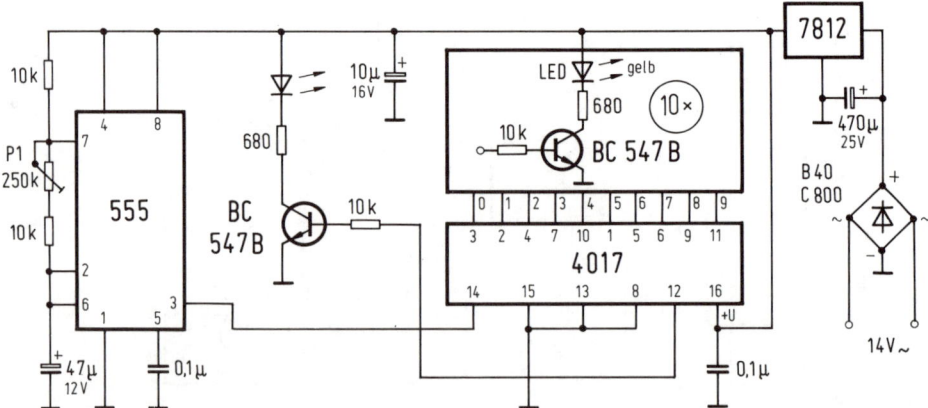

Abb. 3.124 10fach Lauflicht für zehn Warnbaken

3.15 Alles für Polizei und Feuerwehr

Die Einsatzfahrzeuge von Polizei und Feuerwehr können ebenfalls Leben auf unsere Modellbahnanlage bringen, indem wir ihre Blaulichter leuchten und ihre Martinshörner tönen lassen. Aber auch die heulende Feuerwehrsirene, die alle aus dem Schlaf schreckt, wenn es brennt (hoffentlich auch die Feuerwehrleute) und der Feuereffekt wurden nicht vergessen.

3.15.1 Blinkschaltung für Einsatzfahrzeugwarnlampen

Unser bekannter AMV in *Abb. 3.125* kann sowohl LEDs (rot o. gelb) oder Glühlämpchen (blau) in den Fahrzeugen von Polizei, Feuerwehr, Straßenbau und Stadtreinigung zum Blinken bringen. Die Bauteile (R, C) sind so dimensioniert, daß sie den Blitzeffekt der Rundumblinkleuchte beim Vorbild täuschend echt nachbilden. Sollen mehrere Lampen oder LED (je Verbraucher ist ein eigener Vorwiderstand vorzusehen) angesteuert werden, so ist ein leistungsstärkerer Transistor einzusetzen (z. B. 2 N 1613, BD 137, BD 139 oder BD 675) und der Gleichrichter entsprechend anzupassen. Ein gemeinsamer Vorwiderstand ist hier nicht möglich, da dieser entweder den Strom begrenzen (die einzelne LED erhält dann zuwenig Strom und leuchtet nicht voll) oder bei einer defekten LED die verbleibenden LED mit zuviel Strom versorgen würde (kann zur Zerstörung der LED oder Lämpchen führen).

Auch Glühlämpchen können wie LED einen Vorwiderstand benötigen, deshalb nachfolgend die Werte dafür:

1. LED: 1, 6...3,2 V, 20 mA, Vorwiderstand 1 kΩ
2. Ultra-Micro-Glühlampe: 1,2 V, 12–15 mA ∅ 1,4 mm,
                                       Vorwiderstand 1,2...1,5 kΩ
3. Micro-Glühlampe: 6...12 V, max. 0,5 A, ∅ 2,2 mm,
                                        Vorwiderstand 150...330 Ω

Je kleiner man den Vorwiderstand wählt, um so heller brennen die LEDs oder Lämpchen,

Abb. 3.125 Wechselblinker für Absperrschranken, Baufahrzeuge

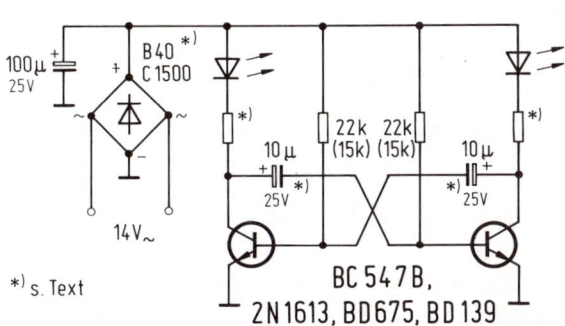

255

doch um so früher gehen sie auch kaputt. Lämpchen mit einer Spannung von 18...20 V sind direkt anschließbar.

Bedingt durch den Nachglüheffekt der Glühlampen ist bei Glühlampeneinsatz der Kondensator von $10\,\mu F$ auf $100\,\mu F$ zu vergrößern.

3.15.2 Elektronisches Martinshorn

Zur Nachbildung dieses tatü, tatü-Warnsignals der Einsatzfahrzeuge von Polizei, Feuerwehr und Rettungsdienst bieten sich gleich vier verschiedene Lösungsmöglichkeiten an:

Einfaches Martinshorn aus MOS-IC

Bei der Schaltung nach *Abb. 3.126* handelt es sich um zwei AMV, die aus je zwei NAND eines MOS-IC 4011 gebildet werden. Der obere AMV stößt dabei den unteren periodisch an, so daß das gewünschte tatü, tatü... ertönt, das der BC 160 auf größere Lautstärke bringt.

Wer will, kann auch eine Nf-Endstufe anschließen. Dann entfällt der Transistor BC 160, der Verstärkeranschluß erfolgt am Auskoppelkondensator $0,47\,\mu F$.

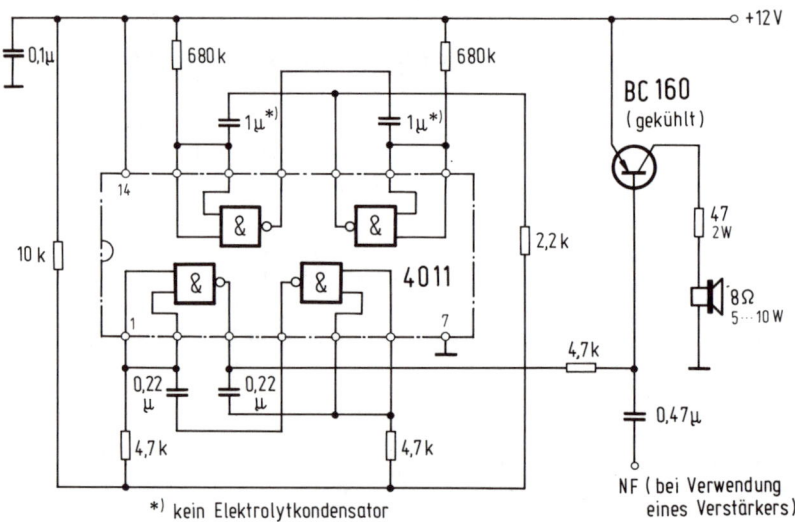

Abb. 3.126 Martinshorn mit NAND-Gattern

Martinshorn mit OP

In *Abb. 3.127* entdecken wir wieder unseren Trapezgenerator OP1, der einen Tongenerator (OP 2) über einen Transistor ansteuert. Mit P1 ist die Modultionsfrequenz, mit P2 die

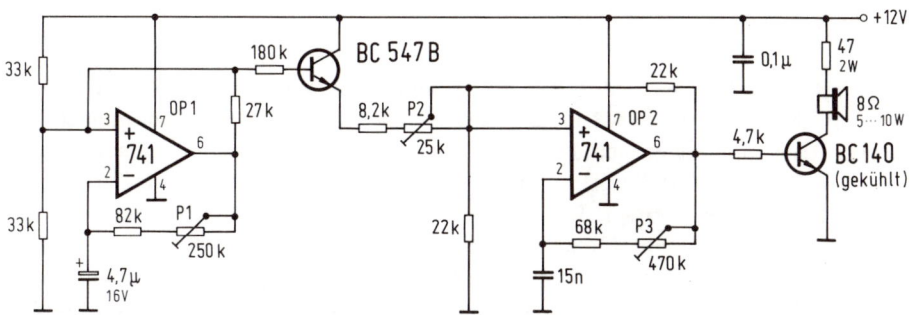

Abb. 3.127 Martinshorn mit zwei OPs

Modulationstiefe und mit P3 die Tonhöhe einstellbar, so daß sich jeder seinen Sirenenton selbst einstellen kann. Die Endstufe besteht wieder aus einem Transistor (BC 140).

Martinshorn mit Timer und OP

Wie wir in *Abb. 3.128* erkennen, sind beide Hälften des 556 jeweils als symmetrischer Rechteckgenerator (AMV) geschaltet und durch einen Impedanzwandler (OP) miteinandern verbunden. Der zweite AMV arbeitet dabei als VCO. Der erste AMV schwingt auf einer niedrigen Frequenz und bewirkt über den OP ein schlagartiges Umschalten der Frequenz des zweiten AMV (Frequenzmodulation), der den Tongenerator darstellt. Durch die am Steuereingang (Stift 11) überlagerte Spannung (vom 1. OP) erfolgt die Frequenzverschiebung – und das tatü, tatü ... entsteht. Die Endstufe ist wieder konventionell mit einem Transistor aufgebaut. Mit P1 ist der Modulationsgrad und mit P2 die Lautstärke einstellbar.

Die Diode parallel zum Lautsprecher schließt dessen Selbstinduktionsspannungen kurz, um den Endstufentransistor zu schützen.

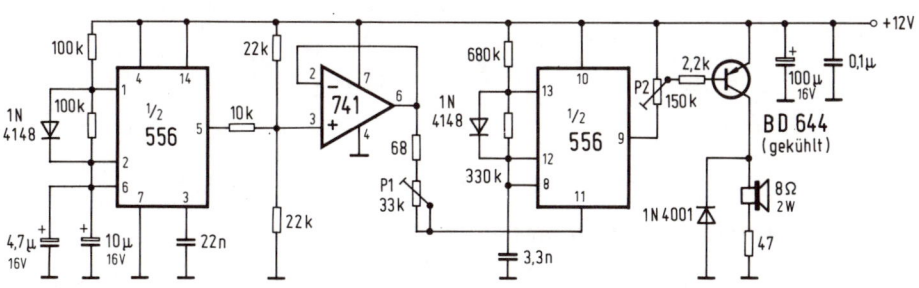

Abb. 3.128 Martinshorn mit Timer

Martinshorn mit Spezial-IC

Die einfachste und zugleich beste Schaltung zum Schluß. Wie *Abb. 3.129* zeigt, kommt hier das IC SAE 0700 von Siemens zum Einsatz, das zwei Signalton-Generatoren enthält und zwei Tonfrequenzen im Verhältnis von ca. 1,4 : 1 erzeugt, die periodisch aufeinander folgen. Die Tonfrequenzhöhe kann über einen externen Widerstand R im Bereich von 0,1...15 KHz variiert werden. Die Umschaltfrequenz von 0,5...50 Hz bestimmt der externe Kondensator C. Das IC enthält zudem einen Ausgangstreiber der einen Lautsprecher oder einen Piezo-Keramik-Wandler zum Schwingen bringt. Die Spannungsversorgung kann entweder mit einer effektiven Wechselspannung von 10...26 V (Stift 1 und 8) oder einer Gleichspannung von 9...25 V (Stift 2 = 0 V, Stift 7 = + U_B) erfolgen, da das IC einen integrierten Brückengleichrichter und einen Überspannungsschutz (Z-Diode ca. 28 V) enthält. Die Umschaltfrequenz errechnet sich zu:

$$f_S = \frac{750}{C} \pm 25\% \text{ (f in Hz, C in nF)}.$$

Die beiden Tonfrequenzen errechnen sich zu:

$$f_{\tau 1} = \frac{2,72 \cdot 10^4}{R} \pm 25\% \text{ (f in Hz, R in K}\Omega) \qquad f_{\tau 2} = f_{\tau 1} \cdot (0,725 \pm 5\%)$$

C darf nach o. a. Formeln Werte zwischen 15 nF bis 1,5 μF, und R darf Werte zwischen 1,8 bis 272 kΩ annehmen. In unserer Schaltung ist $f_s \approx 1,03$ Hz, und f_{T1} ist mit P1 zwischen 12,36 bis 0,18 Hz einstellbar. Da f_{T2} von f_{T1} abhängt, ergibt sich hier eine Frequenzverschiebung von 8,96 bis 0,13 Hz.

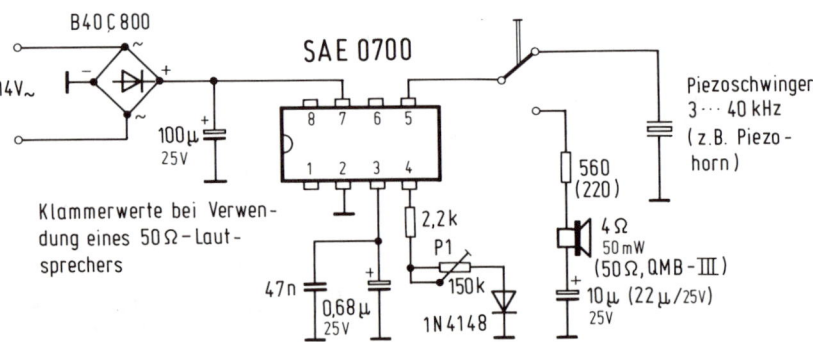

Abb. 3.129 Martinshorn mit SAE 0700

3.15.3 Feuerwehrsirene, elektronisch gesteuert

Nach einigen Versuchen fiel die Entscheidung zugunsten einer diskreten Lösung aus, die *Abb. 3.130* zeigt, da hier der Sirenenton sowie das An- und Abschwellen sehr wirklich-

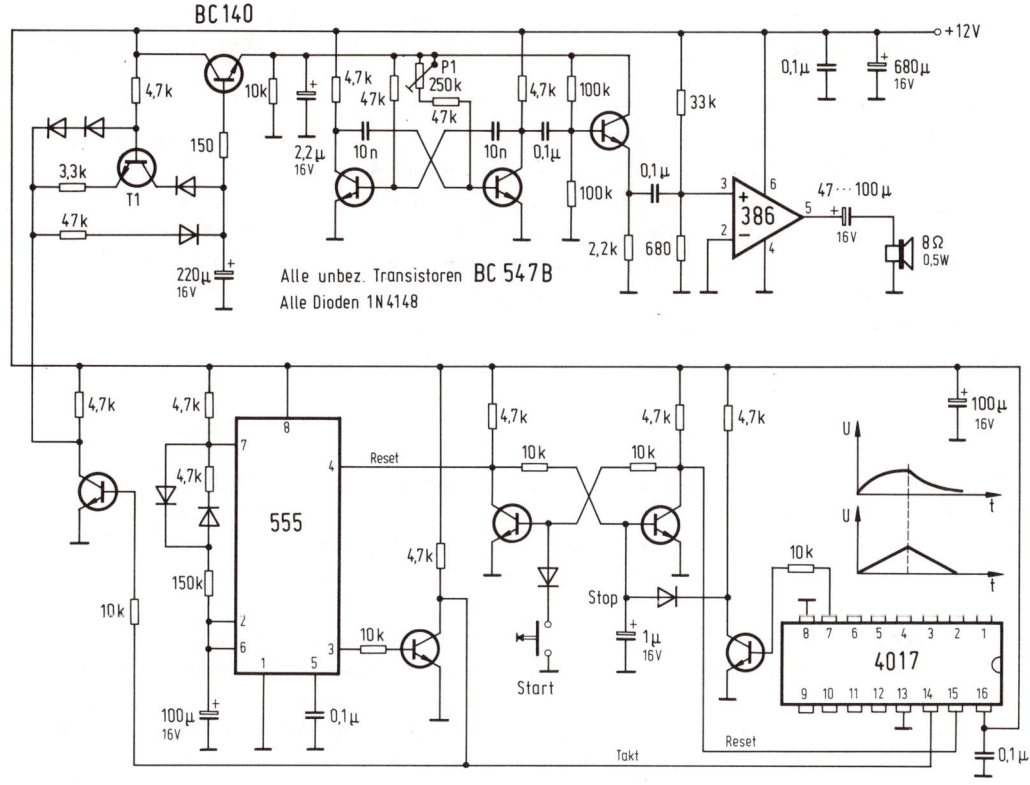

Abb. 3.130 Vorbildgetreue Feuerwehrsirene mit Ablaufsteuerung

keitsgetreu klingen. Doch die Sirene allein genügt noch nicht, da sich in Friedenszeiten das Signal zur Alarmierung der Feuerwehr folgendermaßen zusammensetzt: 3 × Dauerton von je 12 Sekunden, mit je 12 Sekunden Pause.

Die Sirene besteht aus einem spannungsgesteuertem Multivibrator für den Sirenenton, einem Emitterfolger, sowie einer IC-Nf-Endstufe. Die Spannungssteuerung übernimmt ein sogenannter Ladekurvenbegradiger mit einem Kondensator. Wie wir wissen, lädt und entlädt sich der Kondensator nach einer e-Funktion. Weiterhin sind Lade- und Entladezeit unterschiedlich lang. Der Ladekurvenbegradiger gleicht dieses Verhalten durch eine Konstantstromschaltung mit einem Transistor wieder aus. Der Transistor T1 erhält eine stabile Basisspannungsversorgung (2 × 1 N 4148 und 4,7 kΩ), was einen konstanten Emitterstrom zur Folge hat, der den Kondensator (220 μF) kontinuierlich lädt bzw. entlädt. Der 3,3-kΩ-Widerstand bestimmt das Abklingverhalten, und der 47-kΩ-Widerstand das Anlaufverhalten der Sirene, wobei 0 V abklingen und + 12 V anlaufen bedeutet. Die Dioden trennen dabei die beiden Strompfade. Wer will, kann hier mit eigenen Experimenten seinen entsprechenden Sirenensound finden.

Die Ansteuerung der Sirene erfolgt durch eine Zählerschaltung mit dem Zähler 4017 und einem Taktgenerator mit dem 555, die beide durch ein Flip-Flop aktiviert werden (Start-Taste setzt FF). Durch den 1-μF-Kondensator erfolgt Zwangsreset beim Einschalten der Versorgungsspannung. Der 555 ist hier durch die beiden Dioden als symmetrischer Taktgenerator geschaltet und gibt ca. 14 s »1« und ca. 14 s »0« am Ausgang ab. Ein Inverter gibt dieses Potential invertiert zum Takteingang des 4017, der dann bis 3 zählt und seinerseits über einen weiteren Inverter das FF beim vierten Taktimpuls stoppt. Das FF sperrt dann Zähler und Taktgenerator durch Reset (0 V). Die Transistorstufe hinter dem Taktinverter liefert die Umschalt-Steuerspannung für den Ladekurvenbegradiger. Die angegebene Schaltung erfüllt also voll die Bedingungen des Bundesverbandes für den Selbstschutz. Mit P1 ist der Ton variierbar.

Einfache Feuerwehrsirene

Wem die vorhergehende Schaltung zu kompliziert war, kann auch diese einfache Schaltung nach *Abb. 3.131* einsetzen. Einfach heißt jedoch in diesem Falle nicht gleich schlecht. Die Schaltung besteht wieder aus zwei AMV, einem Integrator (10 kΩ, 220 μF) und einer Endstufe im A-Betrieb. Es kann natürlich auch eine IC-Endstufe mit LM 386 folgen (siehe *Abb. 3.131 a*).

Wenn der erste AMV schwingt, liefert sein Ausgang Rechteckimpulse, die das nachfolgende RC-Glied integriert (Dreieckspannung). Diese ansteigende bzw. abfallende Spannung verändert die Frequenz des spannungsgesteuerten AMV, und es entsteht ein sirenenähnlicher Ton, den die Endstufe nur noch verstärken muß, damit er im Lautsprecher zu hören ist. P1 ändert auch hier die Tonlage.

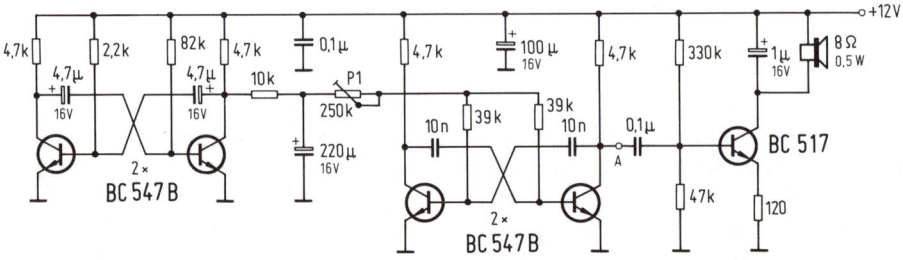

Abb. 3.131 Einfache Sirenenschaltung

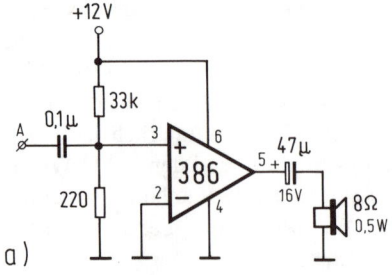

a)

Abb. 3.131a NF-Verstärker mit IC für Abb. 3.131

3.15.4 Flackerlicht für Brandeffekte

Der Grund für das Ausrücken der Feuerwehr ist in der Regel ein Brand o. ä. Da wir nicht gut ein Feuer auf der Modellbahnanlage entfachen können, erzeugen wir diesen Flackereffekt ebenfalls elektronisch. Hierzu benötigen wir nur einen AMV, den wir leicht mit dem IC 555 aufbauen können (*Abb. 3.132*). Der Ausgang des 555 kann direkt zwei LED oder über einen Treibertransistor eine oder mehrere Glühlämpchen ansteuern. Mit P1 ist die Flackerfrequenz zwischen 0,6...4,5 Hz einstellbar.

Das Flackerlicht kann z. B. auch im Lagerfeuer am Campingplatz seinen Dienst tun (LED unter dem Brennholz verstecken).

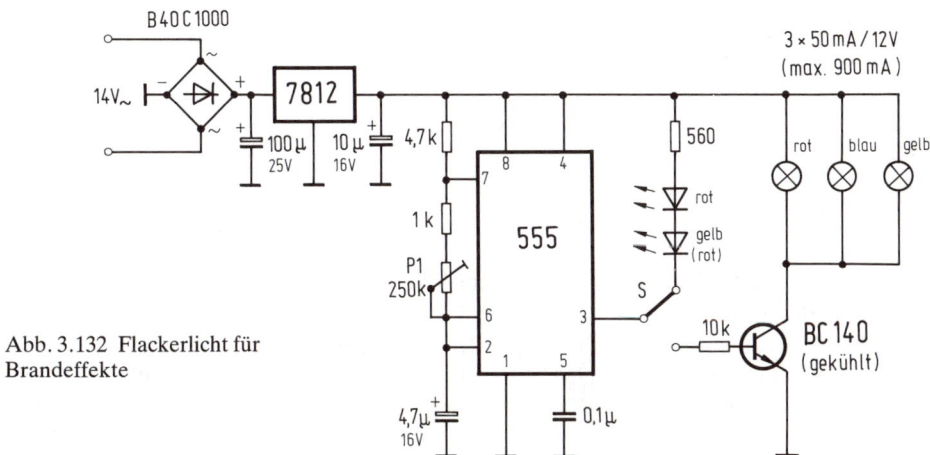

Abb. 3.132 Flackerlicht für Brandeffekte

3.16 Lichteffekte für die Modellstadt

Nichts sieht trister aus als eine dunkle Modellbahnstadt ohne Lichteffekte. Da unsere Anlage jedoch pulsierendes Leben wiederspiegeln soll, bilden wir einige (einfache) Lichteffekte elektronisch nach.

3.16.1 10fach Lauflicht

Hier soll stellvertretend für die vielen Möglichkeiten (z. B. Schaltung nach Abb. 3.124) eine Schaltung mit TTL-ICs stehen, die mit einem Zehnerzähler (7490), einem BCD-Dezimal-Decodierer (7442), einem Taktgenerator (555) und 10 PNP-Transistortreiberstufen auskommt (siehe *Abb. 3.133*). Die Schaltung dürfte vom 1. Kapitel her hinlänglich bekannt sein und ist wohl nicht näher zu erläutern. P1 variiert die Taktfrequenz.

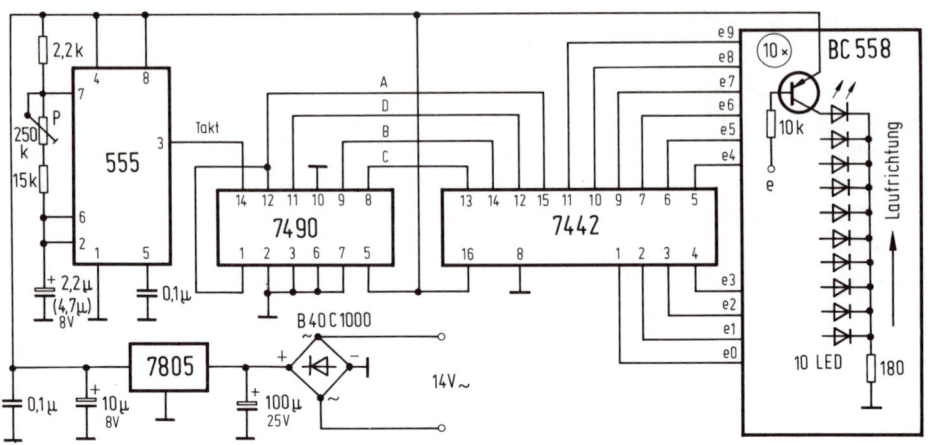

Abb. 3.133 10fach Lauflicht für Leuchtreklamen

3.16.2 10fach Leuchtband-Lauflicht

Wie *Abb. 3.134* zeigt, fungiert hier eine Hälfte des Doppeltimers 556 als Taktgeber und die andere Hälfte als Monoflop. P1 variiert wieder die Taktfrequenz. Außerdem finden wir noch zwei Schieberegister 74164 und zehn NPN-Transistorschalter vor.

Bei jedem Taktimpuls wird eine Schaltstufe mehr angeschaltet, bis alle 10 LEDs leuchten. Für die restlichen sechs Takte leuchten alle LEDs gemeinsam, man kann sich in

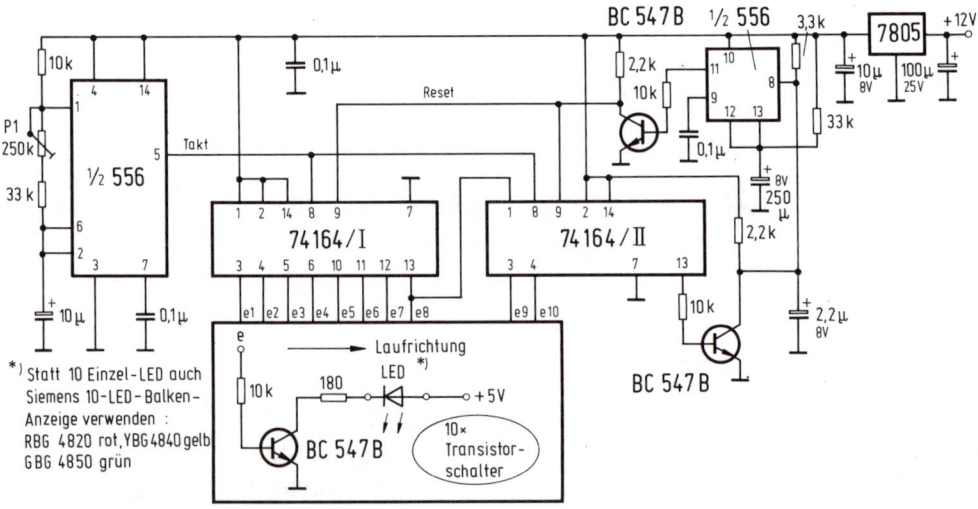

Abb. 3.134 10fach Laufband für Werbezwecke

Ruhe die Reklame durchlesen. Beim 16. Taktimpuls erhält der an Stift 13 des zweiten 74164 angeschaltete Inverter Pluspotential und leitet, wodurch das Monoflop triggert (Minus an Stift 8) und Reset (Minuspotential) an die Schieberegister über einen weiteren Inverter legt. Alle LEDs verlöschen und bleiben für die Monoflopzeit dunkel, der Spannungsregler kann etwas abkühlen. Nach Ablauf der Zeit beginnt der Zyklus von vorn. Als LED können spezielle Rechteck-LED oder die 10-LED-Balkenanzeige von Siemens (RGB 4820 = rot, YBG 4840 = gelb, GBG 4850 = grün) Verwendung finden oder fertige Anzeigeelemente z. B. von Brawa (10 LED), die mit Reibebuchstaben zu beschriften sind.

3.16.3 16 (8)fach Leuchtband-Lauflicht

Wer größere Buchstabenreihen beleuchten will, kann die Schaltung nach *Abb. 3.135* verwenden. Hier können bis zu 16 LEDs leuchten. Die Schaltung entspricht im wesentlichen Abb. 3.134, nur wurden hier alle 16 Ausgänge der beiden Schieberegister belegt, d. h. 16 NPN-Transistorschalter sind maximal nötig. Die Zeitverzögerung zum Lesen der Reklame übernehmen hier für zwei Taktimpulse die zwei JK-Flip-Flops im 7473. Das zweite Flip-Flop triggert dann das Monoflop (½ 556) für die Resetfunktion.

    Wer nur acht LEDs braucht, kann das zweite Schieberegister 74164 entfallen lassen. Stift 13 des ersten Schieberegisters ist dann mit Stift 14 des 7473 zu verbinden. Es sind dann natürlich auch nur acht Schaltstufen nötig.

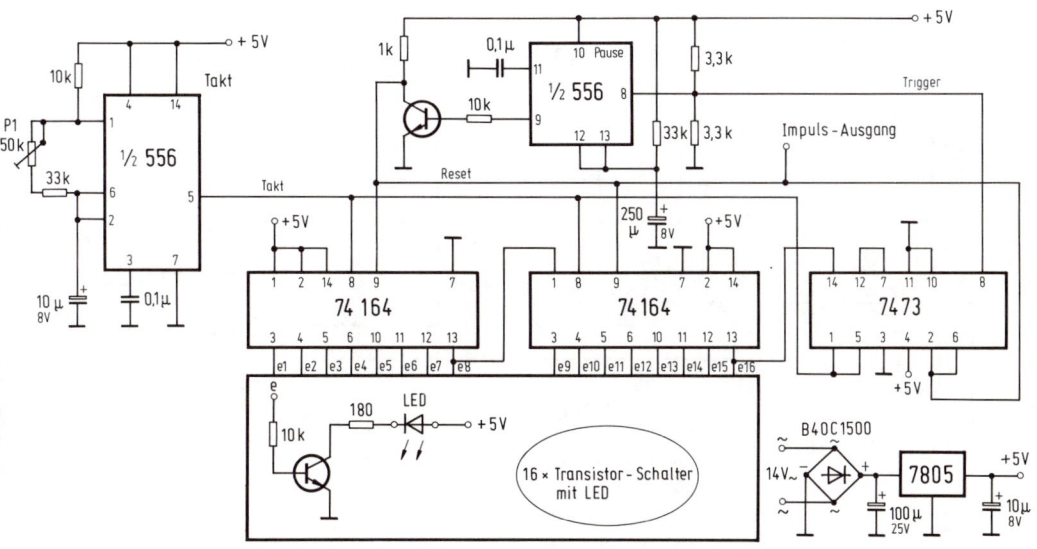

Abb. 3.135 16fach Laufzeile für Leuchtreklamen

3.16.4 Zufallsgenerator zur Hauslichtsteuerung

Nicht in allen Häusern bzw. Zimmern eines Hauses oder einer Wohnung brennt zur gleichen Zeit Licht, da dies von den Bewohnern abhängt (der eine kommt früh heim, der andere bleibt länger auf usw.). Es ist daher nicht sehr realistisch, wenn bei Dunkelheit schlagartig alle Modellhäuschenlampen gleichzeitig aufleuchten bzw. auf einmal wieder verlöschen. Realistisch schaltet hier die Elektronik.

Wir bedienen uns in *Abb. 3.136* eines MOS-Schieberegisters 4006, dessen Ausgänge über Exclusiv-Oder-Gatter (4070) verknüpft zum Eingang zurückgeführt werden. Dadurch entsteht eine sich ständig ändernde Durchschaltung der Transistorschalter und somit ein abwechslungsreiches Leuchten der Glühlämpchen in deren Kollektorzweigen. Die Änderungsgeschwindigkeit bestimmt dabei der Taktgenerator aus einem NAND-Schmitt-Trigger an Stift 3 des 4006. Die Bauteile-Werte 1 MΩ und 100 μF beeinflussen die Taktfrequenz. wem der Takt noch zu schnell ist, der kann hier auch mit dem 555 experimentieren, oder den Kondensator C weiter vergrößern.

Das Flip-Flop N1, N2 bewirkt ein sicheres »Anschwingen«, d. h. Arbeiten, der Schaltung beim Einschalten der Betriebsspannung. Wer alles mit ICs aufbauen will, kann als Treiber für die Lampen das IC ULN 2004 von Valco einsetzen.

Die Lampentreiber können gekühlt maximal 0,9 A liefern. Durch Serien- (2 Lampen à 6 V) oder Parallelschaltung (z. B. 18 Lampen à 12 V/50 mA) sind auch mehrere Lampen ansteuerbar.

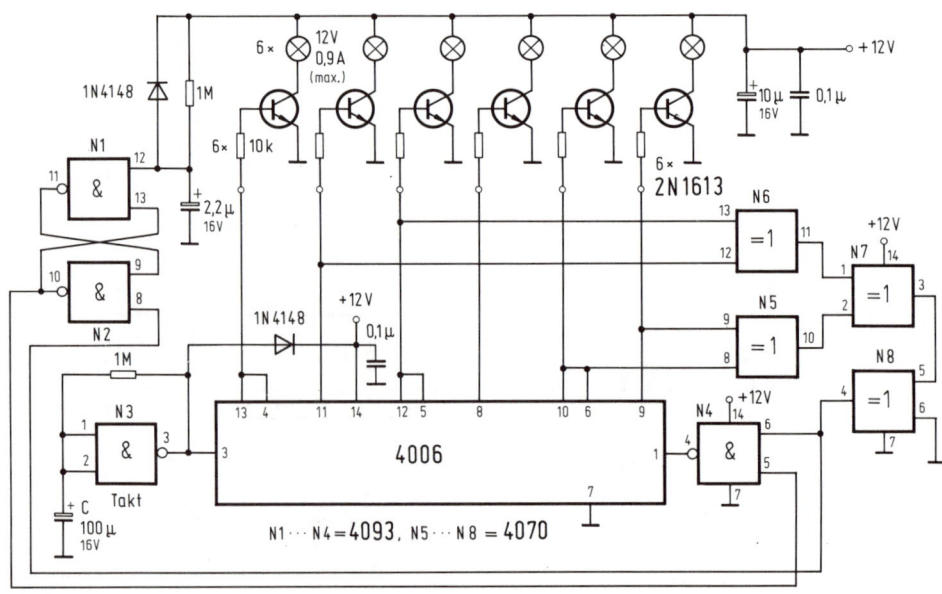

Abb. 3.136 Zufallsgenerator für Hausbeleuchtungen

3.16.5 Laufschrift

Die professionellen Geräte, bei denen man jederzeit andere Laufschrifttexte eingeben kann (z. B. per Computer), benötigen eine umfangreiche und komplizierte Steuerlogik, deren Beschreibung den Rahmen dieses Buches sprengen würde. Außerdem haben derartig aufwendige Geräte ihren Preis. Die Fachzeitschrift ELO hat sich jedoch in den Heften 11, 12/86 und 1/87 in einem sehr interessanten Artikel mit diesem Thema auseinandergesetzt und eine 3-Sterne-Bauanleitung für eine (komplizierte) Laufschrift-Schaltung veröffentlicht.

Im Modellbahnbereich ist in der Regel eine festprogrammierte (Diodenmatrix), einfache Laufschrift-Schaltung ausreichend und preislich noch erschwinglich.

Eine derartige vom Funktionsprinzip her einfache Schaltung, die jedoch bastlerische Fähigkeiten, eine ruhige Hand, Geduld und einen Lötkolben mit Bleistiftspitze erfordert, zeigt *Abb. 3.136 a*. Da die o. a. Voraussetzungen bei den meisten Modellbahnern gegeben sein dürften, hier kurz der Aufbau der Schaltung, die aus vier 8-Bit-Schieberegistern (74164), einem AMV mit Timer (555), 31 Darlingtontransistoren (BD 675), einer umfangreichen Diodenmatrix (OR) und 10 LED-Anzeigen besteht.

Als Anzeigeelemente können alphanumerische 16-Segment-Anzeigen o. ä. Verwendung finden. Wer die eingangs erwähnte ruhige Hand hat, stellt sich seine Anzeige aus 20 Einzel-LED mit 1 mm $\varnothing$ selbst her. Die Anzeige besteht dann jeweils aus 4 Spalten und 5 Reihen. Die 20 LED lötet man zweckmäßigerweise auf eine kleine Platine und verbindet die Anoden durch eine Leiterbahn. Für die Katoden ist nur ein Lötpunkt vorzusehen. Der Katodendraht der LED ist hier so anzulöten bzw. abzuschneiden, daß ein kurzes Drahtstück hervorsteht. An dieses Drahtende ist dann der Zuführungsdraht (Kupfer-Lackdraht z. B. aus einer alten Spule) vom Diodengatter anzulöten. Die 20 Vorwiderstände pro Anzeige sind bei der Diodenmatrix einzulöten. Es ist auch möglich bzw. sinnvoll, alle 10 Anzeigen auf eine gemeinsame Platine zu löten.

Zu den Schieberegistern ist nicht viel zu sagen. Bei jedem Taktimpuls schaltet ein Ausgang (1...32) mehr auf »1«. Beim 32. Takt sind alle Ausgänge »1«, und der Transistorinverter schaltet Masse an die vier Reseteingänge. Der Zyklus beginnt von vorn. Jeder Registerausgang verfügt noch über eine Darlingtonstufe (BD 675) mit offenem Kollektor zu Stromverstärkung, da ein hoher Strombedarf durch die vielen anzusteuernden LED besteht. Der BD 675 ist mit einem Kühlkörper zu versehen. Sollte der BD 675 zu heiß werden, ist er durch eine diskrete Stufe mit BC 140 + 2 N 3055 mit Kühlkörper zu ersetzen.

Eine Fleißarbeit stellt die Diodenmatrix dar. Jede Anzeige-LED ist entsprechend dem gewünschten Schiebetext anzusteuern. Die Leerfelder können durch einen Punkt oder einen Strich dargestellt werden. Die folgende Liste zeigt ein Beispiel für einen Schiebetext, wobei die Entscheidung, welche LED bei dem entsprechenden Buchstaben leuchten soll, dem Anwender überlassen ist. *Abb. 3.136 b* zeigt hier einige Vorschläge. Die Erkennbarkeit, aber auch der Aufwand nimmt natürlich mit der Anzahl der LED zu. Optimal ist eine 7 × 5-LED-Anzeige. Wer also den Aufwand nicht scheut, sollte diesen Anzeigentyp wählen. Hier ist jedoch die diskrete Darlingtonstufe erforderlich (BC 140 mit 2 N 3055 und Kühlkörper).

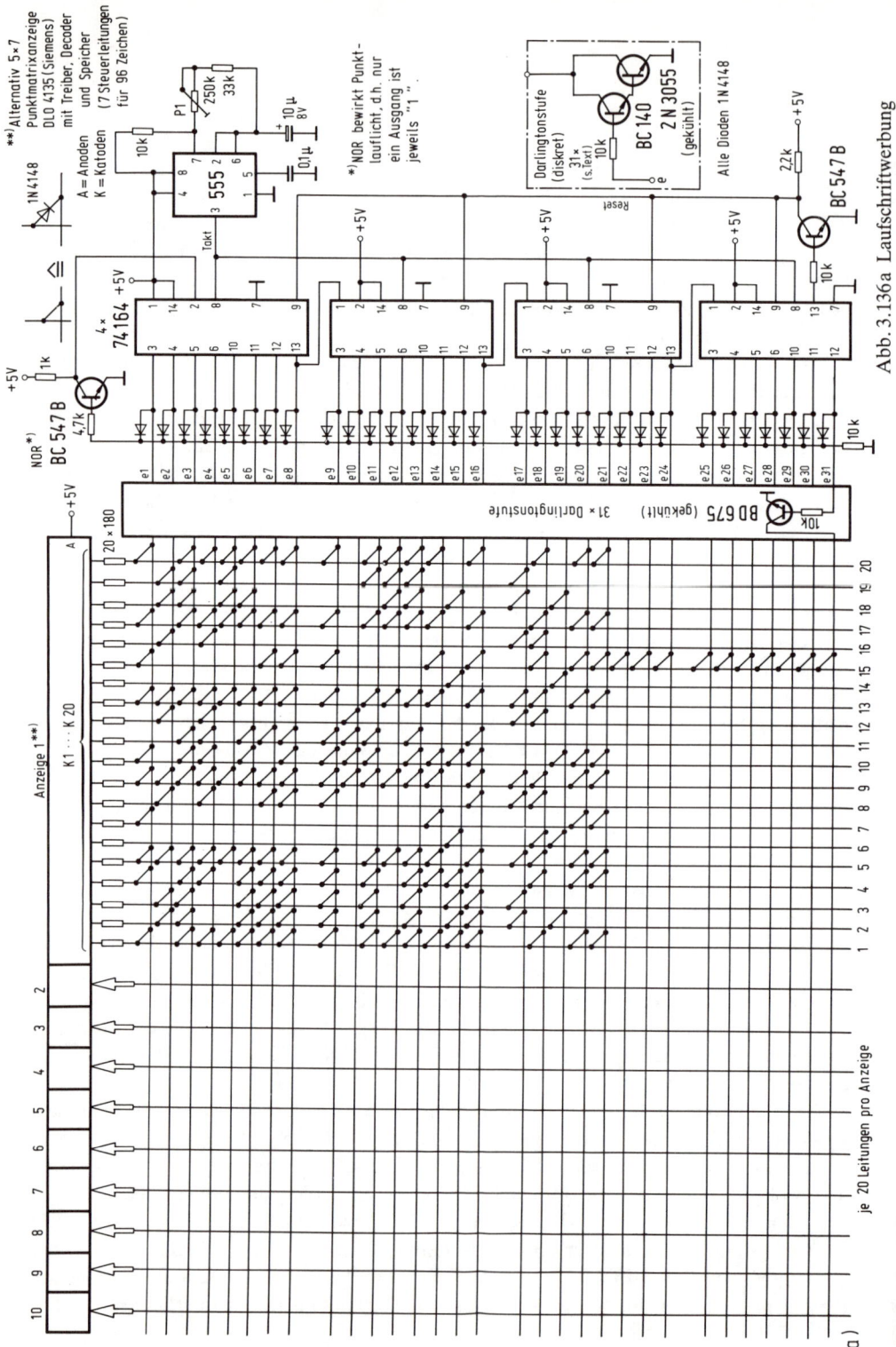

Abb. 3.136a Laufschriftwerbung

**)Alternativ 5×7 Punktmatrixanzeige DLO 4135 (Siemens) mit Treiber, Decoder und Speicher (7 Steuerleitungen für 96 Zeichen)

A = Anoden
K = Katoden

1N4148

*)NOR bewirkt Punktlauflicht, d.h. nur ein Ausgang ist jeweils "1".

Darlingtonstufe (diskret) 31× (s.Text)

BC 140
2N 3055 (gekühlt)

Reset

Alle Dioden 1N4148

+5V
2,2k
BC 547B
10k

555

250k
P1
33k
10k
10µ 8V
0,1µ

Takt

4×
74164

+5V

NOR*)
BC 547B
1k
4,7k

+5V

Anzeige 1 **)

K1 ... K 20

20 × 180

31× Darlingtonstufe
BD675 (gekühlt)
10k

je 20 Leitungen pro Anzeige

a)

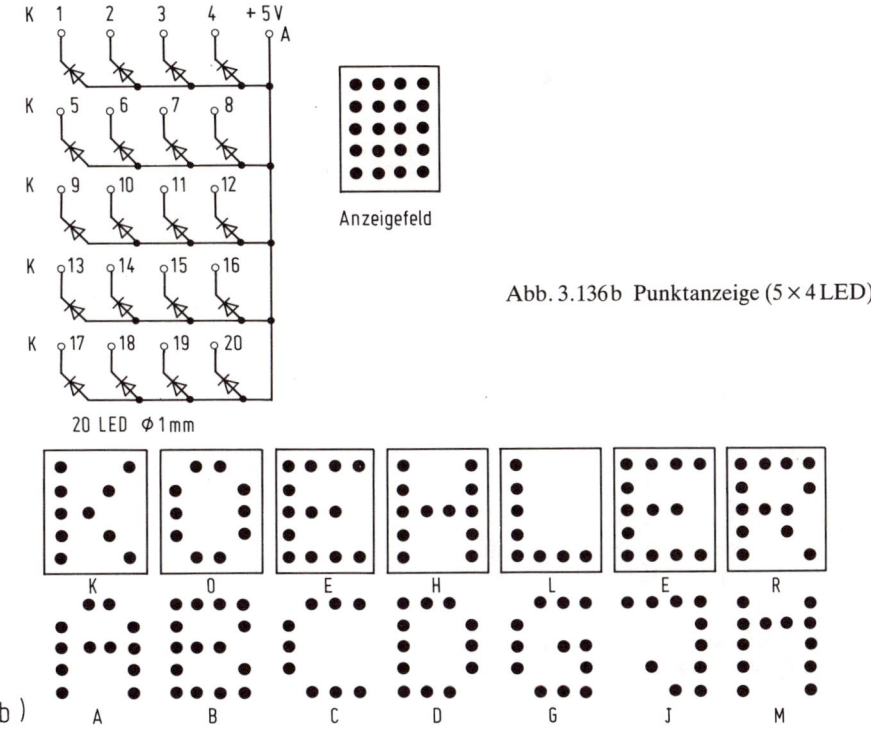

Abb. 3.136 b Punktanzeige (5 × 4 LED)

Die Kollektoren der Darlingtonstufe (BD 675 bzw. 2 N 3055) steuern über das Dioden-Gatter (OR) und die Vorwiderstände (180 Ω) die in Frage kommenden LED an. Beim ersten Takt leuchtet in der Anzeige 1 ein K, beim 2. Takt eine 0, beim 3. Takt ... Die Textdurchschiebung erfolgt von rechts nach links in der Taktfrequenz des AMV. Eine Textänderung ist durch entsprechende Änderung der Diodenmatrix möglich. Je mehr LEDs anzusteuern sind, um so umfangreicher wird das Diodengatter (z. B. bei den Takten 12 ...21). Doch da der Preis für einfache Dioden (1 N 4148 o. ä.) heute nicht mehr hoch ist, stellt die vorgeschlagene Schaltung für den Modellbahnbereich einen guten Kompromiß zu der sehr aufwendigen (jedoch auch komfortableren) ELO-Schaltung dar.

Der Schiebetext darf bis zu 23 Zeichen (incl. Leerzeichen) lang sein. Durch Aufstok-kung der Anzeigeelemente und Schieberegister sind natürlich auch noch längere Texte realisierbar.

Wer keine hohen Anforderungen an die Buchstabenform stellt, kann eine Siebenseg-mentanzeige mit gemeinsamer Anode als Anzeige verwenden, wobei hier einige Buchsta-ben nicht reproduzierbar sind (z. B. K, M, W, N usw.).

```
10 9  8  7  6  5  4  3  2  1          Anzeigen

 .  .  .  .  .  .  .  .  .  K    1
 .  .  .  .  .  .  .  .  K  O    2     Schiebetext:
 .  .  .  .  .  .  .  K  O  E    3
 .  .  .  .  .  .  K  O  E  H    4     KOEHLER-ELEKTRONIK
 .  .  .  .  .  K  O  E  H  L    5
 .  .  .  .  K  O  E  H  L  E    6     Ausgänge der Schieberegister
 .  .  .  K  O  E  H  L  E  R    7          1 . . . 32
 .  .  .  K  O  E  H  L  E  R    8
 .  .  .  K  O  E  H  L  E  R    9
 .  .  K  O  E  H  L  E  R  –   10
 .  K  O  E  H  L  E  R  –  E   11
 K  O  E  H  L  E  R  –  E  L   12
 O  E  H  L  E  R  –  E  L  E   13
 E  H  L  E  R  –  E  L  E  K   14
 H  L  E  R  –  E  L  E  K  T   15
 L  E  R  –  E  L  E  K  T  R   16
 E  R  –  E  L  E  K  T  R  O   17
 R  –  E  L  E  K  T  R  O  N   18
 –  E  L  E  K  T  R  O  N  I   19
 E  L  E  K  T  R  O  N  I  K   20
 E  L  E  K  T  R  O  N  I  K   21
 L  E  K  T  R  O  N  I  K  .   22
 E  K  T  R  O  N  I  K  .  .   23
 K  T  R  O  N  I  K  .  .  .   24
 T  R  O  N  I  K  .  .  .  .   25
 R  O  N  I  K  .  .  .  .  .   26
 O  N  I  K  .  .  .  .  .  .   27
 N  I  K  .  .  .  .  .  .  .   28
 I  K  .  .  .  .  .  .  .  .   29
 K  .  .  .  .  .  .  .  .  .   30
 .  .  .  .  .  .  .  .  .  .   31
             Reset             32
```

3.17 Digitale Modellbahnuhren

Am einfachsten und billigsten (5,–...10,– DM) kommt man zu einer Modellbahnuhr, wenn man sich einen Kugelschreiber mit Uhr oder eine digitale bzw. analoge Armbanduhr holt und von dieser das Gehäuse entfernt. Das Innenleben der Quarzuhr baut man dann in ein Gebäude oder einen Kunststoffquader (oder eine Säule) ein. Mit einem Beleuchtungslämpchen versehen kann es nun die Uhrzeit anzeigen. Zur Stromversorgung kann weiterhin die Batterie dienen oder ein kleines 1,5 V-Netzteil analog der einfachen Schaltung in Abb. 3.2 oder 3.4. Diese Uhren zeigen nur die Normalzeit an. Doch da es auch Modellbahner gibt, die die Uhrzeit maßstäblich teilen wollen, folgt jetzt noch eine Uhr, bei der das Frequenznormal veränderlich ist.

3.17.1 Digitaluhr mit MOS-Digital-ICs

Wie *Abb. 3.137* zeigt, ist die Schaltung etwas umfangreicher als z. B. eine Uhr mit nur einem Spezial-Uhren-IC (z. B. MM 5314, MM 5316 von National), dafür sind die Teile jedoch leicht erhältlich. Die IC-Hersteller bieten nämlich kaum noch so einfache Uhrenschaltungen für LED-Anzeigen an. Vornehmlich werden ICs mit vielen Extras für LCD-Anzeigen angeboten.

Doch zurück zu Abb. 3.137: Der 555 sorgt für den Takt, wobei dieser mit P1 einstellbar ist. Der Anwender kann also nach seinen Wünschen die Zeit schneller oder langsamer vorgehen lassen. Der Takt gelangt zum Stift 1 des ersten 4026, dieses IC kennen wir bereits (Abb. 2.39 im 1. Kapitel). Das erste 4026 zählt nun jeden Takt von 0 . . .9 (da Reset = Stift 15 auf »0« liegt). Bei 9 gibt es einen Übertragimpuls an Stift 5 ab, den wir mit dem Takteingang (Stift 1) des 4026/II verbinden. Dieser Zähler darf jedoch nur bis 6 zählen. Wir suchen daher die Segmente der 6 heraus, die bei 0 . . .5 nicht zusammen aktiviert sind und verknüpfen sie über ein AND, das dann Reset (Pluspotential) auf Stift 15 dieses

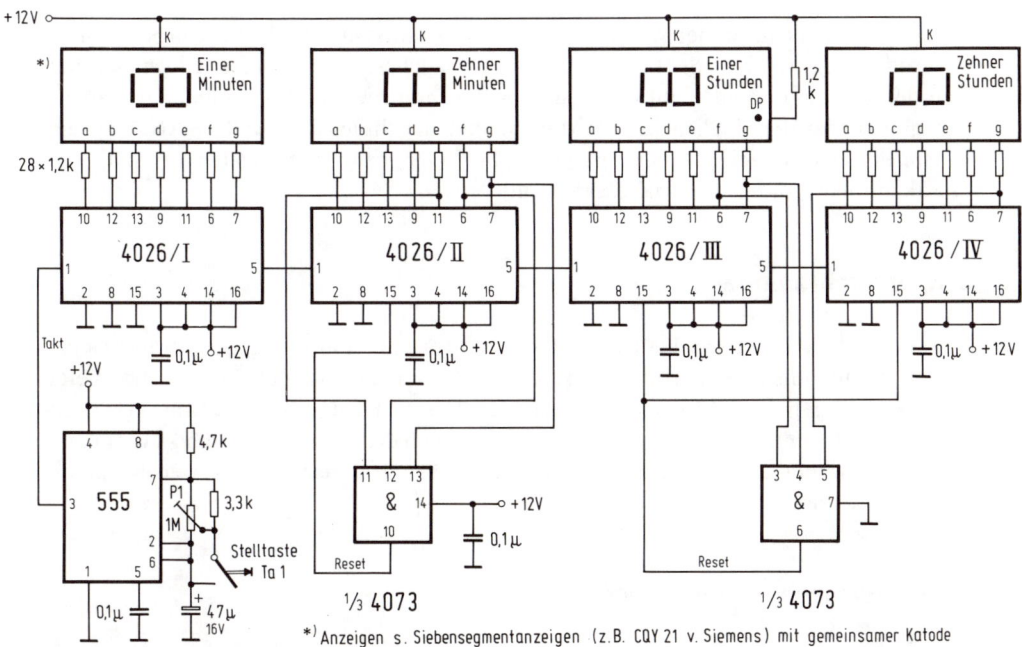

Abb. 3.137 4stellige 24-Std.-Digitaluhr

269

Zählers legt, wenn die Segmente a, f und g leuchten. Diese Kombination kommt nur bei 6 oder 8 vor. 8 erreichen wir jedoch nicht, da wir bei 6 abbrechen. Sobald der Zähler zurückgesetzt ist, ist die AND-Funktion nicht mehr gegeben, der Zähler kann wieder von vorn anfangen zu zählen. Der Ausgang des 4026/II (Stift 5) taktet den Takteingang des nächsten (4026/III, Stift 1), der einmal von 0...9 und dann noch von 0...3 (bei 4 zurückspringen) zählen muß (Stunden-Einer).

Der letzte 4026 erhält die Taktimpulse vom 4026/III und darf nur von 0...2 zählen (zurückspringen, bevor die 3 erscheint). Wir müssen also über ein weiteres AND die Segmente der beiden Stunden-Zähler so miteinander verknüpfen, daß bei 24.00 Uhr beide Zähler auf 00 gehen. Wir nehmen daher beim 4026/III Segmentausgang f und g ($\triangleq$4) und beim vierten 4026 Segmentausgang g ($\triangleq$2) und verknüpfen sie über ein AND, daß Reset an beide Zähler legt, wenn der nächste Taktimpuls nach der vorherigen Anzeige 23 (Stunden) 59 (Minuten) eintrifft. Die 4026 steuern über Strombegrenzungswiderstände, die je nach gewünschter Anzeigenhelligkeit zwischen 680 Ω...1,2 kΩ betragen können, die Siebensegmentanzeigen mit gemeinsamer Katode. Die Anzeige der Stunden-Einer weist noch eine Besonderheit auf; den fest an + 12 V gelegten Dezimalpunkt, der als Trennung zwischen Minuten- und Stundenanzeige dauernd leuchtet.

Beim Einschalten der Stromversorgung für die Uhr beginnt die Zeit bei 00.00 zu laufen. Durch Überbrücken von P1 durch Taste TA1 kann die gewünschte Zeit gestellt werden.

$$\text{Die Taktfrequenz ist } f = \frac{1,44}{(Ra + 2 \cdot P1) \cdot C}$$

Um die Uhr nicht immer wieder stellen zu müssen, sollte die Versorgungsspannung dauernd anliegen. Zum Senken des Stromverbrauches, könnte man jedoch die vier Katoden abschalten und somit die Hauptstromverbraucher (LED) eliminieren. Außerdem gibt es noch die Möglichkeit, die Modellbahnbeleuchtung über weitere AND und ein bistabiles Relais uhrzeitgesteuert ein- (z. B. 18.00 Uhr) bzw. auszuschalten (z. B. 07.30). Hier kann jeder für sich einmal experimentieren.

3.18 Verkehrsampel

Um einer Modellstadt das Flair einer Großstadt(nachbildung) zu geben, braucht man gerade in Bahnhofsnähe eine oder mehrere Verkehrsampeln. Die Zubehörindustrie bietet hier ebenfalls genügend Modellampeln an, z. B. Busch (H0 und N) bzw. Brawa (H0), so daß eigentlich nur noch die Steuerschaltung fehlt, doch die kommt jetzt – und zwar in drei Versionen, wobei die letzten beiden vorbildgerecht mit einer gemeinsamen Rotphase ausgestattet sind.

3.18.1 Einfache Verkehrsampel

Die einfache Dreiphasenampel, die in ähnlicher Form auch bei den Zubehörherstellern erhältlich ist, besteht nach *Abb. 3.138 a* aus einem asymmetrischen AMV, einem

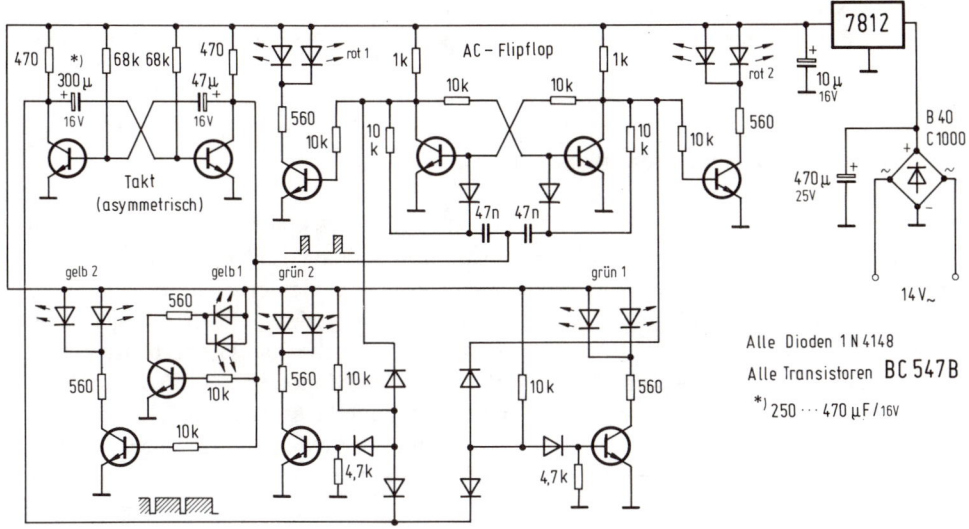

Abb. 3.138 Einfache Dreiphasen-Ampelsteuerung (rot, gelb, grün)

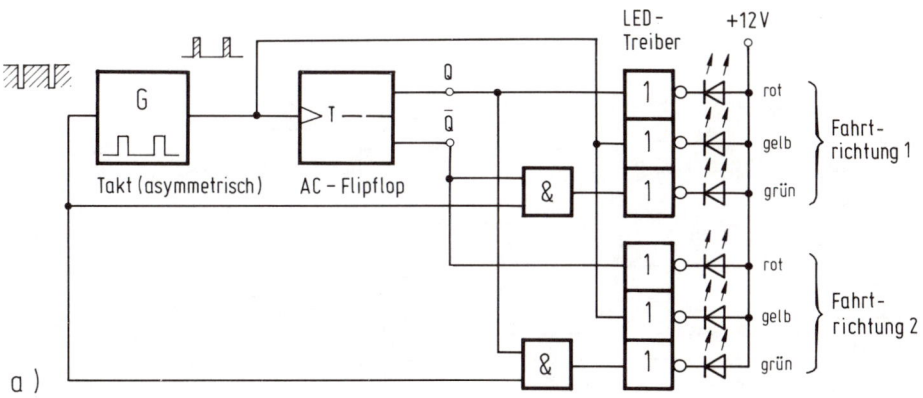

a)

Abb. 3.138a Prinzipschaltbild, einfache Ampel

dynamischen FF und zwei AND-Gattern sowie den Anzeigentreibern. Die kurze Taktimpulslänge des AMV ist für die Gelbphase und die längere für die Grünphase zuständig. Das FF schaltet bei jedem Taktimpuls der Gelbphase zwischen den Rotphasen der beiden Fahrtrichtungen um. Wir erreichen damit ein gleichzeitiges Leuchten von rot und gelb vor der Umschaltung auf grün. Die Grünfunktion ergibt sich durch die Verknüpfung des langen AMV-Signals mit dem entsprechenden FF-Ausgange über ein AND-Gatter. Die FF-Ausgänge steuern die Anzeigentreiber für die roten LED direkt an. Durch den zweiten

AMV-Ausgang (kurze Impulslänge) erfolgt die Ansteuerung der Anzeigentreiber der gelben LED. Die mit diskreten Bauteilen aufgebaute Schaltung dazu zeigt *Abb. 3.138*.

3.18.2 Vorbildgerechte Ampelschaltung

Bei der Ampelschaltung nach *Abb. 3.139* durchläuft der Zyklus acht Phasen, d. h. vor einem Wechsel der roten in eine gelbe bzw. grüne Phase sind die Ampeln beider Fahrtrichtungen für eine Taktlänge gemeinsam rot. Das Zählen bis acht übernimmt der schon bekannte MOS-Zähler 4017, den ein Timer (½ 556 a) taktet. Um eine längere Rot- bzw. Grünphase zu erreichen, erfolgt jedesmal beim Erreichen der Grünschleife (Stift 2 und 5 des 4017) eine Triggerung (mit 0 V-Potential) des Monoflops (½ 556 b) durch ein NOR-Impulsgatter. Über einen Inverter gibt das Monoflop Reset an den Taktgenerator. Dieser hört solange zu schwingen auf, wie das Monoflop aktiviert ist, d. h. die Grün- und Rotphase ist länger als die Gelbphase. Durch Verändern der Werte kann sich jeder seine eigene Zeitverzögerung realisieren.

Die acht Ausgänge des 4017 werden entsprechend den Bedingungen einer Vorbildampel über OR verknüpft und steuern die sechs LED-Anzeigetreiber an. Die Ampel ist somit funktionsfähig.

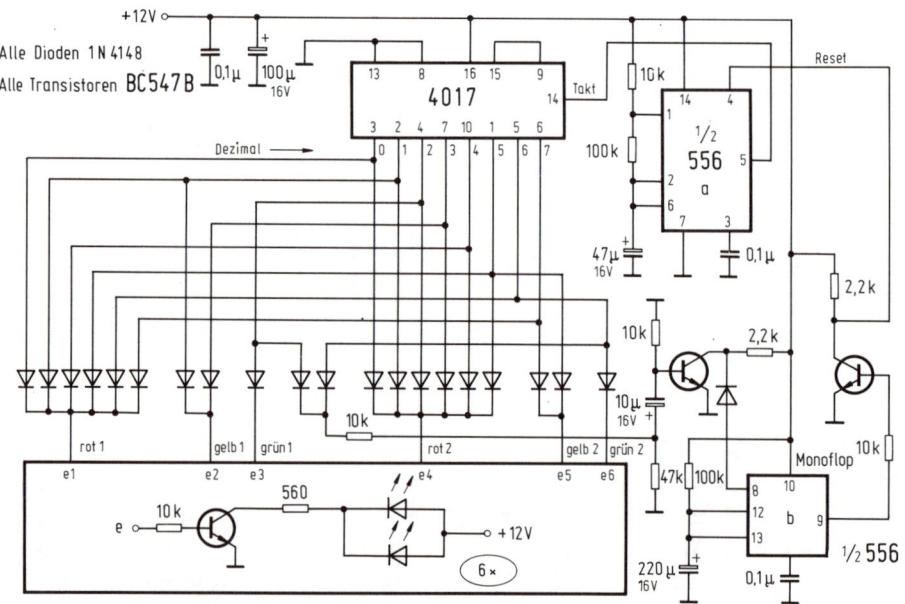

Abb. 3.139 Komfortable Ampelsteuerung

3.18.3 Superverkehrsampel

Eine Weiterentwicklung der vorhergehenden Ampel zeigt *Abb. 3.140,* wobei hier die gängigeren TTL-ICs Verwendung finden. Bei dieser Ampel sind die Phasen für die beiden Straßen unterschiedlich lang, wie bei einer Kreuzung zwischen Haupt- und Nebenstraße. Auch dieser Zähler (7490) zählt wieder bis acht, wobei der 7442 den BCD-Code in Dezimalzahlen umwandelt. Die vorbildgerechte Ansteuerungsdecodierung übernimmt pro Richtung ein 7400. Sehen wir uns diese Decodierung genauer an: Der 7442 liefert »0«, wenn der entsprechende Ausgang durchschaltet, d. h. wir müssen »0« auswerten. Die Forderung lautet: Rot leuchtet nur nicht, solange Grün leuchtet bzw. der Wechsel von Grün auf Gelb stattfindet und Gelb alleine leuchtet. Daraus folgt, daß Rot leuchtet, wenn die Ausgänge für Grün und Gelb beide »1« sind, das ergibt ein AND. Gelb leuchtet, wenn die entsprechenden Ausgänge (Stifte 4 und 6 bzw. 2 und 9) »0« sind, also eine NAND-Funktion. Grün schließlich leuchtet, wenn Stift 5 bzw. 1 »0« ist. Hier reicht pro

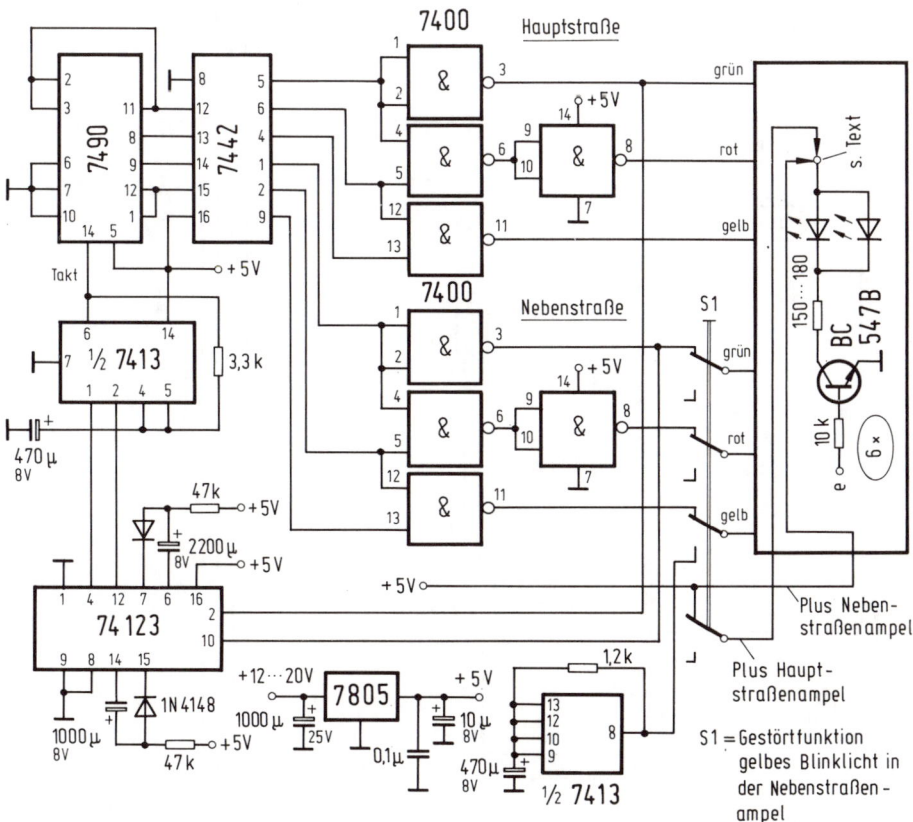

Abb. 3.140 Superverkehrsampel

Fahrtrichtung ein Inverter. Hinter diesem Inverter nehmen wir zudem die Information für die Zeitverzögerung ab, die in Abb. 3.140 jeweils ein Monoflop des 74123 vornimmt. Bei einem positiven Impuls triggert das Monoflop und sperrt den Schmitt-Trigger 7413, der als Taktgenerator arbeitet. Der 7413 weist ein internes NAND auf, über das er stillgesetzt werden kann. Wenn das Monoflop den Takt wieder freigibt, laufen die Ampelphasen weiter. Die Taktfrequenz beträgt:

$$f = \frac{1}{T} = \frac{1}{1,5 \cdot R \cdot C}$$

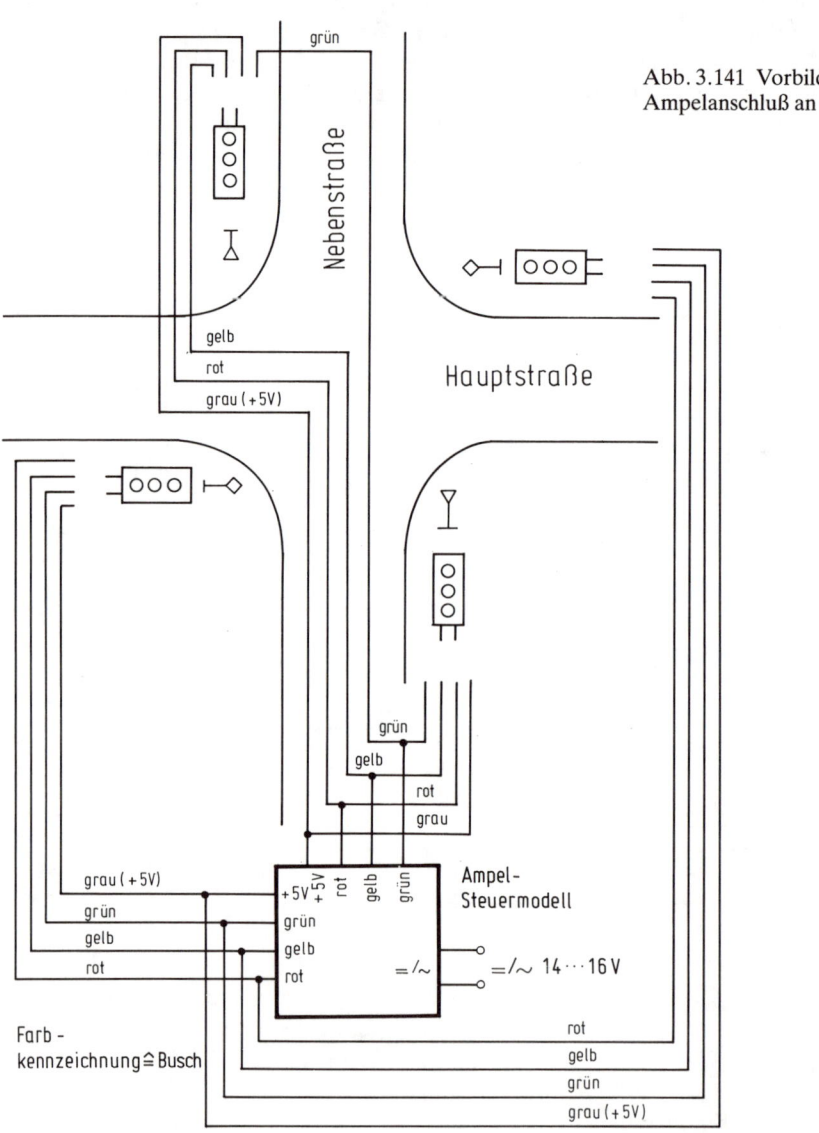

Abb. 3.141 Vorbildgerechter Ampelanschluß an die Module

Da im 7413 zwei Schmitt-Trigger enthalten sind, schalten wir den zweiten ebenfalls als Taktgenerator. Über den 4fach-Umschalter S1 ist die Gestörtfunktion einer Ampel simulierbar, bei der nur die gelben LED der Nebenstraßenampeln blinken. Hierzu schaltet S1 die Signale von den Nebenstraßenanzeigentreibern ab und legt den Blinktakt an den Gelbtreiber (der Rückleiter + 5 V bleibt jedoch fest angeschaltet). Bei den Hauptstraßenampeln wird der Rückleiter (gemeinsame + 5 V) abgeschaltet.

Wird S1 wieder zurückgeschaltet, läuft die Ampel da weiter, wo der Zähler gerade steht. *Abb. 3.141* zeigt noch die Aufstellung und Anschaltung der vier Ampeln.

3.19 Melodien-Tonerzeugungs-Bausteine

3.19.1 Bahnhofsgong für den Intercity

In der Schaltung nach *Abb. 3.142* kommt das IC SAB 0600 von Siemens mit einer Dreiklang-Tonfolge zum Einsatz. Das IC beinhaltet einen Mutteroszillator, der auf 13,2 KHz schwingt, sowie drei Teilerstufen, die daraus die drei Frequenzen 660 Hz, 550 Hz und 440 Hz ableiten. Eine der drei Frequenzen unterliegt einer weiteren Teilung und dient

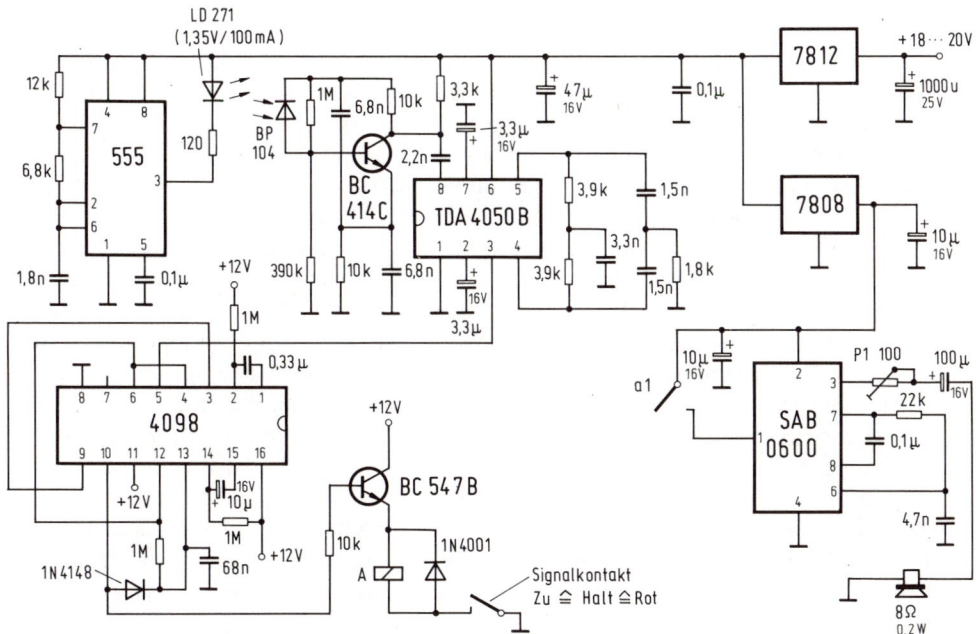

Abb. 3.142 IC-Gongschaltung mit IR-Lichtschrankenauslösung

damit als Zeitbasis für den Abklingvorgang. Je ein 4-Bit-D/A-Wandler pro Ton erzeugt daraus die Abklingspannung, mit der die drei Töne nacheinander eingeschaltet und einander überlappend wieder abgeschwächt an einem Summenpunkt (Stift 3) übertragen werden. Die Grundfrequenz dieses Vorganges bestimmt dabei ein äußeres RC-Glied. Die Schaltung liefert an 8 Ω eine Ausgangsleistung von 0,16 W. Die Ausgangsspannung ist rechteckförmig. Der Kondensator von 0,1 μF zwischen den Stiften 7 und 8 bewirkt eine Verringerung des Oberwellengehaltes der Ausgangsspannung, der Klang ist dann nicht so schrill. Die maximale Betriebsspannung des IC liegt bei + 11 V. Die Triggerspannung am Eingang darf zwischen 1,5 V bis + U_B betragen und sollte nur impulsweise anliegen. Das IC schaltet sich dann selbsttätig ab. Bleibt die Triggerspannung anliegen, startet die Tonfolge nach kurzer Pause erneut. Eine geeignete Gestaltung des Lautsprechergehäuses (Röhren- oder Trichterform) erhöht zusätzlich die Lautstärke und die Tonqualität und erbringt ein angenehm, melodiöses Klangbild. Mit P2 ist die Lautstärke einstellbar.

Die Auslösung der Tonfolge kann durch eine Lichtschranke, einen Gleiskontakt (z. B. SRK) oder eine Auswerteschaltung erfolgen. In jedem Falle ist eine Kopplung mit dem entsprechenden Hauptsignal für das in Frage kommende Einfahrgleis vorzusehen, da der Gong nur ertönt, wenn der Intercity auch anhält (und nicht durchfährt).

Die Version mit einer Lichtschranke ist in Abb. 3.142 mit enthalten. Als Sender dient die schon bekannte Schaltung mit dem Timer 555, als Empfänger ist die bipolare IC-Schaltung TDA 4050 B von Siemens vorgesehen, in der eine geregelte Vorstufe mit nachgeschaltetem Verstärker (ca. 60 dB) sowie ein Schwellwertschalter integriert sind. Zur Selektion und zum Schutz vor Fremdlichteinwirkung dient das an den Stiften 4 und 5 angeschaltete RC-Bandfilter. Die Infrarotfrequenz beträgt 31,25 KHz. Am Ausgang des TDA 4050 B liegt bei unterbrochenem Lichtstrahl ein Rauschsignal (150 . . .500 mV) und bei Sendersignal-Empfang ca. die positive Betriebsspannung (U_B · 0,4 . . .U_B). Diese Ausgangsspannung (Stift 5) triggert ein Monoflop, das Störsignale ausblenden soll (Impulsbreiten ≥ 0,4 s werden nur weitergegeben). Das erste Monoflop triggert dann ein zweites, das dann das Relais kurz anziehen läßt, welches über seinen Kontakt den Gong auslöst. Die beiden Monoflops enthält das MOS-Ic 4098.

Das Relais erhält jedoch nur Massepotential, wenn das Signal auf »Halt« steht. Läßt man die Lichtschranke weg, und schaltet den Signalkontakt und einen Gleiskontakt (im entsprechenden Bahnhofsgleis) in Reihe an + 8 V, so löst jeder Magnet den Gong aus. Erhält nur der Intercity einen Magneten, so löst auch nur er die Tonfolge aus. Da jedoch andere Schaltungen ebenfalls durch Magnete von allen Zügen auszulösen sind, kann man dann auf die Zählschaltung nach Abb. 3.57 zurückgreifen und alle in Frage kommenden Intercity-Loks mit z. B. fünf Silberstreifen kodieren und nur am Stift 1 des 4017 einen Impuls-Transistorschalter mit Relais vorsehen. Der Relaiskontakt ist wieder wie o. a. anzuschalten. Es lösen dann nur fünfstreifig gekennzeichnete Loks den Gong aus.

Des weiteren kann die Lok in allen Fällen noch eine Durchsage im Bahnhof auslösen. Hierzu benötigen wir entweder die in Kapitel 3.19.7 beschriebene Elektronikschaltung oder einen Wiedergabekassettenrecorder ohne HiFi-Qualität (z. B. auch Anrufbeantworter o. ä.), die es heute bereits ab DM 59,- (Restposten teilweise noch günstiger) im Handel gibt, eine Endloskassette und einen weiteren Timer (s. *Abb. 3.143*). Endloskassetten haben eine Spieldauer zwischen 1 . . .6 Minuten (uns reicht 1 Minute), d. h. der zweite Timer muß solange »1« am Ausgang liefern und das Relais zum Ausgang bringen. Die Zeit

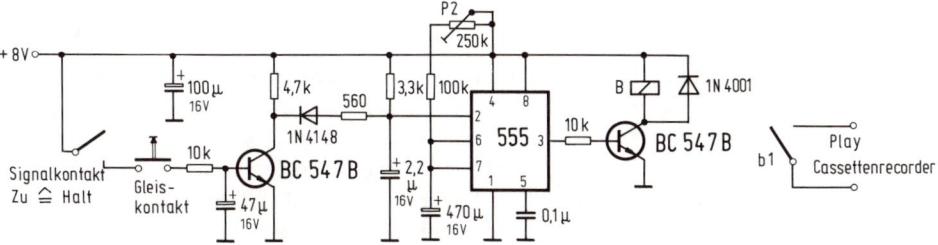

Abb. 3.143 Bahnhofsdurchsage mit Zeitschalter

ist mit P2 einstellbar (51...181 s). Im Recorder suchen wir uns die Drähte, die von der »Play-Taste« abgehen und löten sie von dieser ab. Anstelle der Taste kommt der Relaiskontakt. Nun brauchen wir nur noch einen Text auf die Cassette aufzusprechen, und schon ist die Begrüßung des Intercity perfekt. In Baden Baden könnte es dann z. B. heißen: »Auf Gleis 1 hat Einfahrt der Intercity 574, Otto Hahn, von Basel nach Hamburg zur Weiterfahrt nach Karlsruhe. Planmäßige Abfahrt um 11 Uhr 41.«

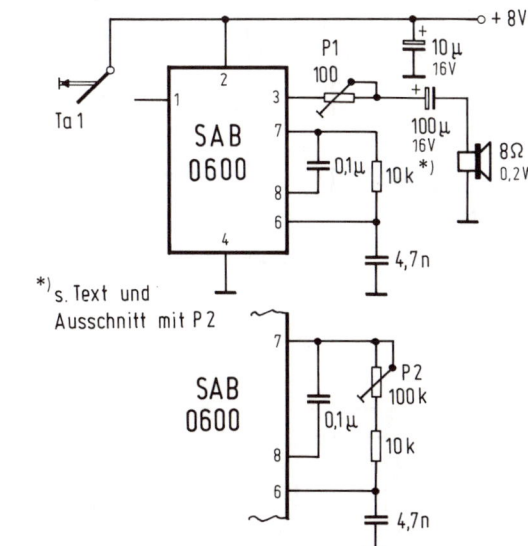

Abb. 3.144 Dreiklang-Gong

3.19.2 Dreiklang-Glocke

Durch Änderung der Außenbeschaltung (Abb. 3.144) des SAB 0600 erhalten wir einen hellen glockenähnlichen Klang. Schalten wir noch das Potentiometer P2 ein, so ist die Frequenz in weiten Grenzen einstellbar. Kurze Betätigung der Taste T1 startet den Gong.

3.19.3 Kirchengeläut für die Modellkirche

Das typische Bim-Bam einer Glocke können wir verhältnismäßig leicht mit einem SAB 0602 von Siemens realisieren *(Abb. 3.145)*. Der SAB 0602 ist eine Variante des SAB 0600, und zwar wurde hier der letzte Ton der Dreitonfolge des SAB 0600 unterdrückt, so daß sich eine Zweitonfolge ergibt. Die anderen Daten sind jedoch identisch zum SAB 0600. Kurze Betätigung von Taste 1 läßt ein Bim-Bam ertönen. Bleibt T1 geschlossen »läutet« es immer weiter. Die Frequenz ist mit P1 einstellbar. Ein besonders voluminöses Klangbild erreicht man durch Zusammenschaltung zweier geringfügig gegeneinander verstimmter Gongschaltungen. Man erhält einen glockenspielartigen Klang. *Abb. 3.146* zeigt diese Schaltungsvariante. Die Abstimmung erfolgt durch Regelung an P1.

Da ein Glockengeläut in der Regel aus mehr als einer Glocke besteht, kann man mehrere SAB 0602 nacheinander triggern. Bei zwei Glocken reicht hierzu ein AMV *(Abb. 3.147* zeigt dies auszugsweise). Sollen noch mehr Glocken schwingen, wäre ein Zähler, z. B. der 4017 nötig, der maximal 10 Glocken direkt (Ausgang 4017 jeweils an Stift 1 des SAB 0602) ansteuern könnte. Die Schaltung der einzelnen Glocke entspricht immer Abb. 3.145 ($+ U_B = 8$ V).

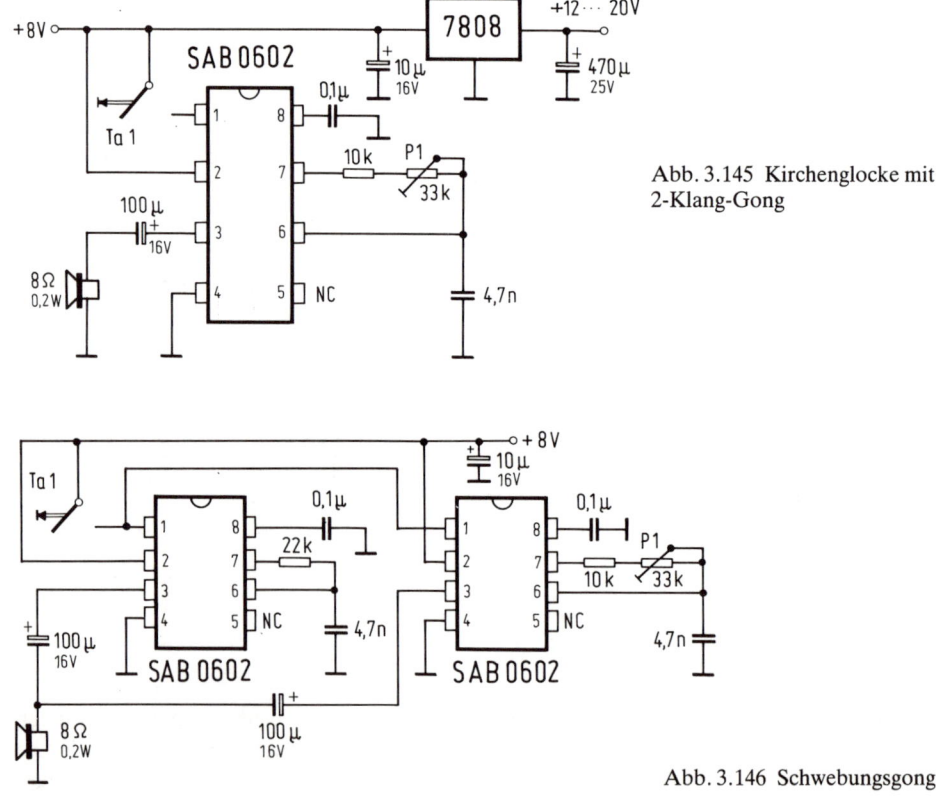

Abb. 3.145 Kirchenglocke mit 2-Klang-Gong

Abb. 3.146 Schwebungsgong

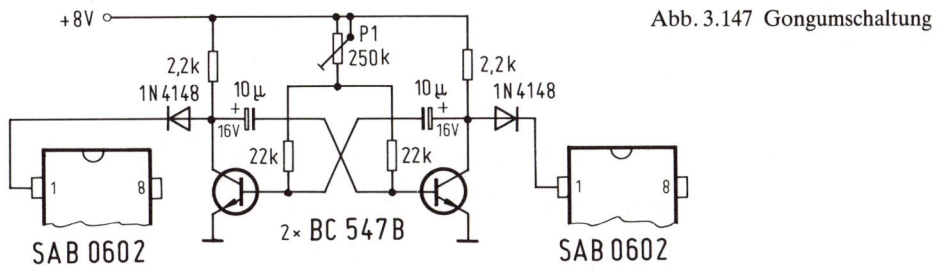

Abb. 3.147 Gongumschaltung

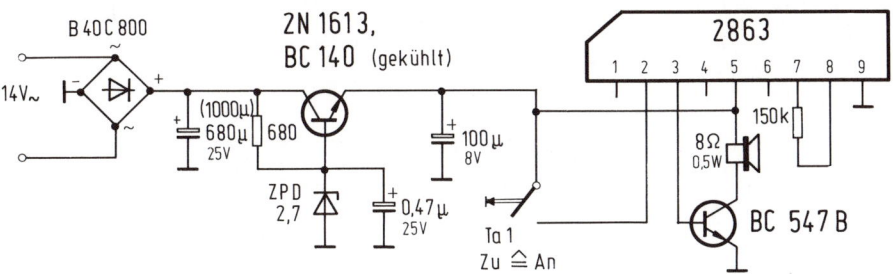

Abb. 3.148 Westminsterschlagwerk

3.19.4 Westminster-Schlagwerk

Wer kennt es nicht, das weltbekannte Glockenspiel des Uhrenturmes (Big Ben) des britischen Parlamentsgebäudes im westlichen Stadtteil Londons (in Westminster) mit seiner charakteristischen Achtton-Melodie (c'-e'-d'-g Pause g-d'-e'-c')? Zum Glück brauchen wir hierfür zur Realisierung keine komplizierten Generator- und Teilerschaltungen, sondern wir können das maskenromprogrammierte IC CIC 2863 AE nehmen *(Abb. 3.148)*, das die gesamte Melodienfolge nach einem positiven Impuls (1,5...3 V) an Stift 2 herunterspielt. Die Taktfolge bestimmt der Wert des Widerstandes, der zwischen 68...150 kΩ liegen darf. Da die Schaltung maximal eine Betriebsspannung von + 3 V verträgt, wurde noch eine Spannungsstabilisierung vorgesehen. Die Schaltung ist als Fertiggerät beim Verfasser erhältlich.

3.19.5 Automatische Schlagwerkauslösung

Aus Bequemlichkeit können wir die Taste durch eine Automatik *(Abb. 3.149)* ersetzen und lassen diese alle 5, 15, 30 oder 60 Takte den Gong oder das Schlagwerk auslösen. Damit wir jede Art von Schaltung triggern können, verfügt die Schaltung über einen Relaisausgang.

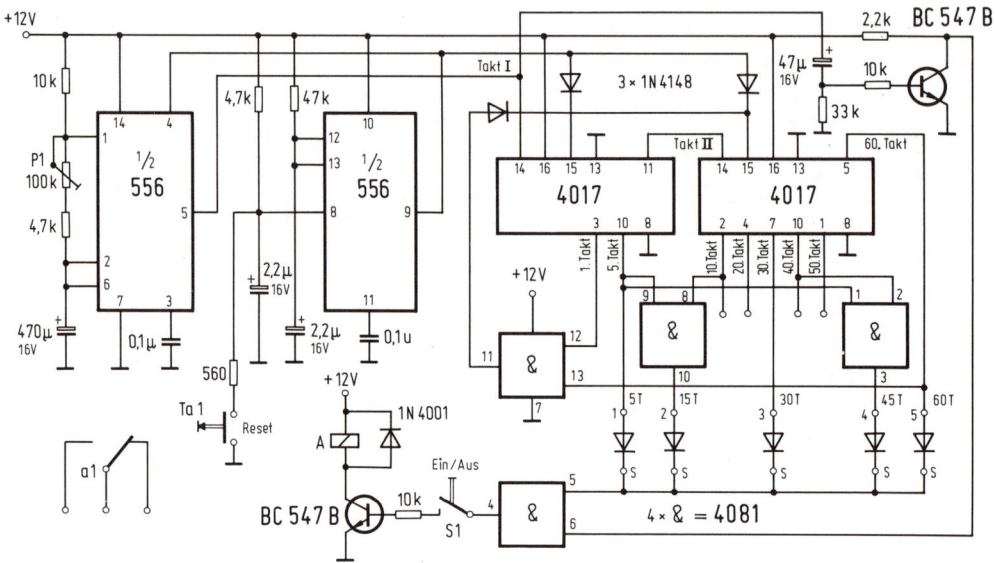

Abb. 3.149 Schlagwerkansteuerung

Den Takt erzeugt in Abb. 3.149 ein AMV mit einem ½ 556, der den ersten Zähler taktet, dieser zählt von 0...9 und taktet bei 9 den zweiten 4017, der von 0...6 zählt. Über ein AND-Gatter (¼ 4081) erhält der zweite Zähler Reset, wenn der erste Zähler bei 0 und der zweite bei 6 steht. Bei Reset liefert Stift 3 »1«. Zwei weitere AND-Gatter liefern die Informationen für den 15. und 45. Takt. Der Taktgenerator steuert außerdem noch einen Impulsschalter an, der über das vierte AND-Gatter dafür sorgt, daß das Relais nur kurzzeitig (impulsweise) anzieht und nicht eine Taktlänge durch angezogen bleibt. Durch Dioden (OR) zum zweiten Eingang dieses AND kann man bestimmen, bei welchen Takten das Relais anziehen soll, dafür nachstehende *Tabelle:*

Alle 5 Takte 1 Diode von Punkt 1		zu Punkt S
Alle 15 Takte je 1 Diode von Punkt 2, 3, 4 und 5		zu Punkt S
Alle 30 Takte je 1 Diode von Punkt 3 und 5		zu Punkt S
Nur beim 60. Takt 1 Diode von Punkt 5		zu Punkt S

Wie jede elektronische Uhr ohne Gangreserve vergißt auch diese Schaltung nach Unterbrechung der Stromzufuhr, welcher Takt gerade dran ist. Durch den zweiten 555, der als Monoflop geschaltet ist, erfolgt beim Einschalten Reset für den AMV und die beiden Zähler. Wer nicht jedesmal alles neu einstellen will, sollte die Zählschaltungen (kein hoher Stromverbrauch) weiterlaufen lassen und nur die Relaisansteuerung in Betriebspausen ausschalten (Schalter S1).

Den AMV kann man mit P1 so einstellen, daß seine Taktzeit z. B. 1 Minute beträgt. Man hat dann ein Realzeit-Schlagwerk, das durch Reset über Taste T1 bei einer vollen Stunde zu starten ist. Aber auch kürzere Taktlängen sind einstellbar (T ≈ 6,3...71,5 s).

Wer die in Abb. 3.137 gezeigte Digitaluhr verwendet, kann das Schlagwerk einfacher realisieren. Er greift nur die der Zeit entsprechenden Informationen am jeweiligen Ausgang (a...g) ab und faßt die Ausgänge über AND-Gatter zusammen. Die AND-Ausgänge schalten dann über ein Dioden-OR einen Relaistreiber.

3.19.6 Melodiengeneratoren

Von der Firma UMC aus Taiwan sind hier diverse ICs auf den Markt gebracht worden, die es verdienen, in diesem Buch und auf der Modellbahnalage Einzug zu halten. Ab sofort ist Ihr Rummel oder Riesenrad nicht mehr ohne die typische Begleitmusik. Die bisherige Melodiegenerator-Standardschaltung mit dem IC AY-3-1350 von General Instrument wurde zugunsten der nachfolgenden ICs fallengelassen, da die neue Generation von Melodie-ICs besser klingt, mehr von der einzelnen Melodienfolge spielt und leichter aufzubauen ist. Dafür gibt es hier nicht ganz so viele Programmiermöglichkeiten. Wer sich dafür interessiert, der sei auf einen Artikel der Funkschau über das o. a. IC in Heft 15/1986 verwiesen.

Serie UM 34...

In dieser Serie gibt es vier verschiedene Masken-Rom-programmierte Melodie-ICs, das UM 3481 A (spielt acht Weihnachtslieder), das UM 3482 A, das UM 3483 und das UM

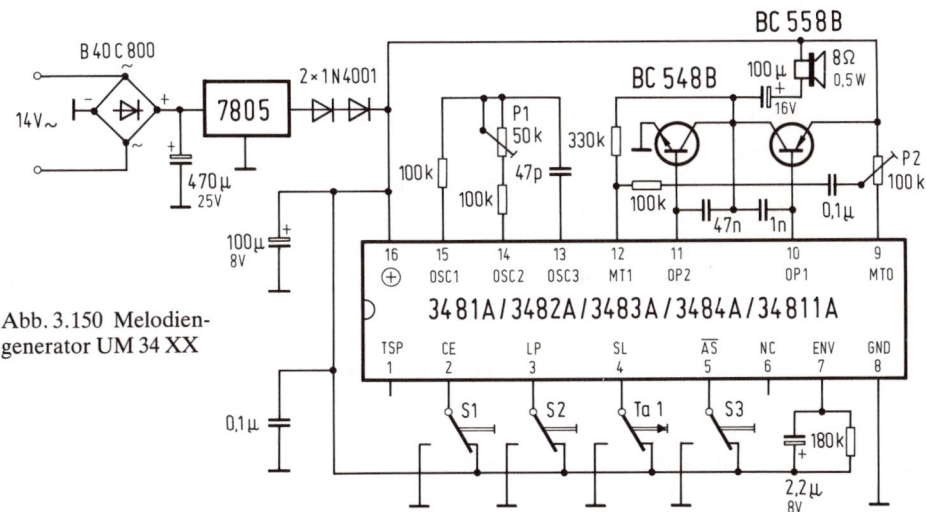

Abb. 3.150 Melodien-
generator UM 34 XX

3484 (Big-Ben-Melodie und Stundenschläge in aufsteigender Reihenfolge). Jedes IC enthält Oszillator, Frequenzteiler, Steuer-ROM, Melodie-ROM für 512 Noten (512 Worte zu 7 Bit), Tongenerator, Rhythmus-Generator, Klangfarben-Generator, Modulator, Ablaufsteuerung und Vorverstärker. Wie *Abb. 3.150* zeigt, sind kaum noch externe Teile nötig, lediglich eine Gegentakt-Verstärkerstufe, sowie die Bauteile für die Oszillatoren an den Stiften 13 . . .15 (820 kΩ, P1, 47 kΩ und 47 pF), den Modulator (180 kΩ, 2,2 µF) und die Lautstärkeregelung (100 kΩ, P2, 0,1 µF) sind erforderlich. Die Schaltung ist für alle vier ICs verwendbar. Die Betriebsspannung des ICs darf zwischen 1,35 bis max. 5 V liegen (typ. 1,5 V). Aus Sicherheitsgründen wurde in Abb. 3.150 die Versorgungsspannung von 5 V durch zwei Reihen-Dioden 1 N 4001 vermindert, so daß die Betriebsspannung ca. 3,6 V beträgt. Die Stromaufnahme beträgt max. 0,3 A. Die zur Verfügung stehenden Melodien zeigt die Tabelle. Bleiben nur noch die Schalter und Tasten zu erklären:

S1   = S1 ist im Normalbetrieb immer mit + U$_B$ verbunden, schaltet man ihn gegen 0 V, stoppt die Melodie.

S2   = ist S2 mit 0 V verbunden, so werden ständig alle Melodien durchgespielt, ist S2 dagegen an + U$_B$, spielt nur 1 Melodie.

T1   = T1 dient zum Selektieren einer Melodie und ist so lange zu betätigen, bis die gewünschte Meldoie ertönt.

S3   = wird S3 an 0 V gelegt und liegen S1 und S2 an + U$_B$, ertönen alle Melodien nacheinander mit Anlegen von + U$_B$.

Liegen S1, S2 und S3 an + U$_B$, spielt immer wieder die gleiche Melodie beim Anliegen der Betriebsspannung.

Eine bestimmte Melodie programmieren wir folgendermaßen: S1, S2, S3 mit + U$_B$ verbinden, T1 so lange drücken, bis die gewünschte Melodie ertönt. S1 legt man nun an 0 V und dann wieder an + U$_B$. Es spielt die voreingestellte Melodie. Legt man S1 an 0 V, stoppt die Melodie. Dies liest sich komplizierter, als es ist, am besten man probiert es aus.

P1 dient der Oszillatorfrequenzeinstellung und P2 der Lautstärkerregulierung.

Serie UM 3166 – . . .

Auch die Serie UM 3166 – . . . beinhaltet CMOS-LSI-ICs, die als »on-chip-ROMs« für Musik-Schaltungen programmiert sind. Jedes IC spielt eine Melodie und enthält Oszillator, Frequenzteiler, Rhythmus-ROM, Tempo-Generator, Melody-ROM für 64 Noten (64 Worte zu 6 Bit), Steuer-ROM, Tongenerator, Ablaufsteuerung und Vorverstärker. Zur Zeit sind 26 verschiedene ICs dieser Serie verfügbar, d. h. es gibt 26 verschiedene Melodiemöglichkeiten. Die Außenbeschaltung ist geradezu spartanisch, sie benötigt maximal vier externe Bauteile (incl. Lautsprecher). *Abb. 3.151 a* zeigt die einfachste Version mit Piezo-Wandler, die nach Schließen von S1, einmal die komplette Melodie spielt und dann stoppt. Abb. 3.151 *b* zeigt die Dauerspielversion mit Piezo-Wandler, die solange spielt, wie S1 geschlossen ist. Die Abb. 3.151 c und *d* zeigen die Ausführungen mit einem Lautsprecher von 8 Ω/0,2 W.

Die Betriebsspannung für die ICs darf zwischen 1,3 . . .3,3 V (maximal 5 V) liegen. Wir können hier die Netzteilschaltung aus Abb. 3.148 anwenden (Abb. 3.151 *e*).

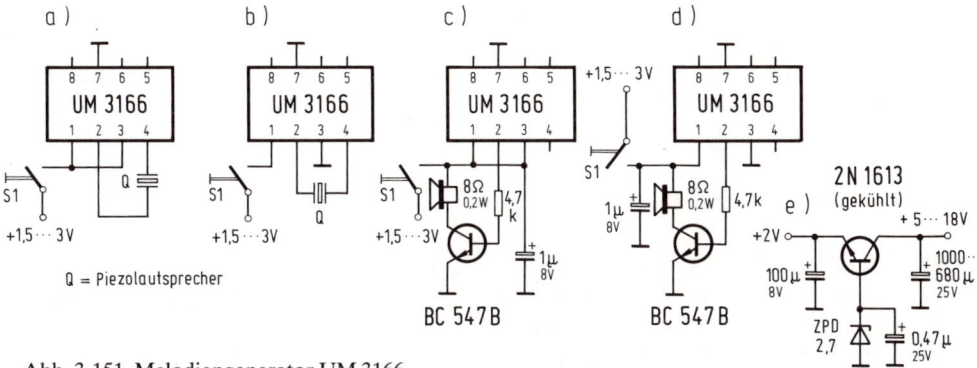

Abb. 3.151 Melodiengenerator UM 3166

Serie UM 3381, 3382, 3383

Bei diesen ICs handelt es sich um maskenprogrammierte, einfache Melodiengeneratoren
in CMOS-Technologie. Der Innenaufbau ist ähnlich dem der zu Beginn des Kapitels
aufgeführten ICs. Das Melodie-ROM kann jedoch nur 64 Worte zu 7 Bit speichern.
Abb. 3.152 zeigt die einfache Schaltung. Liegt Schalter S2 an Masse, ist die Melodiefrei-
gabe gesperrt. Erst wenn S2 + U_B an Stift 4 des ICs legt, spielt die Melodie. Mit S3 kann

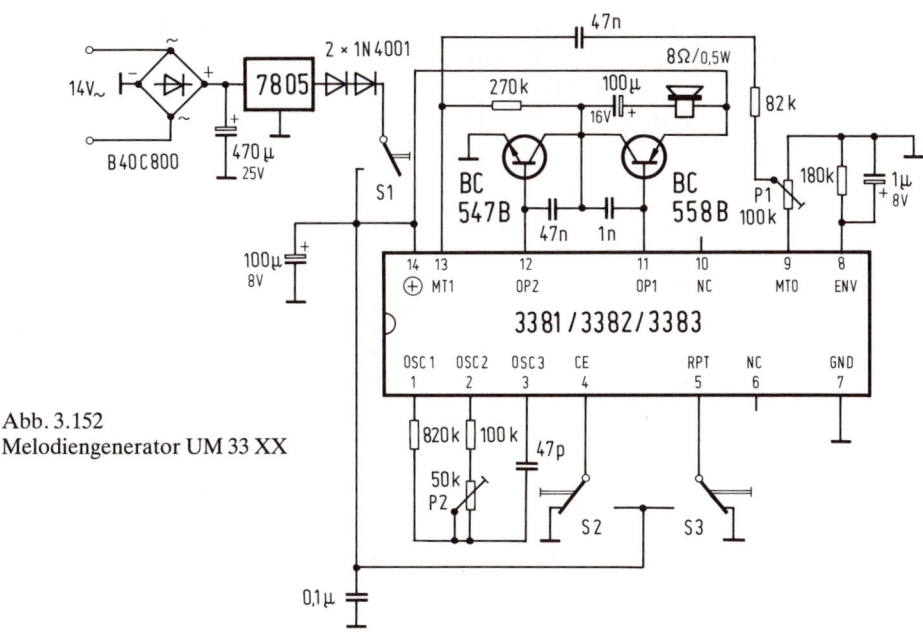

Abb. 3.152
Melodiengenerator UM 33 XX

man wählen, ob die Melodie dauernd (Stift 5 über S3 an + U_B) oder nur einmal spielen soll (S3 an Masse). Mit P1 ist die Lautstärke und mit P2 die Oszillatorfrequenz (typ. 50 kHz = P2 voll aufgedreht) einstellbar. Die Betriebsspannung darf maximal + 5 V betragen. Die Melodien sind aus der *Tabelle* am Ende des Kapitels ersichtlich.

Melodien-Generator für Eigenkompositionen

Wer bei all den gezeigten Melodiengeneratoren noch nicht die richtige Melodie gefunden hat, kann mit dieser Mini-Orgel seine eigene Komposition einspeichern oder auch (zum Vergleich) 15 festgespeicherte Melodien abrufen *(Abb. 3.153)*.

Das Herz der Schaltung ist das CMOS-LSI-IC UM 3511, das ein On-Chip-ROM für die Orgelspielversion aufweist. Das IC tastet 16 Tasten (Keyboard) ab und produziert einen Piano-Effekt. Der 390-kΩ-Widerstad legt die Oszillatorfrequenz fest (ca. 64 kHz) und bestimmt wesentlich die Qualität der Orgel, da er als Zeitbasis für den Ton-, den Rhythmus- und den Tempo-Generator dient. Das Keyboard besteht aus 16 Tasten (vier Reihen R...R4 und vier Spalten (C1...C4), die vier Flip-Flops im IC auswerten. Der Tongenerator ist ein programmierbarer Teiler. Innerhalb der Orgel sind 14 Abstufungen in der Reihenfolge G3 bis F5 möglich. Der Rhythmus-Generator enthält acht Noten (¹⁄₁₆, ⅛, ⅛ gepunktet, ¼, ¼ gepunktet, ½, ½ gepunktet, 1). In der Kompositionsphase liegt das

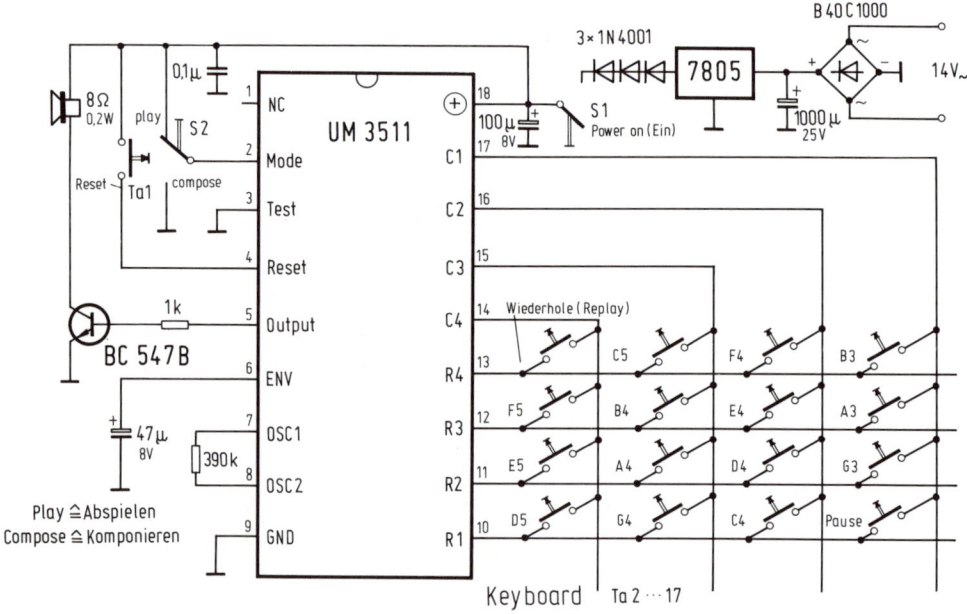

Abb. 3.153 Melodiengenerator UM 3511

Operation chart:

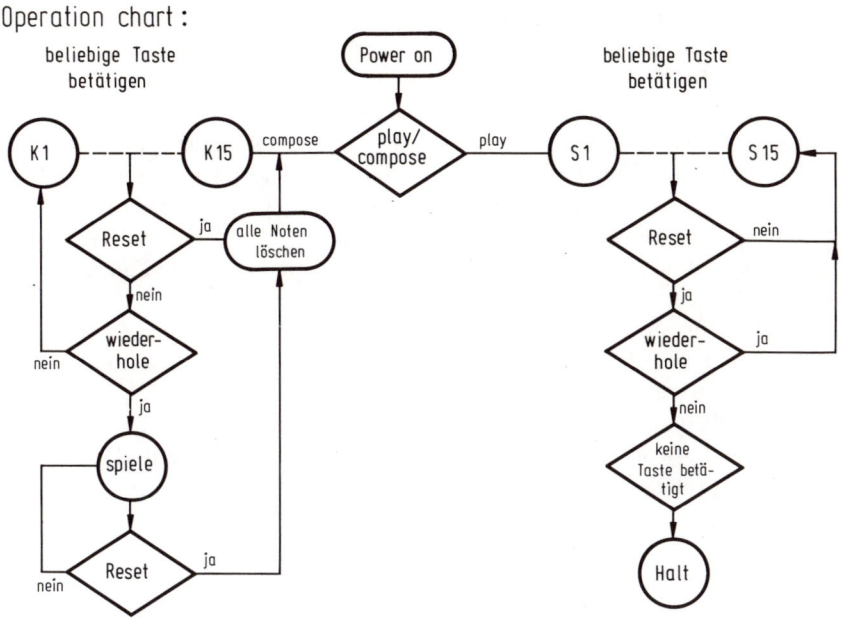

a) Play ≙ Abruf einer gespeicherten Melodie per Tastendruck, Compose = komponieren, Reset = löschen

Keyboard

Abb. 3.153 a
Ablaufdiagramm zum UM 3511

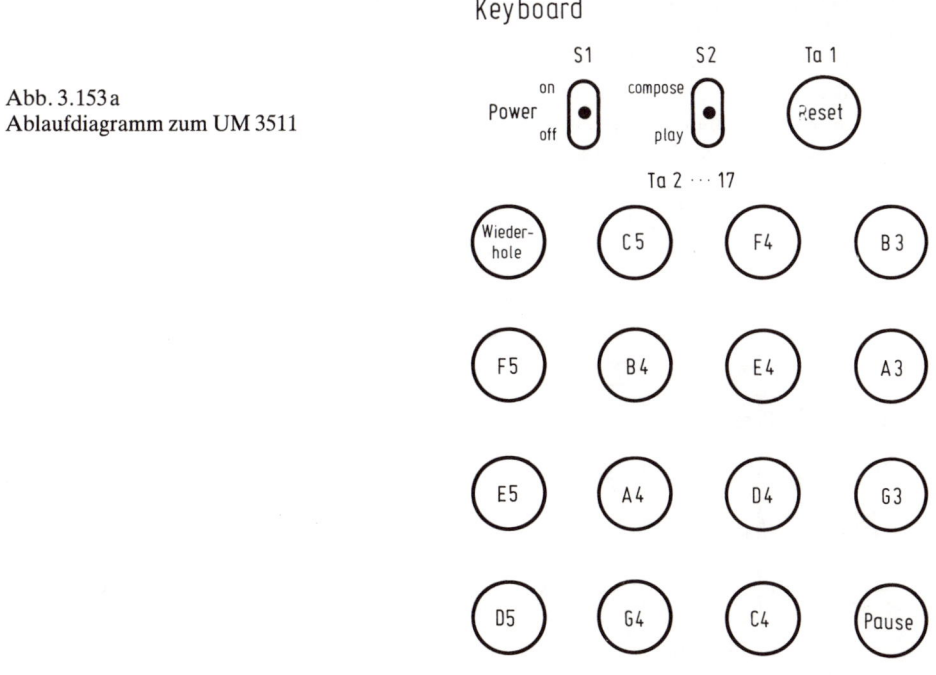

Tempo bei 104 Takten in der Minute. Ansonsten (Playfunktion) wählt das ROM unter acht verfügbaren Geschwindigkeiten (63, 78, 85, 104, 134, 156, 187, 234 Takte/Minute) die passende aus. Das ROM kann 512 Datenworte zu je 7 Bit speichern, wovon jedoch vier Bit zur Kontrolle des Tongenerators und 3 Bit für die Rhythmusgeneratorkontrolle verlorengehen. Solange die entsprechende Taste (G3...F5) gedrückt wird, ist der entsprechende Ton zu hören (Compose-Funktion). Den Takt jeder Note legen wir im RAM ab, das 48 Datenworte speichern kann. Das Speichern geschieht durch Drücken der Taste G3...F5 automatisch. Acht Rhythmen sind möglich (¼, ½, ¾, 1, 1 ½, 2, 3, 4 Takte). Bei Druck auf die Replay-Taste ertönt die eigene Komposition. Das Flußdiagramm *Abb. 3.153 a* sagt hier mehr als alle Worte.

Die Betriebsspannung darf zwischen + 2,4 und maximal 5 V liegen (typisch 3 V). Solange sie anliegt, behält der Speicher sein Gedächtnis. Die Tasten sollten möglichst prellfrei sein. Die Reset-Taste löscht alle Adreßdaten.

Für die »Nicht-Computerfreaks« hier kurz die Erklärung für ROM = Read Only Memory (Festwertspeicher), RAM = Random Access Memory (Schreib-/Lesespeicher, Speicher mit wahlfreiem Zugriff), bit = binary digit (Binärzeichen).

Vierfach Sirenensound mit IC UM 3561

Für die Freunde amerikanischer Modelleisenbahn-Idyllen zeigt *Abb. 3.154* einen Soundgenerator, der die drei Sirenentöne für Polizei, Feuerwehr und Ambulanz sowie ein Maschinengewehrfeuer nachbildet. Auch diese Schaltung ist extrem einfach aufzubauen, da das CMOS-LSI-IC UM 3561 bereits Oszillator, Auswahlschaltung, Zähler, Tongenerator, ROM (256 Datenworte zu 8 Bit) und Vorverstärker enthält. Der 240-kΩ-Widerstand bestimmt die Oszillatorfrequenz, und der Transistor verstärkt das ganze. Über den 3fach Drehschalter und Schalter S2 erfolgt die Auswahl des Sirenentons. Die Betriebsspannung darf zwischen + 2,4 und maximal 5 V liegen.

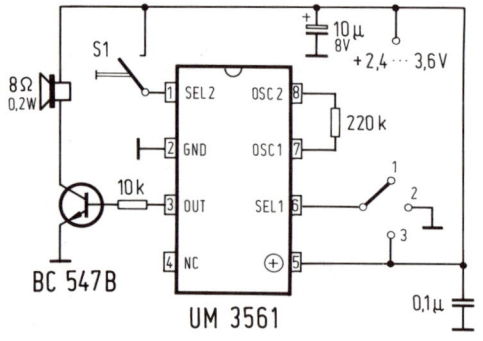

S1	S2 Stellung	Sirenenton
offen	1 (offen)	Polizei
offen	2 (0V)	Ambulanz
offen	3 (+U_B)	Feuerwehr
geschlossen	3 (+U_B)	Maschinengewehr

Abb. 3.154 4-Ton-Sirene

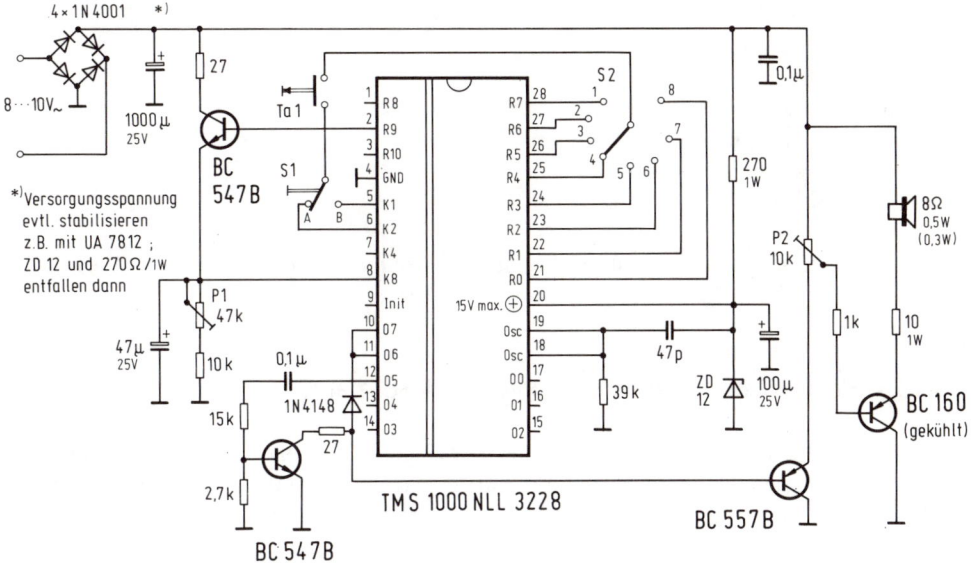

Abb. 3.155 Melodiengenerator

Melodiengenerator TMS 1000 NLL MP 3228

Wer lieber deutsches Liedgut hören möchte, der kann den Baustein von Texas Instruments einsetzen, einen MOS/LSI-Ein-Chip-Mikrocomputer mit der Bezeichnung TMS 1000 NLL MP 3228. Das IC hat 28 Anschlüsse, und in seinem ROM sind die Anfangsmelodien von 13 Lieder und ein Gong-Ton gespeichert. *Abb. 3.155* zeigt die Schaltung nach Texas-Applikation. Die Melodieauswahl geschieht durch Umschaltung von S1 und Anwahl mit dem Drehschalter S2, die Tabelle gibt Auskunft über die Melodien bei den einzelnen Schalterstellungen. Der Start der Melodie erfolgt nach Betätigung von T1 und endet nach Ablauf der Melodienfolge. Ansonsten birgt die externe Beschaltung im Gegensatz zur IC-internen keine Geheimnisse. Mit P2 ist die Lautstärke des durch den BC 557 B und den BC 160 verstärkten Nf-Signals einstellbar.

Lied	S1	S2
1. Im Frühtau zu Berge wir ziehn, fallera	B	1
2. Fuchs du hast die Gans gestohlen	B	2
3. Deutsche Nationalhymne	B	3
4. Die blauen Dragoner reiten	B	4
5. Trink, trink Brüderlein trink	B	5
6. Lied der Bayern	B	6
7. Lili Marleen	B	7

8. Die Tiroler sind lustig	B	8
9. Wer soll das bezahlen	A	8
10. Guten Abend, gute Nacht	A	7
11. Am Brunnen vor dem Tore	A	6
12. Ich weiß nicht, was soll es bedeuten	A	5
13. Einmal am Rhein	A	4
14. Gongton	A	3

Die vorgestellten Melodienschaltungen sind zum größten Teil als Bausatz beim Verfasser erhältlich.

3.19.7 Elektronischer Kassettenrecorder mit Spezial IC

Wem die mit den vorgenannten Schaltungen erzeugten Töne und Geräusche noch nicht naturgetreu genug klingen, der kann mit Hilfe des nachfolgend beschriebenen elektronischen Sprach- und Tonspeichers den Originalton abspeichern und wiedergeben.

Diese in der Funkschau (Heft 18/87) noch ausführlicher beschriebene Schaltung besteht im wesentlichen aus dem LSI-Chip HKA 5003 M in CMOS-Technik von HuaKo Elektronics, einem Vierfach-Op LM 324, einem dynamischen RAM 41256 (z. B. DM 41256-120), sowie einem integrierten Kleinleistungsverstärker (TBA 820 M).

Im 40poligen DIL-Gehäuse des HKA 5003 M ist die gesamte Aufnahme- und Wiedergabesteuerung, sowie der RAM-Controler integriert. Das recht komplexe Innenleben dieses IC enthält u. a. folgendes:
1. Steuerlogik für D-RAMs mit 64 KBit oder 256 KBit;
2. Refresh-Zähler für den RAM-Baustein;
3. A/D- bzw. D/A-Wandler für adaptive Deltamodulation;
4. Taktgenerator mit variabler »sampling rate«.

Die Schaltung kommt mit einer Versorgungsspannung von + 5 V aus und hat Dank der CMOS-Technologie nur eine geringe Stromaufnahme (Ruhestrom ca. 30 mA).

Das Funktionsprinzip der Schaltung (Abb. 3.155 a) ist mit dem eines Kassettenrecorders vergleichbar, wobei S 1 dem Aufnahme- und S 2 dem Wiedergabeschalter entspricht. Das »Zurückspulen zum Bandanfang« geschieht automatisch. Den Beginn des Aufnahmezyklus markiert LED 5.

Ein Mikrofon (z. B. Elektretkapsel) nimmt das analoge Signal auf und wandelt es in elektrische Spannung um, die ein Operationsverstärker (IC 1b) verstärkt dem A/D-Wandler des HKA 5003 M an Stift 29 zuführt. Hier wird das Nf-Signal mit einer bestimmten Frequenz (für Sprache min. 10 kHz) abgetastet und mittels Deltamodulation in eine serielle Bitfolge codiert, d. h. digitalisiert. Die Abtastfrequenz bestimmt zum einen die Übertragungsqualität und zum anderen die Aufnahmedauer und ist mit P 9 einstellbar (max. 12 Sekunden Aufnahmedauer). Durch Verändern von C 4 und R 8 kann hier jeder (der möchte) selbst experimentieren.

Das am Ausgang des HKA 5003 M angeschlossene D-RAM 41256 mit 256 KBit speichert dann das so gewonnene Digitalsignal ab.

Liegt kein Eingangssignal an, so erfolgt im IC 3 eine Signalkompandierung nach dem

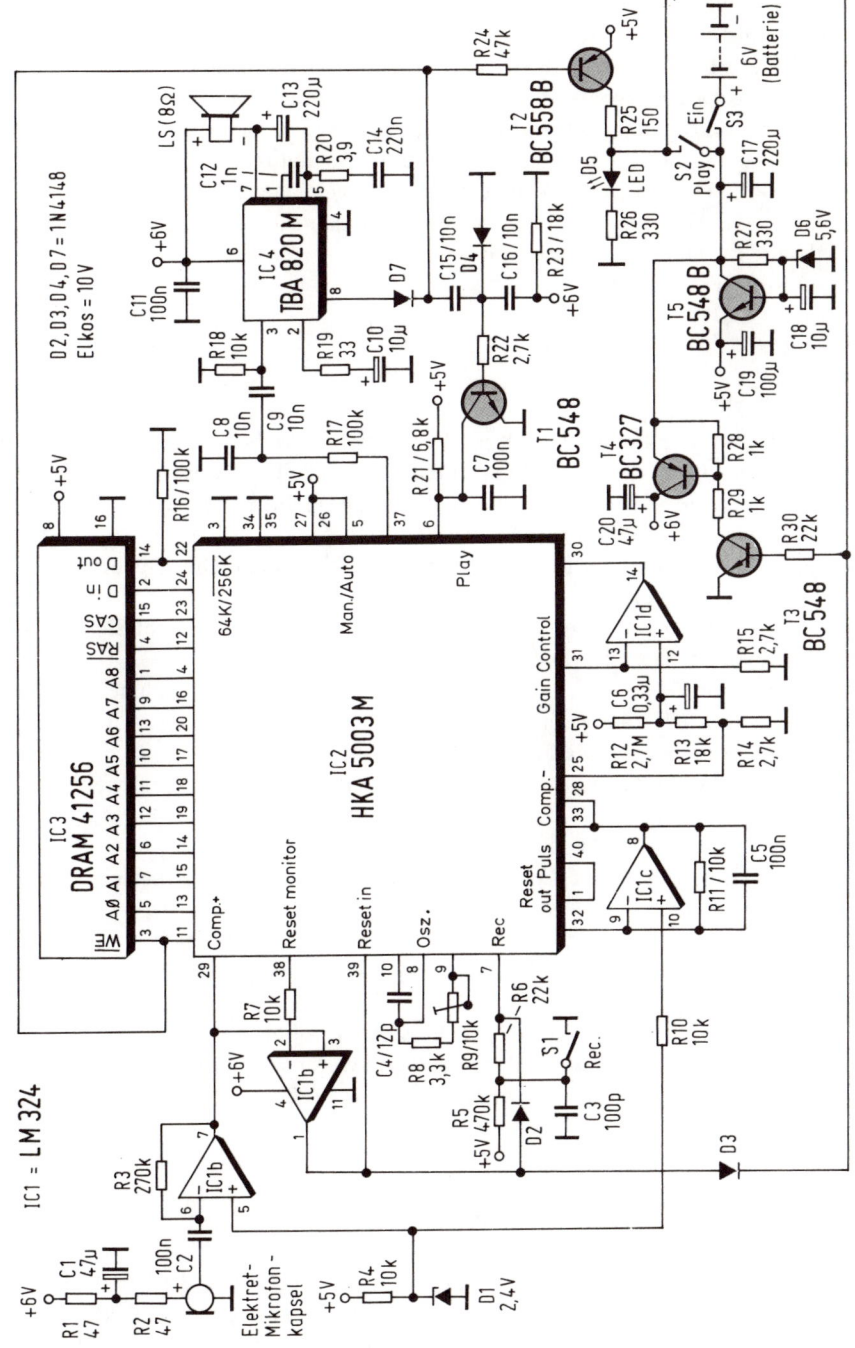

Abb. 3.155a Abspeichern und Wiedergabe von Originalgeräuschen bis max. 12 s mit Spezial-IC (Bezug: Neucom-Electronik)

Koinzedenzverfahren, die das sonst hörbare Granlulatrauschen unterdrückt und die Schaltung zum Schweigen bringt.

Für genauere Informationen möge der Funkschauartikel dienen.

Zur Wiedergabe des Signals ist S 2 zu betätigen, der den Abruf des Digitalsignals aus dem RAM bewirkt. Ein D/A-Wandler im HKA 5003 M decodiert nun das Digitalsignal wieder, das dann an Stift 37 des Sprachspeichers als Analogsignal zur Verfügung steht und über einen R/C-Tiefpaß zum Nf-Verstärker (IC 4) gelangt. Der R/C-Tiefpaß reduziert dabei das bei der Signalumwandlung entstehende Quantisierungsrauschen. Das Verstärker-IC liefert folgende Ausgangsleistungen:

$+U_B$	LS	W
6 V	4 Ω	0,75
9 V	8 Ω	1,2
9 V	4 Ω	1,6
12 V	8 Ω	2,0

Die Spannungsversorgung erfolgt mit + 6 V, wobei Batteriebetrieb möglich ist. Es wird jedoch vorgeschlagen, die Versorgung durch ein Netzteil mit Spannungsregler (7806) vorzunehmen, da die Schaltung dauernd mit Strom zu versorgen ist, damit das RAM nicht sein Gedächtnis (sprich den Speicherinhalt) verliert.

Eine erneute Aufnahme löscht den vorherigen Speicherinhalt. Die Wiedergabe kann in 2 verschiedenen Modi erfolgen:

1. Automatik-Betrieb: Stift 5 von IC 3 auf Masse, die verschiedenen Reset-Signale (Stift 1, 38, 39, 40 von IC 3) sind aktiv;
2. Handbetrieb: Stift 5 an + 5 V (wie abgebildet), Steuerung von Aufnahme und Wiedergabe mit den Schaltern S 1 und S 2.

Ersetzt man S 2 durch einen SRK oder Schaltkontakt, so könne alle möglichen Töne und Geräusche automatisch ausgelöst werden. Die Einsatzmöglichkeiten sind vielfältig z. B.:

1. Codierte Loks stoßen ihren eigenen Originalpfiff aus;
2. In Kirchen ertönen tolle Glockenspiele;
3. Den ein- oder ausfahrenden Zug begrüßt bzw. verabschiedet eine spezielle Bahnhofsansage;
4. Die Original Rummelatmosphäre herrscht auf dem Modellrummel;
5. Autogeräusche, Tierstimmen, Verkehrslärm usw. erzeugen Livestimmung auf der Modellbahnanlage;
6. Jedes Tonsignal, das der kreative Modellbahner haben möchte.

Die Geräusche und Töne hierzu liefern käufliche Geräuschplatten oder -bänder, bzw. eigene Bandaufnahmen. Damit ist wieder einmal bewiesen, in der Elektronik ist nichts unmöglich.

3.20 Lokspezifische Geschwindigkeitssteuerung

Für die Schaltung nehmen wir die Kodierschaltung nach Abb. 3.57 und lassen die Ausgangstransistor jeweils einen PNP-Transistor schalten in dessen Kollektorzweig ein Einstellregler liegt (ggf. ist zu diesem ein Schutzwiderstand von ca. 560 Ω . . .1 kΩ in Reihe zu schalten, siehe *Abb. 3.156*). Jede Lok aktiviert entsprechend ihrer Kodierung einen

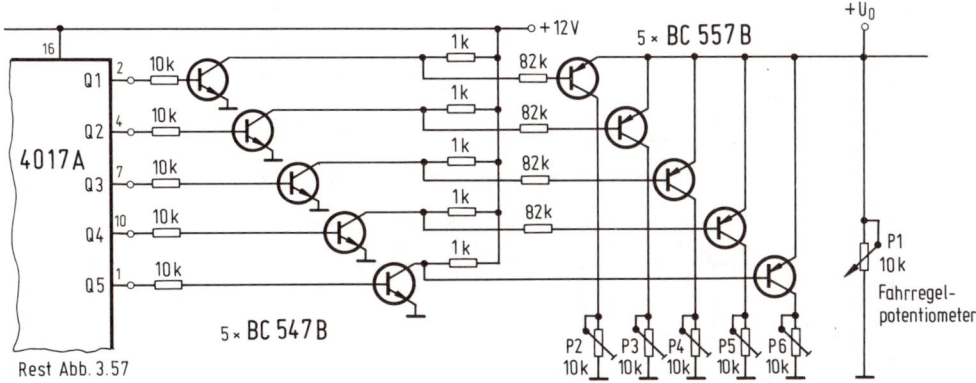

Abb. 3.156 Lokspezifische Bremssteuerung (Auszug)

Transistorschalter und schaltet somit einen der Einstellregler P2...P6 dem eigentlichen Regelpotentiometer (P1) des Fahrreglers elektronisch parallel, so daß die Geschwindigkeit lokspezifisch angepaßt wird. Wir erreichen damit z. B. vor dem Signal, daß alle Loks an der selben Stelle (nämlich vor dem Signal) zum Stehen kommen, da ihre Geschwindigkeit bereits vorher ihrem Bremsweg entsprechend angepaßt wurde. Die einzelnen Bauteilewerte sind den Gegebenheiten anzupassen.

3.21 Achsenzähler

Die Schaltung *(Abb. 3.157)* besteht aus zwei Lichtschranken, zwei Vor-Rückwärtszählern, zwei BCD-Siebensegment-Decodern und zwei Siebensegmentanzeigen mit gemeinsamer Anode sowie dem Netzteil (+ 5 V). Die Empfindlichkeit der Lichtschranke ist jeweils mit P1 bzw. P2 einstellbar.

Bei jeder Lichtreflektion am Reflexkoppler erfolgt ein Masse-Impuls zum Eingang UP bzw. DOWN des ersten 74192, der von 0...9 zählt und dann auf den zweiten Zähler umschaltet, der ebenfalls von 0...9 zählt. Die Zählschaltung kann also bis 99 zählen und somit 99 Zugachsen erfassen. Da die Ausgangsinformation nur binär vorliegt (Ausgang A...D), erfolgt noch eine Decodierung für die Siebensegmentanzeige, an der wir dann die Achsenzahl in arabischen Ziffern ablesen können. Beim Passieren von Reflexkoppler 1 zählt der Zähler aufwärts, beim Überfahren von Reflexkoppler 2 zählt er abwärts, d. h. wenn man ein Schattenbahnhofsgleis durch diese Schaltung überwachen läßt, so kann man genau ablesen, wieviel Achsen (sprich Wagen) im Gleis vergessen wurden. Ein vergessener zweiachsiger Güterwaggon erzeugt die Restanzeige 02. Erscheint jedoch die Anzeige 00 haben alle eingefahrenen Fahrzeuge den Schattenbahnhof auch wieder verlassen.

Der PNP-Transistorschalter T3 (BC 558 B) gibt beim Einschalten kurzzeitig »Reset« (Plusimpuls) an die entsprechenden Zählereingänge und stellt die Zähler auf 00. Durch Druck auf Taste 1 erhalten die Zähler ebenfalls Reset, z. B. wenn man unlogische Zählerstände (vornehmlich bei Ausfahrt eines Zuges nach Stromunterbrechung) erhält und diese löschen will.

291

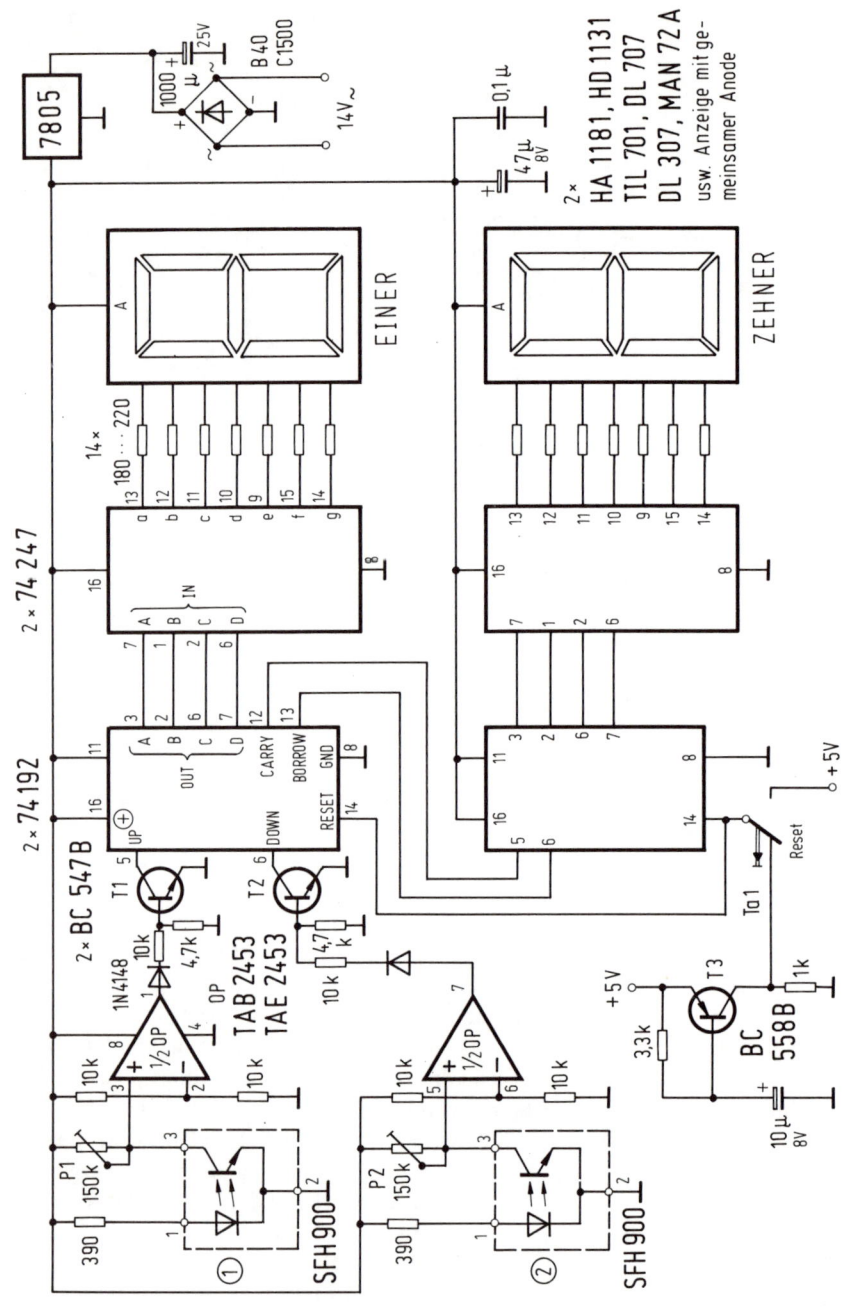

Abb. 3.157 Achsenzähler (99 Achsen maximal)

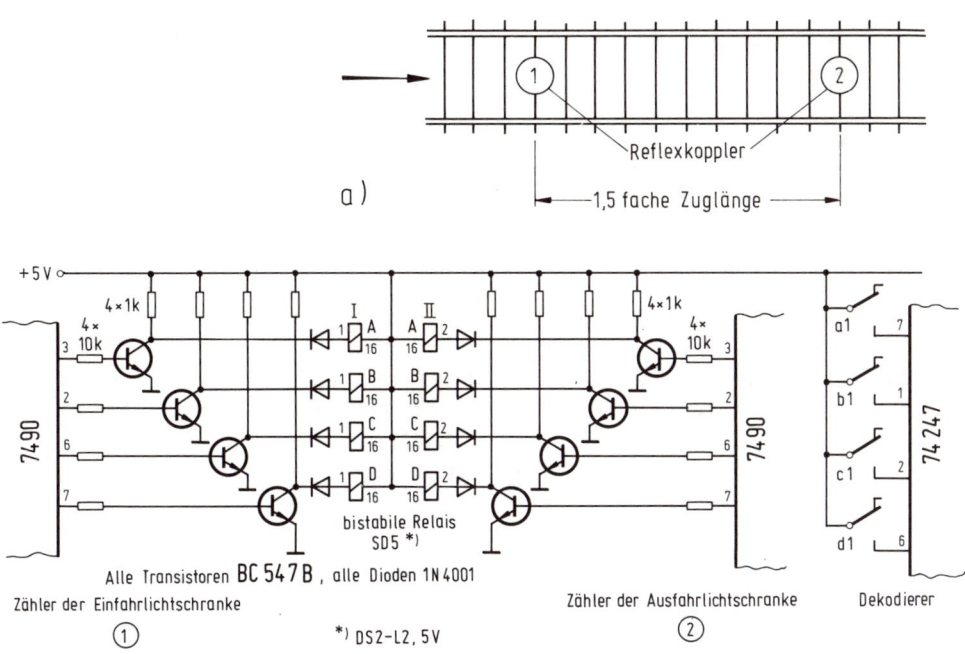

Abb. 3.158 Achsenzähler mit Gedächtnis für neun Achsen (erweiterbar)

Wer auch nach einer Stromunterbrechung genau die Achsenzahl wissen möchte, muß jeder Lichtschranke eigene Zähler (7490) zuordnen und die Dekodierung-ICs durch Relaiskontakte von bistabilen Relais ansteuern lassen. *Abb. 3.158* zeigt diesen Sonderfall auszugsweise, mit nur einem Zähler pro Lichtschranke. Auch hier kann natürlich der Überlauf einen weiteren Zähler takten, so daß ebenfalls der Zählerstand 99 erreichbar ist. Es sind dann jedoch noch weitere bistabile Relais, 7490 und 74247 nötig. Ob sich dieser Aufwand lohnt, muß jeder für sich selbst entscheiden. Die Schaltung funktioniert trotz der »langsamen« Relais, da die Zähler ja elektronisch (schnell) zählen und erst am Ausgang der Zähler die Relais liegen.

3.22 Auffahrsicherung

Wenn Züge ohne Blockstreckensicherung auf dem selben Gleis hintereinanderfahren, kann es leicht passieren, daß die schnellere Lok die langsamere einholt und aus den Gleisen drängt. Hier hilft diese kleine Schaltung, die (richtig eingestellt) die Helligkeit des Schlußlichtes des voranfahrenden Zuges auswertet und die hintere Lok langsam abbremsen und bei größerem Abstand wieder sanft losfahren läßt. Diese Schaltung in *Abb. 3.159* ist leider nicht der Weisheit letzter Schluß (eine Blockstreckensicherung ist wesentlich effektiver), da Fremdlicht sie stören kann (zu empfindlich, Lok bleibt bei der Lichtquelle stehen) oder eine nicht ausreichend helle bzw. in falscher Höhe montierte Lampe die

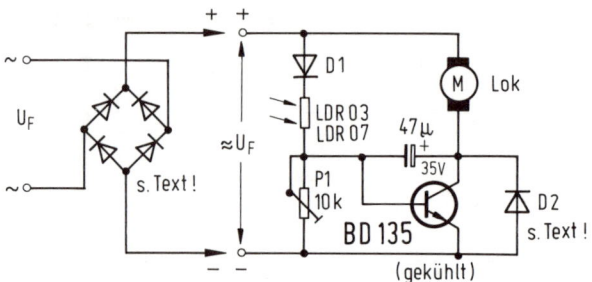

Abb. 3.159 Auffahrsicherung

Alle Dioden 1N 5401 $U_F \cong$ Fahrspannung

Schaltung nicht ansprechen läßt. Doch Versuch macht klug. Mit P1 ist die Empfindlichkeit einzustellen. Der LDR sollte durch eine aufgesteckte Hülse vor Fremdlicht geschützt sein.

Bei Rückwärtsfahrt überbrückt die Diode D2 den Transistor, da die Schaltung nur bei Vorwärtsfahrt arbeiten braucht (bei Gleichstrombahnen). Bei Wechselstrombahnen ist ein Gleichrichter vorzuschalten. D2 kann dann entfallen.

3.23 Elektronischer Fahrtrichtungsumschalter mit Gedächtnis (z. B. für Märklin)

Märklin-HO-Freunde stört sicher schon lange der lästige Ruck, der durch die (ältere) Lok geht, wenn sie diese aus dem Stand zum Fahrtrichtungswechsel umpolen. Der Ruck

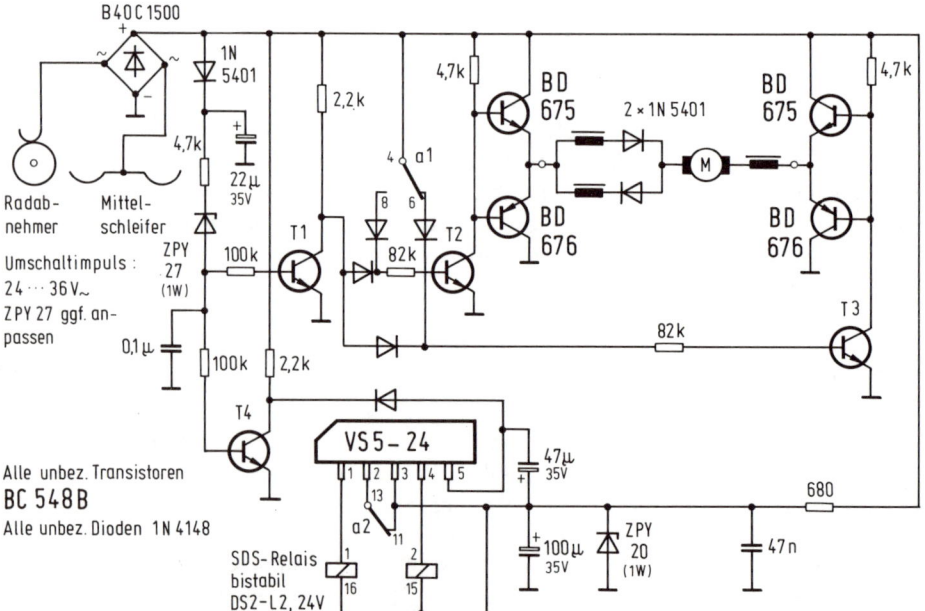

Abb. 3.160 Elektronische Fahrtrichtungsumschaltung für Märklin H0

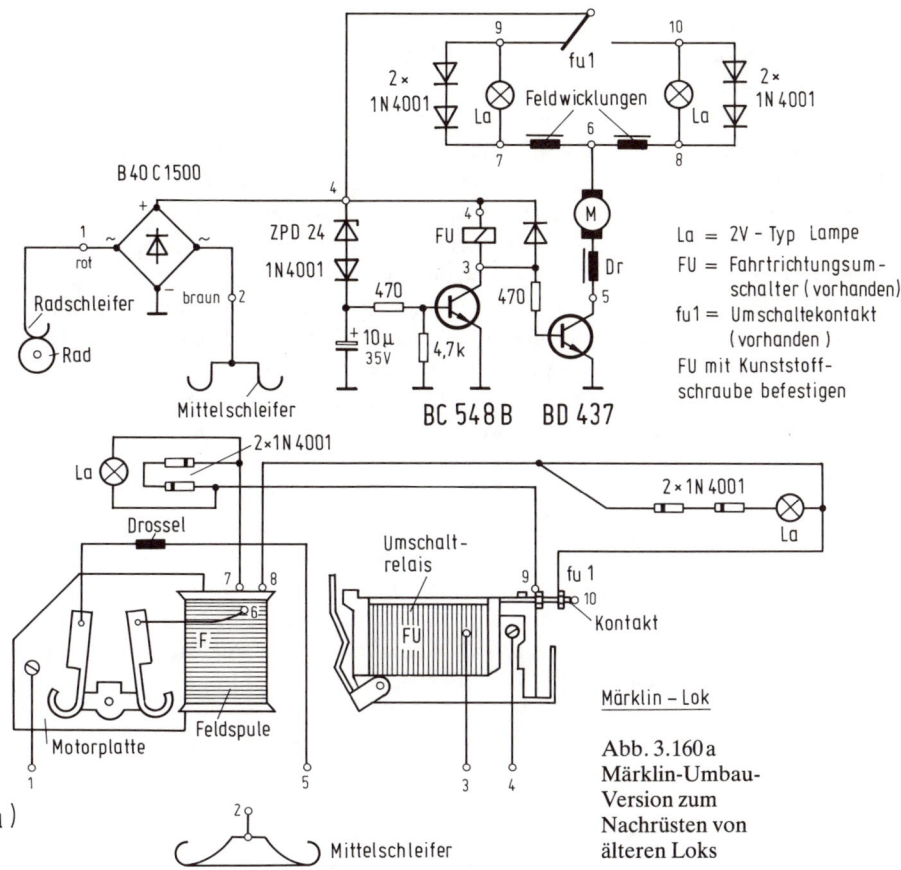

Abb. 3.160a
Märklin-Umbau-
Version zum
Nachrüsten von
älteren Loks

entsteht durch den 24-V-Impuls vom Fahrpult, der in der Lok ein Stromstoßrelais zum Umschalten veranlaßt. Neuere Loks weisen einen elektronischen Umschalter auf *(Abb. 3.160 a),* der keinen Bocksprung verursacht. Zum Nachrüsten der älteren Loks, die diese Elektronik nicht aufweisen, dient die Schaltung nach *Abb. 3.160.* Zwei Transistorschalter schalten aufgrund der vorgeschalteten 27-V-Zenerdiode, erst durch, wenn der 24-V-Spannungsstoß erfolgt. Außerdem erkennen wir noch zwei NOR-Gatter, eine Leistungsbrückenschaltung und eine Impulsschaltstufe. Erfolgt nun vom Fahrpult der 24-V-Impuls, so leitet die Z-Diode, und die beiden Transistorschalter steuern für die Impulsdauer durch. Über die beiden NOR, die hinter dem Transistorschalter T1 liegen, erhalten die beiden BD 676 (PNP) und die beiden BD 675 (NPN) der Brücke jeweils Pluspotential, d. h. die BD 676 sperren und der Lokmotor erhält keinen Fahrstrom. Der Bocksprung unterbleibt.

Der zweite Transistorschalter T4 legt Masse an die Impulsschaltung und das daran angeschaltete Relais A schaltet um. Über den a_1-Kontakt wechselt nun die Ansteuerung der NOR, d. h. es leiten nun die anderen beiden Leistungstransistoren, wenn der 24-V-Impuls aufhört. Die Fahrtrichtung ist geändert.

Für die Impulsschaltung wurde noch eine Spannungsstabilisierung mit einer ZPY 20 vorgenommen, da das IC maximal 24 V verträgt und leicht durch den Überspannungsimpuls zerstört werden könnte.

Durch die Verwendung eines Gleichrichters fährt die Lok mit Gleichstrom, der – wie wir wissen –, den Allstrommotor der Märklinlok jedoch nicht stört. Mit dieser Schaltung ist es also möglich, auch Loks mit Gleichstrommotor auf der Märklin-HO-Anlage einzusetzen.

Die Anschaltung der Schaltung erfolgt an Stelle des vorhandenen Stromstoßrelais. Die Kunst besteht darin, die relativ umfangreiche Schaltung hier noch unterzubringen. Zur Not tut es auch ein Geisterwagen, der dann die Schaltung aufnimmt. Auf alle Fälle ist beim Aufbau darauf zu achten, daß die Platinenunterseite bzw. die Bauteile keine blanken Gehäuseteile der Lok berühren. Diese Stellen sind durch Isolierband zu isolieren.

Die Leistungshalbleiter benötigen keine Kühlkörper.

Aufgrund der Spannungsabfälle an den Darlingtontransistoren, erhält der Lokmotor immer 2,8 V (1,4 V pro Transistor) weniger Fahrspannung, als der Fahrtransformator abgibt.

Bei der Märklin-Umbauversion nach Abb. 3.160 a verbleibt der Fahrtrichtungsumschalter (Stromstoßrelais) in der Lok. Es ist nur dafür zu sorgen, daß er isoliert vom Metallgehäuse montiert wird. Am einfachsten wechselt man hierzu die Metallbefestigungsschraube gegen eine solche aus Kunststoff aus.

Erfolgt ein Umschaltimpuls, leitet die Z-Diode, und der BC 548 schaltet durch. Das Stromstoßrelais schaltet nun über seinen Kontakt fn 1 die Feldwicklungen um. Den Bocksprung verhindert dabei der BD 437, der für die Dauer des Impulses sperrt und somit kein Massepotential zum Motor läßt.

Die Schaltung hat noch einen Nebeneffekt: eine Konstantbeleuchtung im Stand. Durch die beiden Dioden liegen immer ca. 1,4 V an der Lampe, solange die Fahrspannung über 3 V beträgt. Da die Märklin-Lok erst bei ca. 5...6 V losfährt, ist das Leuchten im Stand gesichert. In Abb. 3.160 a ist auch die Verdrahtung innerhalb der Lok zu sehen.

3.24 Stoppuhr zur Ermittlung der Zuggeschwindigkeit

Wer genau wissen will, wie schnell seine Züge über die Anlage rasen, muß eine definierte Teilstrecke auf seiner Anlage abstecken, an beiden Enden eine Lichtschranke installieren und eine Stopuhr ansteuern lassen.

Beim Passieren der ersten Lichtschranke startet die Stoppuhr, beim Durchfahren der zweiten erfolgt der Uhrenstop. Man weiß nun auf die hundertstel Sekunde genau, wie schnell der Zug ist und kann die tatsächliche Zuggeschwindigkeit dann maßstabsgetreu hochrechnen.

Gestoppte Modellgeschwindigkeit · M = Vorbildgeschwindigkeit (M bei Z = 220, bei N = 160, bei TT = 120, bei H0 = 87, bei 0 = 45 und bei 1 = 32)

Zur Zeitmessung kann man eine handelsübliche Stopuhr verwenden, bei der man den Auslöseknopf durch die beiden parallel zu schaltenden Lichtschrankenkontakte ersetzt oder die Schaltung nach *Abb. 3.161* einsetzen. In der Schaltung findet das hochintegrierte

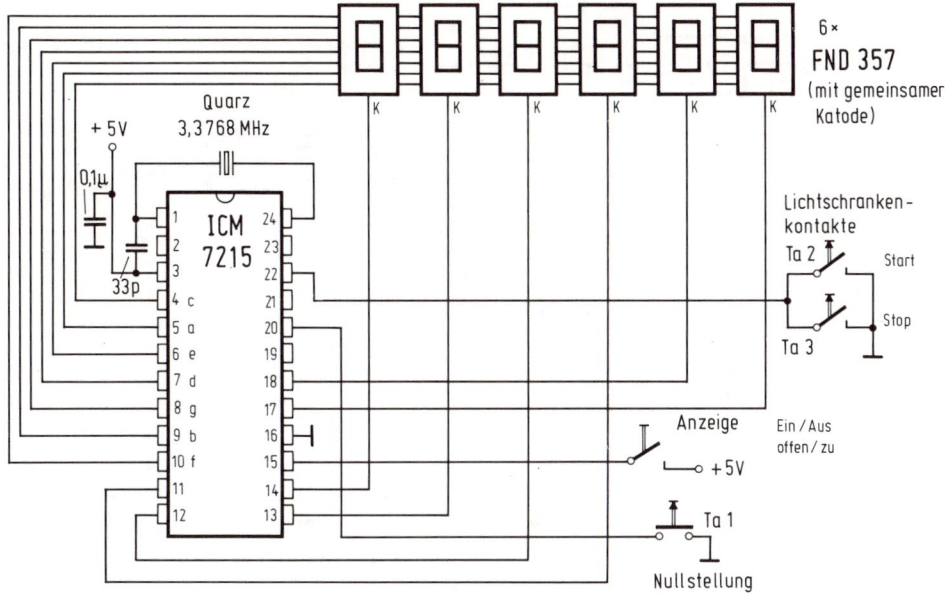

Abb. 3.161 Elektronische Stoppuhr

Texas-IC ICM 7215 Verwendung, das die Anzeigen FND 357 mit gemeinsamer Katode direkt ansteuert. Zum Aufbau ist wenig zu sagen, da nur zwei externe Teile nötig sind. Die Anzeigen laufen im Multiplexbetrieb, d. h. alle gleichnamigen Stifte der LEDs sind untereinander durchzuschleifen. Die Lichtschranken sind so aufzubauen, daß sie nur einen kurzen Impuls abgeben (Kontakte = T2 und T3). Mit T2 erfolgt die Rückstellung (Reset) der Stopuhr.

3.25 Ladegerät für NiCd-Akkumulatoren

In der ELO 11/1982 war eine Schaltung von Werner Hirscher und Winfried Knobloch zur Aufladung von Nickel-Cadmium-Akkumulatoren abgebildet und beschrieben, die hier kurz gezeigt werden soll, da wir ja auch teilweise Akkumulatoren einsetzen. Die Schaltung besteht, wie *Abb. 3.162* zeigt, im wesentlichen aus einem Komparator (741), einem Thyristor und einem Leistungstransistor und hat in der angegebenen Dimensionierung eine Kapazität von max. 500 mAh. Durch die Konstantstromschaltung am Ausgang (BD 138, 100 Ω, 0,5 W, ZPD 5, 1, 1 N 4148) erfolgt eine Aufladung mit konstantem Strom, der in Reihe zu schaltenden Zellen (max. 6), bis die mit P1 eingestellte Ladespannung erreicht ist. Der Komparator schaltet dann um und zündet den Thyristor, der nun die Volladung zu erhalten und eine Zerstörung der Akkumulatoren zu vermeiden hat. LED1 dient als Ladeanzeige und erlischt beim Umkippen des Komparators. LED2 zeigt an, daß die Aufladung abgeschlossen ist.

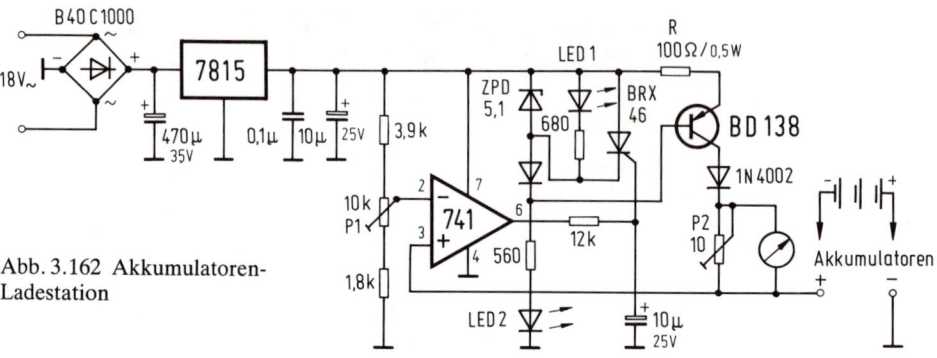

Abb. 3.162 Akkumulatoren-Ladestation

Zum Abgleich ist P2 auf Minimum zu stellen und der Ausgang kurzzuschließen. Nach Einschalten der Stromversorgung (LED1 und 2 leuchten) ist der Strommeser auf ca. 80% des Endausschlages einzustellen. Der Kurzschluß ist bei abgeschaltetem Gerät zu beseitigen. Mit einem externen Strommesser muß sich bei Wiederanschaltung nun ein Strom von 50 mA ergeben. Bei größeren Abweichungen ist der Widerstand R (100 Ω) zu ändern. Danach schalten wir ein hochohmiges Digitalmulitmeter von Stift 2 des 741 gegen Masse und stellen mit P1 genau 1,45 V mal Zellenzahl ein (z. B. 4 Zellen = 5,80 V). Eine Volladung leerer Akkumulatoren dauert etwa 14 Stunden. Bei höheren Ladenennströmen sind R und P2 entsprechend zu ändern. Hierzu kann auch ein 2poliger Umschalter dienen der die nötigen Widerstände anschaltet.

Ladenennstrom	R	P2
10 mA	500 Ω (2 St. 1 kΩ parallel)	25 Ω
18 mA	270 Ω	25 Ω
22 mA	220 Ω	25 Ω
45 mA	110 Ω (2 St. 220 Ω parallel)	10 Ω
75 mA	68 Ω/0,5 W	5 Ω
100 mA	51 Ω/0,5 W (2 St. 100 Ω parallel)	5 Ω

Spannungsregler und Leistungstransistor sind mit Kühlkörpern auszustatten.

3.26 Spannungsüberwachung mit TCA 965

Wie *Abb. 3.163* zeigt, setzen wir zur Spannungsüberwachung das Fensterdiskriminator-IC TCA 965 von Siemens ein, einen sehr anpassungsfähigen Schwellwertschalter mit rückwirkungsfrei einstellbaren Schwellen und Hysteresen. Das IC liefert an vier Ausgän-

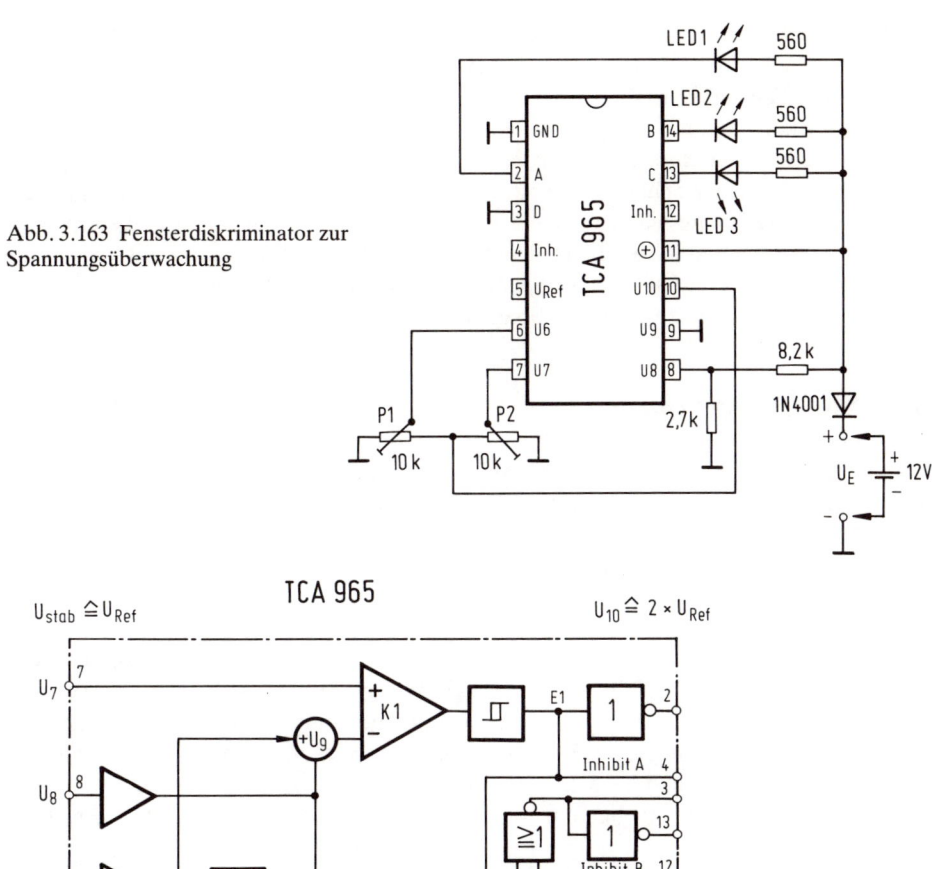

Abb. 3.163 Fensterdiskriminator zur
Spannungsüberwachung

Abb. 3.163 a »Innenleben«
des TCA 965

a)

gen mit offenem Kollektor die Informationen: 1. U_e innerhalb (Stift 13), 2. U_e außerhalb
(Stift 3), 3 U_e oberhalb (Stift 2) oder 4. U_e (Stift 14) unterhalb des gewünschten Fensters
(Bereichs). Die Betriebsspannung kann zwischen 4,75 bis 27 V betragen; sie wird
innerhalb des IC heruntergeregelt und stabilisiert. Die Ausgänge können Ströme bis 50
mA liefern. Das Prinzipschaltbild des IC-Innenlebens sehen wir in *Abb. 3.163 a.*

Mit P1 stellen wir die obere Fensterkante (Stift 6) und mit P2 die untere (Stift 7) ein. An Stift 8 liegt die U_e, d. h. $U_6 + U_9$ = obere Kante, $U_7 - U_9$ = untere Kante und $(U_6 + U_9) - (U_7 - U_9)$ = Fensterbreite.

Wie wir sehen, könnten wir durch Beschaltung von Stift 9 mit einem Spannungsteiler die Schaltschwellen beeinflussen. Wir lassen ihn jedoch in Abb. 3.163 auf Masse liegen.

Zum Einstellen der Schaltung benutzen wir ein regelbares Netzteil, an dem wir die gewünschten Spannungswerte für die Umschaltungen nacheinander einstellen. Mit P2 bringen wir LED1 und mit P1 LED3 zum Leuchten. LED2 leuchtet, wenn U_e innerhalb des gewünschten Bereichs liegt. Die Spannungsversorgung der Schaltung erfolgt über die zu überwachende bzw. zu prüfende Spannungsquelle.

3.27 Mini-Lichtfeuerwerk

Man nehme einen binären 14stufigen Teiler (16384), eine Matrixanzeige, einige Widerstände und Kondensatoren und fertig ist die Lightshow (Abb. 3.164).

Als Teiler setzen wir das 16polige MOS-IC 4060 mit internem Taktgenerator ein, dessen Taktfrequenz der Widerstand R von 470 kΩ und der 47-nF-Kondensator C bestimmen. Das IC erzeugt 2^{10} (1024) verschiedene Bitmuster, bis der Zyklus von vorn beginnt. Als Anzeige benutzen wir eine Punktmatrix aus 25 Einzel-LEDs, die 5 Spalten (Anoden) und 5 Reihen (Katoden) aufweist. Man könnte natürlich auch fertige alphanumerische Punktanzeigen mit 5 × 7 LEDs einsetzen, z. B. MA 35, MAN 2 A (General Instrument) oder TIL 305 (Texas Instrument). Doch da diese relativ teuer und schwer erhältlich sind, wurde die hier vorgeschlagene Lösung gewählt. Je nach Modellbahnmaßstab wählt man LEDs mit 1,2 oder maximal 3 mm ∅ aus, die man möglichst dicht nebeneinander anordnet. Den Betrachter zieht dann ein sich immer wieder neu formierendes Leuchtmu-

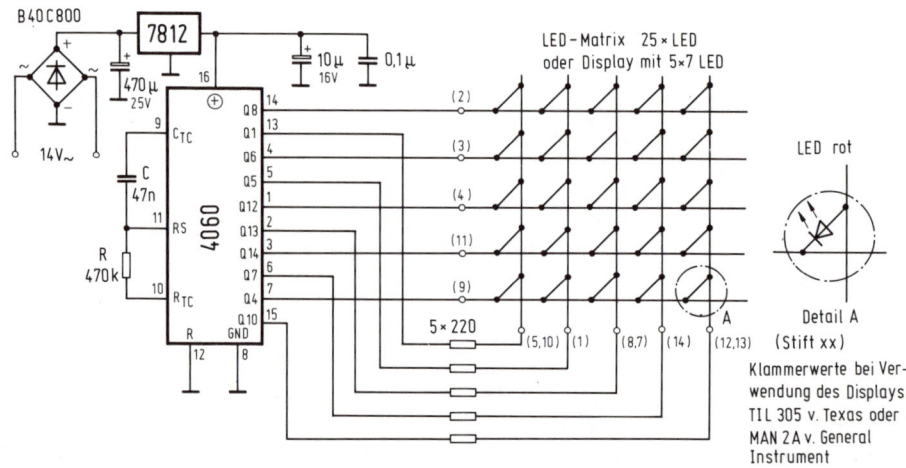

Abb. 3.164 Lichteffekt-Steuerung

ster in seinen Bann. Die fünf Vorwiderstände von 560 Ω begrenzen den LED-Strom durch eine LED-Reihe auf ca. 20 mA. Aufgrund der LED-Anordnung bzw. -Ansteuerung konnte hier nicht jede LED ihren eigenen Vorwiderstand erhalten. Sobald mehrere LED einer Reihe leuchten, sinkt die Leuchtstärke der einzelnen LED etwas ab, was sich jedoch nicht negativ auf den Effekt auswirkt. Wer will, kann auch die Spalten und Reihen der Matrix von anderen IC-Ausgängen ansteuern lassen oder eine andere Taktfrequenz wählen (R und C ändern). Der Anwender ist hier völlig frei in der Auswahl. Alle Möglichkeiten würden ein Buch alleine füllen.

Die Schaltung kann als Lichtreklame (z. B. eines Kinos, eines Lokals usw.) in der Großstadt die Aufmerksamkeit auf sich ziehen.

3.28 Mehrzugsteuerungen

Ein alter Traum der Modellbahner ist der unabhängige Mehrzugverkehr auf einem Gleis, so wie es das große Vorbild tagtäglich zeigt. Das Blockstreckensystem ist hier ein Anfang, doch richtig los geht es erst, wenn jede Lok freizügig in Fahrtrichtung und Geschwindigkeit steuerbar ist.

Früher setzte man hierzu Tonfrequenzsteuerungen ein, in der Art der Nf-Zugbeleuchtung, d. h. jeder Lok wurde eine eigene sinusförmige Tonfrequenz zugeordnet, auf die ein selektiver Lokempfänger abgestimmt sein mußte. Hierzu dienten in der Regel LC-Kreise. Schwierigkeiten bereiteten bei diesen Steuerungen die Störimpulse der Anlage, die mangelnde Frequenzkonstanz der Sender und die wenigen nutzbaren Frequenzen (Veto der Post, Störungen der Sender untereinander). Außerdem sind Spulenkreise in Bezug auf Beschaffung und Abgleich auch nicht jedermanns Sache. Kurzum, derartige Mehrzugsteuerungen mit maximal 10 Steuermöglichkeiten (sprich Loks) sind ein alter Hut (?) und nicht mehr Stand der Technik. Heute verwendet man digitale Mehrzugssteuerungen, die bereits auch von den Modellbahnherstellern, Märklin, Trix, Fleischmann usw. im Handel sind.

3.28.1 Digitale Mehrzugsteuerung

Von der Fernsteuertechnik für Flug-, Schiffs- und Automodelle ist ein digitales Übertragungssystem seit längerem bekannt: die Puls-Position-Modulation (PPM). Mit geirngfügigen Modifikationen lassen sich hiermit auch Modelleisenbahnen steurn. Im selben Verlag ist ein sehr informatives Taschenbuch (183) von Dr. Dirk Christoffers zu dem Thema erschienen, in dem hierüber alles wissenswerte steht und dem auch die nachfolgenden Schaltungen mit kleinen Änderungen entnommen sind. Zur weiteren Vertiefung der Materie sei auf dieses Buch verwiesen [11], das außerdem noch andere Steuerungen enthält.

Bei der PPM erfolgt die Festlegung der Lokadresse nicht durch eine Frequenz, sondern durch die zeitliche Position der gesendeten Impulse. Im Prinzip handelt es sich immer noch um eine analoge Steuerung. Man benötigt hier keine sinusförmigen Spannungen und kann bis zu 16 Mehrzugsteuerkanäle aufbauen, d. h. man kann 16 Loks unabhängig auf der

Anlage fahren lassen. Wem das noch nicht reicht, der muß zu einer rein digitalen Lösung greifen, bei der Datenworte zu 4 oder 8 Bit übertragen werden und bei der A/D- und D/A-Wandler nötig sind. Hierfür bietet sich das PCM-System (Puls-Code-Modulation) an, welches auch die DBP z.B. zum Übertragen von Telefongesprächen anwendet. Die Information steckt hier in der Impulslänge. Zur Realisierung dieser Steuerung sind hochintegrierte Spezial-ICs in der Lok bzw. ein Mikrocomputer im Sender nötig, so daß die Schaltungen z.Z. im Selbstbau schwer herzustellen sind. Aber was nicht ist, kann ja noch werden –.

Daher zurück zum PPM-System von Dr. Christoffers für sechs Loks: Wir benötigen hierfür einen PPM-Sender mit Fahrspannungsgerät und Impulsteil, sowie jeweils einen PPM-Empfänger mit Leistungsstufe pro Lok. Das Fahrspannungsgerät mit elektronischem Überstromschutz *(Abb. 3.165)* weist keine Besonderheiten auf, es gibt eine stabilisierte Gleichspannung ab, der die Steuerimpulse des Impulsteils überlagert werden. Geht man von einer maximalen Stromaufnahme von 0,5 A pro Lok aus, so muß der speisende Transformator mindestens 3 A liefern können (besser etwas mehr, z.B. 6...8 A). Wenn die Kurzschlußsicherung angesprochen hat, zeigt dies die Lampe an. Nach Beseitigung des Kurzschlusses ist die Schaltung nach kurzer Betätigung von Taste T1 wieder betriebsbereit. Mit P1 ist die Ausgangsspannung (+15 V) und mit P2 die Impulshöhe (max. 20 V) einstellbar.

Im Impulsteil *(Abb. 3.166)* finden wir einen Doppeltimer 556, einen Oktalzähler 4022, zwei Vierfach-Analogschalter 4066 und einen Spannungsstabilisator μA 7808.

Die beiden Timer arbeiten als AMV. Der eine taktet den Zähler (Timer a), der andere (b) stellt den Zähler zurück (Reset). Die Zählerausgänge öffnen nacheinander die Analogschalter S1...S6, so daß die Fahrregler-Potentiometer P1 bis P6 Pluspotential erhalten, wenn Timer a den Analogschalter S7 aufsteuert. Die Tastimpulse von Timer a haben somit feste Dauer (einstellbar mit P7), nur die Zeit zwischen den Impulspausen (0,6...1,6 ms) hängt von der jeweiligen Stellung des gerade aktivierten Potentiometers P1...P6 ab. Nach dem siebenten Taktimpuls erfolgt die Zählerrückstellung durch Timer

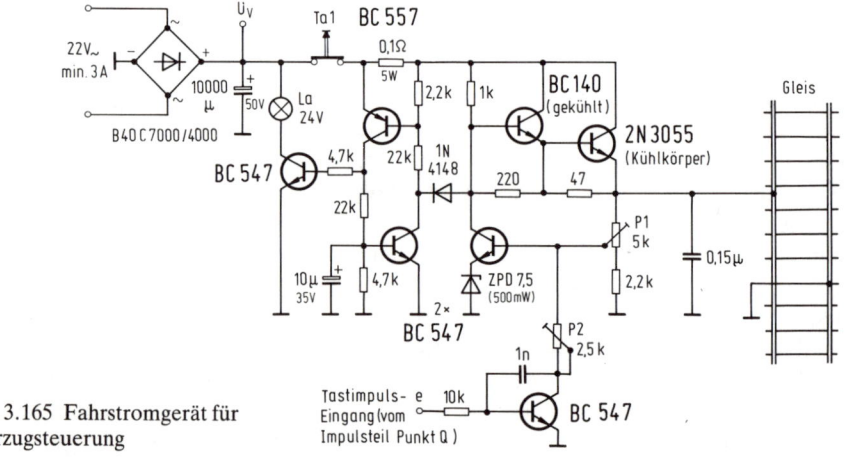

Abb. 3.165 Fahrstromgerät für Mehrzugsteuerung

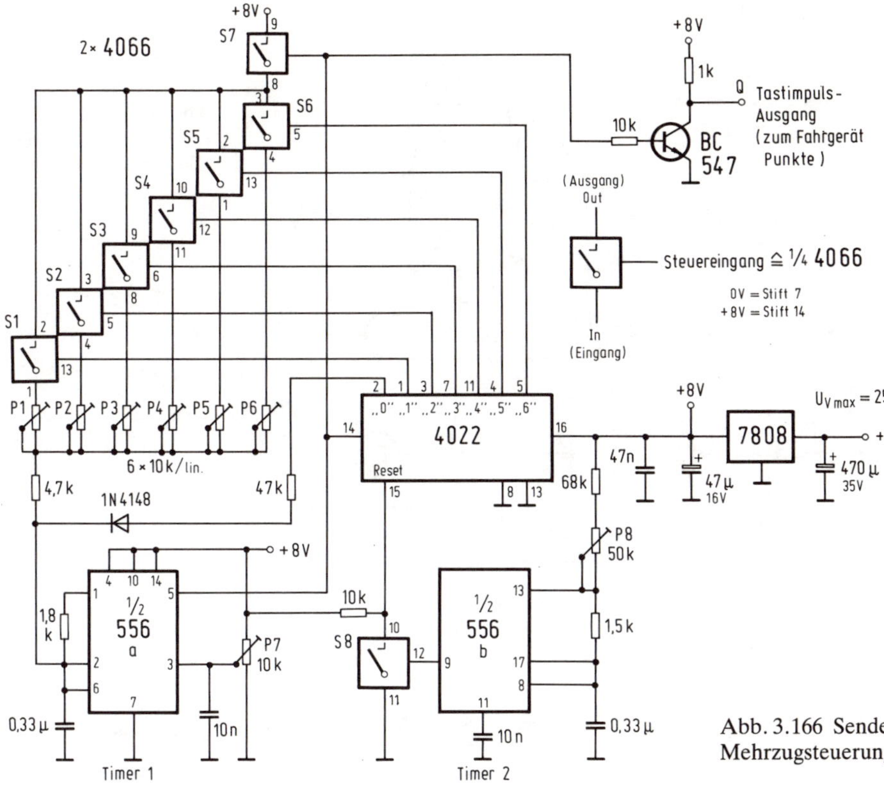

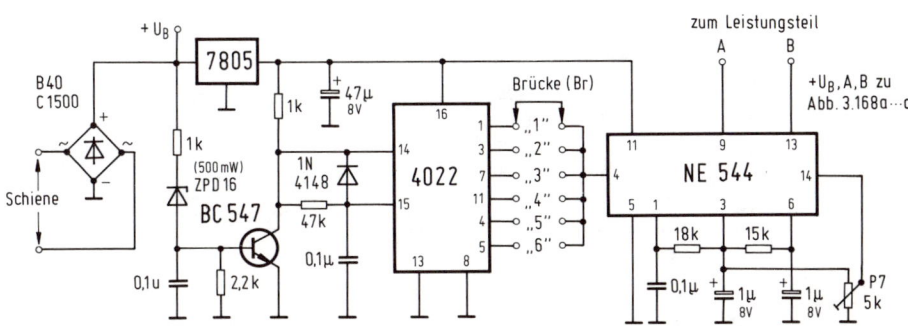

Abb. 3.166 Sender für Mehrzugsteuerung

Abb. 3.167 Lok-Empfänger für Mehrzugsteuerung

b, und der Zyklus beginnt aufs neue. Mit P8 ist die Zykluszeit auf maximal 20 ms einstellbar. Die Abstände zwischen den Vorderflanken der Tastimpulse stellt man mit P7 auf maximal 2 ms. Hierzu ist ein Oszilloskop erforderlich.

Der am Ausgang von Timer b befindliche BC 547 B invertiert die Ausgangsimpulse, die dann die Fahrspannung modulieren.

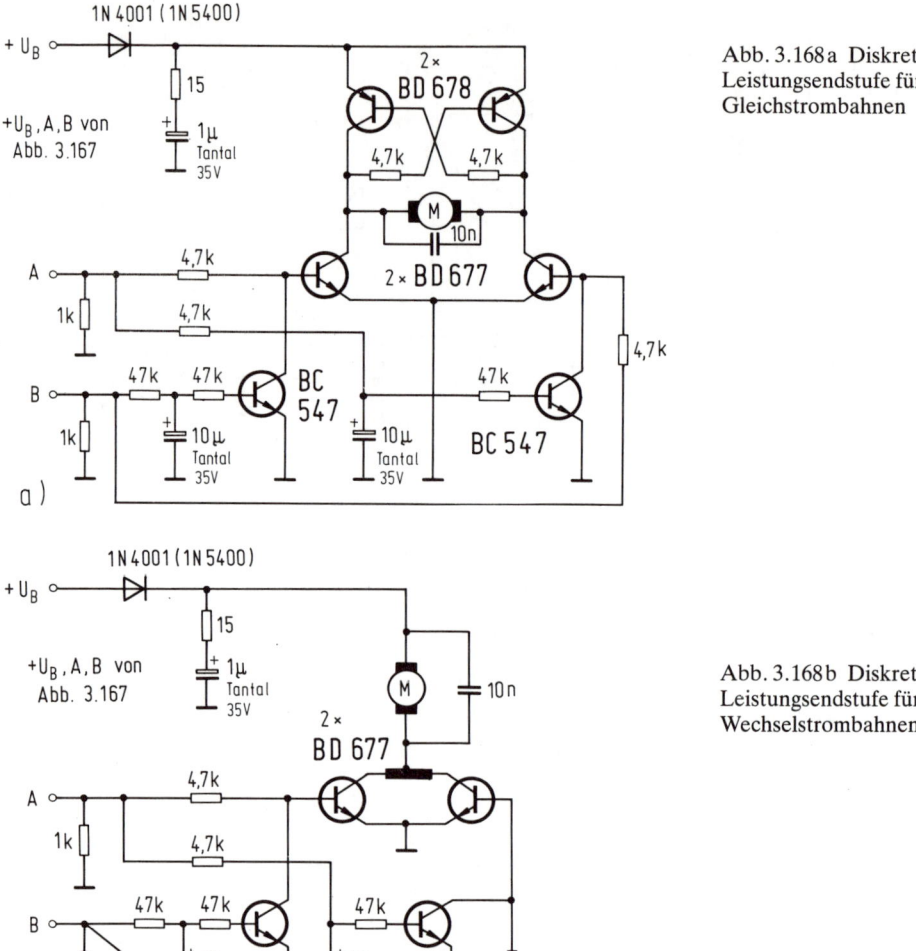

Abb. 3.168a Diskrete Leistungsendstufe für Gleichstrombahnen

Abb. 3.168b Diskrete Leistungsendstufe für Wechselstrombahnen

Beim Empfänger *(Abb. 3.167)* erkennen wir wiederum einen 4022, einen Servoverstärker NE 544 (von Valvo) und einen Spannungsstabilisator μA 7805. Zur Stromverstärkung dient die Leistungsstufe, die für Gleich- oder Wechselstrombahnen unterschiedlich aufzubauen *(Abb. 3.168 a bis d)* ist.

Durch Verwendung des Leistungsbrücken-ICs TLE 4201 A von Siemens, das max. 2...2,5 A liefern kann, ist eine Platzersparnis und Überlastsicherung möglich. Das IC verfügt über eine interne elektronische Überlast- und Temperaturschutzschaltung. Bei der Version in Abb. 3.168 c ist die Stirnlampenschaltung mit angegeben. Die weitere Funktion ist der Wahrheitstabelle zu entnehmen:

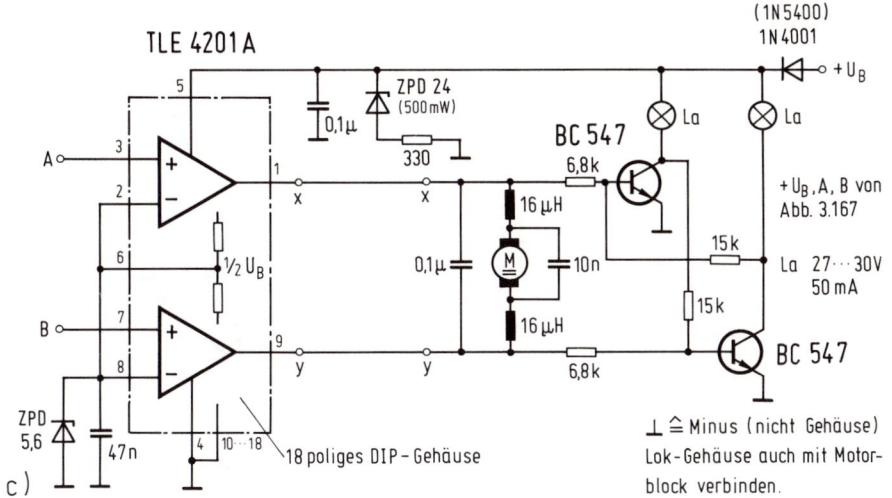

Abb. 3.168c Leistungsendstufe mit IC für Gleichstrombahnen

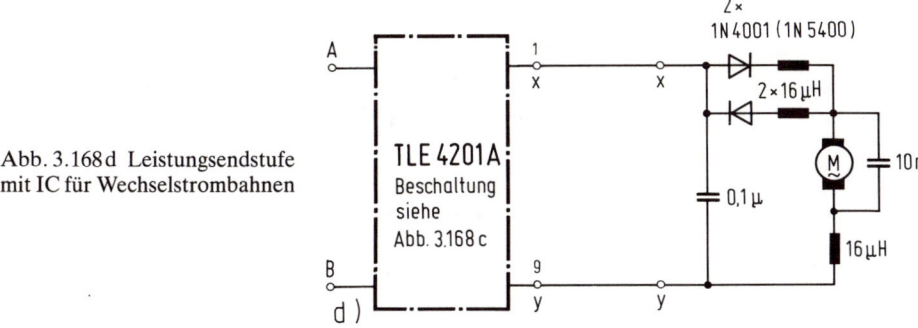

Abb. 3.168d Leistungsendstufe mit IC für Wechselstrombahnen

A	B	Funktion
0	0	Motor steht bzw. wird abggebremst
0	1	Motor dreht in die eine Richtung
1	0	Motor dreht in die andere Richtung
1	1	Motor steht bzw. wird abgebremst

Im Empfänger ist die Lok durch eine Brücke (Br) entsprechend ihrem zugehörigen Potentiometer P1...P6 zu programmieren. Mit P7 ist der Referenzimpuls des NE 544 auf 1,5 ms Dauer einzustellen (Oszilloskop verwenden).

Dieser kurze Überblick soll reichen. Für genauere Informationen sei nochmals auf das Taschenbuch 183 vom Franzis-Verlag verwiesen.

305

3.29 Automotor-Geräusch

Diese kleine Schaltung *(Abb. 3.169)* stellt einen Rechteckgenerator dar und erzeugt ein dieselähnliches Automotoren-Geräusch. Die Frequenz ist mit P1 einstellbar. Ansonsten spricht die Einfachheit für sich. Supersound ist natürlich nicht zu erwarten – oder?

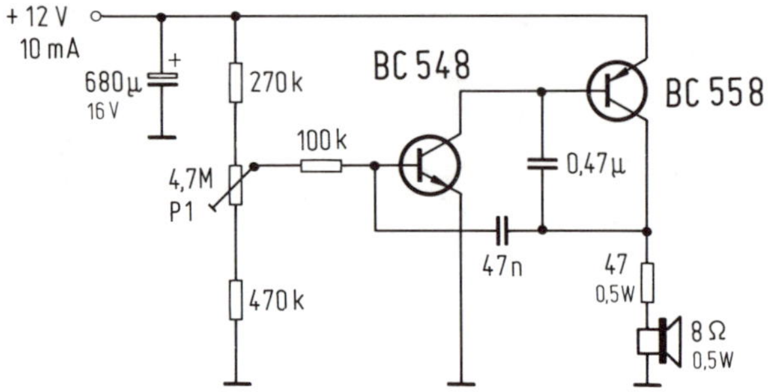

Abb. 3.169 Automotoren-Geräuschgenerator

3.30 Bausteine für Modellschiffe

Da auf einigen Modellbahnanlagen auch ein Hafenbecken aufgebaut bzw. angedeutet ist, sollen nachfolgend drei Schaltungen den dort verkehrenden Schiffen ihren typischen Sound bzw. die ordnungsgemäße Beleuchtung verleihen.

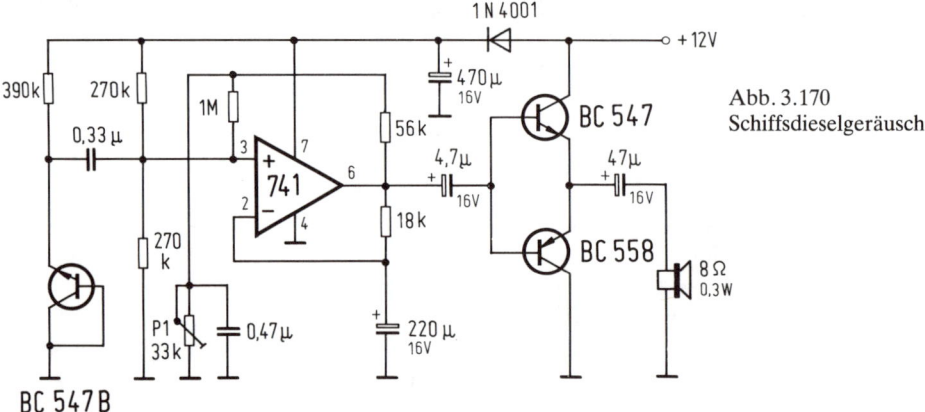

Abb. 3.170
Schiffsdieselgeräusch

3.30.1 Schiffsdiesel-Geräusch

Wir finden in *Abb. 3.170* einen Rausch- und einen Trapezgenerator vor, sowie einen Verstärker mit einer Gegentaktendstufe. Das Rauschen der in Sperrichtung betriebenen

Transistorstrecke moduliert den als Trapezgenerator geschalteten OP 741, dessen »Tukkerfrequenz« sich mit P1 einstellen läßt. Ersetzt man den Gegenkopplungswiderstand des 741 (56 kΩ) durch einen Einstellregler von 100 kΩ, kann zusätzlich das »Stampfen« verändert werden. Je größer der Lautsprecher ist, um so echter, d. h. naturgetreuer, klingt das Geräusch.

3.30.2 Nebelhorn für Schiffsmodelle

Damit man bei Nebel seine Modellschiffe wiederfindet, ist der Aufbau der Schaltung eines Nebelhorns nach *Abb. 3.171* unbedingt erforderlich. Diese einfache Tongeneratorschaltung bedarf wieder keiner Erklärung, sie spricht für sich. Mit P1 ist die Tonhöhe bzw. Tiefe einstellbar. Bei längerem Betrieb sollte der Endtransistor gekühlt werden. Je voluminöser der Lautsprecher, um so besser der Klang. Das Nebelhorn läßt sich auch mit einem AMV aus dem Timer 555 aufbauen. Da die Schaltung aus Abb. 2.41 bekannt ist, hier nur die frequenzbestimmenden Werte: Von + U_B (5...12 V) ein Widerstand von 1 kΩ mit einem Einstellregler von 470 kΩ in Reihe nach Stift 7, von Stift 7 nach Stift 6 ein Widerstand von 4,7 kΩ und von Stift 6 ein Kondensator von 0,1 μF nach Masse.

Abb. 3.171 Nebelhorn für Schiffe

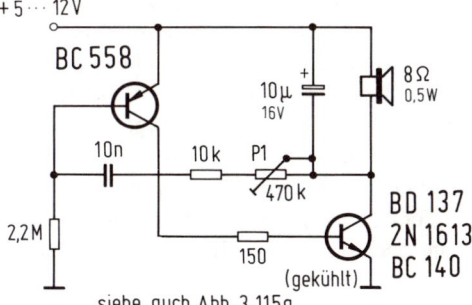

3.30.3 Positionsblinker für Schiffsmodelle oder Flugfeuer

Toplicht bzw. Flugfeuer

Das blinkende Toplicht läßt sich leicht durch das Oszillator-IC LM 3909 von National und eine gelbe LED realisieren. Durch Änderung des Kondensatorwertes sind andere Blinkfrequenzen möglich (größer ≙ langsamer, kleiner ≙ schneller). Beim Flugfeuer (z. B. Kirchturmspitze, Aussichtsturm usw.) muß die LED rot sein. Die Schaltung zeigt *Abb. 3.172*.

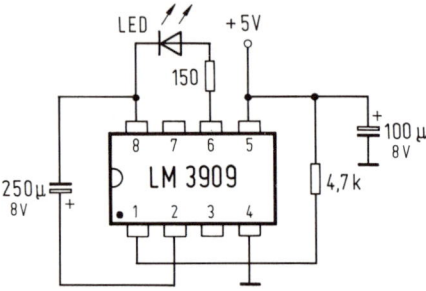

Abb. 3.172 Top-Blinklicht für Schiffe oder Aussichtstürme

Back- und Steuerbord-Blinklichter

Unter Verwendung eines 4fach Schmitt-Trigger-ICs 4093 läßt sich eine Blinkschaltung *(Abb. 3.173)* mit unterschiedlichen Betriebsmöglichkeiten aufbauen. Im Prinzip handelt es sich um zwei voneinander unabhängig schwingende Taktgeneratoren aus jeweils zwei Schmitt-Trigger-NAND. Der eigentliche Taktgenerator ist dabei jeweils das vordere NAND. Das darauf folgende NAND dient lediglich der Impulsformung und erhält eine dynamische Ansteuerung über den 0,22-μF-Kondensator. Beim Einschalten liefern die vorderen NAND »1« am Ausgang, da die Elektrolytkondensatoren (2,2 μF) noch nicht aufgeladen sind. Sobald die Kondensatorladung jedoch die Schwellspannung des Schmitt-Triggers erreicht hat, kippt dieser, und sein Ausgang geht schlagartig auf »0«. Der 2,2-μF-Kondensator entlädt sich nun über den 10-kΩ-Widerstand und den Einstellregler 470 kΩ bis zur Rückkippschwelle. Der Schmitt-Trigger kippt zurück und der Ausgang ist wieder schlagartig »1«. Der Zyklus beginnt von vorn. Die Einstellregler P1 bzw. P2 bestimmen also die Blinkfrequenz. Die Impulszeit, d. h. der Blinkeffekt, hängt von der Dimensionierung des RC-Gliedes des folgenden NAND (2,2 μF, 270 kΩ) ab.

Über je einen nachgeschalteten Transistorschalter erfolgt die Ansteuerung der Positionsleuchten (rot = Backbord = links; grün = Steuerbord = rechts). Damit die

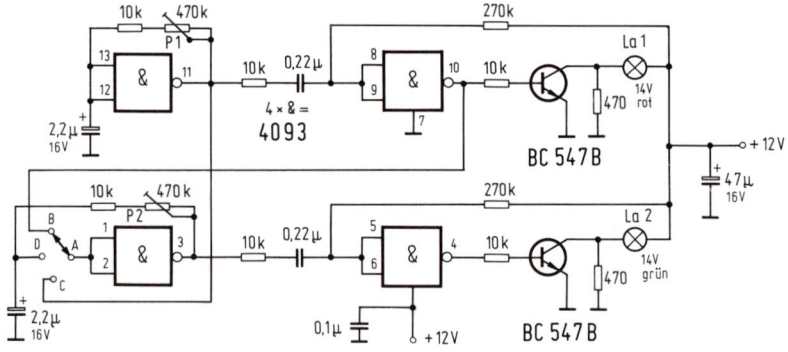

Abb. 3.173 Back- oder Steuerbord-Positionslichter (Wechselblinker)

Glühlampen länger leben, reduzieren wir den Einschaltstromstoß durch einen Vorheizwiderstand gegen Masse. Der Wert ist dabei empirisch zu ermitteln, die 470 Ω stellen nur einen Anhaltswert dar. Natürlich ist auch der Einsatz von LED mit Vorwiderstand möglich (der Vorheizwiderstand entfällt dann).

Durch Umstecken einer Brücke sind folgende Betriebsmöglichkeiten gegeben:

1. Brücke A nach B = gleichzeitiges Blinken beider Verbraucher
2. Brücke A nach C = abwechselndes Blinken beider Verbraucher
3. Brücke A nach D = unabhängiges Blinken beider Verbraucher

3.31 Hochspannungs-Begrasungsgerät

Wer seine Modellbahnlandschaft nicht aus vorgefertigten Geländematten erstellt, sondern Streupulver verwendet, das er in ein Leim-Wassergemisch streut, kennt sicher den Effekt, daß das Streupulver flach oder in Klumpen im Leim liegt. Doch auf einer natürlichen Wiese stehen die Grashalme senkrecht (es sei denn ein Fahrzeug oder ein Mensch hat sie niedergedrückt oder abgemäht).

Um diesen Effekt beim Begrasen der Anlage zu erreichen, erzeugt man am besten ein elektrisches Feld, das die Halme elektrisiert (statisch auflädt), so daß sie sich, eine geeignete Konsistenz des Leimes vorausgesetzt, senkrecht aufrichten und so festkleben.

Für das elektrische Feld benötigen wir eine Hochspannung (z. B. 1000 V), die jedoch auf einen für den Menschen harmlosen Stromwert (max. 2 mA) zu begrenzen ist. Die Schaltung hierzu, die jedoch nichts für Leute mit schwachem Herzen ist, zeigt *Abb. 3.174.* Beim Berühren der beiden Elektronen erhält man einen leichten, in der Regel ungefährlichen Stromschlag, ähnlich einem Nadelstich.

Die Schaltung besteht aus der Hintereinanderschaltung von fünf Spannungsverdopplerstufen mit jeweils zwei Dioden und zwei Kondensatoren. Derartige Kaskadenschaltungen findet man z. B. im Weidezaungerät, im Fernseher oder bei Blitzröhren.

Es handelt sich hierbei um eine Einweggleichrichterschaltung, weil bei jeder Halbwelle nur immer ein Kondensator über die dann gerade in Flußrichtung gepolte Diode aufgeladen werden kann. Die Spannungsverdopplung der Stufe entsteht durch das Aufstocken der gleichgerichteten Spannung auf das Potential an Punkt A. Fünf Stufen ergeben also im Leerlauf die zehnfache Effektiv-Eingangsspannung. Bei Belastung sinkt die Gesamtspannung jedoch ab.

$$U \approx n \cdot \sqrt{2} \cdot U\sim \qquad U \approx 10 \cdot 1{,}414 \cdot 220 \text{ V} \qquad U \approx 3{,}11 \text{ kV}$$
$$n = 2, 4, 6, 8, 10 \ldots$$

$$C \approx \frac{5 \cdot I}{f \cdot U} \qquad C \approx \frac{5 \cdot 5 \cdot 10^{-3} \text{A}}{50 \text{ Hz} \cdot 3{,}11 \cdot 10^{3} \text{V}} \qquad C \approx 0{,}16 \text{ µF}; \qquad \text{Normwert } 0{,}22 \text{ µF}$$

$$R = \frac{U}{I} = \frac{3{,}11 \text{ KV}}{2 \text{ mA}} = 1{,}5 \text{ M}\Omega$$

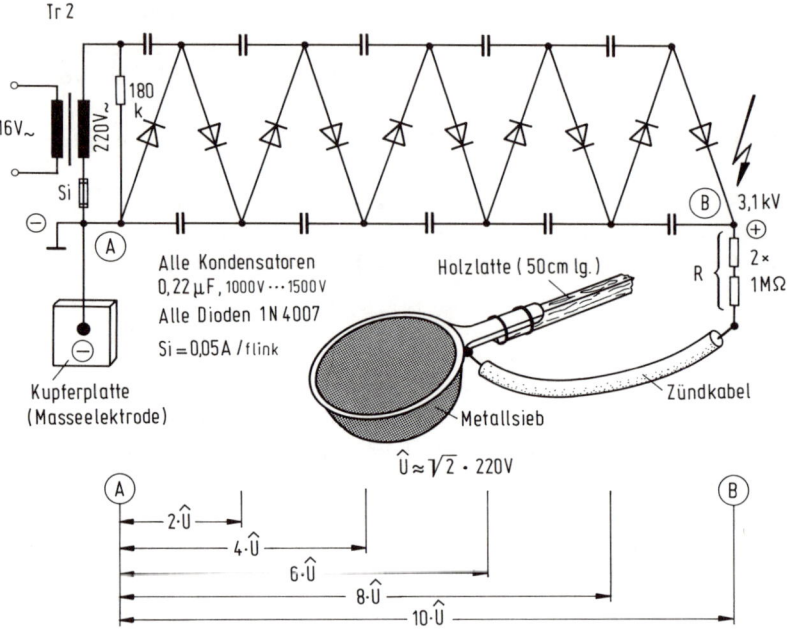

Abb. 3.174 Hochspannungs-»Begrasungsgerät« (3,1 KV)

Wem der Strom noch zu hoch ist, der kann R entsprechend o. a. Formel weiter vergrößern. Wir verwenden aus Sicherheitsgründen eine Reihenschaltung von zwei 1-MΩ-Widerständen. Der Transformator Tr1 der Schaltung (220 V/16 V mit 0,1 A) kann direkt am Beleuchtungsausgang des Modellbahnfahrpults oder einem anderen Transformator mit einer Sekundärspannung von 16 V angeschlossen werden. Die 220-V-Wicklung von Tr1 legt man an den Eingang der Schaltung. Die 16 V-Wicklung kommt an den 16 V-Ausgang des externen Transformators, der ein Sicherheitstransformator nach VDE 0551 sein muß.

Zum »Begrasen« legt man die Masseelektrode (−) in den feuchten Leim, den Ausgang der Schaltung (+) verbindet man über ein genügend langes, entsprechend dickes Kabel (z. B. Zündkabel) mit einem Metallsieb mit Kunststoffgriff, oder er wird durch eine Holzlatte isoliert. Oberleitungen, andere Kabel oder sonstige stromführende Teile, sollte man vor dem Arbeiten mit dem Begrasungsgerät von der Stromversorgung abschalten, damit hier keine Schäden entstehen.

Sind alle Vorsichtsmaßnahmen ergriffen, schütten wir das Streumehl in das Sieb und schalten die Hochspannung ein. Ab einem gewissen Abstand zum Leim entsteht das versprochene elektrische Feld. – Die Halme stehen senkrecht. Kurz vor dem Hartwerden des Leims kann man die Halme nach der gleichen Methode nochmals ausrichten.

Kinder und Ehefrau sollten bei diesen Arbeiten nicht im Hobbyraum sein, auch man selbst sollte vorsichtig sein – wir haben hier 3,1 kV Hochspannung anliegen!!!

4 Anhang

Wer bis hier durch die Welt der Modellbahnelektronik gefolgt ist, hat garantiert die Scheu vor dieser verloren und kann sich nun daran machen, die Probleme auf seiner Modellbahnanlage vorbildgetreu zu lösen.

Bis auf komplexe Computerschaltungen bzw. Computerprogramme hat er mit diesem Buch (fast) jede Problemlösung parat. Zudem brauchen auch Computer ihre Fühler im Modellbahngeschehen, so daß alle Schaltungen genauso für die Schnittstellen der Computer einsetzbar sind.

Literatur

a) Bücher

[1] Nührmann: Werkbuch Elektronik, Franzis Verlag
[2] Limann/Pelka: Elektronik ohne Ballast, Franzis Verlag
[3] Heller: Modelleisenbahn-Elektronik von Anfang an, Franzis Verlag
[4] Hofacker: Elektronik Schaltungen, Hofacker
[5] Schiersching: Elektronik für Modellbahner, Telekosmos Verlag
[6] Schiersching: Elektronisch Pfeifen, Läuten, Bimmeln, Telekosmos Verlag
[7] Schiersching: Lichterpracht in der Modellstadt, Telekosmos Verlag
[8] Knobloch: Modelleisenbahnen elektronisch gesteuert, Band 1, 2, 3, Pflaum Verlag
[9] Müller: Elektronik Schaltungen für Modelleisenbahnen, Pflaum Verlag
[10] Dr. Christoffers: Modelleisenbahnen – digital gesteuert. Franzis Verlag
[11] Jäger: Elektronische Gleisbildstellwerke, Franzis Verlag
[12] Härtl: Optoelektronik in der Praxis, Härtl Verlag
[13] Fischer: Modellbahnelektronik leicht gemacht, Müller Verlag
[14] Dr. Hintz: Thyristor- und Triac-Schaltungstechnik. Franzis-Verlag.
[15] Nührmann: Transistor-Praxis. Franzis-Verlag
[16] Knobloch: Transistorschaltungen selbst entwickeln. Franzis-Verlag.

b) Zeitschriften

MIBA, Zeitschrift, MIBA Verlag
modell elektronik, Zeitschrift, Müller Verlag
eisenbahn magazin, Zeitschrift, Alba Verlag
ELO, Funkschau: Zeitschriften vom Franzis Verlag, München.

Technische Daten

Kennzeichnung von Dioden:

1. Buchstabe A: Germanium
             B: Silizium
2. Buchstabe A: allgemeine Kleinsignalgleichrichtung, Schaltzwecke
             B: Kapazitätsdiode
             E: Tunneldiode
             X: für Vervielfacher (Hochfrequenz)
             Y: Leistungsdiode
             Z: Referenzdiode, Zenerdiode

Amerikanische Typen: Deutsche Typen
(JEDEC) (pro Electron)

Farbe Ziffer	1. Ring (breit)	2. Ring (breit)	3. + 4. (schmal)
schwarz = 0	braun = AA	weiß = Z	schwarz = 0
braun = 1	rot = BA	grau = Y	braun = 1
rot = 2		schwarz = X	rot = 2
orange = 3		blau = W	orange = 3
gelb = 4		grün = V	gelb = 4
grün = 5		gelb = T	grün = 5
blau = 6		orange = S	blau = 6
violett = 7			violett = 7
grau = 8			grau = 8
weiß = 9			weiß = 9

Die Kennung
– 1 N –
wird vor den
1. Ring
gedacht.

Kennzeichnung von Transistoren

1. Buchstabe	A: Germanium
	B: Silizium
2. Buchstabe	C: Nf-Bereich bis ca. 100 MHz
	D: Nf-Bereich bis 3 MHz bei höherer Verlustleistung (ca. 1 . . . 70 W)
	F: Hf-Bereich ca. 240 . . . 1800 MHz
3. Buchstabe	A = Verstärkungsfaktor $B \approx 120 . . . 260$
hinter der	B = Verstärkungsfaktor $B \approx 240 . . . 500$
Ziffernfolge	C = Verstärkungsfaktor $B \approx 450 . . . 900$

Anschlußbelegungen von Transistoren

**AC 121; AC 151; AC 152
ASY 48; ASY 70**

**BC 182; BC 183; BC 212;
BC 237...BC 239**

**BC 140; BC 160
BC 141; BC 161**

BC 257...BC 259

BC 107...BC 109 A, B, C

**BC 307...BC 309;
BC 327; BC 328;
BC 337; BC 338**

BC 167...BC 169

BC 368; BC 369

BC 177...BC 179

**BC 413...BC 416; BC 516; BC 517;
BC 546...BC 560**

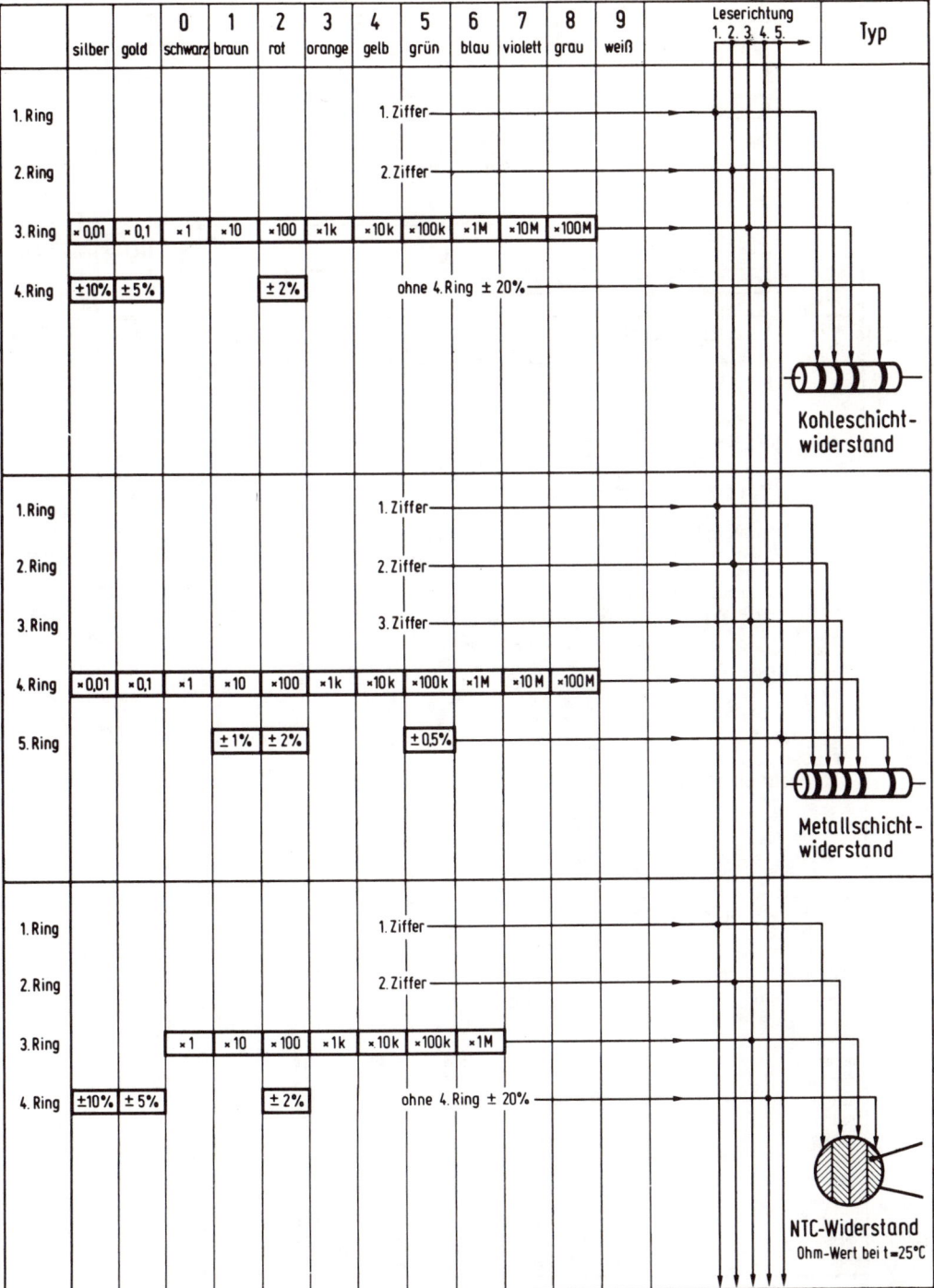

	silber	gold	**0** schwarz	**1** braun	**2** rot	**3** orange	**4** gelb	**5** grün	**6** blau	**7** violett	**8** grau	**9** weiß	Leserichtung 1. 2. 3. 4. 5.	Typ
1. Ring							1. Ziffer							
2. Ring							2. Ziffer							
3. Ring	×0,01	×0,1	×1	×10	×100	×1k	×10k	×100k	×1M	×10M	×100M			
4. Ring	±10%	±5%			±2%		ohne 4.Ring ±20%							Kohleschicht- widerstand

	silber	gold	**0** schwarz	**1** braun	**2** rot	**3** orange	**4** gelb	**5** grün	**6** blau	**7** violett	**8** grau	**9** weiß		
1. Ring							1. Ziffer							
2. Ring							2. Ziffer							
3. Ring							3. Ziffer							
4. Ring	×0,01	×0,1	×1	×10	×100	×1k	×10k	×100k	×1M	×10M	×100M			
5. Ring				±1%	±2%			±0,5%						Metallschicht- widerstand

	silber	gold	**0** schwarz	**1** braun	**2** rot	**3** orange	**4** gelb	**5** grün	**6** blau	**7** violett	**8** grau	**9** weiß		
1. Ring							1. Ziffer							
2. Ring							2. Ziffer							
3. Ring			×1	×10	×100	×1k	×10k	×100k	×1M					
4. Ring	±10%	±5%			±2%		ohne 4.Ring ±20%							NTC-Widerstand Ohm-Wert bei t=25°C

Kondensatoren

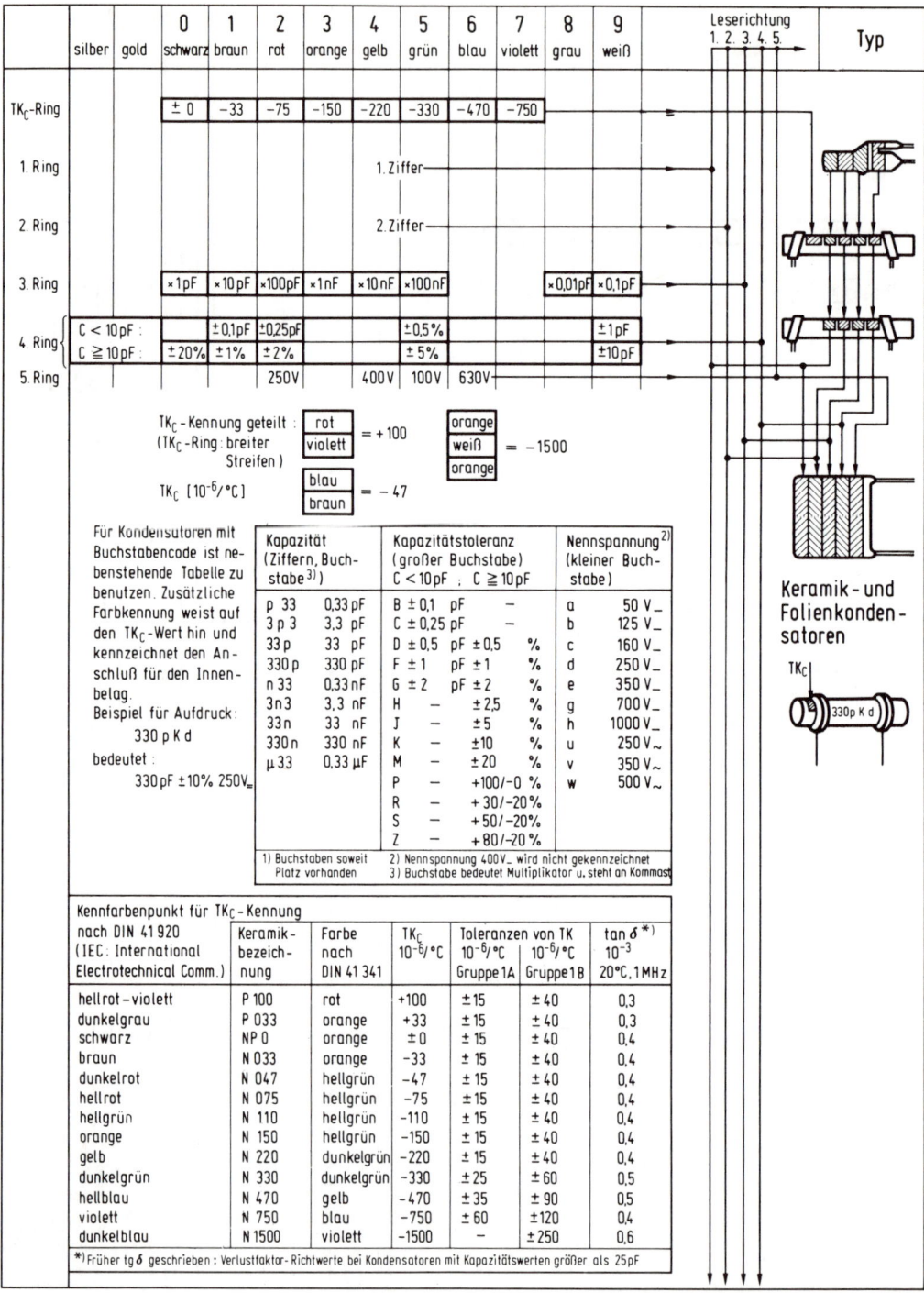

	silber	gold	0 schwarz	1 braun	2 rot	3 orange	4 gelb	5 grün	6 blau	7 violett	8 grau	9 weiß
TK_C-Ring			±0	−33	−75	−150	−220	−330	−470	−750		
1. Ring						1. Ziffer						
2. Ring						2. Ziffer						
3. Ring			×1pF	×10pF	×100pF	×1nF	×10nF	×100nF			×0,01pF	×0,1pF
4. Ring C < 10pF:				±0,1pF	±0,25pF			±0,5%				±1pF
4. Ring C ≧ 10pF:	±20%			±1%	±2%			±5%				±10pF
5. Ring				250V			400V	100V	630V			

Leserichtung 1. 2. 3. 4. 5. →

Typ

TK_C-Kennung geteilt: $\dfrac{\text{rot}}{\text{violett}} = +100$ $\dfrac{\text{orange}}{\text{weiß}}\Big/\text{orange} = -1500$

(TK_C-Ring: breiter Streifen) $\dfrac{\text{blau}}{\text{braun}} = -47$

$TK_C\ [10^{-6}/°C]$

Für Kondensatoren mit Buchstabencode ist nebenstehende Tabelle zu benutzen. Zusätzliche Farbkennung weist auf den TK_C-Wert hin und kennzeichnet den Anschluß für den Innenbelag.
Beispiel für Aufdruck:
330 p K d
bedeutet:
330 pF ±10% 250V_

Kapazität (Ziffern, Buchstabe [3])		Kapazitätstoleranz (großer Buchstabe) C < 10pF ; C ≧ 10pF			Nennspannung [2] (kleiner Buchstabe)	
p 33	0,33 pF	B	±0,1 pF	—	a	50 V_
3 p 3	3,3 pF	C	±0,25 pF	—	b	125 V_
33 p	33 pF	D	±0,5 pF	±0,5 %	c	160 V_
330 p	330 pF	F	±1 pF	±1 %	d	250 V_
n 33	0,33 nF	G	±2 pF	±2 %	e	350 V_
3n3	3,3 nF	H	—	±2,5 %	g	700 V_
33n	33 nF	J	—	±5 %	h	1000 V_
330n	330 nF	K	—	±10 %	u	250 V~
µ 33	0,33 µF	M	—	±20 %	v	350 V~
		P	—	+100/−0 %	w	500 V~
		R	—	+30/−20%		
		S	—	+50/−20%		
		Z	—	+80/−20 %		

1) Buchstaben soweit Platz vorhanden
2) Nennspannung 400V_ wird nicht gekennzeichnet
3) Buchstabe bedeutet Multiplikator u. steht an Kommastelle

Keramik- und Folienkondensatoren

TK_C 330 p K d

Kennfarbenpunkt für TK_C-Kennung nach DIN 41920 (IEC: International Electrotechnical Comm.)

	Keramik-bezeichnung	Farbe nach DIN 41341	TK_C $10^{-6}/°C$	Toleranzen von TK $10^{-6}/°C$ Gruppe 1A	Toleranzen von TK $10^{-6}/°C$ Gruppe 1B	tan δ *) 10^{-3} 20°C, 1MHz
hellrot−violett	P 100	rot	+100	±15	±40	0,3
dunkelgrau	P 033	orange	+33	±15	±40	0,3
schwarz	NP 0	orange	±0	±15	±40	0,4
braun	N 033	orange	−33	±15	±40	0,4
dunkelrot	N 047	hellgrün	−47	±15	±40	0,4
hellrot	N 075	hellgrün	−75	±15	±40	0,4
hellgrün	N 110	hellgrün	−110	±15	±40	0,4
orange	N 150	hellgrün	−150	±15	±40	0,4
gelb	N 220	dunkelgrün	−220	±15	±40	0,4
dunkelgrün	N 330	dunkelgrün	−330	±25	±60	0,5
hellblau	N 470	gelb	−470	±35	±90	0,5
violett	N 750	blau	−750	±60	±120	0,4
dunkelblau	N 1500	violett	−1500	—	±250	0,6

*) Früher tg δ geschrieben: Verlustfaktor-Richtwerte bei Kondensatoren mit Kapazitätswerten größer als 25pF

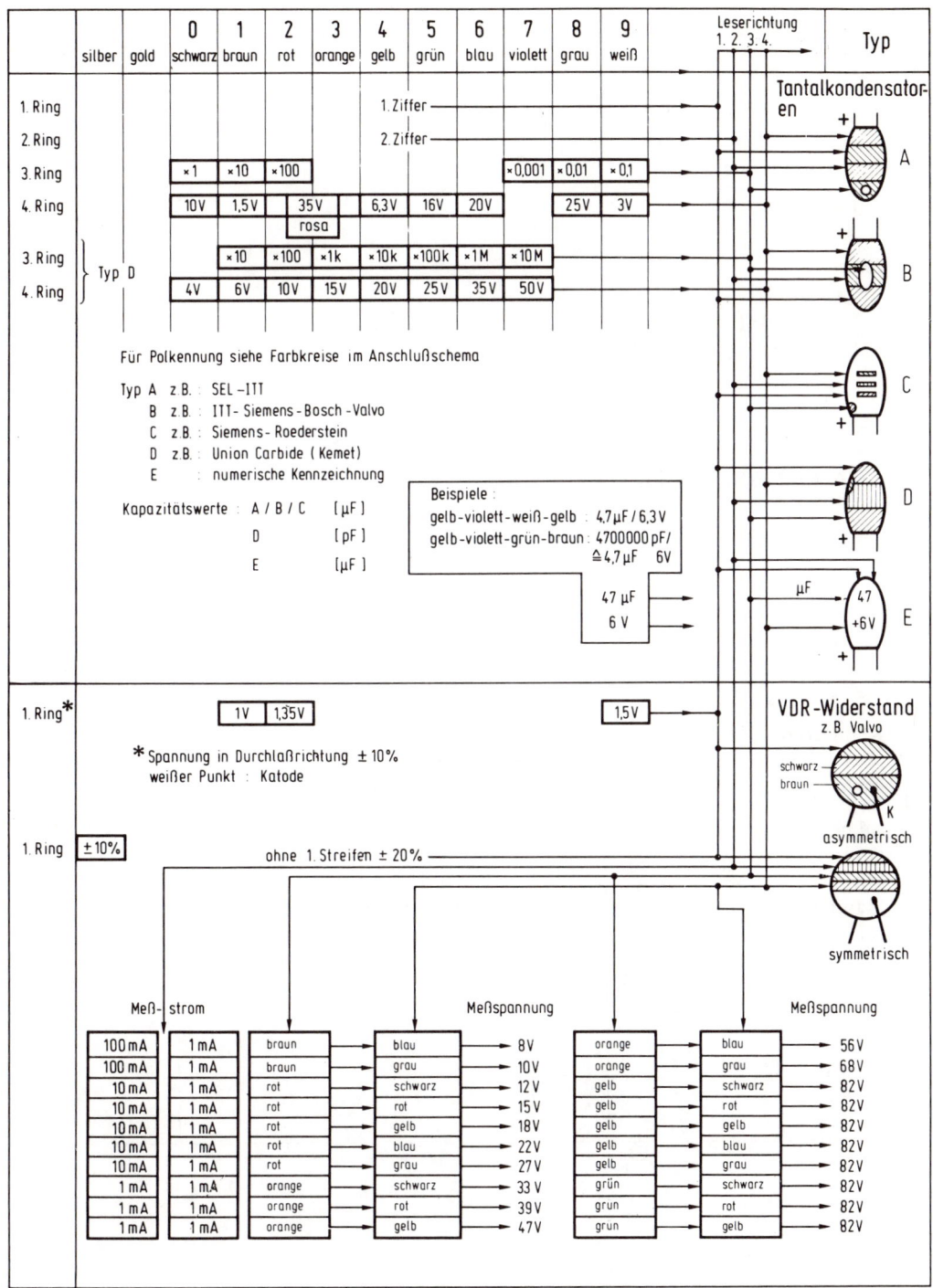

	silber	gold	**0** schwarz	**1** braun	**2** rot	**3** orange	**4** gelb	**5** grün	**6** blau	**7** violett	**8** grau	**9** weiß	Leserichtung 1. 2. 3. 4. →	Typ

Tantalkondensatoren

1. Ring — 1. Ziffer
2. Ring — 2. Ziffer
3. Ring: ×1 (braun) ×10 (rot) ×100 (orange) | ×0,001 (violett) ×0,01 (grau) ×0,1 (weiß)
4. Ring: 10V (schwarz) 1,5V (braun) 35V rosa (orange) 6,3V (gelb) 16V (grün) 20V (blau) | 25V (grau) 3V (weiß)

Typ D:
3. Ring: ×10 (braun) ×100 (rot) ×1k (orange) ×10k (gelb) ×100k (grün) ×1M (blau) ×10M (violett)
4. Ring: 4V (braun) 6V (rot) 10V (orange) 15V (gelb) 20V (grün) 25V (blau) 35V (violett) 50V (grau)

Für Polkennung siehe Farbkreise im Anschlußschema

Typ A z.B. : SEL –ITT
   B z.B. : ITT- Siemens - Bosch - Valvo
   C z.B. : Siemens- Roederstein
   D z.B. : Union Carbide (Kemet)
   E : numerische Kennzeichnung

Kapazitätswerte : A / B / C   [µF]
            D   [pF]
            E   [µF]

Beispiele :
gelb-violett-weiß-gelb : 4,7µF / 6,3 V
gelb-violett-grün-braun : 4700000 pF/
                ≙ 4,7 µF   6V

47 µF
6 V

µF
47
+6V

E

VDR-Widerstand z.B. Valvo

1. Ring* 1V (rot) 1,35V (orange) 1,5V (violett)

* Spannung in Durchlaßrichtung ± 10%
  weißer Punkt : Katode

schwarz
braun
K
asymmetrisch

1. Ring ± 10% ohne 1. Streifen ± 20%

symmetrisch

Meß- strom				Meßspannung		Meßspannung
100 mA	1 mA	braun	blau	→ 8V	orange	blau → 56 V
100 mA	1 mA	braun	grau	→ 10V	orange	grau → 68 V
10 mA	1 mA	rot	schwarz	→ 12 V	gelb	schwarz → 82 V
10 mA	1 mA	rot	rot	→ 15 V	gelb	rot → 82 V
10 mA	1 mA	rot	gelb	→ 18 V	gelb	gelb → 82 V
10 mA	1 mA	rot	blau	→ 22 V	gelb	blau → 82 V
10 mA	1 mA	rot	grau	→ 27 V	gelb	grau → 82 V
1 mA	1 mA	orange	schwarz	→ 33 V	grün	schwarz → 82 V
1 mA	1 mA	orange	rot	→ 39 V	grun	rot → 82 V
1 mA	1 mA	orange	gelb	→ 47V	grun	gelb → 82 V

Bezeichnung kleiner Keramikkondensatoren
$(10^2 \ldots 10\,5\,\text{pF})$

$\times \ \times \ \times$
|
     Anzahl der Nullen

Zahlenwert

Beispiele:
$221 \triangleq 220\,\text{pF}$
$223 \triangleq 22\,000\,\text{pF} \ = \ 22\,\text{nF}$
$224 \triangleq 220\,000\,\text{pF} = 220\,\text{nF}$

Farbcode von Induktivitäten

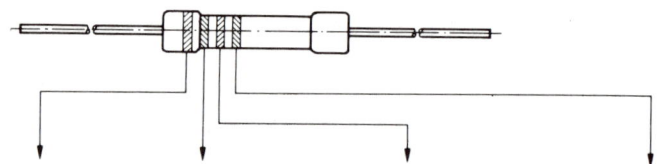

Kennfarbe	1. Ring = 1. Wertziffer	2. Ring = 2. Wertziffer	3. Ring = Multiplikator	4. Ring = Toleranz
farblos	–	–	–	$\pm$ 20 % (M)
silber	–	–	$\times 10^{-2}\,\mu H \ = \ \ 0{,}01 \ \mu H$	$\pm$ 10 % (K)
gold	–	–	$\times 10^{-1}\,\mu H \ = \ \ 0{,}1 \ \ \mu H$	$\pm$ 5 % (J)
schwarz	–	0	$\times 10^{0} \ \ \mu H \ = \ \ 1 \ \ \ \ \mu H$	
braun	1	1	$\times 10^{1} \ \ \mu H \ = \ 10 \ \ \ \mu H$	
rot	2	2	$\times 10^{2} \ \ \mu H \ = 100 \ \ \ \mu H$	
orange	3	3		
gelb	4	4		
grün	5	5		
blau	6	6		
violett	7	7		
grau	8	8		
weiß	9	9		

Optokoppler

Typ/ Hersteller		Vergleichstyp
SPX 33	Spe	CNY 17-1, TIL 116, H 11 A 5, CQY 80 N
SPX 35	Spe	SFH 600-3, H 11 A 5100, 4 N 35, (H 11 A 5100)
SPX 53	Spe	TIL 117, CQY 80 N, CNY 17-1
SPX 103	Spe	CNY 17-3, 4 N 35
SPX 7110	Spe	SFH 601-1
SPX 7130	Spe	SFH 601-3
SPX 7150	Spe	SFH 601-4
SPX 7270	Spe	SFH 601-1
SPX 7271	Spe	MCT 271, SFH 601-1
SPX 7272	Spe	SFH 601-2, MCT 272
SPX 7273	Spe	SFH 601-3, MCT 273
SPX 7530	Spe	SFH 601-1
SPX 7590	Spe	SFH 601-4
SPX 7911	SFE	PC 900
SU 25	–	4 N 25, CNY 17
TIL 102	Ti	(H 10 A 1)
TIL 111	Ti	4 N 26, 4 N 27, SFH 600-1, (H 11 A 4)
TIL 112	Ti	4 N 27, 4 N 26, (H 11 A 5)
TIL 113	Ti	4 N 30, 4 N 31, 4 N 33, 4 N 34, MOC 1100, SCD 11 B 2
TIL 114	Ti	SPX 33, (MCT 2 F), (H 11 A 3)
TIL 115	Ti	SPX 26, 4 N 26, (H 11 A 3)
TIL 116	Ti	4 N 25, 4 N 26, 4 N 28, MOC 1001, (IL-1, MCT 2)
TIL 117	Ti	SFH 600-0, SPX 53, (IL-5, H 11 A 1), CQY 80 N
TIL 118	Ti	4 N 27, SPX 26, (H 11 A 5)
TIL 119	Ti	SCD 11 B 2, 4 N 33, (H 11 B 2)
TIL 124	Ti	SFH 601-1, (CNY 17)
TIL 125	Ti	SFH 601-1, (CNY 17)
TIL 126	Ti	CNY 17-3, SFH 601-2
TIL 127	Ti	CNY 17-4
TIL 136	Ti	MOC 1003
TIL 144	Ti	MCT 81, (H 13 A 2)
TIL 153	Ti	CNY 17-1, 4 N 26
TIL 154	Ti	4 N 25, CNY 17-1
TIL 155	Ti	CNY 80 N, CNY 155
TIL 156	Ti	(4 N 33)
TIL 157	Ti	(4 N 33)

ICs der CMOS-Reihe 40/45

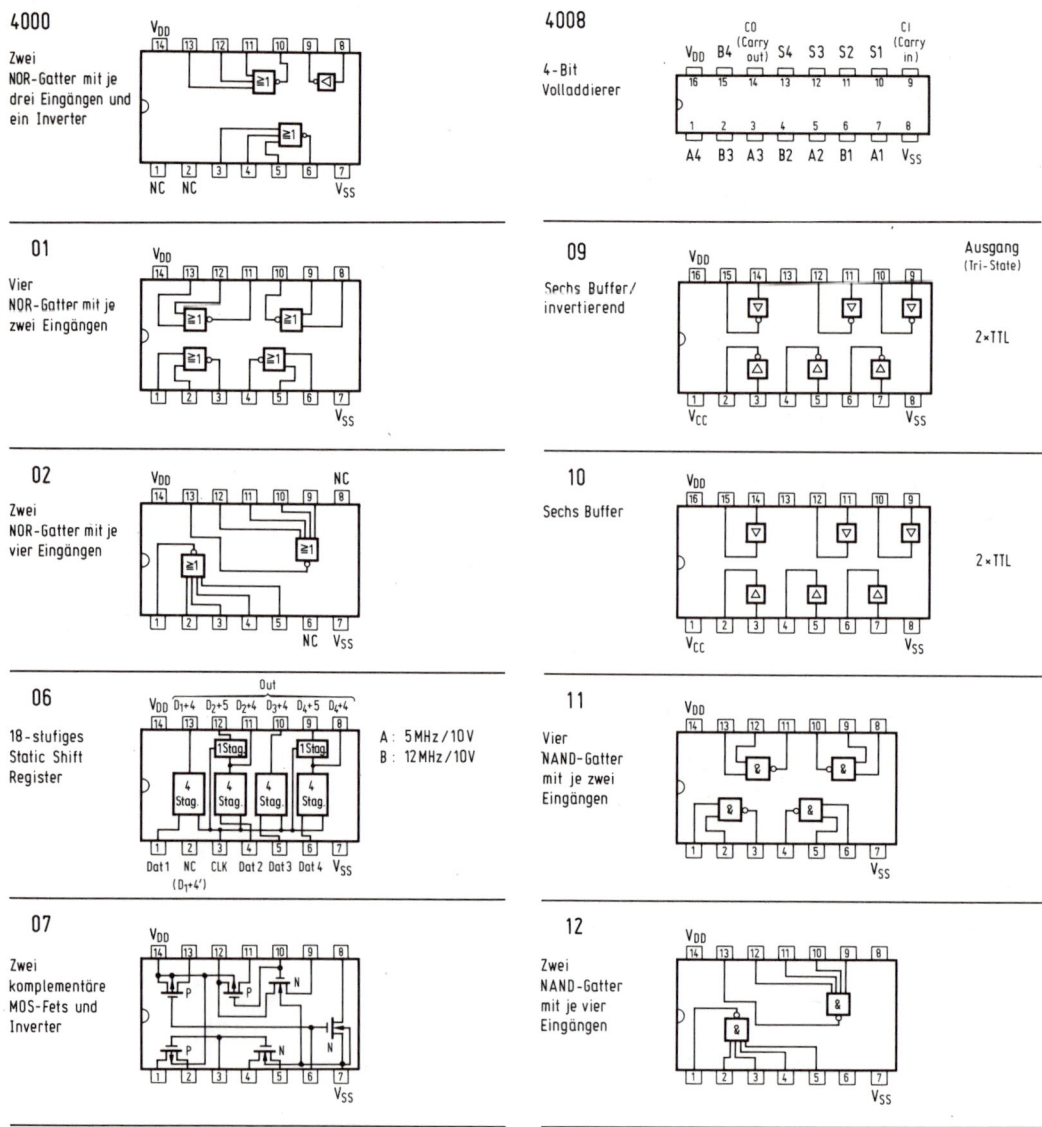

4000

Zwei
NOR-Gatter mit je
drei Eingängen und
ein Inverter

01

Vier
NOR-Gatter mit je
zwei Eingängen

02

Zwei
NOR-Gatter mit je
vier Eingängen

06

18-stufiges
Static Shift
Register

A : 5 MHz / 10 V
B : 12 MHz / 10 V

07

Zwei
komplementäre
MOS-Fets und
Inverter

4008

4-Bit
Volladdierer

09

Sechs Buffer/
invertierend

Ausgang
(Tri-State)

2×TTL

10

Sechs Buffer

2×TTL

11

Vier
NAND-Gatter
mit je zwei
Eingängen

12

Zwei
NAND-Gatter
mit je vier
Eingängen

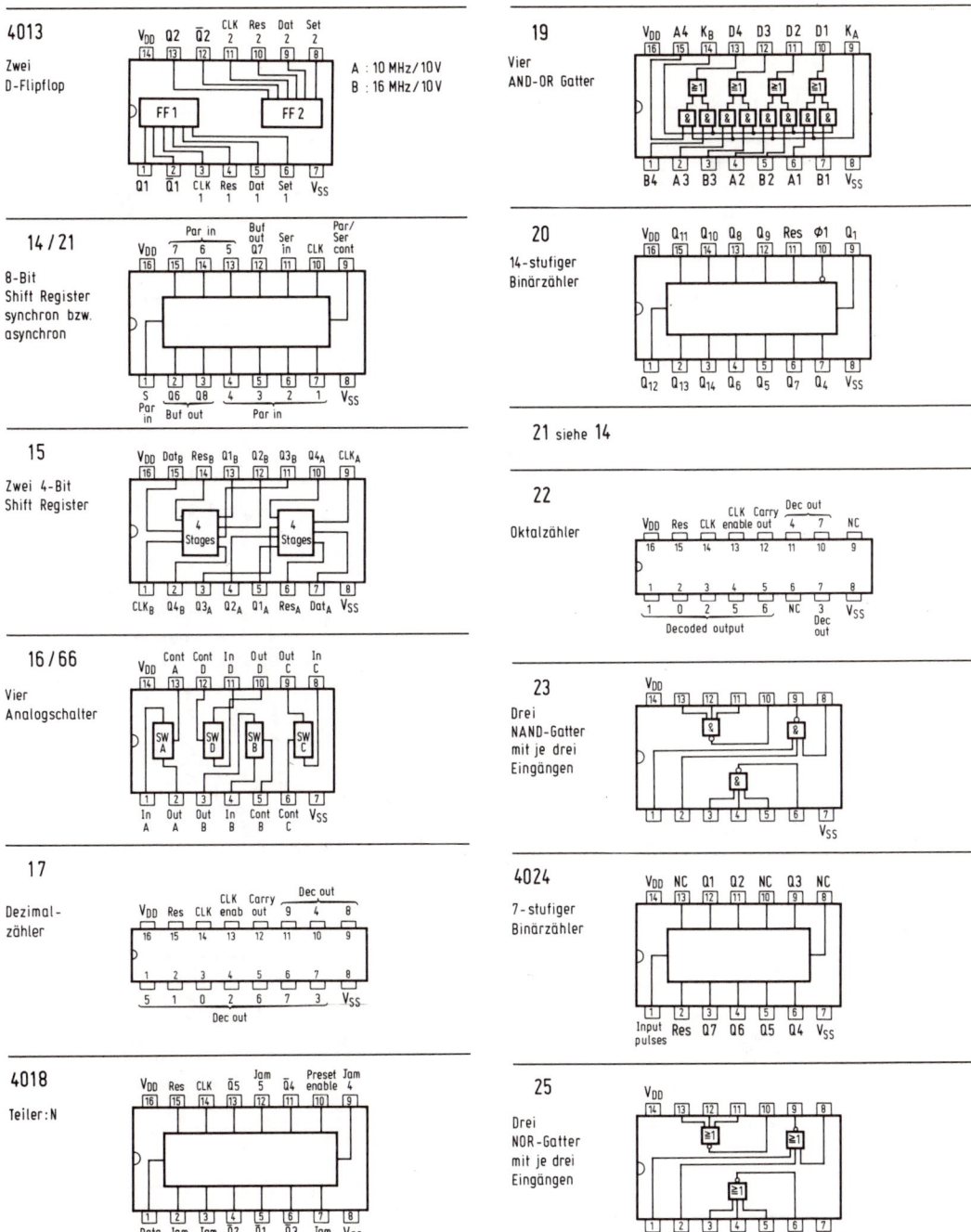

4013
Zwei
D-Flipflop

		CLK 2	Res 2	Dat 2	Set 2
V_DD	Q2	Q̄2				
14	13	12	11	10	9	8

FF 1   FF 2

A : 10 MHz / 10 V
B : 16 MHz / 10 V

|1|2|3|4|5|6|7|
|Q1|Q̄1|CLK 1|Res 1|Dat 1|Set 1|V_SS|

14 / 21
8-Bit
Shift Register
synchron bzw.
asynchron

15
Zwei 4-Bit
Shift Register

16 / 66
Vier
Analogschalter

17
Dezimal-
zähler

4018
Teiler:N

19
Vier
AND-OR Gatter

20
14-stufiger
Binärzähler

21 siehe **14**

22
Oktalzähler

23
Drei
NAND-Gatter
mit je drei
Eingängen

4024
7-stufiger
Binärzähler

25
Drei
NOR-Gatter
mit je drei
Eingängen

27

Zwei
J/K-Flipflop

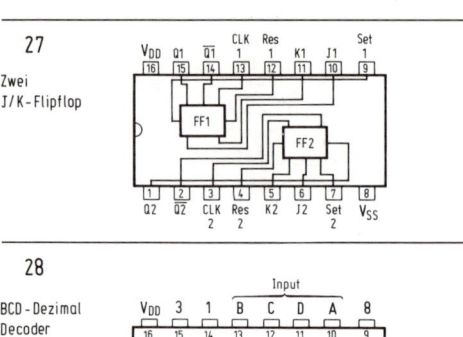

V_DD Q1 Q̄1 CLK Res K1 J1 Set
16 15 14   1   1   1
                CLK Res   Set
FF1
FF2
Q2 Q̄2 CLK Res K2 J2 Set V_SS
    1   2   3   4   5   6   7   8
        2   2   2

28

BCD-Dezimal
Decoder

V_DD 3 1 B C D A 8
16 15 14 13 12 11 10 9
           Input
4 2 0 7 9 5 6 V_SS
1 2 3 4 5 6 7 8

29

Auf/Abwärts-
zähler

V_DD CLK Q3 J̄3 J̄2 Q2 Up/ Binary/
16 15 14 13 12   down Decade
           Jam in
A : 5 MHz (10V)
B : 8 MHz (10V)

Preset Q4 J̄4 J̄1 Carry Q1 Carry V_SS
enable   Jam in in   out
1   2   3   4   5   6   7   8

4030 / 70 / 4507

Vier Exlusiv-
OR-Gatter
mit je zwei
Eingängen

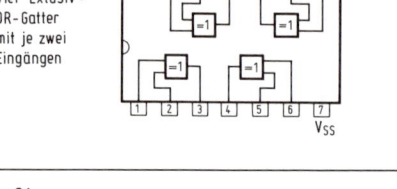

V_DD
14 13 12 11 10 9   8
=1   =1
=1 =1
1   2   3   4   5   6   7
V_SS

31

64-stufiges
Shift-Register

V_DD Data NC NC NC NC Mode Delayed
16   in 14 13 12 11 cont CLK out
     15   10   9
Recircu- CLK NC NC NC Dat Dat V_SS
late in in   out out
1   2   3   4   5   6   7   8
         Q   Q̄

34

8-stufiges
Shift-Register

V_DD A8 A7 A6 A5 A4 A3 A2 A1 CLK A/S P/S
24 23 22 21 20 19 18 17 16 15 14 13
1   2 3 4 5 6 7 8 9 10 11 12
B8 B7 B6 B5 B4 B3 B2 B1 AE Ser A/B V_SS
                           dat

35

4-stufiges
Shift-Register

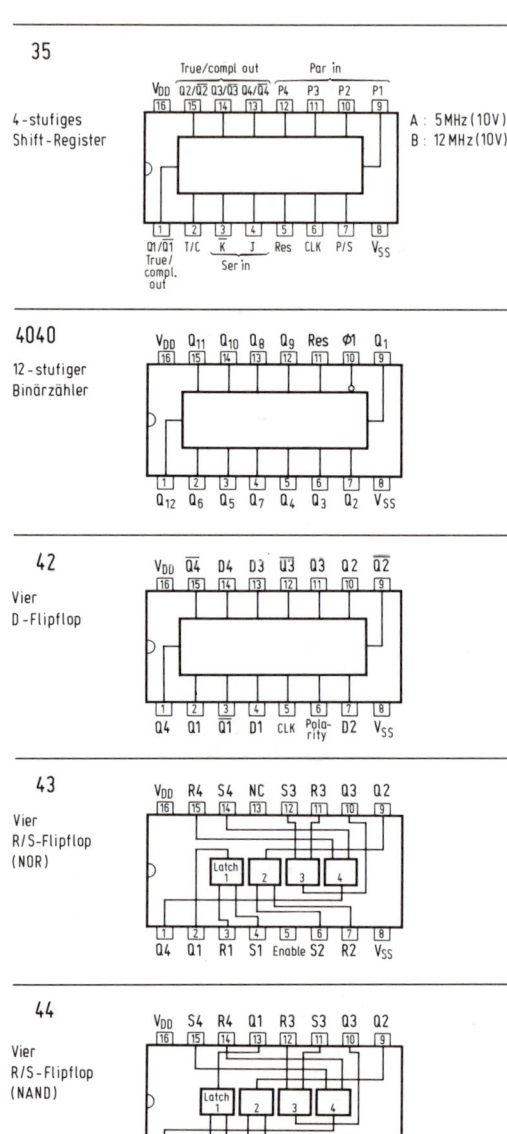

V_DD Q2/Q̄2 Q3/Q̄3 Q4/Q̄4 P4 P3 P2 P1
16   15   14   13   12 11 10 9
    True/compl out   Par in
A : 5 MHz (10V)
B : 12 MHz (10V)

Q1/Q̄1 T/C K J Res CLK P/S V_SS
True/   Ser in
compl.
out
1   2   3 4 5   6   7   8

4040

12-stufiger
Binärzähler

V_DD Q11 Q10 Q8 Q9 Res Ø1 Q1
16   15 14 13 12 11 10 9
Q12 Q6 Q5 Q7 Q4 Q3 Q2 V_SS
1   2 3 4 5 6 7 8

42

Vier
D-Flipflop

V_DD Q̄4 D4 D3 Ū3 Q3 Q2 Q̄2
16   15 14 13 12 11 10 9
Q4 Q1 Q̄1 D1 CLK Pola- D2 V_SS
                 rity
1 2 3 4 5   6   7 8

43

Vier
R/S-Flipflop
(NOR)

V_DD R4 S4 NC S3 R3 Q3 Q2
16   15 14 13 12 11 10 9
Latch 2   3   4
1
Q4 Q1 R1 S1 Enable S2 R2 V_SS
1 2 3 4 5   6 7 8

44

Vier
R/S-Flipflop
(NAND)

V_DD S4 R4 Q1 R3 S3 Q3 Q2
16   15 14 13 12 11 10 9
Latch 2   3   4
1
Q4 NC S1 R1 Enable R2 S2 V_SS
1 2 3 4 5   6 7 8

47

Monostabiler/
astabiler
Multivibrator

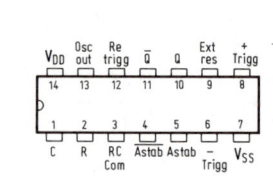

V_DD Osc Re Q̄ Ext +
14   out trigg 11 res Trigg
     13 12   10 9 8
C R RC Astab Astab − V_SS
     Com   Trigg
1 2 3   4   5   6   7

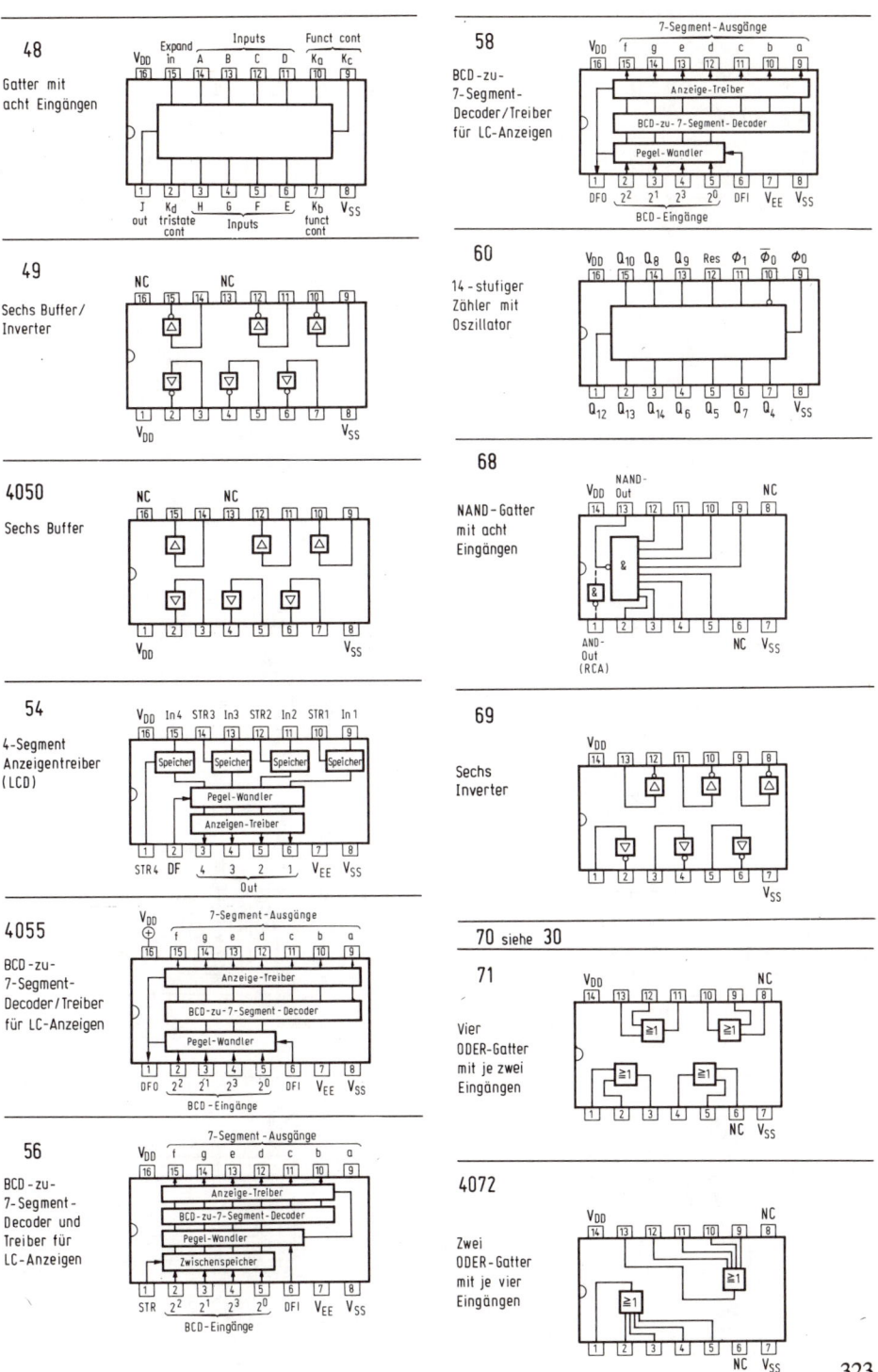

48
Gatter mit acht Eingängen

49
Sechs Buffer/Inverter

4050
Sechs Buffer

54
4-Segment Anzeigentreiber (LCD)

4055
BCD-zu-7-Segment-Decoder/Treiber für LC-Anzeigen

56
BCD-zu-7-Segment-Decoder und Treiber für LC-Anzeigen

58
BCD-zu-7-Segment-Decoder/Treiber für LC-Anzeigen

60
14-stufiger Zähler mit Oszillator

68
NAND-Gatter mit acht Eingängen

69
Sechs Inverter

70 siehe **30**

71
Vier ODER-Gatter mit je zwei Eingängen

4072
Zwei ODER-Gatter mit je vier Eingängen

323

73

Drei
AND-Gatter
mit je drei
Eingängen

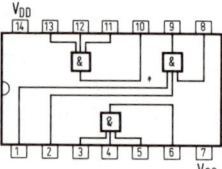

81

Vier
AND-Gatter
mit je zwei
Eingängen

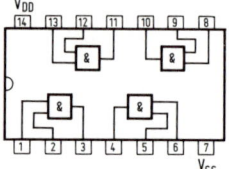

75

Drei
ODER-Gatter
mit je drei
Eingängen

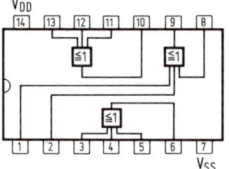

82

Zwei
AND-Gatter
mit je vier
Eingängen

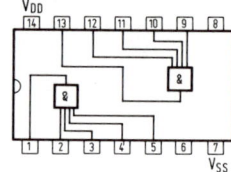

76

Vier
D-Flipflop

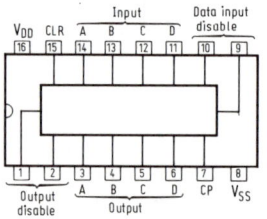

4085

Zwei
UND-ODER-NICHT-
Gatter

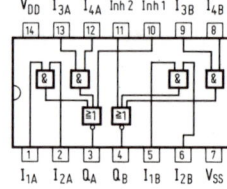

4077

Vier Exklusiv-
NOR-Gatter
mit je zwei
Eingängen

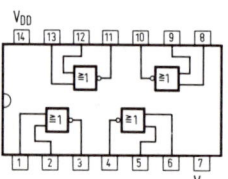

86

UND-ODER-NICHT-
Gatter mit 4×zwei
Eingängen

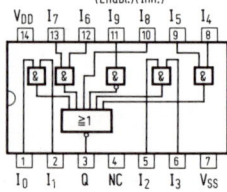

78

NOR-Gatter
mit acht
Eingängen

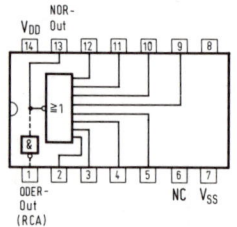

93

Vier
NAND-Gatter
mit je zwei
Eingängen
(Schmitt-Trigger)

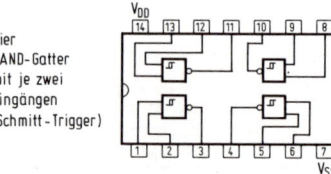

95 / 96

J/K-Master-
Slave-Flipflop

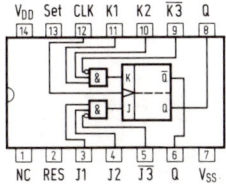

4098 (4528)

Zwei monostabile
Multivibratoren

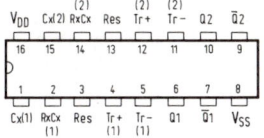

40106
4584

Sechs
Schmitt-Trigger

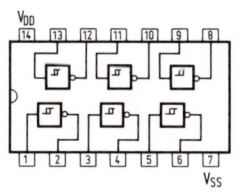

40160 / .. 163

BCD-Dezimal-
zähler/
Binärzähler

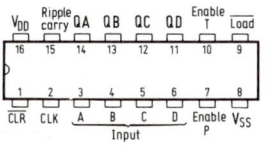

174

Sechs
D-Flipflop

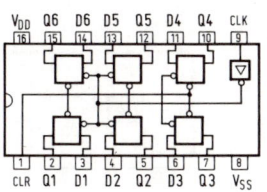

175

Vier
D-Flipflop

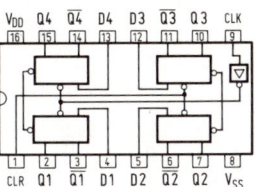

4503

Sechs Buffer

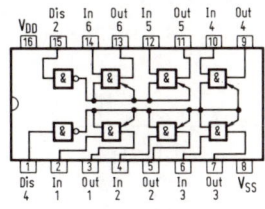

07 siehe 4030

10 / 16

BCD-Auf/
Abwärtszähler
Binärer Auf/
Abwärtszähler

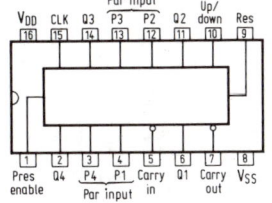

11

BCD auf
7-Segment-
Decoder
Speicher/Treiber

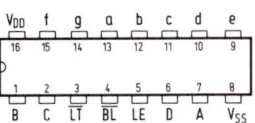

14 / 15

4 aus 16 Decoder
4-Bit Speicher

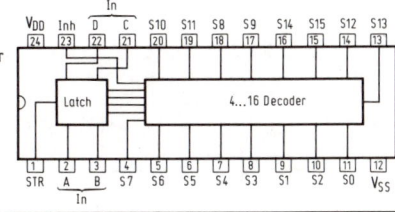

ICs der TTL-Reihe 74...

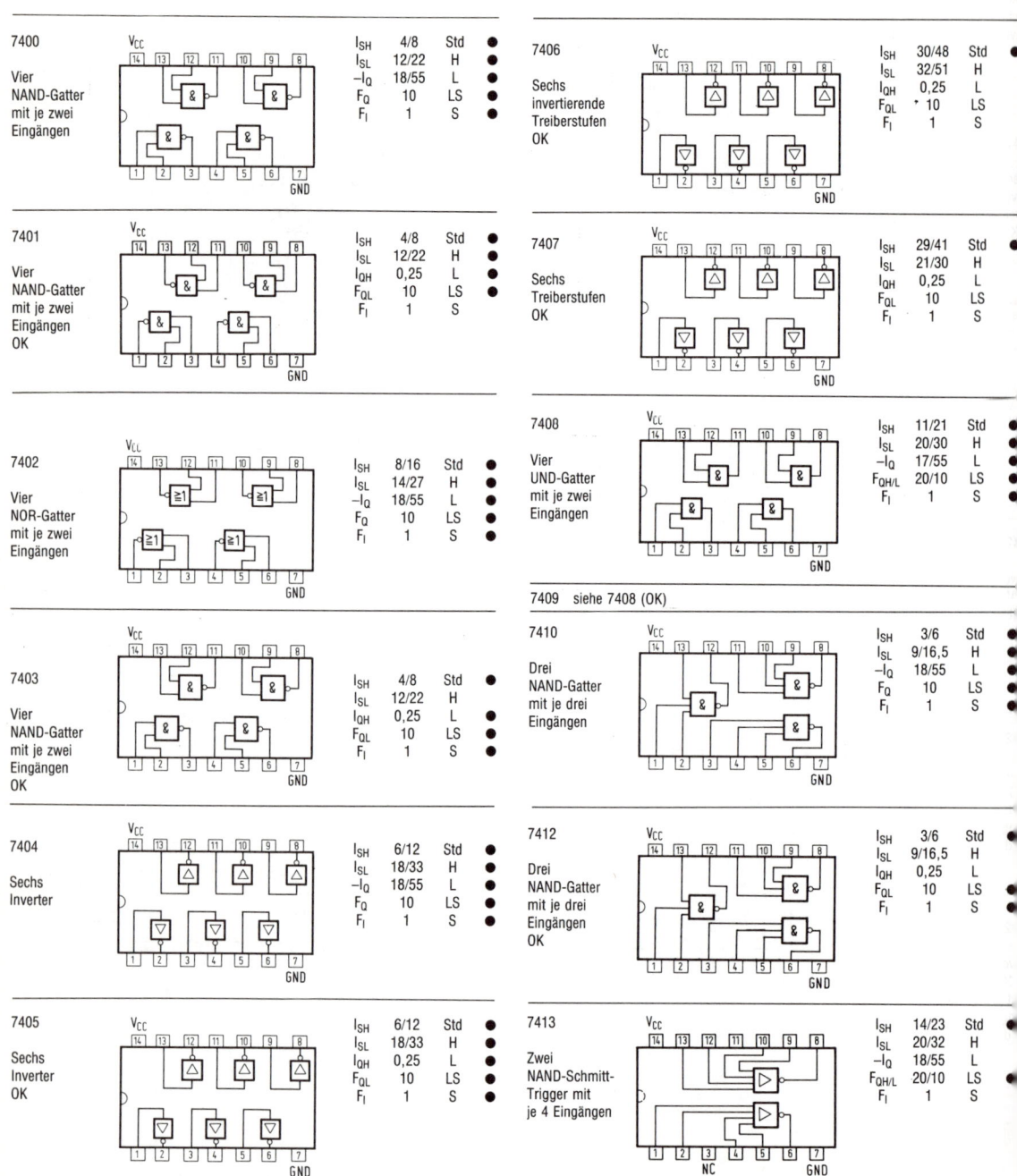

7400

Vier
NAND-Gatter
mit je zwei
Eingängen

I_{SH}	4/8	Std ●
I_{SL}	12/22	H ●
$-I_Q$	18/55	L ●
F_Q	10	LS ●
F_I	1	S ●

7401

Vier
NAND-Gatter
mit je zwei
Eingängen
OK

I_{SH}	4/8	Std ●
I_{SL}	12/22	H ●
I_{QH}	0,25	L ●
F_{QL}	10	LS ●
F_I	1	S

7402

Vier
NOR-Gatter
mit je zwei
Eingängen

I_{SH}	8/16	Std ●
I_{SL}	14/27	H ●
$-I_Q$	18/55	L ●
F_Q	10	LS ●
F_I	1	S ●

7403

Vier
NAND-Gatter
mit je zwei
Eingängen
OK

I_{SH}	4/8	Std ●
I_{SL}	12/22	H ●
I_{QH}	0,25	L ●
F_{QL}	10	LS ●
F_I	1	S ●

7404

Sechs
Inverter

I_{SH}	6/12	Std ●
I_{SL}	18/33	H ●
$-I_Q$	18/55	L ●
F_Q	10	LS ●
F_I	1	S ●

7405

Sechs
Inverter
OK

I_{SH}	6/12	Std ●
I_{SL}	18/33	H ●
I_{QH}	0,25	L ●
F_{QL}	10	LS ●
F_I	1	S ●

7406

Sechs
invertierende
Treiberstufen
OK

I_{SH}	30/48	Std
I_{SL}	32/51	H
I_{QH}	0,25	L
F_{QL}	* 10	LS
F_I	1	S

7407

Sechs
Treiberstufen
OK

I_{SH}	29/41	Std ●
I_{SL}	21/30	H
I_{QH}	0,25	L
F_{QL}	10	LS
F_I	1	S

7408

Vier
UND-Gatter
mit je zwei
Eingängen

I_{SH}	11/21	Std ●
I_{SL}	20/30	H ●
$-I_Q$	17/55	L ●
$F_{QH/L}$	20/10	LS ●
F_I	1	S ●

7409 siehe 7408 (OK)

7410

Drei
NAND-Gatter
mit je drei
Eingängen

I_{SH}	3/6	Std ●
I_{SL}	9/16,5	H ●
$-I_Q$	18/55	L ●
F_Q	10	LS ●
F_I	1	S ●

7412

Drei
NAND-Gatter
mit je drei
Eingängen
OK

I_{SH}	3/6	Std ●
I_{SL}	9/16,5	H ●
I_{QH}	0,25	L ●
F_{QL}	10	LS ●
F_I	1	S ●

7413

Zwei
NAND-Schmitt-
Trigger mit
je 4 Eingängen

I_{SH}	14/23	Std ●
I_{SL}	20/32	H ●
$-I_Q$	18/55	L ●
$F_{QH/L}$	20/10	LS ●
F_I	1	S ●

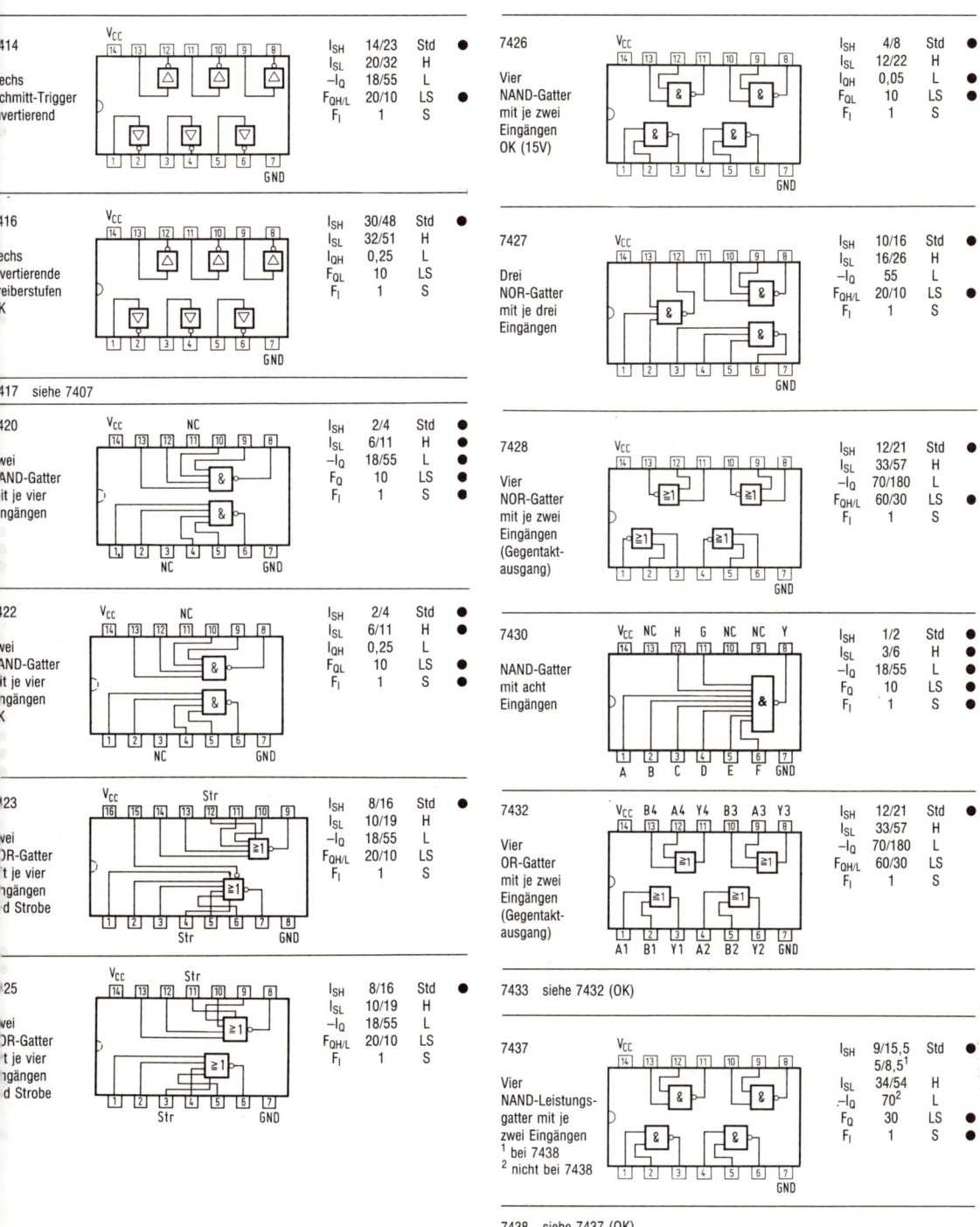

7414 — sechs Schmitt-Trigger invertierend

I_{SH}	14/23	Std
I_{SL}	20/32	H
$-I_Q$	18/55	L
$F_{QH/L}$	20/10	LS
F_I	1	S

7416 — sechs invertierende Treiberstufen OK

I_{SH}	30/48	Std
I_{SL}	32/51	H
I_{QH}	0,25	L
F_{QL}	10	LS
F_I	1	S

7417 siehe 7407

7420 — zwei NAND-Gatter mit je vier Eingängen

I_{SH}	2/4	Std
I_{SL}	6/11	H
$-I_Q$	18/55	L
F_Q	10	LS
F_I	1	S

7422 — zwei NAND-Gatter mit je vier Eingängen OK

I_{SH}	2/4	Std
I_{SL}	6/11	H
I_{QH}	0,25	L
F_{QL}	10	LS
F_I	1	S

7423 — zwei NOR-Gatter mit je vier Eingängen und Strobe

I_{SH}	8/16	Std
I_{SL}	10/19	H
$-I_Q$	18/55	L
$F_{QH/L}$	20/10	LS
F_I	1	S

7425 — zwei NOR-Gatter mit je vier Eingängen und Strobe

I_{SH}	8/16	Std
I_{SL}	10/19	H
$-I_Q$	18/55	L
$F_{QH/L}$	20/10	LS
F_I	1	S

7426 — Vier NAND-Gatter mit je zwei Eingängen OK (15V)

I_{SH}	4/8	Std
I_{SL}	12/22	H
I_{QH}	0,05	L
F_{QL}	10	LS
F_I	1	S

7427 — Drei NOR-Gatter mit je drei Eingängen

I_{SH}	10/16	Std
I_{SL}	16/26	H
$-I_Q$	55	L
$F_{QH/L}$	20/10	LS
F_I	1	S

7428 — Vier NOR-Gatter mit je zwei Eingängen (Gegentaktausgang)

I_{SH}	12/21	Std
I_{SL}	33/57	H
$-I_Q$	70/180	L
$F_{QH/L}$	60/30	LS
F_I	1	S

7430 — NAND-Gatter mit acht Eingängen

I_{SH}	1/2	Std
I_{SL}	3/6	H
$-I_Q$	18/55	L
F_Q	10	LS
F_I	1	S

7432 — Vier OR-Gatter mit je zwei Eingängen (Gegentaktausgang)

I_{SH}	12/21	Std
I_{SL}	33/57	H
$-I_Q$	70/180	L
$F_{QH/L}$	60/30	LS
F_I	1	S

7433 siehe 7432 (OK)

7437 — Vier NAND-Leistungsgatter mit je zwei Eingängen
[1] bei 7438
[2] nicht bei 7438

I_{SH}	9/15,5 / 5/8,5[1]	Std
I_{SL}	34/54	H
$-I_Q$	70[2]	L
F_Q	30	LS
F_I	1	S

7438 siehe 7437 (OK)

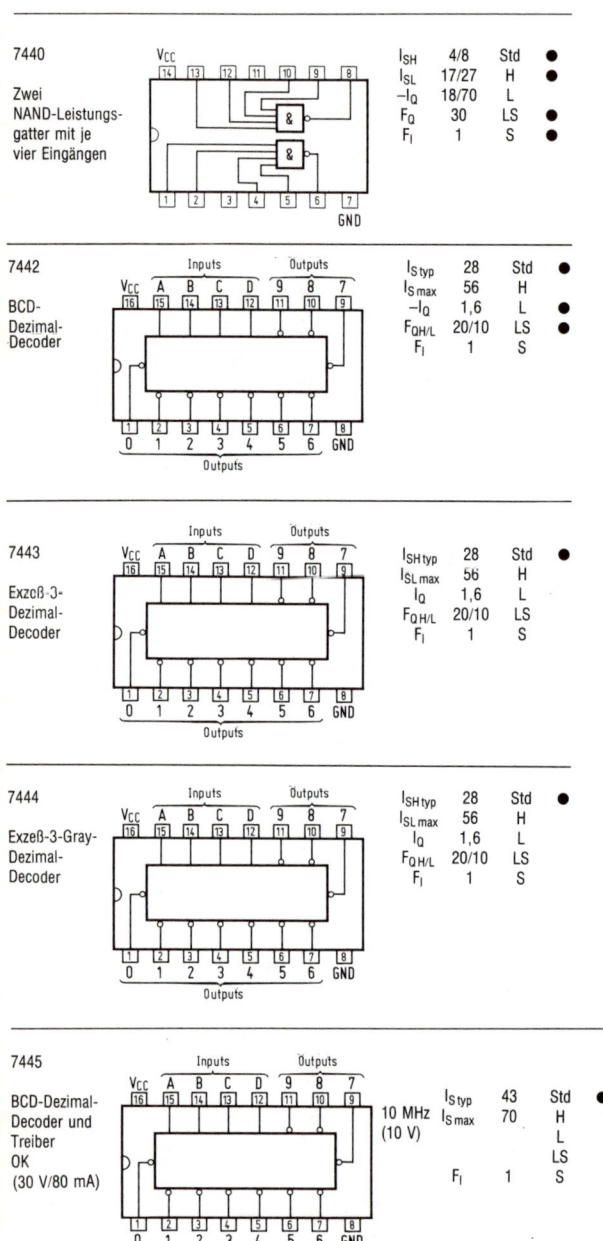

7440

Zwei
NAND-Leistungs-
gatter mit je
vier Eingängen

I_{SH}	4/8	Std ●
I_{SL}	17/27	H ●
$-I_Q$	18/70	L
F_Q	30	LS ●
F_I	1	S ●

7442

BCD-
Dezimal-
Decoder

$I_{S\,typ}$	28	Std ●
$I_{S\,max}$	56	H ●
$-I_Q$	1,6	L
$F_{Q\,H/L}$	20/10	LS ●
F_I	1	S

7443

Exzeß-3-
Dezimal-
Decoder

$I_{SH\,typ}$	28	Std ●
$I_{SL\,max}$	56	H
I_Q	1,6	L
$F_{Q\,H/L}$	20/10	LS
F_I	1	S

7444

Exzeß-3-Gray-
Dezimal-
Decoder

$I_{SH\,typ}$	28	Std ●
$I_{SL\,max}$	56	H
I_Q	1,6	L
$F_{Q\,H/L}$	20/10	LS
F_I	1	S

7445

BCD-Dezimal-
Decoder und
Treiber
OK
(30 V/80 mA)

10 MHz
(10 V)

$I_{S\,typ}$	43	Std ●
$I_{S\,max}$	70	H
		L
		LS
F_I	1	S

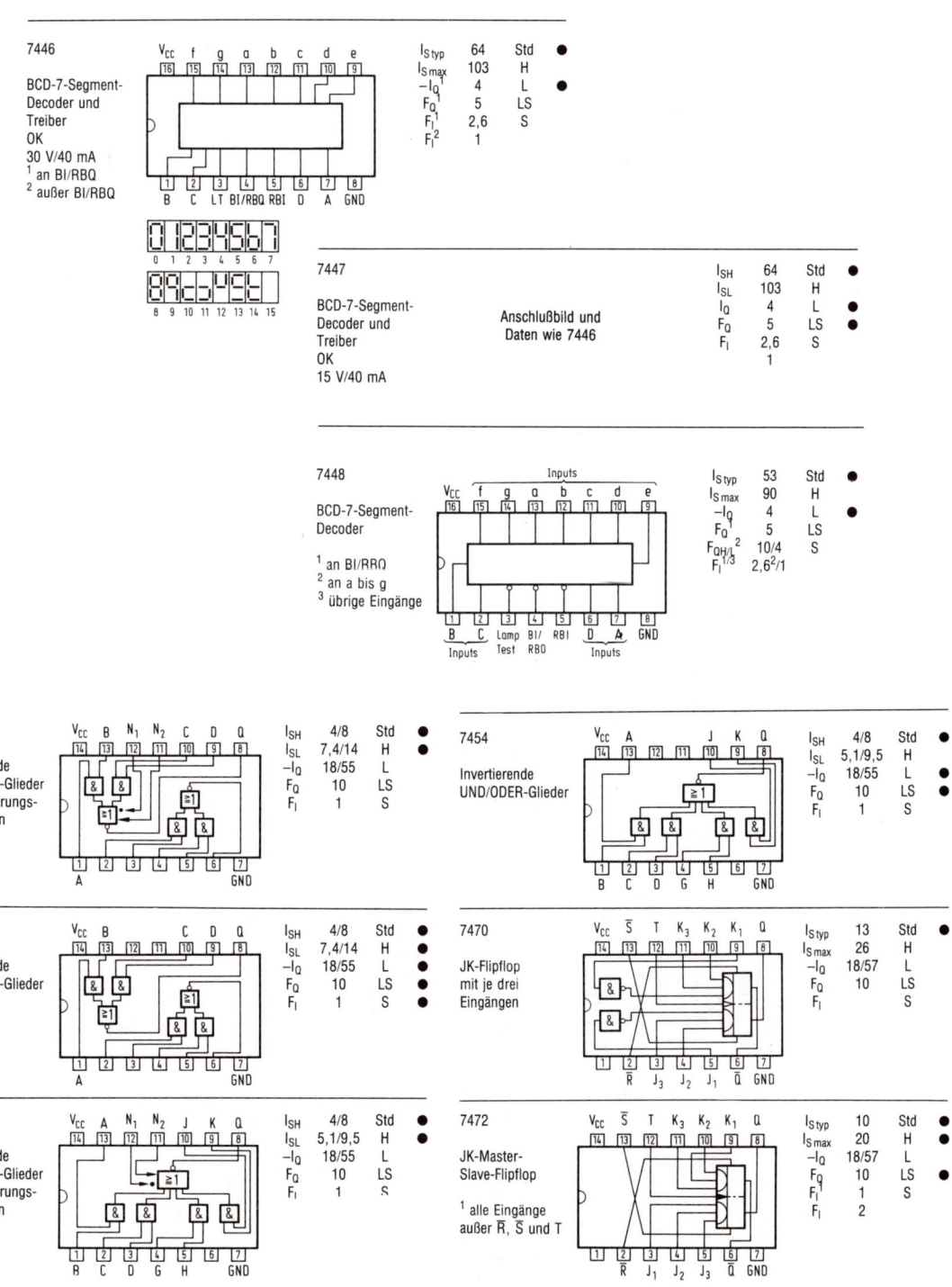

7446

BCD-7-Segment-
Decoder und
Treiber
OK
30 V/40 mA
[1] an BI/RBQ
[2] außer BI/RBQ

V_{CC} f g a b c d e
16 15 14 13 12 11 10 9

1 2 3 4 5 6 7 8
B C LT BI/RBQ RBI D A GND

$I_{S\,typ}$	64	Std	●
$I_{S\,max}$	103	H	●
$-I_Q$ [1]	4	L	
F_Q	5	LS	
F_I [1]	2,6	S	
F_I [2]	1		

0 1 2 3 4 5 6 7
8 9 10 11 12 13 14 15

7447

BCD-7-Segment-
Decoder und
Treiber
OK
15 V/40 mA

Anschlußbild und
Daten wie 7446

I_{SH}	64	Std	●
I_{SL}	103	H	●
I_Q	4	L	●
F_Q	5	LS	●
F_I	2,6	S	
	1		

7448

BCD-7-Segment-
Decoder

[1] an BI/RBQ
[2] an a bis g
[3] übrige Eingänge

Inputs
V_{CC} f g a b c d e
16 15 14 13 12 11 10 9

1 2 3 4 5 6 7 8
B C Lamp BI/ RBI D A GND
Test RBQ
Inputs   Inputs

$I_{S\,typ}$	53	Std	●
$I_{S\,max}$	90	H	●
$-I_Q$ [1]	4	L	●
F_Q	5	LS	
F_{QH} [2]	10/4	S	
F_I [1/3]	2,6[2]/1		

7450

nvertierende
UND/ODER-Glieder
mit Erweiterungs-
anschlüssen

V_{CC} B N_1 N_2 C D Q
14 13 12 11 10 9 8

1 2 3 4 5 6 7
A GND

I_{SH}	4/8	Std	●
I_{SL}	7,4/14	H	●
$-I_Q$	18/55	L	
F_Q	10	LS	
F_I	1	S	

7454

Invertierende
UND/ODER-Glieder

V_{CC} A J K Q
14 13 12 11 10 9 8

1 2 3 4 5 6 7
B C D G H GND

I_{SH}	4/8	Std	●
I_{SL}	5,1/9,5	H	●
$-I_Q$	18/55	L	●
F_Q	10	LS	●
F_I	1	S	

7451

nvertierende
UND/ODER-Glieder

V_{CC} B C D Q
14 13 12 11 10 9 8

1 2 3 4 5 6 7
A GND

I_{SH}	4/8	Std	●
I_{SL}	7,4/14	H	●
$-I_Q$	18/55	L	●
F_Q	10	LS	●
F_I	1	S	●

7470

JK-Flipflop
mit je drei
Eingängen

V_{CC} $\overline{S}$ T K_3 K_2 K_1 Q
14 13 12 11 10 9 8

1 2 3 4 5 6 7
$\overline{R}$ J_3 J_2 J_1 $\overline{Q}$ GND

$I_{S\,typ}$	13	Std	●
$I_{S\,max}$	26	H	
$-I_Q$	18/57	L	
F_Q	10	LS	
F_I		S	

7453

nvertierende
UND/ODER-Glieder
mit Erweiterungs-
anschlüssen

V_{CC} A N_1 N_2 J K Q
14 13 12 11 10 9 8

1 2 3 4 5 6 7
B C D G H GND

I_{SH}	4/8	Std	●
I_{SL}	5,1/9,5	H	●
$-I_Q$	18/55	L	
F_Q	10	LS	
F_I	1	S	

7472

JK-Master-
Slave-Flipflop

[1] alle Eingänge
außer $\overline{R}$, $\overline{S}$ und T

V_{CC} $\overline{S}$ T K_3 K_2 K_1 Q
14 13 12 11 10 9 8

1 2 3 4 5 6 7
$\overline{R}$ J_1 J_2 J_3 $\overline{Q}$ GND

$I_{S\,typ}$	10	Std	●
$I_{S\,max}$	20	H	●
$-I_Q$	18/57	L	●
F_Q	10	LS	●
F_I [1]	1	S	
F_I	2		

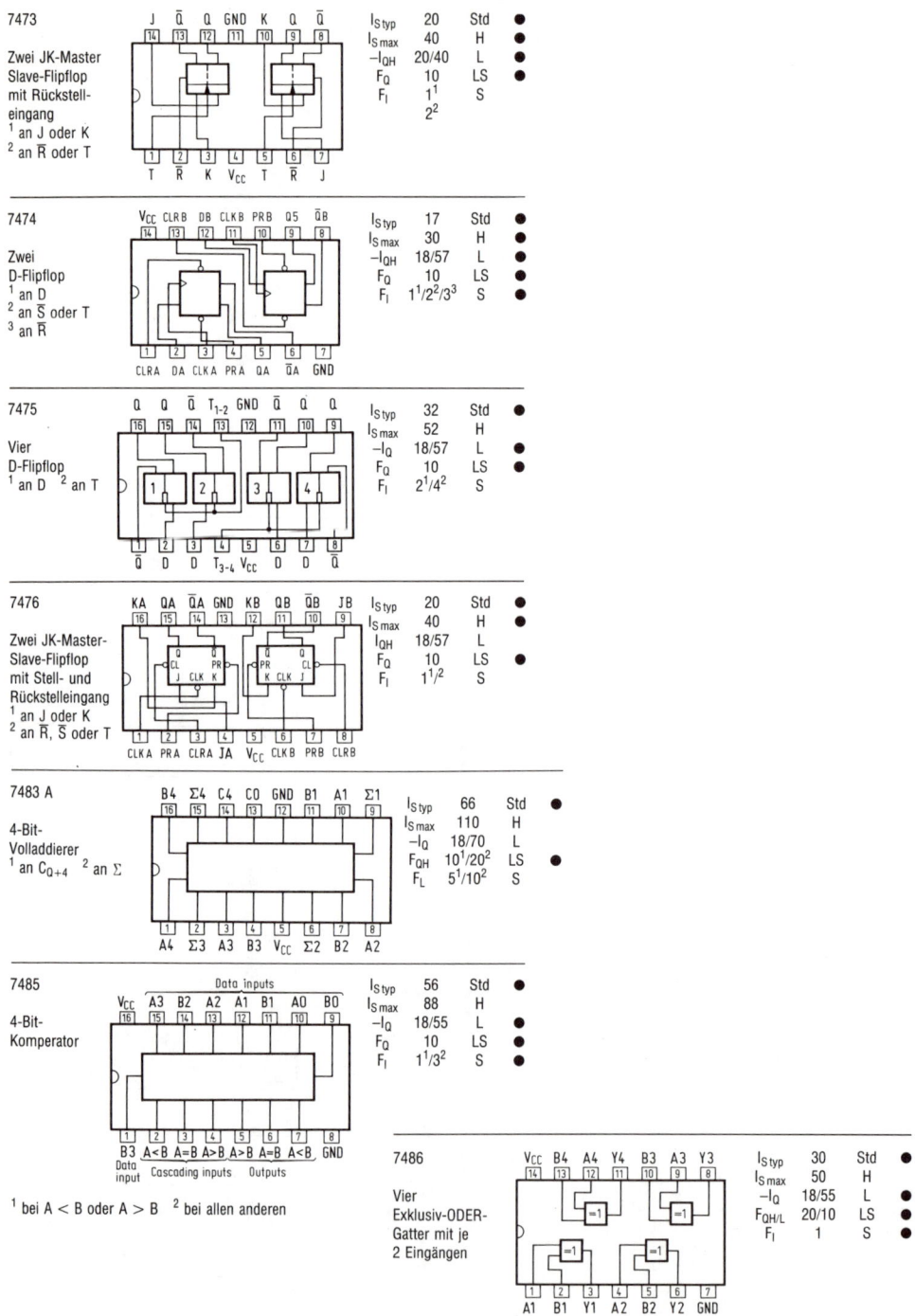

7473	$I_{S\,typ}$	20	Std	●
	$I_{S\,max}$	40	H	●
Zwei JK-Master	$-I_{QH}$	20/40	L	●
Slave-Flipflop	F_Q	10	LS	●
mit Rückstell-	F_I	1^1	S	
eingang		2^2		
[1] an J oder K				
[2] an $\bar{R}$ oder T				

7474	$I_{S\,typ}$	17	Std	●
	$I_{S\,max}$	30	H	●
Zwei	$-I_{QH}$	18/57	L	●
D-Flipflop	F_Q	10	LS	●
[1] an D	F_I	$1^1/2^2/3^3$	S	●
[2] an $\bar{S}$ oder T				
[3] an $\bar{R}$				

7475	$I_{S\,typ}$	32	Std	●
	$I_{S\,max}$	52	H	●
Vier	$-I_Q$	18/57	L	●
D-Flipflop	F_Q	10	LS	
[1] an D [2] an T	F_I	$2^1/4^2$	S	

7476	$I_{S\,typ}$	20	Std	●
	$I_{S\,max}$	40	H	●
Zwei JK-Master-	I_{QH}	18/57	L	
Slave-Flipflop	F_Q	10	LS	●
mit Stell- und	F_I	$1^1/^2$	S	
Rückstelleingang				
[1] an J oder K				
[2] an $\bar{R}$, $\bar{S}$ oder T				

7483 A	$I_{S\,typ}$	66	Std	●
	$I_{S\,max}$	110	H	
4-Bit-	$-I_Q$	18/70	L	
Volladdierer	F_{QH}	$10^1/20^2$	LS	●
[1] an C_{Q+4} [2] an Σ	F_L	$5^1/10^2$	S	

7485	$I_{S\,typ}$	56	Std	●
	$I_{S\,max}$	88	H	●
4-Bit-	$-I_Q$	18/55	L	●
Komperator	F_Q	10	LS	●
	F_I	$1^1/3^2$	S	●

[1] bei A < B oder A > B [2] bei allen anderen

7486	$I_{S\,typ}$	30	Std	●
	$I_{S\,max}$	50	H	●
Vier	$-I_Q$	18/55	L	●
Exklusiv-ODER-	$F_{QH/L}$	20/10	LS	●
Gatter mit je	F_I	1	S	●
2 Eingängen				

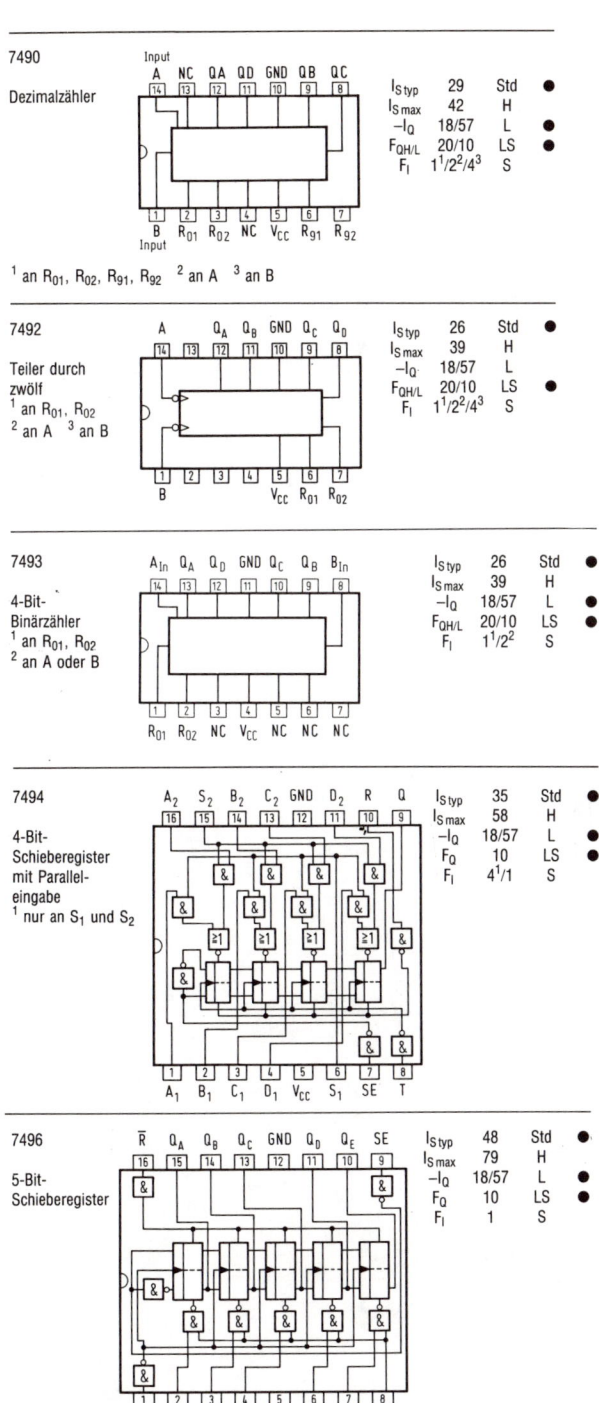

7490

Dezimalzähler

	$I_{S\,typ}$	29	Std	●
	$I_{S\,max}$	42	H	
	$-I_Q$	18/57	L	●
	$F_{QH/L}$	20/10	LS	●
	F_I	$1^1/2^2/4^3$	S	

[1] an R_{01}, R_{02}, R_{91}, R_{92} [2] an A [3] an B

7492

Teiler durch
zwölf
[1] an R_{01}, R_{02}
[2] an A [3] an B

	$I_{S\,typ}$	26	Std	●
	$I_{S\,max}$	39	H	
	$-I_Q$	18/57	L	
	$F_{QH/L}$	20/10	LS	●
	F_I	$1^1/2^2/4^3$	S	

7493

4-Bit-
Binärzähler
[1] an R_{01}, R_{02}
[2] an A oder B

	$I_{S\,typ}$	26	Std	●
	$I_{S\,max}$	39	H	
	$-I_Q$	18/57	L	●
	$F_{QH/L}$	20/10	LS	●
	F_I	$1^1/2^2$	S	

7494

4-Bit-
Schieberegister
mit Parallel-
eingabe
[1] nur an S_1 und S_2

	$I_{S\,typ}$	35	Std	●
	$I_{S\,max}$	58	H	
	$-I_Q$	18/57	L	●
	F_Q	10	LS	●
	F_I	$4^1/1$	S	

7496

5-Bit-
Schieberegister

	$I_{S\,typ}$	48	Std	●
	$I_{S\,max}$	79	H	
	$-I_Q$	18/57	L	●
	F_Q	10	LS	●
	F_I	1	S	

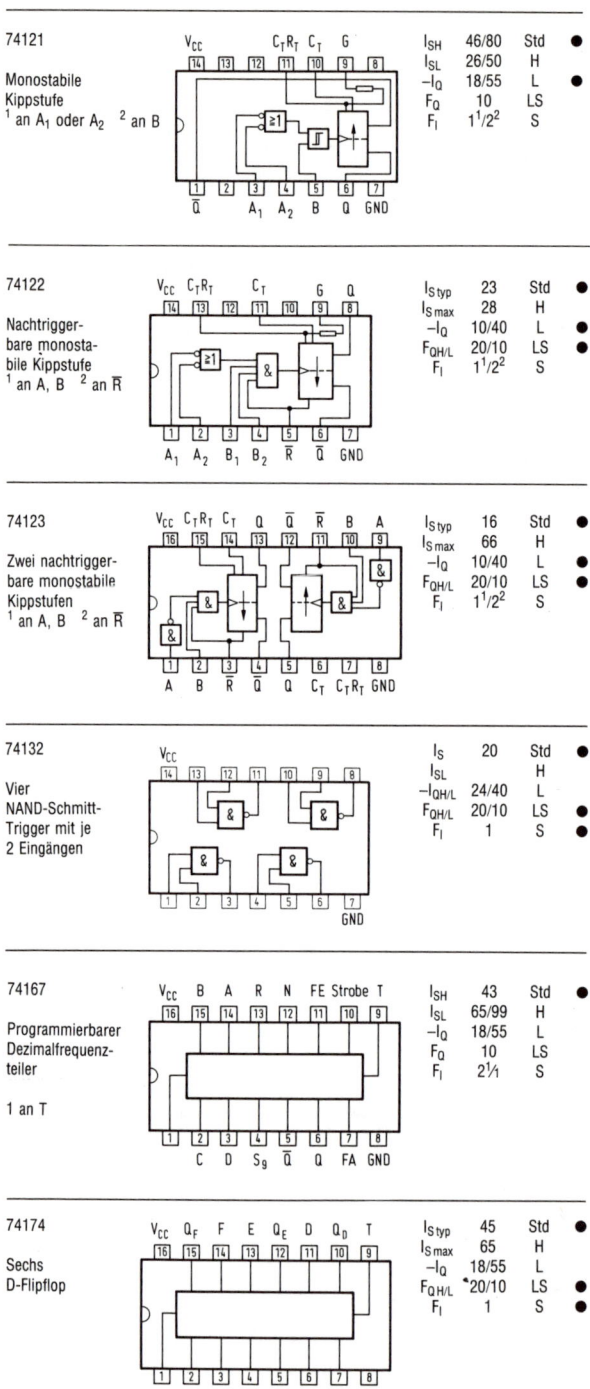

74121

Monostabile Kippstufe
[1] an A_1 oder A_2 [2] an B

I_{SH}	46/80	Std
I_{SL}	26/50	H
$-I_Q$	18/55	L
F_Q	10	LS
F_I	$1^1/2^2$	S

74122

Nachtriggerbare monostabile Kippstufe
[1] an A, B   [2] an $\overline{R}$

$I_{S\,typ}$	23	Std
$I_{S\,max}$	28	H
$-I_Q$	10/40	L
$F_{QH/L}$	20/10	LS
F_I	$1^1/2^2$	S

74123

Zwei nachtriggerbare monostabile Kippstufen
[1] an A, B   [2] an $\overline{R}$

$I_{S\,typ}$	16	Std
$I_{S\,max}$	66	H
$-I_Q$	10/40	L
$F_{QH/L}$	20/10	LS
F_I	$1^1/2^2$	S

74132

Vier
NAND-Schmitt-
Trigger mit je
2 Eingängen

I_S	20	Std
I_{SL}		H
$-I_{QH/L}$	24/40	L
$F_{QH/L}$	20/10	LS
F_I	1	S

74167

Programmierbarer
Dezimalfrequenz-
teiler

1 an T

I_{SH}	43	Std
I_{SL}	65/99	H
$-I_Q$	18/55	L
F_Q	10	LS
F_I	$2^1/1$	S

74174

Sechs
D-Flipflop

$I_{S\,typ}$	45	Std
$I_{S\,max}$	65	H
$-I_Q$	18/55	L
$F_{QH/L}$	20/10	LS
F_I	1	S

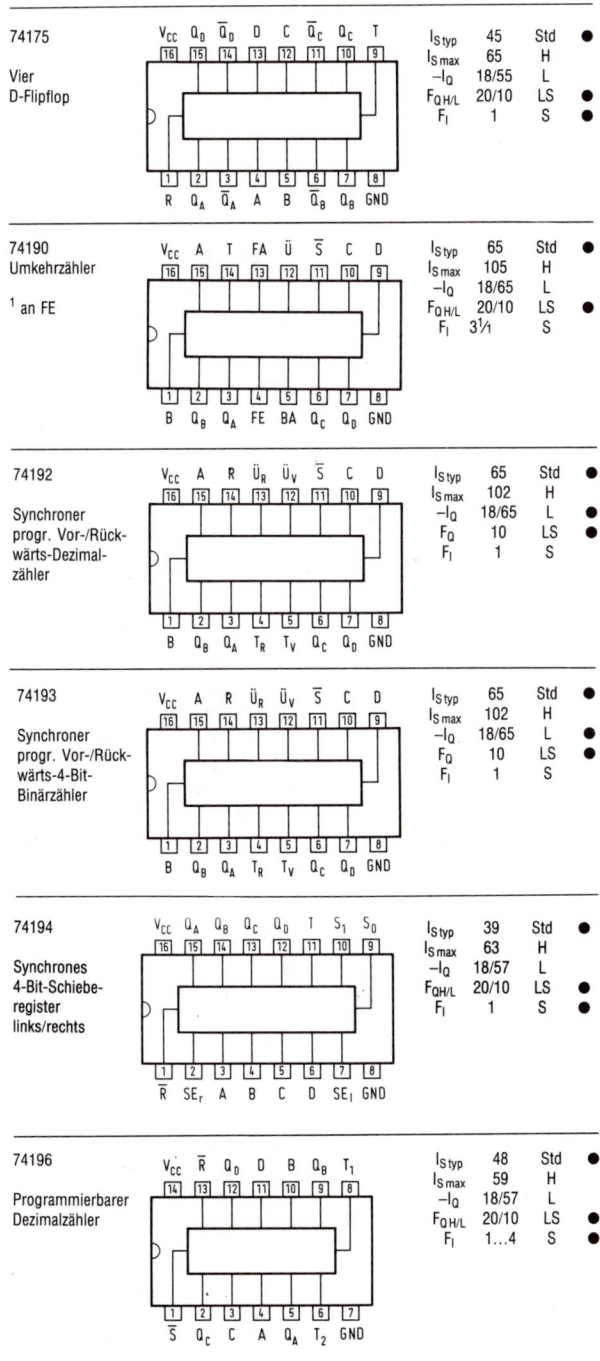

74175			$I_{S\,typ}$	45	Std	●
Vier D-Flipflop			$I_{S\,max}$	65	H	
			$-I_Q$	18/55	L	
			$F_{Q\,H/L}$	20/10	LS	●
			F_I	1	S	●

74190			$I_{S\,typ}$	65	Std	●
Umkehrzähler			$I_{S\,max}$	105	H	
[1] an FE			$-I_Q$	18/65	L	
			$F_{Q\,H/L}$	20/10	LS	●
			F_I	3¹/₁	S	

74192			$I_{S\,typ}$	65	Std	●
Synchroner progr. Vor-/Rückwärts-Dezimalzähler			$I_{S\,max}$	102	H	●
			$-I_Q$	18/65	L	●
			F_Q	10	LS	
			F_I	1	S	

74193			$I_{S\,typ}$	65	Std	●
Synchroner progr. Vor-/Rückwärts-4-Bit-Binärzähler			$I_{S\,max}$	102	H	●
			$-I_Q$	18/65	L	●
			F_Q	10	LS	
			F_I	1	S	

74194			$I_{S\,typ}$	39	Std	●
Synchrones 4-Bit-Schieberegister links/rechts			$I_{S\,max}$	63	H	
			$-I_Q$	18/57	L	
			$F_{Q\,H/L}$	20/10	LS	●
			F_I	1	S	●

74196			$I_{S\,typ}$	48	Std	●
Programmierbarer Dezimalzähler			$I_{S\,max}$	59	H	
			$-I_Q$	18/57	L	
			$F_{Q\,H/L}$	20/10	LS	●
			F_I	1...4	S	●

333

Sachverzeichnis